数据科学与大数据技术

客户留存数据分析与预测

[美] 卡尔·戈尔德(Carl Gold) 著

殷海英 译

清华大学出版社

北 京

北京市版权局著作权合同登记号 图字：01-2022-2370

本书封面贴有清华大学出版社防伪标签，无标签者不得销售。

版权所有，侵权必究。举报：010-62782989　beiqinquan@tup.tsinghua.edu.cn。

图书在版编目(CIP)数据

客户留存数据分析与预测 / (美) 卡尔·戈尔德(Carl Gold) 著；殷海英译. —北京：清华大学出版社，2023.4（2024.8重印）

(数据科学与大数据技术)

书名原文：Fighting Churn with Data, the Science and Strategy of Customer Retention

ISBN 978-7-302-63080-7

Ⅰ. ①客… Ⅱ.①卡… ②殷… Ⅲ.①数据处理 Ⅳ.①TP274

中国国家版本馆 CIP 数据核字(2023)第 045015 号

责任编辑：王　军
装帧设计：孔祥峰
责任校对：成凤进
责任印制：刘　菲

出版发行：清华大学出版社
　　　　　网　　　址：https://www.tup.com.cn, https://www.wqxuetang.com
　　　　　地　　　址：北京清华大学学研大厦 A 座　　　邮　　　编：100084
　　　　　社 总 机：010-83470000　　　　　邮　　　购：010-62786544
　　　　　投稿与读者服务：010-62776969，c-service@tup.tsinghua.edu.cn
　　　　　质 量 反 馈：010-62772015，zhiliang@tup.tsinghua.edu.cn
印 装 者：北京同文印刷有限责任公司
经　　销：全国新华书店
开　　本：170mm×240mm　　　印　　张：26　　　字　　数：601 千字
版　　次：2023 年 6 月第 1 版　　　印　　次：2024 年 8 月第 2 次印刷
定　　价：128.00 元

产品编号：089668-01

译 者 序

"不再千篇一律，从此与众不同"。"数据科学"课程已经教了似乎有 10 年，每次开课之前，向系主任提交课程大纲时，他总是说 "just a cookie-cutter" (千篇一律)。对此，我一开始很不服气，因为每年我都会将当时流行的模型与案例加入课程中，10 年的课程，每年的课程大纲都是不同的，怎么会是"千篇一律"呢？系主任让我回去仔细思考，然后再找他谈话。我回去翻看了自己的教案，也咨询了同在西部其他大学任教的朋友，我发现我们的课程真的是"千篇一律"，都在讲授数据科学的基础内容，虽然我们的案例、模型在不断变化，但始终都没有将完整的商业(业务)逻辑介绍给大家，看看我们的例子，虽然"通俗易懂"，但在实际工作中，只能作为完整项目的一个小小组件。这让我意识到，急需一个能够完整介绍某个商业逻辑的课程，让学生对现实世界中的数据科学有一个全面的了解。在 Manning 出版社的网站上浏览，发现这本《客户留存数据分析与预测》内容十分新颖。试读之后，我觉得它就是我想要的教材。该书通过一个细致、完整的例子讲述了如何使用数据科学技术对客户留存率进行分析与预测。也许你会有疑问："我的工作与客户留存率没什么关系啊？我有必要读这本书吗？"答案是肯定的，该书介绍的是完整的商业分析的思路与方法，并不只是针对客户留存率。通过本书，你将掌握如何设定项目目标，如何与其他团队合作，在出现问题时应该如何处理。我将该书中的内容进行了整理，重新开了一门新课，这门课不仅得到了系主任的认可，也在学生中受到了广泛的好评，以至于同一门课在一个学期要同时开两次，因为选课的学生人数超出了教室可容纳的量。

本书分为 3 部分，第 I 部分解释了客户流失是什么，以及如何衡量客户流失，公司通常可以使用哪些数据来帮助理解和减少客户流失，这部分也介绍了如何准备数据。第 II 部分包含本书的核心技术，致力于理解客户行为与客户流失和留存率之间的关系，并使用这些知识制定减少客户流失的策略。第 III 部分介绍了通过回归和机器学习进行预测，在这部分中，还介绍了指标的重要性，以及如何制定合理的指标。

本书依旧使用被广泛使用的 Python 语言，你可以在自己的笔记本计算机上轻松地搭建本书配套的实验环境，让你在阅读的同时，更好地理解本书介绍的各个知识点，并将它们应用在日常工作中。

最后，我衷心地感谢清华大学出版社的王军老师，感谢他帮助我出版了多本关于机器学习、人工智能、云计算及高性能计算的书籍，感谢他为我提供一种新的与大家分享知识的方式。在我的生命中，2022 年我经历了很多事情，感谢那些在我失望、沮丧时向我提供帮助的人，是你们让我看到生活中依旧有希望。让我们怀着对未来的美好向往，共同迎接每一天的朝阳。

殷海英

埃尔赛贡多，加利福尼亚州

2023 年 1 月

作 者 简 介

　　Carl Gold 是 Zuora,Inc.的首席数据科学家。Zuora 是一个综合订阅管理平台和新上市的硅谷独角兽公司，在全球拥有 1000 多家客户。Zuora 的客户来自众多行业，包括软件(软件即服务，SaaS)、媒体、旅游服务、消费包装商品、云服务、物联网(Internet of Things，IoT)和电信运营商。Zuora 在订阅和经常性收入方面是公认的领导者。Carl 于 2015 年加入 Zuora，担任首席数据科学家，并为 Zuora 的客户分析产品 Zuora Insights 开发了预测分析系统。

致　　谢

在这里我要感谢许多人，没有他们的支持与帮助，我不可能完成本书。

首先，我要感谢 Ben Rigby 让我接触到我的第一个案例研究，在 Sparked 工作的每个人(Chris Purvis、Chris Mielke、Cody Chapman、Collin Wu、David Nevin、Jamie Doornboss、Jeff Nickerson、Jordan Snodgrass、Joseph Pigato、Mark Nelson、Morag Scrimgoeur、Rabih Saliba 和 Val Ornay)以及 Retention Radar 的所有客户。接下来，我要感谢 Tien Tzuo 和 Marc Aronson 带我来到 Zuora，感谢 Tom Krackeler、Karl Goldstein 和 Frontleaf 的所有人(Amanda Olsen、Greg McGuire、Marcelo Rinesi 和 Rachel English)让我加入他们的团队。以时间为序，我还要感谢每一位曾在 Zuora Insights 团队工作或与我共事的人(Azucena Araujo、Caleb Saunders、Gail Jimenez、Jessica Hartog、Kevin Postlewaite、Kevin Suer、Matt Darrow、Michael Lawson、Patrick Kelly、Pushkala Pattabhiraman、Shalaka Sindkar 和 Steve Lotito)，以及团队中负责客户流失的数据科学家 Dashiell Stander，还有 Zuora Insights 的所有客户。所有这些人都是项目的组成部分，我从这些项目中学到了许多关于客户流失的知识。正因为有了他们的帮助，以及相关的项目经历，我才有可能为大家完成这本书。我还要感谢 Zuora 公司帮助推广或编辑这本书的每一个人：Amy Konary、Gabe Weisert、Helena Zhang、Jayne Gonzalez、Kasey Radley、Lauren Glish、Peishan Li 和 Sierra Dowling。

接下来我要感谢 Manning 出版社的工作人员，首先感谢我的采编编辑 Stephen Soehnlen 让我开始了本书的创作；感谢首席开发编辑 Toni Arritola；感谢临时顾问 Becky Whitney，她耐心地指导我如何写一本 Manning 风格的书；感谢我的第二位采编编辑 Michael Stephens，他帮我最终完成本书。我还要感谢技术和代码编辑 Mike Shepard、Charles Feduke 和 Al krinkler，以及在早期准备阶段在 liveBook 论坛上发表评论的每个人。我还要感谢我的项目编辑 Deirdre Hiam，校对员 Pamela Hunt，文案编辑 Frances Buran、Tiffany Taylor 和 Keir Simpson。感谢所有的审稿人：Aditya Kaushik、Al Krinker、Alex Saez、Amlan Chatterjee、Burhan Ul Haq、Emanuele Piccinelli、George Thomas、Graham Wheeler、Jasmine Alkin、Julien Pohie、Kelum Senanayake、Lalit Narayana Surampudi、Malgorzata Rodacka、Michael Jensen、Milorad Imbra、Nahid Alam、Obiamaka Agbaneje、Prabhuti Prakash、Raushan Jha、Simone Sguazza、Stefano Ongarello、Stijn Vanderlooy、Tiklu Ganguly、Vaughn DiMarco 和 Vijay Kodam。是你们的建议使得本书最终与大家见面。

特别感谢 3 家公司，它们允许我展示精选的案例研究数据，让书中的内容生动有趣：Matt Baker 和来自 Broadly 的所有人，Yan Kong 和来自 Klipfolio 的所有人，还有 Jonathan Moody、Tyler Cooper 以及来自 Versature 的所有人。

最后，我要感谢我的妻子 Anna 和孩子 Clive 与 Skylar，感谢他们在这段充满挑战但收获颇多的时间里给予我的支持和耐心。

序　言

对于每家提供在线产品或服务的公司来说，客户流失和客户互动(也称为客户契合)都是生死攸关的问题。随着数据科学和分析技术的广泛应用，现在的标准做法是聘请数据专家来帮助企业减少客户流失。但是"客户流失"有许多其他数据应用程序中没有的挑战和陷阱，而且直到现在，还没有一本书可以帮助数据专家(或学生)入门这一领域。

在过去的6年里，我为几十种产品和服务做过客户流失分析工作，并在一家名为Zuora的公司担任首席数据科学家。Zuora为客户提供了一个平台来管理它们的产品、运营和财务，你将在整本书的案例研究中看到一些 Zuora 的客户。在此期间，我尝试用不同的方法分析流失率，并将结果反馈给那些与流失率做斗争的公司员工。我在之前的工作中犯了很多错误，也走了不少弯路，于是萌生了写《客户留存数据分析与预测》的想法，希望其他人避免重蹈我的覆辙。

本书是从数据处理人员的角度来写的：任何人都希望获得原始数据，并提出有建设性的见解，从而减少客户流失。数据处理人员可能是数据科学家、数据分析师或机器学习工程师。或者，他们可能是对数据和代码略知一二的人，被临时要求填补这些职缺。本书主要使用 Python 和 SQL，所以我假设本书的读者是程序员。尽管我提倡使用电子表格来表示和共享数据(我在书中详细介绍了如何实现这一想法)，但不建议尝试在电子表格中执行主要的分析工作，因为许多任务必须按顺序执行，其中一些任务非常重要。此外，可能还需要多次对数据进行清洗和转换。这种工作流程非常适合使用简短的程序，但在电子表格和图形工具中往往难以实现。

因为本书是为数据人员编写的，所以没有详细介绍通过产品和服务来减少客户流失的措施，也就不包含有关如何执行电子邮件和电话营销活动、创建客户流失率手册以及设计定价和包装等操作的详细信息。但本书具有战略意义，它讲授了通过数据驱动的方法来制订客户流失作战计划：选择要开展哪些减少客户流失的活动，针对哪些客户，以及期望得到怎样的结果。也就是说，我将在较高层次上介绍各种减少客户流失的策略，因为这对理解使用数据的背景十分重要。

前　言

这是一本非常难得的优秀图书，尽管它主要面向熟悉编程和数据处理的技术人员，但十分清晰、引人注目，甚至很有趣。特别是第 1 章，它是所有对成功运营订阅业务感兴趣的人的必读内容，所以赶紧再买一本送给你的老板吧。

想到所有不同领域的公司都将从这些清晰的分析中获益，着实让人兴奋。从流媒体服务到工业制造商，服务于全球经济各个领域的数据专家都将密切关注 Carl 的书。今天，整个世界都以"服务"的方式运行，包括交通、教育、媒体、医疗、软件、零售、制造业及其他所有行业。

所有这些新兴数字服务正在生成大量的数据，由此产生了从信号到噪声的巨大挑战，这就是为什么本书如此重要。我的工作主要就是研究这个主题，据我所知，没有人写过这样一本实用和权威的指南。本书将告诉你如何有效地筛选信息，从而减少客户流失，并让订阅者感到满意。在运营订阅业务时，流失率是一个生死攸关的问题。

Carl Gold 的工作已经为成千上万的企业家所熟知。他是研究项目"Subscription Economy Index"的负责人，这是一项一年两次的基准研究，反映了分布在各个行业的数百家订阅公司的增长指标。作为 Zuora 的首席数据科学家，Carl 负责处理和准备最及时、最准确的金融数据集。Zuora 不仅是一家成功的软件公司，也是业界公认的思想领袖，而 Carl 正是这一切实现的重要因素。

如果你正在阅读本书，你将很快可以为你公司的成功做出直接和实质性的贡献。但正如 Carl 在书中经常讨论的那样，仅仅进行分析是不够的，还需要能够将你的成果传达给整个企业。

所以，你可以通过本书学习如何进行恰当的分析，也可以用它来学习如何分享、实施，以及如何在工作中脱颖而出。本书包含大量的例子、案例研究和建议。我们是如此幸运，在订阅经济的初期，就可以通过这本里程碑式的优秀书籍了解从事这项工作所需要的所有知识。

——Tien Tzuo，Zuora 创始人及首席执行官

关于本书

本书旨在让任何稍微了解编程并具有相关数据背景的人都能对在线产品或服务的客户流失进行颠覆性的分析。如果你有编程和数据分析方面的相关经验,本书包含了许多你在其他领域接触不到的关于客户流失和客户互动的技术及技巧。

本书目标读者

本书主要面向数据科学家、数据分析师和机器学习工程师。当你的任务是帮助理解和对抗在线产品或服务的客户流失时,一定会需要本书。此外,本书非常适合计算机科学和数据科学专业的学生,或者任何想了解如何编码并希望在典型的当代公司中更多地了解数据科学重要性的人使用。因为本书从原始数据开始,提供了工作中所需的每项分析任务的必要背景,所以它读起来就像是一门完整的数据科学实践课程,介绍一个贯穿全书的项目:为一家小型公司分析员工流失。为了支撑这个示例,本书提供了一个小型数据集。

在本书中,第 III 部分的第 8 章和第 9 章介绍关于客户流失的预测和机器学习技术,没有相关经验的人对这部分内容可能会比较陌生,但也不用担心,第 8 章和第 9 章所介绍的知识足以应付客户流失率的分析与预测,不过你可能需要额外花时间阅读一些推荐的在线资源,从而对机器学习技术有更好的理解。

即便你不是专业的程序员,也应该阅读本书。本书包含了一组关于真实公司人员流失的独特案例研究。本书解释了用于分析客户流失的典型数据、将这些数据转换为可操作信息的实践,以及通过这些数据可以获得的典型观点。本书的重点之一是如何向商业决策者传达数据结果。因此,所有重要的信息都是用通俗易懂的语言解释,不会包含晦涩难懂的术语。如果你关心客户流失,但不是程序员,应该浏览本书的要点(书中有明确的标记),可以跳过编码和与数学相关的内容。然后与开发人员分享本书,获得将概念付诸行动的动力。

本书内容组织路线图

本书的目的是让你通过循序渐进的方式了解整个流失率分析所需要的各种知识与技能,以数据人员的视角,利用原始数据对抗客户流失,在此过程中了解数据处理与分析的各个步骤,因此最好按顺序逐章阅读。本书对于内容的安排,大致按照如下规则进行:

- 每章首先介绍最重要的主题，不太常见的场景及细节则在这一章的最后介绍。
- 在本书的总体安排中，最重要的内容将在前几章介绍，而对于某些细节的扩展，将放在后续各章介绍。

因此，如果你发现已经阅读到某一章的结尾，但里面的内容似乎与你的应用场景无关，可以直接跳到下一章。此外，如果时间紧迫，只需要掌握基础知识，可以尝试通过以下几种方式阅读本书：

- 如果你想掌握基础知识，可以阅读第 1～3 章和 4.5 节，这相当于阅读了本书第 I 部分的所有内容(但跳过了第 4 章的大部分内容)。
- 如果你想了解一些高级技术，但并不需要某些专业内容，请阅读第 1~7 章，即本书的第 I 部分和第 II 部分。

在第 11 章中，详细介绍了上述简明课程的内容，以及如何应用所学知识。

本书分为 3 部分。第 I 部分解释了客户流失是什么，以及如何对客户流失进行衡量，公司通常可以使用哪些数据来帮助理解和减少客户流失，同时介绍如何准备数据，从而可以被用于分析。

- 第 1 章是对该领域的一般性介绍，包括对案例研究的介绍，重点介绍了本书将帮助你为自己的产品和服务实现的智能类型。
- 第 2 章解释如何识别流失的客户，并以多种方式衡量流失率。并且从本章开始介绍 SQL 代码。
- 第 3 章介绍根据大多数在线服务公司收集的有关其客户的事件数据创建客户指标的技术。
- 第 4 章介绍如何结合第 2 章的客户流失数据和第 3 章的指标来创建分析数据集，从而理解和应对客户流失。

本书第 II 部分包含本书的核心技术，致力于理解客户行为与客户流失和留存率之间的关系，并使用这些知识推动减少客户流失的策略。

- 第 5 章介绍一种队列分析的形式，这是理解和解释客户行为与流失之间关系的主要方法。第 5 章还包括许多案例研究示例，这些代码都是用 Python 编写的。
- 第 6 章探讨了如何以一种不受欢迎的方式处理大数据：大多数公司的数据集都对相同的基本行为进行密切的测量。如何处理这些有些冗余的信息很重要。
- 第 7 章回到创建指标的主题，并使用第 5 章和第 6 章的信息来设计高级指标，这有助于解释复杂的客户行为，如价格敏感性和效率。

第Ⅲ部分介绍了通过回归和机器学习进行预测。在减少流失率方面，预测不如拥有一套良好的指标重要，但预测仍然有帮助，这需要一些特殊的技术来实现。

- 第 8 章介绍如何用回归方法预测客户流失率，以及如何解释这些预测的结果，包括计算客户生命周期价值。
- 第 9 章介绍机器学习、测量和优化客户流失预测的准确性的相关技术。
- 第 10 章介绍在客户流失的背景下，分析人口统计数据或企业统计数据，并为你的最佳客户寻找相似对象。

大多数读者应该从头开始阅读本书，先阅读第 I 部分和第 II 部分。如果在学习和应用这些技术后，需要进行预测或寻找相似客户，请继续阅读第 III 部分。如果你已经在使用高级分析，可以直接跳过第 I 部分，从第 II 部分或第 III 部分开始阅读本书。通过阅读本书，你在分析方面的进步意味着你已经有了一套很好的客户指标，并且能够识别和衡量流失的客户。

关于代码

本书包含 SQL 和 Python 代码清单。这些清单用于准备数据、理解客户流失原因和制定减少流失的策略。

- 本书中的所有代码都可以在作者的 GitHub 库中找到，网址为 https://github.com/carl24k/fight-churn，也可以通过本书封底的二维码下载。
- GitHub 存储库还提供了一个 Python 包装程序来运行 SQL 和 Python 清单。推荐使用这个包装程序来运行代码。
- 书中包含了一些示例，可以在一组模拟的客户数据上运行。这些数据被设计成一个小型在线服务企业所生成的客户数据，该服务是一个拥有 10 000 名客户的社交网络。
- GitHub 存储库的 README 文件包含设置编程环境和创建示例数据的说明。

关于封面插图

本书封面的人物插图标题是 *Paysanne du canton de Zurich*(《来自苏黎世州的农夫妻子》)。该插图由法国艺术家 Hippolyte Lecomte(1781—1857)创作，于 1817 年出版。这幅插图是手工精细绘制和着色的。它生动地提醒我们，仅仅在 200 年前，世界各地的城镇和地区在文化上的差异如此巨大。人们彼此隔绝，说着不同的方言和语言。无论是在城镇还是在乡村，只要看一看他们的衣着，就很容易知道他们住在哪里，从事什么行业，在社会中处于什么地位。

从那时起，人们的着装开始发生变化，当时丰富的地域多样性逐渐消失。现在已很难区分不同大陆的居民，更不用说不同国家、地区和城镇的居民了。也许人们牺牲文化多样性是为了换取更多样的个人生活，当然也是为了换取更多样化、更快节奏的科技生活。

在这个计算机书籍趋于同质化的时代，Manning 出版社采用 Hippolyte Lecomte 反映两个世纪前丰富多样的地域生活的插图作为本书封面，以此赞颂计算机产业的创造性和主动性。

目　　录

第 I 部分

构建自己的"装备库"

在使用数据对抗客户流失之前，首先需要准备好数据。知识将成为你对抗客户流失的武器，但对于大多数产品和服务而言，原始数据毫无用处。尽管你永远不会停止构建和处理数据，在本书的第 I 部分还是会介绍如何打好基础。本部分的目标是展示如何完成一些基本任务：测量客户流失率、为客户创建指标，以及将客户数据组合到数据集中，从而进行进一步分析，并将这些数据与同事共享。

第 1 章首先介绍有关在线产品和服务行业的背景信息；然后介绍相关的案例研究，并展示本书将教你创建的结果类型；最后介绍将在全书示例中使用的模拟数据案例研究。

第 2 章介绍使用 SQL 计算流失率。这项技能是必要的，使你可以在开始对抗客户流失之前正确测量流失率。本章还为本书后面的一些高级 SQL 技术奠定了基础。

第 3 章介绍关于客户指标计算的内容，这是本书的重要主题之一。正如你将看到的，精心设计的客户指标是对抗客户流失的主要武器。

第 4 章介绍数据集的概念，并展示如何创建数据集，从而通过你自己的原始数据来理解客户流失。本章结合了第 2 章和第 3 章的技术，并且是全书第 II 部分的技术基础。

第1章

客 户 流 失

什么是客户流失？我们为什么要与之对抗？数据将如何帮助我们与客户流失进行对抗？简而言之，你为什么要阅读本书？如果你正在读这本书，你可能是：

- 数据分析师、数据科学家或机器学习工程师。
- 在为客户提供产品或服务的机构工作。

或者你正在学习相关内容，并想找一份这样的工作；或者这不是你的职责要求，但你打算能够胜任这样的角色。

很多服务通常是通过订阅方式出售的，但你的组织无须销售订阅即可使用本书。你所需要的只是一个拥有客户并希望他们能够持续订阅服务的系统。本书讲授了很多与订阅相关的技术，但在每种情况下，都会展示如何将相同的概念应用于零售和其他非订阅场景。

如果想充分利用本书，应该具有数据分析和编程方面的背景。如果你有这方面的知识储备，那么将在使用客户数据的方式上取得重大突破。本书并不是有关数据分析和数据科学的普通书籍，因为那些常规的技术和方法不适用于处理客户流失的场景。阅读本书，不必具备专业的数据科学知识，本书会介绍足够多的基础知识，这样任何有一点编程经验的人都可以获得很好的学习效果。考虑这一点，我将读者称为数据人员(data person)，因为本书是从数据使用者的视角编写的。也就是说，本书包含了来自真实案例研究的商业见解，所以即使你不会编程，仍然可以通过阅读本书而受益，然后在需要的时候把本书交给开发人员，让他们将理论付诸实践。本书提供了有关客户流失和数据处理的实践方法。

如果你与一个提供实时响应服务的公司合作，可能会了解有关客户流失的所有内容，并希望继续努力防止客户流失。但我需要为那些刚刚开始接触这一领域的人提供背景信息，即使你已经了解客户流失的相关内容。在开始这个学习旅程之前，我需要消除一些常见的误解。

本章组织结构如下：

- 1.1~1.3 节为本书的其余部分提供了背景信息：什么是客户流失，如何对抗客户流失，为什么对抗客户流失如此困难，以及本书选择相关主题的原因。

- 1.4~1.6 节是客户流失理论的具体部分,将描述应用这些策略的业务场景,以及这些公司必须使用哪些数据。
- 1.7 和 1.8 节通过查看贯穿全书的案例研究,使枯燥的理论变得生动。读完这本书,你就可以为自己的产品或服务创造出令人印象深刻的结果。

1.1 为什么阅读本书

任何服务的主要目标都是通过市场营销活动和产品销售来增加客户(盈利性企业和非营利性的机构都是如此)。当客户不再选择你的公司所提供的服务时,会抵消公司的经济增长,甚至可能导致公司经济收缩。

定义 客户流失:当客户停止使用服务或取消订阅时将发生客户流失。

大多数服务提供商专注于增加新客户。但要想成功,还必须尽量减少客户流失。如果不以一种可持续的、积极的方式解决客户流失问题,产品或服务就无法发挥其全部潜能。

流失(churn)一词源于流失率(churn rate)一词,指的是在给定时间内离开的客户比例,稍后将更详细地讨论。流失会导致客户或用户群体随着时间的推移而变化,这就是 "客户流失" 一词的意义所在。在商业语境中,客户流失现在既用作动词——"客户正在流失" 或 "客户已流失",又用作名词——"报告上一季度的客户流失情况"。

事情都有两面,如果不想看到消极的那面,可以从另一个角度来看待客户流失问题,这个角度就是 "客户留存"。

定义 客户留存(customer retention):让客户继续使用服务并续订他们的订阅(如果有订阅)。客户留存与客户流失是相反的。

减少客户流失就等于增加客户留存,并且这些术语在很大程度上是可以互换的。我们可以将目标设定为更长时间地留存更多客户,那么除了挽回有流失风险的客户外,还应该关注客户的参与度,甚至有可能向最忠实的客户推销更多、更高级的服务,这样做的目的是让公司可以获得更多的利润。减少客户流失、增加客户参与度和追加销售都是公司获利的重要目标。这些任务的区别在于关注点不同,但最终目标都是一致的——为公司获得更多的利润。

提示:尽管拥有客户(或订阅者)的产品和服务种类繁多,但只有一套技术可以通过数据来对抗客户流失,提高客户参与度和留存率,并追加销售。

本书提供了解决客户参与度和追加销售,以及在任何类型的用户交互场景中有效地使用数据来对抗客户流失的技能与方法。

1.1.1 典型的客户流失场景

如果你在提供订阅产品的公司工作，工作场景可能类似于图 1-1 顶部所示。主要内容如下：

- 产品或服务是定期提供给客户的。
- 客户与产品或服务互动。
- 客户可能通过订阅的方式接收产品或服务。订阅通常是要付费的。
- 订阅可以终止或取消，如果这种情况发生，将被称为"客户流失"。如果客户不是通过订阅来使用服务或产品，那么当客户在停止使用该服务或产品时，就认为该客户已经"流失"。
- 客户的订阅时间、价格和付款方式将被保存到数据库中，这种数据库通常是关系型的事务数据库。
- 当客户与产品或服务交互时，这些交互动作将被跟踪并保存到数据仓库。

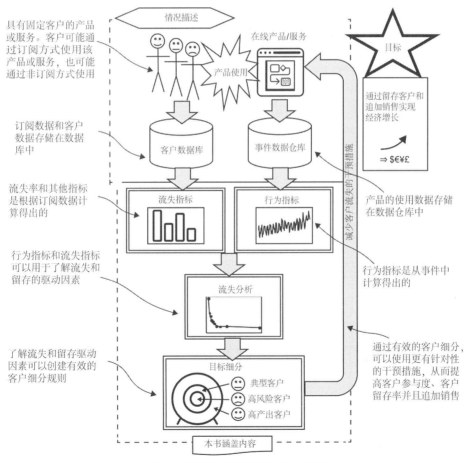

图 1-1　用数据对抗客户流失的心智模型

在1.4节中,将讨论符合此描述的各种产品和服务。如果你的情况不完全是这样,但包含一些刚才描述的信息,也是可以的。如1.5节所述,本书的技术也适用于其他相关情况。而本书所描述的只是最常见的情况。

在本书中,我模糊了术语"订阅者""客户"和"用户"。虽然它们的含义略有不同,但总的来说,概念是相同的(无论怎么称呼他们,我们都希望他们能够留下来,而不是"流失"掉)。无论你与客户的关系如何,本书中的技巧都适用。如果我举一个例子,使用了一个与你无关的人物角色,那么你可以在心里将他替换为一个适合你产品的人物角色。

1.1.2 本书主要内容

图1-1显示了本书介绍的技术如何协同工作。以下是具体执行步骤。

(1) 流失测量:使用订阅数据来识别客户流失,并创建客户流失指标。流失率是常用的流失指标。通过订阅数据库,可以轻松识别流失的客户和续订的客户,并能够清楚了解客户流失的时间。通过这个数据库也可以完成其他深入的数据分析。

(2) 行为测量:通过事件数据仓库创建并汇总与每位订阅者相关的事件行为指标。创建行为指标是了解数据仓库中事件的关键步骤。

(3) 流失分析:使用行为指标来确定流失和续订的客户。通过流失分析,可以识别哪些行为可以用来预测客户将会续订产品或服务,哪些行为可以导致客户流失,并且可以为每位客户(订阅者)创建流失风险预测报告。

在这个阶段,除了订阅者数据库和事件数据仓库之外,也可以将图1-1中没有显示的其他信息源纳入分析。其中包括有关个人消费者的统计信息(年龄、教育水平等)和有关企业订阅者的统计信息(行业、员工人数等)。

(4) 客户细分:根据客户的特征、潜在的风险、客户的行为及其他重要的信息对客户进行分组。通过对不同的客户细分市场有针对性地进行干预,最大限度地延长客户生命周期,提升客户参与度。

(5) 干预措施:使用从流失分析中得出的见解和客户细分规则,计划和执行减少流失的干预措施,包括电子邮件营销、电话营销、市场活动和培训。另一项长期干预方法是对产品或服务进行改进。在产品或服务的优化过程中,也可以利用从客户流失分析中获得的结论,找出造成客户流失的原因,从而改进产品与服务,最终达到减少客户流失、提升客户参与度的目的。

这是驱动预期结果增长的关键步骤。关于干预类型的更多信息将在1.2节介绍,并贯穿全书。这就是为什么图1-1所示的干预部分超出了本书的范围。

每章都会回顾图1-1,从而明确这一章涵盖了图中的哪些部分。

1.2 对抗客户流失

编写本书的动机之一是试图减少客户流失所面临的挑战。话虽如此,我的座右铭是"少承诺多兑现"。首先,我要提醒大家,降低流失率是非常困难的事情。因此,有些时候不完美的选择仍然会对客户流失和客户黏性(也称为客户参与度)产生重大影响。

1.2.1 减少客户流失的干预措施

企业经常使用 5 种主要的策略来减少客户流失,现总结如下,并将在后续详细介绍。

- **产品改进**:产品经理、软件工程师、媒体节目的制作人、内容创作者或者其他与产品内容或功能相关的工作人员,通过对产品的功能或内容进行改进,减少客户流失,并且提升客户使用体验。具体做法可以是向产品添加新的功能与内容,或者优化产品结构,让客户可以快速找到所需要的内容或功能。对产品进行改进是减少客户流失的主要手段,也是最直接、最有效的方法。

  对于软件来说,另一种可行的方法是加强客户对产品的依赖性(也称为增加黏性)。换句话说,就是增加客户切换到替代产品的成本,为客户提供难以复制或难以迁移的产品或服务。通过增加迁移成本,让那些打算放弃使用你公司产品的客户,放弃迁移的念头,从而减少客户流失。

- **市场活动**:市场营销人员将既有客户引导到公司所提供的最受欢迎的内容和产品上,从而减少客户流失。与传统的营销方式相比,这更像是一种教育培训。记住,你所引导的对象是我们的既有客户,他们也许很清楚你能提供的产品和服务具体是什么样子,因此对他们许下更多的承诺往往无济于事。尽管如此,市场营销人员对这种技术乐此不疲,因为他们很擅长组织这样的活动,并从事相关的工作。

- **一对一的客户互动**:客服代表(确切地说,是"客户成功"服务代表)引导客户使用你公司的产品或服务,在客户遇到问题时,及时提供帮助,从而防止客户流失。"客户成功"部门与传统的"客户支持"部门不同,在公司中,它是一个新兴的、独立的部门,公司要求这个部门的员工更加积极主动地为客户提供主动式服务。换句话说,"客户支持"部门是在客户提出问题时,为客户提供帮助并解决问题。而"客户成功"部门是更主动地尝试发现需要帮助的客户,并在客户自己发现问题之前,与客户联络并解决这些潜在问题。简言之,"客户支持"部门与"客户成功"部门的主要区别是,前者被动为客户提供帮助,后者主动提供。另外,"客户成功"部门还负责接待新客户,对他们进行培训,并帮助他们能够尽快使用公司的产品与服务。

- **价格调整**:假设公司的产品或服务不是免费的,那么销售部门(如果有)可能是停止流失的最后手段。客户经理可以降低价格或更改订阅条款,对于那些没有销售部门管理的产品或服务,一般公司也会有相同职能的客户支持代表。一种更加积极的策略是,将客户原本使用的价格较高的产品或服务,修改为价格较低、功能相对较少的产品或服务,或者缩减客户服务的订阅量(以云计算为例,原来客户每个月订阅 100 个 CPU 的算力,通过计算,发现客户使用 80 个 CPU 的算力依旧能够满足需求,那么就将客户的订阅量由 100 下调到 80),但依旧能够满足客户的需求。这种让客户选择较低版本的产品或服务,以及减少订阅量的策略,看似短期会让收益缩水,但如果设计得当,最终将减少客户流失,并提高客户生命周期价值,从而使公司获得更多利润。

- **专注优质客户**：获取客户的渠道多种多样，通过不同渠道获取的客户，流失率往往存在差异。如果在你的公司中，情况是这样的，那么与其试图留住所有客户，不如寻找优质客户，并针对他们制定策略，降低这部分客户的流失率。这种方法可以说是降低流失率方法中最后要考虑的，因为大多数产品或服务无法或者很难从主要渠道中区分这些优质客户。尽管如此，这仍然是一种可以尝试的方法，万一可以降低流失率呢。

要让以上这些方法真正发挥作用，必须有数据驱动。换句话说，你的公司需要通过数据来选择目标并制定策略。数据驱动并不要求拥有大量或特定类型的数据。本书的重点是介绍如何正确使用可用数据，无论为客户提供何种类型的服务或产品，通过数据驱动来制定干预措施都会有效减少客户流失。

提示 在对抗客户流失时，以数据为导向意味着通过对可用数据的合理解读来设计产品变更、客户干预，并制定策略。

需要注意的是，干预和服务修改是降低客户流失率和提高留存率的最后关键步骤。然而，如何执行干预超出了本书的范围。与数据分析技术不同，影响订阅者行为的干预事件，通常针对具体的订阅服务类型。没有一种万能的干预措施。此外，一般而言，数据人员以外的其他工作人员(如产品设计师或营销人员)会执行这些干预措施。

提示 对于降低流失率的干预措施，有一些通用的做法，但是这些做法需要针对每种产品或服务进行定制，才能发挥最大效能。

采取干预措施，不仅要了解产品或服务的特征，还要了解进行干预操作时使用的技术和资源。具体的干预操作方法可以单独写一本书，并且每个行业的干预措施都可以单独成书。那些书的目标读者是客户经理，而不是像本书一样，主要面对技术人员。感兴趣的读者可以在书店中的"商业书籍"区域，寻找带有"客户成功"标题的书籍并阅读，这些书往往在产品设计、市场营销和客户支持等子分类下。本书中的工具和技术将彻底改变产品在其所在领域的表现，但不要指望数据人员能完成所有的工作，毕竟最终的成功需要多部门合作才能实现。

1.2.2 为什么客户流失难以对抗

既然知道了我们的目标和可行的策略，那么下面将介绍你将面临的困境。正是因为存在这些困境，才引出 1.2.3 节中如何使用数据对抗客户流失的主题。

1. 客户流失难以避免

遗憾的是，大部分消费者是理性的，也是自私的。作为你的客户，他们对你的产品或服务已经非常清楚。为了通过可行的方式，长期减少客户流失，你必须提高产品交付的价值或降低成本。回忆上一次遇到客户流失时的情况：你在对抗客户流失时使用了哪些方法？是更好的内容和功能？还是更低的价格？或许是，你更改了产品的界面(这个不太可能吧？除非你的产品界面一开始做得非常糟糕)？会不会是频繁地给客户发送电子邮件，告知他们新的产品功能与促销(这好像也不是好主意，除非邮件中包含了更多有价值的信息。注意，我们再次提及"价值"这个词)？

为了减少客户流失，需要增加产品或服务的价值("价值"才是一切的核心与灵魂)，但这实施起来实在非常复杂且很难达成。因为你的客户已经知道你所能够提供的服务是什么样的，所以营销或销售代表做出的新承诺不会有太大的吸引力。作为数据人员，你可能会被要求提供"灵丹妙药"以减少客户流失，但"灵丹妙药"可不是什么现实的东西。

提示 如果"灵丹妙药"指的是一种低成本且可靠的方法，那么我可以告诉你，根本没有这种"灵丹妙药"可以减少客户流失！

用著名的创业公司 CEO 和风险投资家 Ben Horowitz 的话来说，"没有灵丹妙药，只有子弹。"他在他的创业回忆录 *The Hard Thing About Hard Things*(Harper Business, 2014)中谈到了提供具有竞争力的软件特性，但我认为这同样适用于对抗客户流失。这意味着通常没有快速的"一次性"解决方案，你必须不断努力来增加为订阅者提供的价值。我并不是说解决订阅服务问题的简单方法永远不存在。但当对抗客户流失的问题已经交到数据人员手中时，表明他们之前已经尝试了很多方法，实在解决不了，只能向数据人员求助了。如果数据人员在没有进行数据分析的情况下很快就找到了解决客户流失的方法，要么这个方法是错的，要么就是之前的那些人没有认真工作。

另一种对抗流失的方法是降价。但降低货币成本是客户对付费服务的核心选择。对你的公司而言，收入流失或销售减少可能比全面流失要好，但这仍然不能阻止客户流失，因为如果产品或服务不好，再低的价格也无法挽留对产品或服务失去信心的客户。

警告 降价是对抗客户流失的"终极武器"，虽然它一般总是有效的解决方案，但是它给公司带来的损失往往是无法接受的。

正如第 2 章所述，大多数公司都认为降价销售只是另一种形式的客户流失，毕竟降价后，由降价造成的收入损失和客户流失造成的损失差不多。

2. 预测客户流失效果不理想

现在看看数据科学家工具包中的常用工具：使用机器学习系统进行预测。预测客户流失效果不佳的原因有两个。首先，也是最重要的，预测客户流失风险对大多数减少客户流失的干预措施没有帮助。因为没有万能的干预措施，所以客户流失干预措施需要根据客户流失的可能性之外的因素来确定。换句话说，即便我知道某个客户有 70%的可能将退订，这与我采取怎样的措施来防止他退订有什么关系？这种情况下，"70%"对我来说毫无意义。因为防止客户流失与垃圾邮件检测或欺诈检测等领域不同，在那些领域中，根据预测的结果，可以采取有效的措施，比如，系统预测某封邮件是垃圾邮件，直接将它放入垃圾箱就可以了，这就完成了对垃圾邮件的"干预"操作。但是，如果预测某个客户有流失的风险，那该怎么办？也将他放入垃圾箱？当然不是。

为了减少客户流失，可以通过电子邮件营销活动来推广公司产品的某项功能。但是这样的活动应该针对那些还没使用该功能的客户，而不是发送给所有存在流失风险的客户。草率地发送这种广告邮件，往往会加速客户的流失，而不是挽留他们！客户成功(Customer Success)团队在选择客户进行一对一干预时，流失风险预测可能是一个有用的变量，但即便如此，它也只是用于识别那些存在流失风险的客户的一个变量。

这可能会让你感到失望。为了减少客户流失，仅仅部署一个能够赢得数据科学竞赛的 AI 系统远远不够。如果你在没有提供更多可操作建议的情况下提供预测客户流失的分析，对企业的帮助不大。相信我，预测客户流失率并不是用数据对抗客户流失率的重点。当我开始在这个领域工作时，这是我必须学习的最重要课程之一。

提示　因为没有一种客户干预措施可以解决所有的客户流失问题，所以预测客户的流失风险对减少客户流失的帮助十分有限。

第二个原因是，即便使用最好的机器学习算法，客户流失也很难准确预测。这很好解释，比如某个客户订阅了你的服务，但是激活账户之后，由于一些原因，根本没有使用服务(可能是因为项目还没有到使用这些服务的阶段，或者仅仅是忘记了买过这个服务)，那么流失率预测系统观察到这个客户，并将他标记为有较大流失风险的人，然后在系统中生成报表，告诉"客户成功"部门的同事去对这个客户进行关怀。我想，接到电话的客户应该是一脸错愕，因为他并没有打算退订你公司的服务。客户流失由太多无法预测的因素决定，所以想仅仅通过机器学习就准确预测客户的流失，简直是天方夜谭。

除了上面提到的因素，还有好多因素使客户流失预测变得十分困难。因为"满意"是一种主观感受，"流失"也许并不是因为你的产品或服务不够优秀，而仅仅是因为客户自身的原因，"因为我不喜欢了"。这种情况在客户服务的相关行业尤其严重，这也使这些行业中的客户流失率难以预测。虽然对于工业化商品，客户往往更加理性，但客户和你都没有足够的信息让他们对产品的使用进行精确的成本效益分析，从而给出客观的判断。想象一下，当你收到新手机时，会将该手机的所有功能都认真学习并使用一遍，从而对这部手机有一个全面的认识和了解吗？当然不会，也许有些功能在你弃用这部手机时都没使用过。

最后，与客户留存相比，客户流失一般比较少见。由于客户流失占总客户的比例相对较小，因此在机器学习训练模型时，没有足够的数据，从而导致模型的准确率下降，以致出现大量误报的情况。

考虑所有这些因素，客户流失预测不可避免地出现准确率低的情况。如果你在一个项目中预测了客户流失率，并且发现它可以提供很高的预测精度，别高兴得太早，因为这并不一定是好现象，可能你的预测模型存在问题，出现了数据泄露(比如，我们要预测某个人是否有心脏病，其中一个用于预测的特征是他是否动过心脏手术，这个模型的准确率极高，但又有什么用呢？没有心脏病，他做什么心脏手术呢？难道仅仅为了"开心"吗)。我们将在第 4 章详细讨论这些内容，并且将在第 9 章提供有关预测客户流失准确性的数据，以及影响预测准确率的因素。现在，我希望已经为你提供了足够的论据，说明为什么通常不可能进行高准确率的客户流失预测。

提示 外部因素、主观性和信息不对称等因素，都会使客户流失率的准确预测变得困难。

3. 减少客户流失是团队努力的结果

防止客户流失最困难的事情之一——这不是一个人能够完成的工作。也就是说，没有一个人或某个职位可以独立完成。考虑 1.2.1 节描述的减少客户流失的策略：产品改进、市场活动、一对一的客户互动、价格调整及专注优质客户。在一个典型的公司中，这些职能涵盖了一半以上的部门。这意味着，减少客户流失将受到部门间沟通和协调的影响。如果不精密策划，不同的团队就会倾向于提出不恰当的方法来减少客户流失。例如，如果产品和营销团队决定专注于推动不同功能或内容的使用，而其他部门建议降价，并且他们始终无法在解决方案上达成一致，这将使减少客户流失的工作无法进行下去。这种情况往往是由于信息不对称造成的，并且他们不是数据专家，即便他们得到了所有数据和信息，也不能进行有效的分析，并给出合理的解决方案，所以在制定减少客户流失策略时，在以数据驱动为基础的前提下，各部门通力合作也是成功的必要因素。

提示 减少客户流失的工作面临着多个相关团队之间缺乏有效沟通和协作的风险。

此外，在典型的情况下，数据人员自己无法通过任何手段来减少客户流失。减少流失取决于不同业务部门的工作人员所采取的行动，而不是处理数据的工程师。这些同事的职位各不相同，我将他们称为业务人员(因为没有更好的称呼)。我并不是说数据人员不是企业业务人员的一部分，但数据人员通常不需要对具体的业务结果(如收入)负责，而其他角色通常需要对业务结果负责。在数据工程师眼中，业务人员才是数据分析结果的最终用户。

提示 数据人员的目标是让业务人员能够更有效地执行减少客户流失的干预措施。

1.2.3　有效的客户指标：防止客户流失的利器

客户流失问题很难解决，因为不同的业务部门通过不同的方式来减少客户流失。这些部门使用不同的工具和方法，这决定了它们采取的干预措施各不相同。此外，每一种减少客户流失的方法都要求企业针对那些最有可能做出反应的客户进行干预，而对于那些下定决心要离开的客户，应该选择直接放弃。因此，为了应对客户流失，企业需要有一组多部门都可访问的信息或规则，从而了解客户及其与产品的关系。

让数据成为对抗客户流失的武器的最佳方法是使用数据生成有效的客户指标，并将这些指标交到企业的客户流失"战士"手中，正如将在第 3 章中深入讨论的那样。另外，对客户的衡量常被称为"指标"。

定义 客户指标——你对所有客户分别做的测量。

举个简单的例子，指标可以是每个客户每月使用软件某个功能的次数，或观看某个电视剧的集数。然而，并非每个指标都可以用于对抗客户的流失。

提示 一个可以用于对抗客户流失的客户指标，应该具有以下特点：

● 容易被业务人员理解。

● 与流失率和留存率明显相关，哪些客户是"健康客户"(可以认为是忠实客户，不会轻易退订)一目了然。

● 通过该指标可以对客户进行细分，从而有利于提供有针对性的干预措施。

● 对业务的多个方面(产品、营销、支持等)有促进作用。

继续通过前面提到的简单示例进行说明，你可能会发现诸如"每月使用产品的某项功能超过 5 次的客户，他们的流失率是每月仅使用一次或更少的客户的流失率的一半"之类的业务规律。在系统中统计"客户使用了某些特定功能的次数，或者观看了某些电视剧多少集"并不困难。通过这些数据，可以了解客户的流失情况，关于客户流失的发现让我们清楚地知道什么是"健康的"客户。对于业务的每个部分，都会有各种各样的事实存在。产品创建者会知道某个产品功能提供了怎样的价值，可以对有价值的功能进行复制并研发出新的吸引客户的功能，也可以对产品进行修改，使这样有价值并且受欢迎的功能更容易被客户找到并使用。市场营销人员可以筹备一个活动来推动客户使用这个功能。当"客户成功"部门的工作人员或者"客户支持"部门的工作人员与客户沟通时，可以询问客户是否正在使用要推广的这些功能，并鼓励客户尝试使用它们。

这听起来很容易，但真正要找到有效的"规律"就是另外一回事了。因为有些我们发现的"规律"会产生误导，1.8.2 节将通过示例加以说明。而更常见的问题是潜在的指标和"规律"太多。接下来的挑战是找到一组简洁的指标供公司使用。因此，看似简单的寻找易于理解的事实和规律的工作，并不意味着可以轻易完成。

为了获得更好的流失率预测结果，我将重点放在如何提供出色的客户指标上。我刚开始工作时，情况通常是这样的：在开始分析客户流失之前，公司的业务部门选择了一批客户指标，我们将它们作为预测模型的输入。我经常发现这些客户指标设计得不好，不利于预测和理解客户流失，预测模型的表现很差，因此没有人愿意使用它。就在那时，我灵光一现。数据分析应该专注于确保指标对减少客户流失有所帮助，因为人们在工作中将使用这些指标作为参数。我知道，作为数据专家，在创建客户指标方面，我可以做得比业务人员更加专业，我做到了，我相信你也可以。

我将向大家介绍的方法类似于传统的统计分析或科学分析。具有统计学背景的数据人员可能会发现这种方法比计算机科学家所使用的方法更加有效。这个过程是迭代地测试不同的客户指标，分析它们与客户的关系，并评估它们的可解释性，以及它们对细分和干预的有效程度。当你找到了一组最佳的指标集合，这就是对业务部门的主要交付成果。如后面所述，可以将这组指标集合作为预测模型的输入，从而获得更好的预测结果。

提示 数据分析项目向企业交付的主要成果就是一组客户指标。

1.3 本书为何与众不同

读到这里,你可能怀疑本书是介绍数据科学或数据分析的书,因为它与你之前读过的相关书籍存在很大差异。我马上解释这种差异,以便你能更好地利用本书。

1.3.1 实用且透彻

表 1-1 总结了本书与该领域典型书籍的一些不同之处。

表 1-1　本书与其他数据分析书籍的对比

本书	其他数据分析书籍
全书使用统一的示例场景,以及统一的应用程序,脉络清晰,不混乱	使用众多不同的场景,但省略了许多具体的细节
专注于理解数据和设计指标(也称为特征工程)	专注于算法
在迭代过程中,从原始数据创建数据集	使用固定基准的数据集
强调可解释性、简约性和敏捷性	强调最大化精确度或其他技术指标

本书就关注一件事:使用数据来对抗客户流失的实用方法。相比之下,大多数关于数据分析的书籍涵盖了各种示例,强调统计学方法和计算机科学算法。1.5 节解释了一整套类似流失的用例,以及所应用的相同的技术。本书专注于让学习对抗客户流失这件事变得轻松愉快。一旦你成为这方面的专家,就可以轻松地将所学知识应用于各个场景,并解决相关问题。

在典型的数据分析书籍中,重点是讲授算法,并且提供用于演示这些技术的数据集(基准数据集)。本书从原始数据开始,告诉你如何创建一个分析数据集,这是我们工作中的很大一部分内容。并且本书介绍了几种实用的统计方法和机器学习算法,但不会讲授过多理论。本书的重点是让你了解整个数据处理与分析的过程,包括如何将所学知识应用于现实工作中。

现实世界的数据问题与一般教程所描述的问题的主要区别包括:在现实世界中,工作永远不会结束,一旦完成一次客户流失分析,就会创建新的产品功能或内容,因此需要重新分析,这是一个不断迭代的过程。或者可能会将一种全新的数据类型放入原始数据集,补充数据集。此外,业务环境也在不断变化,如竞争对手和经济条件的变化。这种变化可能需要重新分析业务,即使产品或服务没有更新或修改。

要在这种环境中取得成功,使用数据的过程必须精简且敏捷。精简意味着使用最少的数据量和最少的分析步骤来完成工作;敏捷意味着快速有效地响应变化。实现精简和敏捷具有重要的意义。我将在整本书中始终强调这两个主题。

提示 你的目标是向业务人员提供可操作的指导,倾听他们的意见,并尝试尽快回答他们的问题。不要详尽地测试每个假设或评估指标。

编写代码使流程自动化。这可以简化那些必要的更改请求,从而可以提升整个分析过程的性能。

由于需要与业务人员沟通以对抗客户流失,因此数据人员的分析在提供可操作的指导时会产生最大的影响。出于这个原因,本书将告诉你如何以非技术人员可以理解的方式传达分析的结果。这意味着使用相对简单的可视化图表,并避免使用过多技术术语,尽可能使用通俗的语言。我甚至建议在解释分析时,进行必要的简化(但不要在分析过程中偷工减料)。在整本书中,将与你分享我发现的有效解释分析结果的具体案例。

数据和指标设计(又称特征工程)的重要性

许多上过数据科学或数据分析课程的人,开始在公司工作或从事真正的研究项目时会感到惊讶:他们需要的数据不是来自 CSV 文件或数据库中的表,而是需要自己去寻找,并且可能有多种数据来源。大多数现实世界的项目都涉及从多个数据库或系统中查询及整合数据,这个过程是项目工作的很大一部分(通常占了一半以上的工作量)。在学术数据科学中,这被称为特征工程,但我将坚持使用"指标设计"这个术语,因为需要与业务人员交流,这种叫法更加通俗易懂(将在第 3 章中详细介绍)。

另一个常见的误解是,算法或分析方法的选择是影响模型准确性的最重要因素。设计用于分析数据的汇总指标(也就是学术界所说的数据特征)是这个过程中最重要的部分,其重要性已经超过"模型的准确性",因为如果特征选择错误,即便模型的准确率很高,拿着这个"很准确"的错误结果,又有什么意义呢?

一些从事学术研究的数据人员可能会认为准备数据是低效的,甚至是不值得的,并且认为是一件苦差事。但是在准备数据时必须做许多决定,其中一些可能会对结果产生巨大的影响,特别是如果没有正确地或没有按照数据人员期望的方式做决定,最终的结果将不会是我们所想要的。

警告 将数据准备任务委托给另一个团队来完成是非常危险的。

最后,我想补充的是,根据我自己的经验,理解数据和设计参数是整个过程中最有趣、最有创意的部分!在我看来,这才是数据科学中真正的"科学":通过实验从数据中学习,而不是运行别人的算法。因此,在我看来,数据准备并不是一件苦差事!

1.3.2 模拟案例研究

为实现目标,本书围绕深入的案例研究展开。你将从客户和事件数据的数据库开始学习,并通过它了解对抗客户流失的真正工作中所涉及的所有步骤:计算客户流失率,通过创建和分析指标了解客户行为,探索客户行为与客户流失之间的关系,并将这些知识结合起来,设计有针对性的干预措施,从而达到减少客户流失的目的。

由于客户数据很敏感,我无法将真实的客户和产品数据分享出来供大家学习。但本书包含一个高度逼真的客户模拟数据集,你可以使用它生成自己的数据。我还将经常把这些数据与真实公司的案例研究进行比较(将在 1.7 节中介绍)。你将看到从模拟数据中获得的结果与现实中的结果惊人地相似。模拟代码以及设置和运行它的说明信息,位于本

书的网站 (www.manning.com/books/fighting-churn-with-data) 和本书的 GitHub 存储库 (https://github.com/carl24k/fight-churn)。

注意 设置开发环境，以及运行模拟代码的最新说明将始终位于本书 GitHub 存储库根目录的 README 页面。本书不介绍安装说明。

在我介绍了真实的案例研究之后，会在 1.7.4 节告诉你更多关于本书所用的模拟公司的背景。但首先，我想更概括地谈谈本书适用的公司和数据类型。

1.4　具有重复用户交互性的产品

对于那些还不熟悉该领域的人，我将总结具有重复用户交互或订阅的产品现状。订阅和定期支付业务模式绝对不是新兴的。订阅新闻服务至少在 16 世纪就已经存在，并且定期支付保险费的制度在 17 世纪就已经建立。20 世纪见证了第二次工业革命为广泛的公用事业提供的无处不在的定期支付服务的兴起：首先是水、天然气、电力和电话服务，之后在 20 世纪后期，又增加了有线电视、移动电话服务，当然还有互联网服务。这些服务都基于消费者和提供者之间的经常性支付关系而长期存在。所有这些关系都可以称为"订阅"。

当我们想到订阅时，通常想到的是定期支付的固定费用，但是订阅服务可以在消费者和提供商之间有 3 种付款方式。

- 定期付费：每个服务期的付款金额相同，如家庭宽带的月租费。
- 基于用量的付费：根据某种计量单位，为使用量付费，比如在音乐网站下载音乐，下载多少，付费多少。
- 一次性付费：通常是安装费用，也包括临时(非经常性)升级服务费用，如家庭宽带或家庭固话的初装费。

服务有时会要求提前支付费用(在每个服务期开始时)，有时会要求延后支付费用(在提供服务之后)。但所有这些服务的共同点是消费者和服务提供者之间的持续关系。

21 世纪见证了订阅服务前所未见的爆炸式增长，主要通过互联网交付，并使用云计算平台创建。使它们区别于大多数早期订阅服务的一个重要特点是，新产品通常具有更自由的性质。虽然 20 世纪的循环支付服务几乎没有选择(许多公用事业公司仍然处于受监管的垄断地位)，但在 21 世纪的订阅服务中，我们有多种选择。通常所有的服务都有替代品，比如从一个流媒体音乐服务切换到另一个。此外，还有其他方法可以达到相同的目的，比如企业开发自己的软件，而不是通过订阅方式购买软件。最后，我们需要清楚地认识到，当代的订阅服务大多都不是无法替代的。比如，街对面就是大型超级市场，有很多新鲜蔬果可以选购，你一定要使用宅配到家的蔬菜配送服务吗？

下面将介绍目前存在的各种订阅模式。我们将在本书的其余部分讨论这些商业模式。

1.4.1 支付消费品的费用

这是大多数人都熟悉的订阅服务付款方式，这些消费品通常价格不高，价格通常以"99"结尾，如 9.99、49.99、99.99 等，比如移动电话月租费，每个月 49.99 美元。如今，大多数消费者订阅的服务都使用这种订阅方式。

- 桌面软件(文字处理器、电子表格、图形创建工具、防病毒程序等)，以前通过永久许可销售，但现在往往通过订阅的方式收费，比如某些字处理软件，每月 3.99 美元。
- 新型软件即服务(云存储服务、家庭安全视频监控服务等)，比如大家熟悉的某安全摄像头，每个月 2.99 美元，提供 3 天循环的监控视频回放服务)。
- 实体产品包，如男士的剃须用品、女士的美容产品、保健食品等每月配送到家。
- 个人服装(包括服装、手表等)。

这些产品通常被称为企业对消费者(Business to Consumer，B2C)服务。另一个相关术语是直接面向消费者(Direct to Consumer, D2C)，通常指向消费者销售视频娱乐节目，而不像有线电视或卫星电视那样通过固定的套餐包向用户提供视频服务(在撰写本文时，许多电视频道只能通过有线电视或卫星电视订阅获得，但流媒体服务是 D2C)。

1.4.2 B2B 服务

就市场价值而言，企业订阅服务是一个巨大的细分市场，通常称为企业对企业(Business to Business，B2B)产品。从 Salesforce 在 2000 年左右创建了第一个基于云的客户关系管理(Customer Relationship Management，CRM)系统开始，这个市场已经呈爆炸式增长。现在，几乎所有面向企业的新软件产品都作为一种服务提供给用户，这种模式称为软件即服务(Software as a Service，SaaS)。同时，由于云部署的普及和软件升级的效率问题，现有的本地软件产品已开始转向新的运行模式(运行在云端)。这些产品展示了令人眼花缭乱的支付条款，因为商业产品不会回避复杂的合同(事实上，他们似乎非常喜欢这些令人头疼的合同条款)。最知名的 B2B 订阅类别包括以下几种。

- CRM：用于协调销售团队和市场互动的 SaaS。
- 企业资源规划(Enterprise Resource Planning，ERP)：用于财务、物流和生产的 SaaS。
- 订阅业务管理(Subscription Business Management，SBM)：用于管理订阅的 SaaS(该 SaaS 也是基于订阅方式销售的)。
- 人力资源(Human Resource，HR)管理：用于管理员工及招聘等业务的 SaaS。
- 支持问题跟踪系统(Issue Tracking System，ITS)：用于跟踪和管理客户支持服务工单的 SaaS。
- 桌面软件：通过多用户订阅销售的电子表格、文字处理软件、电子邮件、图片管理软件等。
- 云计算资源：云服务器、存储、数据库和内容分发网络(Content Distribution Network，CDN)。

- 商业智能(Business Intelligence，BI)：用于查询和可视化各种类型数据的工具。
- 安全产品：病毒防护、密码管理器、网络监控及其他确保个人计算机和公司系统安全的工具软件。

上面显示的简短列表只是如今企业使用的各种 SaaS 产品中的一小部分。几乎每家现代 SaaS 公司都大量依赖其他 SaaS 产品来提供运行非核心操作系统的软件。典型的 SaaS 公司只通过内部软件工程师来创建服务的特有部分，几乎所有其他操作部分都是使用另一家 SaaS 企业提供的软件来完成，并按订阅付费。换句话说，SaaS 公司在其提供的产品中只开发产品的核心部分，而其他非核心部分则直接集成其他 SaaS 厂商所提供的 SaaS 产品或服务。除了之前列出的标准应用程序，还有为特定领域公司设计的 SaaS 产品：

- 大多数在线新闻或媒体服务通过软件来管理评论，但该服务不是由这些新闻或媒体公司创建的——因为它们专注于创建吸引人的内容。
- 支持特定行业的信息服务过去只出现在金融和法律行业，但现在房地产、能源、制造和农业等行业也有特定的信息服务。
- 具有管理特定行业的发票和应付账款功能的服务。

上面这几种 SaaS 产品只是服务于众多特殊行业的几个代表，还有大量的专用 SaaS 服务于各行各业。

1.4.3　客户流失与媒体广告

在互联网的早期，最常见的商业模式是提供免费媒体内容(阅读材料、视频、音乐等)，这些免费媒体中一直都包含大量的广告。但这些媒体没有通过订阅的方式向客户提供信息。如果将订阅比作将报纸放入你家门口的信箱，这些媒体发布信息的方式更像是早年间学校门口的报刊栏，报纸就贴在报刊栏里面，因此该场景与图 1-1 有一些重要的区别。这些免费的媒体服务没有订阅数据库，尽管它们可能使用另一个数据库来跟踪用户选择广告的相关信息。虽然从客户那里获取价值的方式不同，但这些服务与常规消费者付费服务有很多相同的性质，并主要关注客户流失率：它们希望客户(广告浏览者)不断回访。

正如我们将在稍后介绍的，如果不使用订阅的技术，那么"流失"可以简单地定义为某个客户很长时间没有再访问过网站。只要某些事件数据仓库通过多个会话跟踪客户，这类产品就可以使用本书的流失率分析方法。

提示 要使用本书提供的方法和技术计算流失率，网站至少可以跨多个会话跟踪客户。

1.4.4　消费者订阅

这是一种新颖的订阅类型，这种订阅服务依旧免费(也可能包含部分收费服务，如不想看广告)向客户提供信息，如 YouTube 订阅或电子邮件更新。这是刚才说的免费媒体信息服务的一个变种，客户在网站上注册账户，并在登录后订阅自己喜欢的频道，接收感兴趣的媒体信息。而网站可以根据客户订阅频道的分类，有针对性地将广告推送给客户，从而增加广告中相关产品或服务的销售。网站的经营者依旧是通过广告获利。这种情况符合图 1-1 中的典型场景,但订阅不需要固定付费(有时也会要求客户对账号进行付费升级,从而屏蔽广告)。

1.4.5   免费增值商业模式

免费增值产品是指同时具有免费版和付费版的混合订阅模式。"免费"和"付费"又有多种模式。比如 AWS,第一年可以免费使用很多服务,但从第二年起,有些服务就从免费状态变成收费状态;再比如,YouTube 的视频服务也分为免费和收费,从注册的第一天起,就可以选择免费观看视频但要观看插播的广告,或者直接付费升级为免广告的会员,从而不受广告的骚扰(其实,准确地说,YouTube 的免广告订阅服务也有一个月的试用期,但是为了简化场景,暂且认为没有这个试用期吧)。

就客户流失而言,免费增值服务有两种截然不同的流失类型:订阅免费服务的客户流失和订阅付费服务的客户流失。对于免费客户,可以使用非订阅、基于活动的客户流失分析技术。这里有一个特殊情况,称为"免费试用转换",具体来说就是那些订阅免费服务的客户变为付费客户,这可以认为是"流失"的逆向行为,可以为公司带来更多的收益。对于这种情况,可以使用分析客户流失的技术进行分析。

1.4.6   App 内购买模式

这是免费增值模式的一种变体,这种订阅服务可以是永久免费的(或者只需要相对较少的一次性付费就可以永久使用),但提供了多种套餐类型来升级客户的体验,升级时需要额外付费。这正在成为在线游戏的主要盈利模式。玩游戏是免费的,但如果想要一个酷炫的人物皮肤、更好的武器装备或通往更高级别的捷径,那就要付费了!

这是另一种适合图 1-1 所述的模型,但无须订阅的场景。在这种情况下,交易数据库将跟踪一次性购买行为(以及 App 的原始购买,如果有初始激活费用)。在这种情况下,"流失"可以定义为客户变得不再活跃,只要可以跨会话跟踪客户的行为,本书中所介绍的技术就都适用。

1.5   非订阅服务的客户流失场景

本书的重点是对抗订阅客户的流失,但同样的方法也适用于各种其他常见的业务场景。我将马上介绍这些场景,但为了简单起见,将主要关注对抗订阅模式下的流失的技术。掌握这些技术后,你应该可以轻松地将所学知识应用于其他场景。

1.5.1   将"不活跃"看作"流失"

在免费增值服务的免费部分,可以将客户不活跃视为流失。这种策略同样适用于没有明确订阅行为的 App 或广告产品。由你指定一个时间窗口(如 1 个月或 3 个月),如果有客户在该时间窗口内不活跃，那么认为该客户已经"流失"。对比图 1-1 的典型场景，这里没有使用订阅事务数据库，只有一个事件数据仓库。但这也不妨碍使用本书中的技术对这种场景进行客户流失分析。但需要注意的是，如果想成功分析客户流失，必须能够通过会话或相关技术，在不同的活动中跟踪客户的行为。

1.5.2　免费试用转换

如 1.4.5 节所述，免费增值模式提供免费服务和付费服务。因为免费服务与付费服务的客户行为数据类似，所以分析客户从免费服务升级到付费服务，就像分析其他付费服务的客户流失一样容易，可以使用相同的技术，只是使用"相反"的算法。所以，这种场景也符合图 1-1 所示的要求，自然也可以使用相同的分析技术。

1.5.3　upsell 和 down sell

客户增加新的服务或从价格较低的会员级别升级到价格较高的会员级别称为 upsell，而取消之前的某些服务或由价格较高的会员级别降级到价格较低的会员级别(但还没有退订)称为 down sell。如果可以提供客户的行为数据，并且客户的特征是可以识别的，那么可以使用客户流失分析来确定什么时候会发生 upsell，什么时候会发生 down sell。但这里存在一个挑战，因为 upsell 和 down sell 都有多种选择，比如从青铜会员跳过白银会员，直接升级到黄金会员或钻石会员，或从最高级的钻石会员直接降级到第二级的白银会员。但别担心，在实际工作中，对于 upsell 和 down sell 的额外分析并不是必要的，只要掌握客户的变化趋势(升级还是降级)即可。在通常情况下，可能发生 upsell 的客户是通过"流失分析"得到的忠实客户(也称为最佳客户)，而发生 down sell 的客户则是通过分析得出的最可能流失的客户。

upsell 和 down sell 有时非常好识别，它们与某些特定的用例阈值有关。比如，某个客户移动电话的数据流量每月从 5GB 增加到 8GB，就符合 upsell 的场景。再比如，某企业的软件使用许可，原来每年有 100 个用户订阅，今年却只有 50 个用户订阅，该企业就符合 down sell 的场景。所以，对于类似的例子，不需要深入分析，只需要查看某个指标，就可以识别出相关客户。

1.5.4　其他"是/否"客户预测

预测客户流失是统计学和数据科学中的二元结果问题，因为它的答案只有"是"或"否"。你可以将本书介绍的方法直接应用于各种结果为"是/否"的场景，包括预测客户未来的状态，这些状态可以被框定为"是/否"问题。例如，某些类型的保险政策是否会导致保险欺诈发生(医疗、汽车等)，借款人是否会延迟还款。这里需要注意的是，本书倾向于关注罕见的结果(保险欺诈和贷款违约碰巧也是如此)。如果"是"和"否"结果出现的概率几乎相同，则可以使用稍微不同的方法，具体参见第 9 章。

1.5.5   用户行为预测

假设订阅者继续订阅服务，想要分析订阅者未来可能会做什么是合理的。这对于产生收入的行为尤其重要，例如订阅者将使用多少即用即付(pay as you go)功能，或者用户将消费多少内容，以及由此产生的广告支持服务的收入有多少。

本书介绍的大多数技术也适用于这类分析，但需要注意的是，对于客户流失，我们使用数据科学中称为"分类"的模型(分类的结果有两类：客户流失或客户依旧订阅)。但对于客户行为的预测，将使用数据科学中与数值预测相关的模型，从而预测客户的某种行为发生的概率。如果你曾经接受过数据科学或统计学方面的培训，那么对本书介绍的方法进行调整，从而对实际应用中的值进行预测并不困难，关于数据科学及统计学更加详细的内容，可以参考相关数据或文档。

1.5.6   其他与客户流失不同的用例

我们常见的产品推荐系统与客户流失用例不同，它可以根据客户之前的行为，有针对性地为客户推荐产品，从而提高总的销售额。本书介绍的方法与策略也可以对"基本套餐""标准套餐""付费套餐"等数量较少的"产品"进行分析与预测。对于大型电商或串流平台所提供的成千上万种商品或服务，则不该使用本书介绍的方法，而应该阅读与"推荐系统"相关的书籍或文档，从而获得更多利益。

1.6   消费者行为数据

假设客户在与你公司提供的产品或服务进行交互时，存在大量的、千奇百怪的交互行为。通过书中的一节进行介绍远远不够，这些内容完全可以单独出版一本书。所以，这里仅介绍一些基础知识。首先让我们了解什么是交互和事件。客户在使用软件时的各种操作称为"交互"，其各种操作行为称为"事件"。

定义 事件：在对抗客户流失的工作中，数据仓库跟踪的所有客户交互动作和交互结果。事件带有时间戳，表示单个客户在某个时间发生的行为。

1.6.1   常见客户事件

我将通过列出常见产品类别的典型客户事件来讨论具体数据。它们都有一个共同点，即指的是可能在任何时间发生在某个客户身上的单个事件。对于某些事件，我们唯一可以获得的信息就是：这个事件在特定时间发生在特定客户身上。而对于其他事件，事件发生的同时还伴随一系列其他细节。以下是一些典型的客户事件。

- 软件——指任何软件产品(SaaS)，但也可以指其他类型的具有软件接口的产品。
  - 登录：登录到应用程序通常被视为一个事件，并被跟踪和记录。

◆ 用户界面(UI)交互：在 UI 中，几乎任何单击或输入行为都可被视为一个事件。事件通常包括对 UI 具体部分的引用(比如单击了某个按钮或在某个文本框中输入了文字)。

◆ 文件/记录操作：包括对应用程序数据库中记录或文件的创建、编辑、更新和删除操作。在某些时候，事件可以包括文档类型，特别是文档字段的信息。

◆ 批处理操作：许多应用程序包括用户定期执行的任务。可以将处理每个项目的动作视为一个事件，也可以将整个批处理作业视为一个事件。

● 社交网络——专门的社交网络以及具有社交功能的产品。

◆ 点赞：表示用户喜欢他们看到的东西，这是社交网络中最普遍的互动方式之一。

◆ 发布：发布任何社交网络支持的内容，比如在朋友圈发布一条个人动态。

◆ 转发：比如在微博上看到一条有趣的文章，将它转发到自己的微博中。

◆ 加好友：将其他用户加为自己的好友，这可能是社交网络中最重要的参与形式，因为它可以丰富未来的用户体验。

● 电信行业——提供移动通信和固话等电信产品的服务提供商。

◆ 通话：包括语音通话和视频通话。一般来说，"通话"事件通常包含通话的时长和通话的类型(语音还是视频)。

◆ 流量：一般指手机上网所使用的数据量。

◆ App：安装在手机上的应用程序。

◆ 添加/删除设备：在客户生命周期中，添加/删除设备是重要事件。比如在同一个电信账户中，新注册一个电话号码，或者删除原有账户下的一条宽带。

● 物联网——由互连设备组成的产品。

◆ 地理空间：设备的物理位置移动事件，包括地理位置和移动速度等。

◆ 传感器：传感器接收的数据几乎涵盖了各种类型，并可以包含大量附加信息。

◆ 设备：与传感器一样，"设备"事件可以指几乎任何类型的活动，并包括该设备可以提供的特殊信息。

● 媒体——提供任何类型的预录或直播内容的产品，包括视频、音频、图像和文本等。这些内容不仅用于娱乐，也用于教育和专业培训。

◆ 浏览/观看：播放媒体内容是媒体服务最常见的事件，通常包括被播放媒体的播放量及其他详细信息，如视频或文章的点阅数。

◆ 停留时间：用户在特定页面或其他形式的内容上的停留时间，比如用户阅读某篇网页文章时，在该网页上停留的时间。

◆ 点赞：这是一个非常重要的事件，用户通过为媒体内容点赞(或者在某些媒体上有"不喜欢"按钮，通常用大拇指向下的图标表示)来表明对媒体内容的偏好，如常见的朋友圈点赞。

● 游戏——任何形式的游戏产品。

◆ 参与游戏：许多事件通常在游戏参与期间生成。事件可以包括关于确切参与了游戏的哪些部分、参与了多长时间等信息。

◆ 级别和积分：许多游戏包括积分或其他形式的"升级"，通常将级别、积分作为一个事件进行跟踪。

- 零售——允许在网站上单独购买的产品或服务，这些产品和服务可以是实体的，也可以是数字虚拟的。

  ◆ 浏览：将客户对产品的浏览作为事件进行跟踪，浏览次数较多的商品可能是受大众欢迎的流行商品。

  ◆ 检索：可以将客户搜索产品目录，以及用于搜索的关键字作为事件进行跟踪。

  ◆ 添加到购物车：可以将客户把产品放入购物车的行为看作一个事件进行跟踪。

  ◆ 退货：可以将客户对产品的退货行为作为一个事件进行跟踪。

- 产品定期派送——定期向客户提供精选(通常是实物)产品的服务。

  ◆ 派送：每个包裹的成功派送都是一个重要的事件，在派送过程中遇到的任何其他问题也是重要事件。对于这类事件的跟踪，通常包括派送包裹的详细信息及派送所需要的时间。

  ◆ 退货：许多派送的包裹允许退货，这是一个用来识别客户对产品喜好程度的重要事件。

  ◆ 搭售：在派送包裹时，也允许客户额外增加派送产品，比如你选择的是每周的鲜花派送服务，在下单时也可以额外选择每次派送鲜花时加一瓶鲜花营养液。因此，这个搭售事件也与"零售"服务息息相关。

这些类别的事件发生在各种产品和服务中。以下是一些示例。

- 财务事件——所有付费的产品和服务，都会发生财务事件。

  ◆ 周期性付款：这是非常常见的，严格意义上来讲，这并不是一个事件，但周期性付款的行为将被跟踪，因为当周期性付款不再发生时，要给予重视并进行分析。

  ◆ 一次性消费：这很普遍，比如零售网站上销售的所有产品，游戏内购买的皮肤、装备或会员升级，以及其他应用程序内的额外消费。

  ◆ 超量使用收费：客户的用量超过阈值时所产生的费用。比如电话套餐中每个月提供 1000 分钟的通话时长，如果客户使用的通话时长超过 1000 分钟，将要为超出部分额外付费。

- 客户支持——当客户通过电话、电子邮件、在线沟通工具或者其他方式向企业内的客户支持部门寻求帮助时，会产生以下事件。

  ◆ 工单：当客户向公司的支持部门请求帮助时，会生成一个工单。一般情况下，工单包括开始和结束时间，以及其他各种细节。

  ◆ 电话/电子邮件/沟通记录：客户与你公司支持部门员工的各种沟通记录，一般包括与客户交互的所有细节。

  ◆ 文档：可以将客户查询在线文档或其他在线资源的行为作为 UI 事件进行跟踪。

- 订阅套餐——任何有实际订阅的产品或服务都会发生与订阅套餐(有时也称为订阅计划，如手机的套餐)相关的事件。

◆ 套餐变更：套餐更改的时间/日期可以作为事件进行跟踪。

◆ 账单变更：更改付款方式等事件，比如由信用卡付款变更为支票付款。还可能包括切换付费周期，如将按月付费修改为按年付费。

◆ 取消订阅：是的，取消服务也会作为事件进行跟踪。但是请注意，将取消作为事件讨论时，指的是客户提交取消订阅这件事的日期和时间，并不是具体的停止服务的时间。另外，取消事件不同于流失事件。因为出于一些原因，客户可能会在当前订阅到期后，新开立账户继续使用之前已经使用的相关产品和服务。另外，也会出现我们经常说的"延迟续费"的情况，比如客户当前的订阅在 5 月 1 日到期，但由于客户内部调整，账户到期后，并不会立即续费，而是在 7 月 1 日再激活之前的账户并续费。因此，取消事件并不一定意味着会发生客户流失，因为客户仍然可能在一段时间后重新签署合同。这种情况经常发生，所以应该将取消行为视为可能出现流失的事件，但它仍然不是确定的结论。

注意，许多产品或服务包含来自多个类别的事件。例如，任何带有软件UI的产品都将收集软件事件，而许多具有社交网络功能的产品(如游戏)也会收集与社交网络相关的事件。

1.6.2 最重要的事件

通过上面对事件类型的讨论，你可能想知道哪些类型是最重要的，以及为什么它们如此重要。因为事件种类繁多，所以保持专注非常重要。这里没有硬性规定，但有一些指导方针，帮助你识别那些重要的事件，从而更好地利用本书。需要明确的是，找出最重要的事件是本书分析的要点之一，因为各种产品和服务之间往往存在很大的差异。我们将在稍后的内容中深入讨论。

最重要的事件往往和客户所选产品或服务所实现的主要目标最为相关，这是一个笼统的概念，让我们通过一些例子进行说明。

● 软件产品的目标一般比较单一(比如在线文档编辑器的目标就是编辑文档)。因此，创建文档事件比登录在线编辑器事件更重要。

● 许多 B2B 软件产品的目的就是盈利，因此，如果有一种方法可以衡量从这些事件中可能赚到多少钱，那么这些事件将是最重要的。例如，如果一个产品是用于跟踪销售业绩的 CRM 系统，那么完成的交易以及该交易所带来的价值可能是最重要的事件。通常，产品并不直接与收入数值相关，比如一个电子邮件营销工具，看似与公司的销售额不直接相关，但是这个营销工具发送电子邮件后，客户打开电子邮件这个事件将是重要事件，因为客户打开了电子邮件，就有可能购买电子邮件中推送的产品，从而提升公司的利润。

● 大多数媒体服务的目的是让客户观看媒体内容，因此播放媒体内容通常很重要。更具体地说，观看媒体内容的指标也很重要。以视频为例，观看完整视频、点赞、分享都是重要事件。但需要注意的是，人们对视频的好恶是主观感受，是永远无法直接衡量的。

- 对于交友服务，目的是交友成功，因此线下见面事件，比在交友网站上搜索网站会员资料或者查看个人信息，甚至比在线互动更加重要。这提出了一个挑战，因为我们知道最重要的事件是线下见面，但这个事件发生在线下，几乎无法跟踪。
- 对于游戏来说，目的是从游戏中获得快乐，但与媒体服务一样，"快乐"是一种主观感受，而主观感受很难衡量。因此，在游戏中的重要事件可以是达到某个分数，或者达到某个级别以及与游戏中的队友互动。

实际工作中，在识别重要事件时还有许多注意事项，上面只提到了很小的一部分，因此需要你在工作中认真识别，从而更好地为减少客户流失做准备。

提示 应该尽可能寻找与服务或产品价值相关的事件，即使该价值不能直接被衡量，比如上面提到的客户对视频的好恶。

1.7 对抗客户流失的案例分享

继续阅读本书时，你会发现我一直使用某些公司的例子，这些公司使用数据解决客户流失的问题，本节将介绍这些公司并提供一些示例，并在本书后续部分讨论更多相关细节。

1.7.1 Klipfolio

Klipfolio 是一个云端数据分析应用程序，用于在 Web 浏览器、显示屏及其他移动设备上构建和共享实时业务仪表板和报告。Klipfolio 通过提供对关键绩效指标(Key Performance Indicators，KPI)和最重要指标的可视化，帮助公司了解并控制其业务运行状况。Klipfolio 相信，如果人们能够随时随地使用和理解他们的数据，就可以消除未知，更具竞争力。Klipfolio 在线应用程序通过订阅的方式向企业提供服务。与大多数 B2B SaaS 产品一样，Klipfolio 按照用户数量和各种额外功能收费。其中，大多数订阅服务按月或按年计费。

作为一家崇尚以数据为导向的公司(它的产品都与数据相关)，Klipfolio 热衷于使用数据对抗客户流失，并提高客户参与度(或称为客户黏性)。它很早就意识到，使用降价或向客户提供折扣并不是最好的选择，因为只要折扣或优惠到期，客户往往就会流失。通过分析使用情况和流失模式，Klipfolio 发现如果客户的企业中只有很少的人使用该产品，客户就有流失的风险，因此一个关键指标就是每个账户中活跃用户的数量。该公司还发现，如果客户没有完全采用该产品(比如一家科技公司，使用 Oracle 数据库的同时也使用了其他厂商的数据库)，那么在订阅早期，该客户就有很高的流失风险，于是 Klipfolio 建议提供服务的企业与客户联络，并提供 3 个月的免费技术支持服务，这样可以大幅度降低客户流失的风险。Klipfolio 还意识到一些客户的生命周期价值太低，比如一般客户在一个订阅周期内可以订阅 10 万美元的服务，而有些客户在一个订阅周期内只订阅 100 美元的服务。为了处理这种情况，服务提供者可以重新配置定价和套餐，提供更有竞争力的价格体系，最终达到减少客户流失、增加收益的目的。比如，对于那些生命周期价值较低的客户，可以提供功能较少但是价格较低的套餐，从而增加这部分客户的黏性，在降低流失率的同时，增加从该客户获取的长期收益。

你将在本书中看到更多关于 Klipfolio 如何使用它们的数据与客户流失进行对抗，并提升企业收益的示例。现在，先快速浏览公司的某些事件数据。由于 Klipfolio 的产品允许制作 Klip 和仪表板，因此最常见的事件是查看仪表板、编辑 Klip 和保存 Klip。此外，还有一些与 Klip 相关的社交功能事件，如分享。在 Klipfolio 中，可以捕获 80 多个不同的事件，最常见的事件参考表 1-2。Klipfolio 的事件还可以识别每个订阅者公司内的个人用户，其中一些事件(如会话持续时间)可以提供额外的数据。

表 1-2　常见的 Klipfolio 客户事件

查看仪表板	切换显示形式
切换选项卡	今日账户活跃度
进入 Klip 编辑器	退出 Klip 编辑器
从仪表板退出 Klip 编辑器	添加 Klip 覆盖
在 Klip 编辑器中保存	重新配置数据源

1.7.2　Broadly

Broadly颠覆了本地服务业务的发展方式。它每天通过强大的客户体验工具，帮助成千上万的本地服务企业吸引、留住并"惊艳"它们的客户。该公司的使命是通过一个应用程序帮助当地企业吸引和挖掘潜在客户，通过发送电子邮件和短信提高沟通效率，监控客户的在线状态，并收集客户的评论，从而将本地企业与当代消费者联系起来。与大多数B2B SaaS公司一样，Broadly为客户提供不同的订阅套餐，具体套餐内容取决于订阅企业的规模和Broadly的用户数量等因素。Broadly的订阅服务按月或按年计费，在套餐中还可以选配各种附加产品和服务。

由于 Broadly 的产品促进了与客户的沟通和联系，因此它认识到与客户互动的重要性。Broadly 公司拥有一支客户成功经理团队(Customer Success Manager，CSM)，负责帮助那些因产品而苦恼的客户。CSM 使用指标指导他们与客户的对话：指标所建议的优缺点将成为谈话要点。Broadly 使用的另一种策略是专注于那些客户参与度和风险水平中等的客户：该公司不会试图帮助全新的客户，而是关注显示出一些使用迹象、但低于目标使用水平的客户。Broadly 还发现，影响客户留存率的最重要因素之一是客户与公司预订系统的集成。现在 CSM 尽可能帮助完成集成。Broadly 还使用电子邮件活动来激发人们对新产品功能的兴趣及使用。

Broadly 产品最重要的功能之一是寻找客户并说服客户对业务进行评价。因此，客户数据包括添加客户、要求客户评论，以及客户评论是正面还是负面等事件。Broadly 可以捕获 60 多种不同事件，表 1-3 中列出了 10 种最常见的事件。

表 1-3　常见的 Broadly 客户事件

添加新的事务	跟进电子邮件发送
提出评价请求	查看评价结果
添加客户	客户推荐
发送感谢电子邮件	问卷已完成
客户信息更新	浏览页面(path: /add_customer)

1.7.3　Versature

Versature 正通过面向企业的统一云端通信解决方案颠覆加拿大的电信行业。Versature 深受加拿大全国客户和合作伙伴的信赖。它凭借卓越的、具有成本优势的技术，以及不断提高的客户支持标准屡获殊荣。企业订购 Versature 的统一通信解决方案，根据客户数、通话量及其他在线通信服务的客户需求量，为客户提供不同的套餐类型。大多数客户通过按月付费的方式使用 Versature 的服务。

早在 20 世纪后期，随着对电信行业管制的不断松绑，电信公司开始了系统研究和对抗客户流失的工作。作为一家诞生于政策宽松市场的电信供应商，Versature 从一开始就关注客户成功(Customer Success)，并强调防止客户流失。年复一年的客户负净流失率，使 Versature 实现了稳定的增长。凭借其强大的在客户生命周期早期识别风险客户的能力，显著减少了客户流失，并允许 Versature 通过 CSM 在客户出现流失迹象时，与客户进行以价值驱动的对话，从而挽留客户，降低流失率。

Versature 的服务将传统的电信呼叫功能与其他数字功能相结合，例如通过 Sonar 客户端，可以访问管理门户、使用 Insights 软件管理语音产品，以及与 Google Chrome 和 Salesforce 等数字产品进行集成。Versature 的客户事件是传统电信呼叫、登录及页面浏览等软件事件的组合。Versature 的十大最常见事件如表 1-4 所示。

表 1-4　Versature 的十大最常见客户事件

本地呼叫	Sonar 登录
Sonar 页面浏览	国际长途
呼叫加拿大的电话号码	呼叫 Sonar 电话支持中心
免费长途呼叫	获取电话会议号码
呼叫美国的电话号码	电话会议

客户流失案例研究与隐私保护

本书所用案例中涉及的公司都非常慷慨地共享它们的信息并提供相关数据，从而让我们的示例更加真实。但是，在撰写本文时，这些公司都处于营业状态，并且遵守相关法律法规对隐私数据进行保护。出于这个原因，有些细节数据将被修改并遮蔽。因此，你在本书中看到的流失率并不是相关公司的产品与服务的真实客户流失率。
- 所有关于流失计算的示例数据(如第 2 章中的示例)都是随机生成的。

- 通过分析发现的所有与流失相关的数据(如 1.8 节和后面章节中的数据)并不代表该企业的实际客户流失率(因为原始数据是随机生成的)。

整本书中隐藏的其他类型的信息包括描述或可用于获取有关客户群或案例研究公司定价信息的事实和数据,而此类信息尚不能通过其他公共信息来源获得。

另请注意,在本书创作期间,没有访问有关案例研究公司客户的个人身份信息(PII, Personally Identifiable Information)。这本书的重点是对不涉及 PII 的匿名行为进行分析。尽管某些 PII(如地理信息)在某些客户流失分析中可能很有用(见第 10 章),但本书在涉及 PII 时都使用模拟数据完成。

1.7.4 社交网络模拟

通过示例学习新技术是最好的方法,因此本书围绕一系列示例进行组织,这些示例将指导你完成客户流失案例研究。但真正的客户流失案例研究涉及有关产品和客户的敏感数据,因此本书没有用真实的数据作为示例。但你可以通过一组模拟的客户和产品数据学习如何使用数据对抗客户流失。

我们将模拟一个简单的社交网络。其中包含 8 个事件,参见表 1-5。这是在任何支持广告的社交网络服务中都能看到的最常见事件:结交朋友、发帖、点赞、不喜欢(与点赞相反)等——当然还有客户观看广告事件。在模拟数据中,保持了事件发生与客户流失之间的关系,并且你将在整本书中通过各种技术识别这种关系。

表 1-5 社交网络模拟中的事件

浏览广告	添加好友
不喜欢(与点赞相反)	发布新帖
点赞	回复帖子
发送消息	删除好友

警告 不要将本书中社交网络模拟的任何结果作为你对自己产品或服务的期望指南。这些示例使用一组逼真的数据来演示如何在真实数据上使用相关分析方法,但仅此而已。不能期望将这些预测结果应用在任何实际产品或服务上,我们在这里讲授的是方法,如果你想对自己的服务或产品进行分析,请使用自己的真实数据。

更多关于如何生成社交网络案例研究所需的模拟数据的信息,请参见本书 GitHub 存储库的 README 页面:https://github.com/carl24k/fight-churn。

1.8 使用最佳客户指标进行案例研究

在第 2 章介绍技术细节之前,将展示一些使用本书中的技术可以完成的结果。但你不能马上自己完成这些工作,因为在使用第 5 章介绍的客户流失分析之前,你必须先学习数据准备技术(第 2 章~第 4 章)。

正如在讨论事件时提到的,与服务交付的价值最密切相关的行为是最重要的。但选择测量指标也十分关键。以下是我发现在对抗客户流失方面特别有效的 3 个指标。

● 利用率:用于表示客户使用了多少服务的指标。如果服务对某些类型的使用行为加以限制,则利用率会显示客户使用该服务的百分比。比如在云服务中,每月有 1TB 的免费出口流量,客户当前已经使用了 500GB,利用率就是 50%。

● 成功率:显示客户在具有不同结果的活动中成功比率的指标。

● 单位成本:客户使用服务时的单位支出成本。以云计算为例,每小时每台虚拟机的使用费用就是单位成本。

如果你在案例研究中对有些细节不很清楚,不要担心。我将在本书其余部分介绍。

1.8.1　利用率

1.7.1 节中介绍过,Klipfolio 是一个用于数据分析的云端应用程序,用于构建和共享实时业务仪表板。这些仪表板可以由多个用户创建,并且允许多个用户在同一个账号内同时使用相关功能与服务。那么对于 Klipfolio 来说,同时在线用户数就是一个重要的指标。图 1-2 显示了 Klipfolio 客户每月的活跃用户数量与流失率之间的关系。

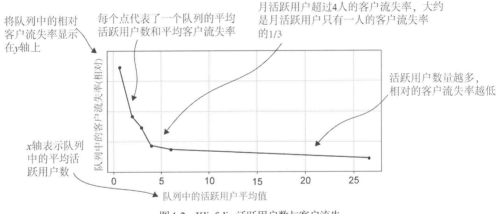

图 1-2　Klipfolio 活跃用户数与客户流失

图 1-2 使用一种称为指标队列(metric cohorts)的技术来显示客户行为和客户流失之间的关系。你会在本书中看到很多这样的图,也将学习如何创建它们。但现在,我将简单解释这种技术的工作原理。

对于特定客户群和每月活跃用户数等指标,通过对客户指标的测量与计算,对客户进行分组。通常会分为 10 个队列,因此第一个队列包含指标中排名最低的 10%的客户,第二个队列包含接下来的 10%,直到最后一个队列,你可以计算每个队列中流失的客户百分比。结果显示在图 1-2 中。图中的每个点对应一个队列,该点的 x 值表示该队列中活跃用户的平均值,该点的 y 值表示该队列中的客户流失率。

正如前面在关于隐私保护部分提到的,本书中的案例研究流失率图并没有显示实际的流失率，只是显示不同队列之间的相对差异。然而，队列指标图的底部总是设置为零流失率，所以点到图底部的距离可以表示相对流失率。例如，如果一个点到 x 轴的距离是另一个点的一半，便意味着该队列的客户流失率是另一个点所在队列的一半。

关于图中的细节和含义，图 1-2 显示活跃用户数最低的队列，每月的活跃用户少于 1 个(多个月份的平均值)，而活跃度最高的队列平均每月有超过 25 个活跃用户。关于客户流失，每月活跃用户数最少的队列的流失率是活跃用户数最多的队列的流失率的 8 倍左右。同时，流失率差异较大的区间为每个月活跃用户数为 1~5，如图 1-2 最左端曲线斜率较高的部分所示。

虽然活跃用户数是对抗流失一个很好的衡量标准，但图 1-3 显示了一个更好的衡量标准。这是通过活跃用户数除以客户已购买的用户许可数计算得出的利用率指标。许多 SaaS 产品是"按用户许可数"出售的，就是我们经常听到的，25 用户或 50 用户等销售方案。将活跃用户数除以用户许可证数，所得指标即为活跃用户百分比，这个值比具体的活跃用户数更有说服力。比如，A 的活跃用户数为 50，B 的活跃用户数为 10，但 A 购买的软件许可是 1000，而 B 购买的软件许可为 20，虽然 A 的活跃用户数比 B 多，但相比之下 A 的用户更可能流失掉。

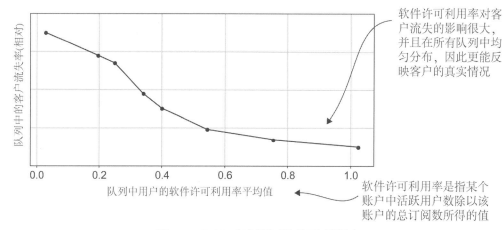

图 1-3　Klipfolio 客户流失率与许可证利用率

图 1-3 中的结果表明，软件许可利用率是对抗客户流失的有效指标。软件许可利用率最低的队列中平均利用率略高于 0，而最高队列的软件许可利用率约为 1.0。最低队列的客户流失率大约是最高队列的 7 倍，并且流失率在各个队列中一般呈现连续变化的趋势。与图 1-2 相比(显示客户流失率和每月活跃用户数)，所得到的曲线更加符合实际情况，这使得使用软件许可利用率，比单独使用活跃用户数能更有效地说明客户在你公司业务中的发展是否"健康"。

正如我们已经看到的，通过每月活跃用户数来判断客户流失风险的效果较差，因为它将与客户流失相关的两个不同潜在因素混为一谈：客户购买的软件许可数和用户典型的活跃情况。利用率是衡量用户相对活跃程度的指标，与具体销售给客户的软件许可数无关。软件许可的利用率通常有助于根据客户的黏性和流失风险来对客户进行细分。

1.8.2　成功率

1.7.2 节介绍过，Broadly 是一种在线服务，可帮助企业管理其在线企业形象，包括客户评论。Broadly 客户的一个重要指标是企业获得正面评价或"推荐"的次数。图 1-4 显示了流失率与客户每月被推荐次数之间的关系。图中，每月被推荐次数最少的队列(平均略高于 0 次)的客户流失率大约是被推荐次数最多队列的 4 倍。客户流失率较高的队列大部分每月被推荐 0~20 次。这对重要事件来说是一种明确的关系：被推荐次数更多的客户，更愿意继续使用 Broadly 服务，因为获得好评或被推荐给其他人，是企业选择使用 Broadly 的主要目标之一！

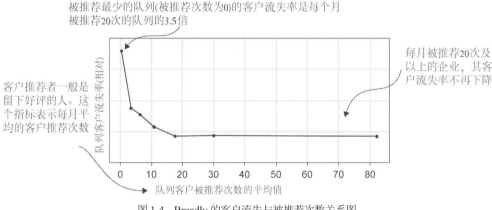

图 1-4　Broadly 的客户流失与被推荐次数关系图

对于Broadly的客户而言，与被推荐次数相关的另一个重要事件是批评者的数量，或者说企业的业务得到负面评价的次数。图1-5显示了客户流失率与Broadly客户每月的批评者数量之间的关系。每月批评者最少的队列(略高于0)的客户流失率大约是批评者最多的队列(平均每月大约5个批评者)的2倍，每个月只有0~1个批评者的队列，其客户流失下降最多。

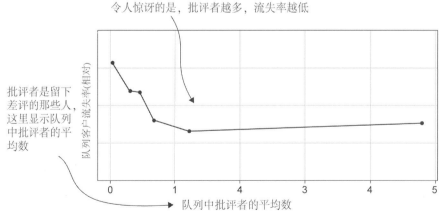

图 1-5　Broadly 客户流失率与队列批评者数量之间的关系

虽然这种关系看起来与图 1-4 所示的客户推荐关系有些相似，但为什么批评者越多，流失率反而下降呢？被批评并不是 Broadly 的客户想看到的结果。那么负面评价与降低客户流失率有着怎样的关系呢？

要了解为什么负面评价多客户流失反而更少，可以观察另一个更好地衡量 Broadly 客户的指标。如果把负面评价的数量除以评论总数(积极评论和消极评论的总和)，结果就是负面评价所占的百分比，称为差评率。图 1-6 显示了客户流失率与差评率之间的关系。出现刚才那种让人费解的情况是因为使用了差评的绝对数量而不是比率。在图 1-6 中，用差评率替代了绝对差评数，从而得到了真实的情况：差评率越高，客户流失率越高。

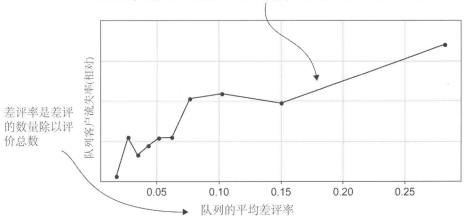

图 1-6　Broadly 的客户流失率与差评率的关系

那么为什么在查看图 1-5 的时候，更多的差评反而对应更低的客户流失率，而在图 1-6 中，较高的差评率对应较高的客户流失率？答案是，不要关注具体的数量，而应该更加关注百分比。因为往往总评价数较多时，相应的差评数也会较多，但较多的差评数并不意味着较高的差评率。因此，仔细分析差评率，往往会带来更有效的结果。在队列中应该尽可能去找到相关的"比率"，比如刚刚提到的成功率和差评率，而不是具体的数量，如差评数。

1.8.3　单位成本

1.7.3 节中介绍的 Versature 为企业提供电信服务。作为通信业务统一解决方案提供商，Versature 的许多最重要事件都与语音通话相关，语音通话的持续时间存储在每个事件的附加字段中。图 1-7 显示了语音通话总时长与 Versature 客户流失之间的关系。就本地电话而言，通话时长最低的客户队列的通话时长几乎为 0，这类客户的流失率大约比每月本地通话时长上千的客户队列高 3 倍。

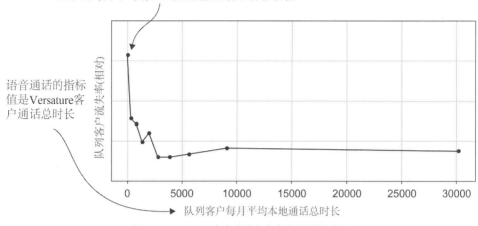

图 1-7 Versature 客户流失与客户本地通话时长

在尝试了解客户流失时,重要的是不仅要考虑客户使用的服务量,还要考虑他们支付的费用。每月经常性收入(MRR,Monthly Recurring Revenue)是计算客户为使用订阅服务而支付的金额的标准指标:它是客户每月为使用服务而支付的经常性金额,但不包括初装费(比如宽带安装费)或不定期费用(如临时升级流量包)。第 3 章将详细介绍 MRR 以及如何计算它。客户支付的金额也可以使用指标队列方法进行分析,以找到与流失的关系,如图 1-8 中的 Versature 所示。

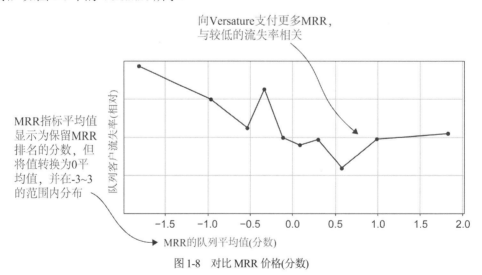

图 1-8 对比 MRR 价格(分数)

图 1-8 中的指标队列图实现了一些新的分析。它不是直接显示各队列的平均 MRR,而是显示将各队列平均 MRR 测量值转换为分数后的结果。如果你熟悉曲线分数的概念,指标分数也是同样的概念:将指标从一个单位转换为另一个单位,但顺序不变。如果将这一指标转换为分数,那么排名在最后 10%的分组与之前一样,流失率没有发生变化。

这就是说，将指标转换为分数，只会影响分组在水平轴的位置，而不会影响数据点的垂直位置(图中的流失率)。在水平轴上重新缩放使结果更易于理解时，可以将指标转换为分数。我们将在第 3 章更多地介绍指标分数以及如何计算它们。

图 1-8 所示的各队列流失率表明，MRR 也与流失有关，尽管不如通话时长那么直观。不同队列的流失率并没有出现线性变化，最低的队列流失率仅比最高的队列流失率低约 1/2 或 1/3。但这是另一个值得思考的案例：为什么客户支付更多费用，流失率反而会减少？这个结果可能令人惊讶，但实际上很常见，尤其是在商业产品中。这是因为商业产品以更高的价格出售给更大规模的客户，而更大规模的客户由于相互关联的原因流失更少。他们员工更多，所以在产品使用方面，如打电话或使用软件，通常用得更多，付费也就更多。举个例子，有一家大型公司，在全球有 10 万多名员工，为他们提供电信服务的公司，每月从这家公司收取数十万美元的通信费，这远比其他小型公司每个月几百美元的通信费高得多。支付较高 MRR 的客户对应较低客户的流失率(如图 1-8 所示)与每月拨打电话次数较多的客户也对应较低的客户流失率(如图 1-7 所示)，它们之间存在关联关系。

图 1-9 显示了一个不同的指标，用于了解客户支付的金额与流失率的关系：用 MRR 值除以每月拨打电话次数。这会产生一个新的指标，即客户每次拨打电话的成本。我将其称为单位成本指标，因为它解释了客户为每个服务单位支付的成本。

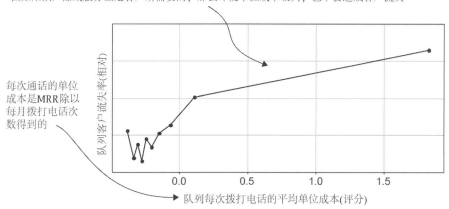

图 1-9　Versature 流失率与每次拨打电话的单位成本

与图 1-8 一样，图 1-9 将队列平均值显示为分数而不是具体货币(美元)。通过该图可以看出，单位成本与流失率相关性较强，单位成本越高，客户流失率越高。单位成本最高的队列的流失率是单位成本最低的队列的流失率的 6 倍。像单位成本这样的价值指标是理解客户流失原因的关键，也是将在后面全面探讨的重要主题。

这些示例应该让你了解本书的组织结构。第 2 章将从基础开始，学习如何识别客户流失和计算客户流失率。

1.9 本章小结

- "流失"一词出现在订阅产品的背景下,表示客户取消服务或不再使用相关产品。
- 流失也适用于那些与客户有长时间重复交互的产品或服务,无论客户是否正式订阅或以任何形式付款。比如网站免费向客户提供新闻服务,客户无须订阅即可享受该服务。但如果新闻内容不够优秀,那么这些客户将流失,从而减少网站的广告收入。
- 近年来,面向消费者和企业的同质化在线服务数量呈爆炸式增长。这些服务的同质化性质意味着客户流失是一个需要持续解决的问题。
- 数据分析人员经常被要求帮助了解导致客户流失的原因,以及可以采取哪些措施减少客户流失。
- 在线产品和服务跟踪各种客户与服务的交互行为,通常将这些行为称为事件。此类事件的历史记录是对抗客户流失的主要数据来源之一。
- 客户流失是由多种原因造成的,并不是某个单一模型可以预测的,因此对抗客户流失的干预措施取决于准确定位导致客户流失的原因。
- 为了对抗客户流失,数据人员应该创建出色的客户指标。
- 出色的客户指标具有以下特征:
  - ◆ 方便业务人员理解。
  - ◆ 与流失率和留存率明显相关,从而可以清楚地区分那些"健康"的客户。
  - ◆ 通过对干预措施有效的方式对客户进行分组,以提高客户参与度。
  - ◆ 指标在企业的多个部门(如产品部门、销售部门和客户支持部门等)都可以发挥作用。

第2章

测量流失率

本章主要内容
- 识别流失的客户账户，并计算流失率
- 根据 MRR(每月经常性收入)计算客户净留存率和流失率
- 在月度流失率与年度流失率之间转换

你已经了解到，流失率是衡量每月或每年客户退订比例的重要指标。如果没有正确衡量流失率，那么对此采取任何措施都是无效的，而且是对资源的浪费。本章将介绍多种用于不同业务场景的"流失"定义，以及如何从订阅数据库中高效统计流失的情况。回顾第 1 章介绍的全书应用场景图，本章重点关注图 2-1 中突出显示的部分。

计算流失率并不是什么高深的科学，但确实需要了解一些 SQL 知识和代数方程。但计算流失率也并不简单。首先的挑战就是复杂性，其次是逻辑问题。计算流失率的复杂性在于，一个账户在其生命周期内可以有多个不同的订阅，包括以下内容：

- 一个账户可以反复注册，不限次数。所有的订阅产品和服务都存在这个问题。
- 对于许多订阅服务来说，账户可以同时订阅多个不同产品。这对于 B2B 产品和服务尤其常见。比如，一个账户同时订阅了虚拟主机服务和在线分析服务。

通常，在订阅系统中，不会为每位客户设定"这是容易流失的客户"这样的标记。并且"客户流失"是一个动态过程，不同时间，结果可能不一样。对于数据科学家来说，多么希望每位客户有这么一个"这是容易流失的客户"标记，这样就可以进行相关的数据分析工作了。

在计算客户流失方面，还有其他挑战。首先，数据是敏感的。对于任何订阅产品或服务，订阅数据库都是其最有价值的资产之一。订阅数据库通常包含客户的个人识别信息(PII)和公司的敏感财务信息。如果将这些敏感数据从数据库中提取出来，并放在不安全的地方，将是很大的安全隐患。第二个问题是，随着业务不断走向成功，你的订阅数据库必然会变得十分庞大。出于以上两个原因，将数据从订阅数据库中提取出来并进行处理，不是好主意。

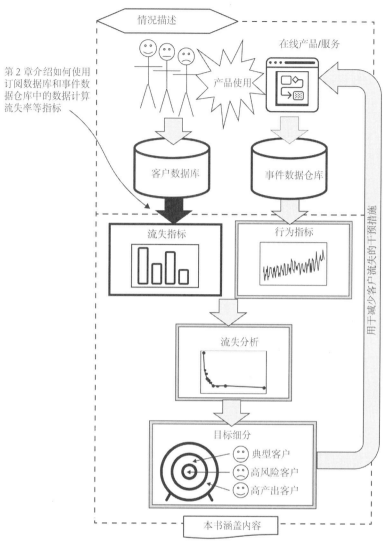

第 2 章介绍如何使用订阅数据库和事件数据仓库中的数据计算流失率等指标

图 2-1 本章将介绍的与使用数据对抗客户流失相关的内容

还有一个问题，流失率要动态计算，因此你最好在数据库中执行动态查询，而不是将数据提取出来。为此，将介绍如何使用 SQL 语句计算流失率，其返回的结果是 SELECT 语句的输出。在本书中，你将经常看到在数据库或数据仓库中执行业务逻辑，并仅返回少量的计算结果，而不是将数据库中的数据拿到数据库外面进行计算。如果你已经习惯于使用 Python 等脚本语言来执行业务逻辑和进行相关的计算，那么可能会对这些 SQL 语句逻辑感到陌生，甚至沮丧。虽然 Python 也可以完成 SQL 语句所完成的任务，但如果你习惯了在数据库中处理数据及相关业务逻辑，你一定会喜欢上这种高效、安全的数据处理方式，并且感叹为什么没有更早学习并使用 SQL。

本章的内容将按照如下方式组织：

- 在编写代码之前，2.1 节用图表和一些方程展示了有关"流失"的概念。

- 2.2 节展示了典型的订阅数据库的结构。你将在计算流失率时使用该示例数据库中的数据。

- 2.3 节从净留存率开始计算流失率，留存率是一个与流失率相关的常见指标(还有一个指标是净流失率，但并不常用)。净留存率是第一位的，因为它概念简单，最容易计算，对于简单的订阅场景来说足够用。

- 2.4 节介绍了标准流失率的计算方法，它更适用于一般情况，但比净留存率稍微复杂一些。

- 2.5 节介绍经常重复使用而没有"订阅"的产品或服务的流失率计算，比如经常访问某个新闻网站，但你并没有在该网站上注册。这些技术往往适用于网站广告和应用程序内购买产品的场景。

- 2.6 节介绍了收入流失的测量，称为每月经常性收入(MRR)流失，它适用于复杂的订阅服务。

- 2.7 节介绍了如何在年流失率与月流失率之间进行转换。

关于本书的编码

本书的所有源代码都可以在本书的网站和 GitHub 存储库中找到，也可以扫描封底二维码下载。详细的设置说明，参阅本书 GitHub 存储库的 README 页面。总之，需要执行以下步骤来运行本书中的代码清单。

(1) 安装 Python 和 Postgres。建议同时安装免费的 GUI 工具来使用和管理它们。如果你已经是 Python 和 Postgres 专家，可以使用你喜欢的工具。如果不是，请按照 README 中的设置说明进行操作。

(2) 使用 fight-churn/data-generation/churndb.py 创建一个数据库模式(schema)。

(3) 通过 fight-churn/fightchurn/datagen/churnsim.py 生成模拟数据，并将其保存在 Postgres 模式中。

这个数据模拟程序将运行 10 分钟左右，它将模拟假想的社交网络中约 15 000 名客户在 6 个月内生成的数据。这个模拟程序创建了这些客户所有的订阅和相关事件，如添加好友、发帖子、观看广告，以及点赞和对帖子发表负面评论。后面将介绍有关该模拟程序的更多细节。

在创建数据库并生成数据之后，有一个 Python 包装程序 run_churn_listing.py，可以用它运行书中的所有程序清单。这对第 2~4 章中的 SQL 代码清单很有帮助，因为脚本会处理变量和连接到数据库等细节，包装程序也可以用于第 5 章开始介绍的 Python 函数。可以通过命令行参数控制要运行的程序清单。例如，要运行代码清单 2-1，可以使用以下命令：

```
fight-churn/fightchurn/run_churn_listing.py --chapter 2 --listing 1
```

也可以使用另一个方法运行代码清单。所有的代码清单都按章节组织在 fight-churn/listings/ 下的文件夹中。例如，代码清单 2-1 位于文件 fight-churn/listings/chap2/listing_2_1_net_retention.sql 中。SQL 代码清单都存储为模板，其中包含以 % 开头的绑定变量，它们不包含日期或事件名称等特定参数。在运行查询之前，需要替换这些变量的值。

包装器脚本 run_churn_listing.py 会处理这个问题。

SQL 代码清单中使用了绑定变量，可以轻松地对它们进行重新配置，从而将它们应用在其他数据集上。如果想使用自己的数据而不是模拟数据，首先执行以下操作(在安装 Python 和 Postgres 之后，README 中有相关解释)。

(1) 使用 fight-churn/fightchurn/datagen/churndb.py 创建一个模式。通过编辑可执行文件，并在文件顶部附近设置变量 schema_name 来设置模式名称。

(2) 加载订阅、事件和模式事件表(如何做到这一点超出了本书的范围，但通过各种免费的工具可以轻松地将数据加载到 Postgres 数据库)。

(3) 代码清单包装程序将首先读取 JSON 文件 fight-churn/fightchurn/listings/conf/churnsim_listings.json 中的参数。要使用不同的参数运行代码清单，必须创建自己的 JSON 文件。对于每个章节和代码清单来说，都有参数列表(或称为参数块)，参数一般作为键值对存储。你可以为自己的数据集设置合适的参数值。

(4) 使用包装程序和附加参数运行代码清单：--schema <your_schema>。

关于安装和使用的更多细节参见 README 文件。

2.1 定义流失率

图 2-2 说明了流失的概念：两个圆圈代表不同时间点的订阅客户池。每个圆圈的面积代表客户的数量或他们支付的总金额。但无论流失是基于客户数量还是公司收入金额，概念都是一样的。流失是图中顶部的月牙形部分：图中标记为"流失客户"，即不再使用服务的客户。在图中，两个圆圈之间的重叠部分是保留的客户，而在图底端的标记为"新增客户"的部分，代表新获得的客户。注意，一般来说，两个圆圈的大小并不完全相同，即每个时期的总客户数量或公司的总收入并不一定相同。

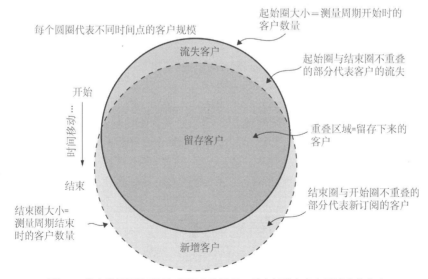

图 2-2 流失维恩图显示了订阅服务的增长，其中新增客户大于流失的客户

2.1.1　计算流失率和留存率

接下来将展示如何将图 2-2 中描述的内容转化为公式。流失率定义为退订客户占原有客户总数的比例。公式为：

$$流失率=\frac{流失的客户数}{起始阶段客户总数}\times 100\% \tag{2.1}$$

其中，起始阶段客户总数表示图 2-2 中的实线圈，流失的客户表示图 2-2 中标记为“流失客户”的部分。图 2-3 所示为一个简单的例子。

客户列表显示了1月1日和2月1日的客户信息

每个客户每月都会在其注册的那一天续订服务

1月1日的客户情况				2月1日的客户情况		
账户ID	起订日期	下次续订日期	变更	账户ID	起订日期	下次续订日期
1	10月3日	1月3日		1	10月3日	2月3日
2	10月17日	1月17日	×	2		
3	11月2日	1月2日		3	11月2日	2月2日
4	11月11日	1月11日		4	11月11日	2月11日
5	12月7日	1月7日		5	12月7日	1月7日
			+	6	1 月 3 日	2月3日
			+	7	1月15日	2月15日

1月份，有一位客户没有续订，在图中用×表示该客户流失。但在1月份有两位新增客户，通过“+”表示，但这两位新增客户不会影响流失率的计算

流失率是流失的人数(1)除以开始时使用服务的总人数(5)=20%

图 2-3　计算流失率的简单示例

该产品一月只有 5 位客户，所有客户在每个月的起订日进行月度续订。一月有 1 位客户不再续订，有 2 位新客户注册，所以二月有 6 位客户。

式(2.2)显示了如何计算一月的流失率：

$$流失率_{图2-3}=\frac{流失的客户数}{起始阶段客户总数}\times 100\% = \frac{1}{5}\times 100\% = 20\% \tag{2.2}$$

注意，计算流失率时不使用最后的客户总数。从图 2-2 解释：流失率是起始圈中没有被结束圈覆盖的部分，但结束圈的大小取决于留存客户和新客户的数量。新客户的获取是一个非常重要的主题，但它与流失是分开计算的，因为它来自不同的业务过程，因此本书不涉及如何获取新客户。所以，流失率仅与一开始的客户数量相关。如果用流失客户数除以最终客户数，结果是错误的，因为这将混淆多个不同的逻辑概念。

留存率的计算如式(2.3)所示。

$$留存率 = \frac{依旧订阅的客户数}{起始阶段客户总数} \times 100\% \tag{2.3}$$

使用图2-3中的示例，留存率为：

$$留存率_{图2-3} = \frac{依旧订阅的客户数}{起始阶段客户总数} \times 100\% = \frac{4}{5} \times 100\% = 80\% \tag{2.4}$$

2.1.2 流失率和留存率的关系

关于流失率和留存率的一个重要事实是：它们以非常精确的方式相互关联，并且是同一枚硬币的两面。如图 2-2 所示，起始圈中的客户总数等于流失的客户加上留存的客户。可以通过式(2.5)表示。

$$起始阶段客户总数 = 流失客户数 + 留存客户数 \tag{2.5}$$

现在做一些算术运算，如果将式(2.5)的两边除以起始阶段客户总数，将得到如下结果：

$$\frac{起始阶段客户总数}{起始阶段客户总数} = \frac{流失客户数}{起始阶段客户总数} + \frac{留存客户数}{起始阶段客户总数} \tag{2.6}$$

接下来，将式(2.1)和式(2.3)中关于流失率和留存率的定义代入式(2.6)，并且我们知道任何非零数字除以本身的结果都是 1 或 100%。该公式表达的关系如下所示。

$$100\% = 流失率 + 留存率$$

最后，可以重新排列这些关系，从而得出结论：

$$留存率 = 100\% - 流失率$$
$$流失率 = 100\% - 留存率 \tag{2.7}$$

式(2.7)也可以通过查看图 2-2 来理解。流失和留存一起构成起始的圆圈，因此这两个比例的总和必须等于整个圈，即 100%。

提示 留存率可以很容易地根据流失率计算，反之亦然。具体使用哪个指标是个人偏好问题。

大多数企业经常使用流失率进行内部讨论，从而减少客户流失。当流失率相对较少时，留存率通常用于向外部人员(如投资者)汇报，因为较高的留存率意味着积极的信号。

2.2 订阅数据库

正如第 1 章所描述的，订阅产品或服务通常使用一个跟踪订阅开始和结束时间的数据库，本书的示例通常假设已经使用了订阅数据库。如果你的企业没有订阅数据库，比如提供免费服务，或由广告支持产品而无须客户注册，2.5 节将展示如何在没有订阅的情况下计算流失率，但我还是建议你阅读本节和后面的部分，因为其中介绍了必要的概念和技巧。

表 2-1 显示了典型订阅数据库表的关键字段。

表 2-1　典型订阅数据库的表

字段名	数据类型	是否为必须提供的字段
subscription_id	整型或字符型	是
account_id	整型或字符型	是
product_id	整型或字符型	是
start_date	日期型	是
end_date	日期型	否
mrr	双精度型	也许

在现实工作中，用到的字段通常更多，但为了简化示例，这里只显示订阅数据模型包含的核心字段。

- subscription_id：为每个订阅客户设定唯一的标识符。
- account_id：账户或客户的标识符。这些在账户级别是唯一的，但不假定在订阅表中是唯一的。通常，一个账户可以有多个订阅。
- product_id：订阅产品的唯一标识符。在简化的数据模型中，客户每次订阅一个产品，但如前所述，账户可以订阅多个产品。如果订阅服务仅提供单一产品，可能不需要这个字段。但这是一个必须填写的字段，因为在现实情况下，往往会增加新的产品，从而拓展公司业务。
- start_date：每个订阅都必须有一个开始日期，这是一个不带时间的简单日期。
- end_date：订阅的结束日期，在实际工作中，不一定有订阅结束日期。如果没有订阅结束日期，那么将假定该订阅将一直持续下去。
- mrr：付费订阅服务每月的经常性收入。

总之，订阅是卖给客户的产品，它从特定的日期开始，并每月为企业带来常规收入。如前所述，订阅可以有结束日期，也可以没有。

注意　有结束日期的订阅往往称为"常规订阅"，订阅的开始日期和结束日期之间的时间称为订阅期。没有订阅结束日期的订阅(直到取消订阅为止)往往被称为"常青订阅"。

注意，包含此信息的数据库表的名称可能不是 Subscriptions。如果你在使用客户关系管理(CRM)系统跟踪交易的 B2B 公司工作，你的公司可能会将这些信息存储在名为 Opportunities 的表中。或者，如果你的公司使用 SBM(Subscription Business Management，订阅业务管理)产品，则该表可能名为 Product Rate Plan。无论存储这些数据的表叫什么名字，只要有必要的数据，就可以计算流失率。另外需要注意的是，所有提供付费订阅服务的公司，mrr 都是必须填写的字段，但对于那些提供免费服务的公司，如免费的新闻或媒体服务，mrr 字段可以不填写，或者填写 0。

混乱的订阅信息数据库

本书始终贯穿的主题是，要通过一些算法来处理订阅数据库中混乱的、未经过清洗的数据。混乱及未清洗的数据通常通过多种形式表现，如同一账户中的重复项、虚假的账户信息、错乱的订阅条款信息(如订阅期和价格)及其他错误信息。

如果你之前没有了解过企业环境，那么这些数据库中错误的数据可能让你感到迷惑和惊讶，因为实际工作中的算法比预期要复杂得多。复杂的业务逻辑和不同软件厂商的产品，都将导致数据库中的数据出现混乱。而这种数据混乱往往是常态。

在现实世界中，干净的订阅数据库很少见，混乱的订阅数据库是常态。你可能还没有意识到的一个问题是，只要很少的混乱数据就可以让一个精心设计的算法失效，而且带来难以想象的后果。

如果你的数据已经是清理过的干净数据，也请耐心学习马上要介绍的数据清理技术，因为在现实工作中，往往需要使用这些技术。如果你的数据是混乱的数据，那么恭喜你，这说明你的公司经营得不错。本书介绍的内容可以帮助你理解客户黏性和减少客户流失。但不要指望我为你清理数据，因为我是数据科学家，不是魔术师。

2.3　基本的客户流失计算：净留存率

现在从净留存率开始介绍，因为它是最容易计算的流失率指标，尽管并不总是最有效的。图 2-2 显示了圆圈代表收入时的留存率。与所有流失和留存测量一样，净留存是在特定时期(通常是一年)测量得出的。净留存率(Net Retention Rate，NRR)是你所在公司在一个订阅周期内，从开始一直持续订阅没有离开的客户所贡献的经常性收入所占的比例。

注意　如果为客户提供的是免费的服务(不存在经常性收入)，也仍需要阅读本节内容。净留存率计算也可以用于计算常规(基于账户，而不是基于收入)的流失率，比 2.4 介绍的通用流失率公式更简单。

与所有其他衡量流失的指标一样，净留存率忽略了在此期间从新注册客户中获得的新收入。另一方面，关于净留存率的一个重要事实是，计算时包含了从留存客户获取的收入变化，因为很多服务提供了多种产品计划、临时折扣或者在原有订阅期内的永久性价格更改，这些都将使公司的收入产生变化。为了简单起见，我们将忽略这些细节，专注于净留存率和流失率的计算。我们将在接下来的内容中介绍相关案例。

2.3.1　净留存率计算

净留存率可以通过式(2.8)计算。

$$净留存率=\frac{MRR_{留存账户}}{MRR_{初始}}\times100\%\tag{2.8}$$

这与式(2.2)中的留存定义略有不同。图 2-4 扩展了图 2-3 中的示例，包括具有不同 MRR 的两种不同套餐类型：每月 9.99 美元的标准套餐和每月 29.99 美元的高级套餐。在图 2-4 中，对于高级套餐有两位新客户注册，流失了一位原有客户，另外有一位客户从标准套餐转到高级套餐。这个示例显示了与图 2-3 中基于客户数流失计算的重要区别。

- 因为流失相关的计算是基于 MRR 的，所以如果流失了某些向公司支付较多费用的客户，将对流失率的计算产生较大的影响。
- 留存客户的 MRR 变化也会对计算结果产生影响。比如，客户数量没有变化，则基于客户数量计算的留存率也没有变化。但是在留存的客户中，某些客户选择了较高级别的套餐，那么以 MRR 为基础计算的留存率则会发生变化。

每位客户都可以选择每月9.99美元的标准套餐或每月29.99美元的高级套餐。客户需要每月在注册日续订，比如在1月5日注册，那么他将在每月5日续订

在一月，一名高级套餐的客户没有续订(客户流失，用×标记)，有两位新客户注册(用+标记)，这两位新客户中，有一位订阅标准套餐，另外一位订阅高级套餐。还有一位客户从标准套餐升级到高级套餐(用^标记)

1月1日客户情况

2月1日客户情况

ID	注册时间	下次续订时间	套餐类型	MRR	变更	ID	注册时间	下次续订时间	套餐类型	MRR
1	10月3日	1月3日	标准套餐	9.99		1	10月3日	2月3日	标准套餐	9.99
2	10月17日	1月17日	高级套餐	29.99	×					
3	11月2日	1月2日	标准套餐	9.99		3	11月2日	2月2日	标准套餐	9.99
4	11月11日	1月11日	高级套餐	29.99		4	11月11日	2月11日	高级套餐	29.99
5	12月7日	1月7日	标准套餐	9.99	^	5	12月7日	2月7日	高级套餐	29.99
				89.95	+	6	1月3日	2月3日	标准套餐	9.99
					+	7	1月15日	2月15日	高级套餐	29.99
										119.94

净留存率是留存客户的MRR(在2月1日时，客户编号为1、3、4和5的客户贡献的MRR79.96)除以计费周期开始时客户的MRR(89.95)，为89%

注意，两位新注册的客户不会影响净留存率计算，但从标准套餐升级到高级套餐的客户会影响净留存率的计算

图2-4　净留存率计算的简单示例

参考图 2-4 的示例及式(2.8)，净留存率的分子是所有留存客户的 MRR，包括切换到高级套餐的客户，即 79.96 美元。开始时所有客户的 MRR 为 89.95 美元，因此净留存率由下式给出：

$$净留存率_{图2-4}=\frac{MRR_{留存客户}}{MRR_{初始}}\times100\%=\frac{79.96}{89.95}\times100\%=89\%\tag{2.9}$$

还有一个与净留存率相关的衡量标准，将流失率定义为100%减去净留存率。式(2.10)所示为通过净留存率计算净流失率的定义：

$$净流失率 = 100\% - \frac{MRR_{留存客户}}{MRR_{初始}} \times 100\% \tag{2.10}$$

净留存率是唯一与客户流失率相关的指标,工作中通常使用客户留存率,而不是客户流失率。这在一定程度上是由于多重价格策略导致的。另一方面,净留存率总是正的。2.3.2 节将学习如何用 SQL 计算净留存率,以及本书中关于使用 PostgreSQL 的更多细节。

2.3.2 使用 SQL 计算净留存率

由于这是本书中的第一个 SQL 程序,我将简要介绍通用表表达(Common Table Expression,CTE)。这个 SQL 程序和本书中的所有其他程序都使用了 CTE,这是 ANSI SQL 中一个相对较新的概念。CTE 允许在查询中按照中间表和临时表出现的顺序定义它们。与其他临时表语法相比,CTE 更加简洁。数据库中的临时表是在数据库中执行 SELECT 语句的结果,可以将临时表用于程序或者其他 SELECT 语句。但是,临时表对应的结果一般无法进行持久化,使用时需要注意其作用范围。

之所以使用CTE技术,因为它们能够清晰地、循序渐进地表示程序逻辑。我将它们称为SQL程序,而不是常见的SQL语句,SQL语句通常指更短、更简单的逻辑。下面是代码清单2-1的概括性概述,展示了我们的第一个SQL程序,这与图2-2所示的客户流失相关。

(1) 设置测量的开始和结束时间。

(2) 确定开始时的客户和总收入(图 2-2 中的顶部圆圈)。

(3) 确定结束时的客户和总收入(图 2-2 中的底部圆圈)。

(4) 确定留存客户及其收入(图 2-2 中两个圆圈的重叠部分)。

(5) 用留存客户总收入除以初始阶段客户总收入(式(2.8))。

关于这个程序(及所有其他程序)的另一个注意事项是,通常我着眼于你可能遇到的最困难或最复杂的用例。这也意味着,在某些情况下遇到的问题没有这么困难或复杂,但我更愿意让读者自行决定程序简化问题,而不是直接告诉读者应该怎么做。特别是,程序假设是客户可以订阅经常性收入不同的多个产品。如果你的订阅只有一种产品、只有一个价格,或者是没有经常性收入的免费订阅服务,则可以使用相同的 SQL,但将 MRR 的总和替换为客户数。如果你的公司只提供常规订阅服务,那么可以删除结束日期为空的记录(如 2.2 节所述,常规订阅在创建订阅时会定义一个结束日期)。程序的 SQL 如代码清单 2-1 所示。

注意 代码清单 2-1 中的日期变量是使用配置参数设置的,因此在本书的可下载代码中,它们显示为以%开头的绑定变量。代码清单 2-1 显示了使用绑定变量后的 SQL。本书中的所有 SQL 代码清单都是如此。

代码清单 2-1 用于计算净留存率的 SQL 程序

判断给定日期是否处于活跃状态: 开始日期为该日期
或该日期之前, 结束日期在该日期之后或为空

设置程序计算流
失率的时间段

```sql
WITH
date_range AS(
    SELECT '2020-03-01'::date AS start_date, '2020-04-01'::date AS end_date
),
start_accounts AS
(
    SELECT account_id, SUM(mrr) AS total_mrr
    FROM subscription s INNER JOIN date_range d ON
        s.start_date<= d.start_date
        AND(s.end_date>d.start_date or s.end_date is null)
    GROUP BY account_id
),
end_accounts AS
(
    SELECT account_id, SUM(mrr) AS total_mrr
    FROM subscription s INNER JOIN date_range d ON
        s.start_date<= d.end_date
        AND(s.end_date>d.end_date or s.end_date is null)
    GROUP BY account_id
),
retained_accounts AS

(
    SELECT s.account_id, SUM(e.total_mrr) AS total_mrr
    FROM start_accounts s
    INNER JOIN end_accounts e ON s.account_id=e.account_id
    GROUP BY s.account_id
),
start_mrr AS(
    SELECT SUM(start_accounts.total_mrr) AS start_mrr
    FROM start_accounts
),
retain_mrr AS(
    SELECT SUM(retained_accounts.total_mrr) AS retain_mrr
    FROM retained_accounts
)
SELECT
retain_mrr /start_mrr AS net_mrr_retention_rate,
    1.0 - retain_mrr /start_mrr AS net_mrr_churn_rate,
start_mrr,
retain_mrr
FROM start_mrr, retain_mrr
```

CTE 包含所有在开始日期时处于活跃
状态的账户 ID 及其总 MRR

使用聚合汇总, 以便语句
有多个订阅时, SELECT
可以返回总和

CTE 包含结束日期对应的所有活
跃的账户 ID 及其总 MRR

判断给定日期是否处于活跃状态:
开始日期为该日期或该日期之前,
结束日期在该日期之后或为空

CTE 包含所有未流失的
账户(留存账户)

使用聚合函数计算总和, 这
样在有多个订阅时, 可以用
SELECT 语句返回总和

通过内部连接, 可以获得
在开始和结束时都处于
活跃状态的账户, 这意味
着它们被留存下来

使用聚合函数
GROUP BY,
通过 SELECT
可以得到每个
账户的 MRR
之和

开始时所
有活跃账
户的 MRR
之和

将留存的所有账户
的总 MRR 相加

净留存率公式: 留存账户的
MRR 除以开始时的 MRR

净 MRR 流失率公式: 1.0
减去净留存率

包括结果的组成部分, 从而
显示 MRR 是如何产生的

下面的内容描述了程序中的每个 CTE 和最终的 SELECT 语句, 以及每个 CTE 在计算中扮演的角色, 下面的编号是根据代码清单 2-1 前列出的计算策略给出的。

(1) date_range：有一条记录的表格，其中包含用于计算的开始日期和结束日期。

(2) start_accounts：在客户流失统计开始时，每个活跃账户都有一条记录保存在该表中。这张表以订阅表为基础，并且通过条件对订阅表进行过滤。过滤条件为，账户的订阅开始日期早于进行流失统计的日期，而订阅的结束日期在统计日期之后或没有订阅结束日期。

(3) end_accounts：当客户流失统计结束时，每个活跃账户在该表中都有一条记录。衡量账户活跃的标准与 start_accounts 相同。

(4) retained_accounts：在客户流失统计开始和结束时，都处于活跃状态的账户将被保留在这张表中。这张表是通过标准连接 start_accounts 和 end_accounts 这两张表得到的，连接时使用的字段是账户 ID(account_id)。

(5) start_mrr：为简洁起见，这是一个单行表，在统计流失率开始时汇总所有账户的 MRR。

(6) retained_mrr：与 start_mrr 相似，在统计流失率结束时，汇总所有留存账户的 MRR。

(7) 最后的 SELECT 语句：从 start_mrr 和 retained_mrr 表获取结果，并通过将值代入式(2.2)和式(2.3)计算最终结果。

这就是从一个典型的 SQL 订阅数据库中计算净留存率和净流失率(用式(2.8)和式(2.10)描述)的方法。

该 SQL 程序已经在本书网站(www.manning.com/books/fighting-churn-with-data)和本书 GitHub 存储库(https://github.com/carl24k/fight-churn)中的代码生成的模拟数据集上进行了测试，并生成图 2-5 所示的结果。应该按照 README 说明运行代码清单 2-1。如果没有自己的产品或服务，可以在模拟数据集上运行这些代码。README 说明文件位于存储库的根目录中。如果已经生成了模拟数据，那么通过执行包装程序 run_churn_listing.py 来运行代码清单 2-1，其参数如下：

```
fight-churn/fightchurn/run_churn_listing.py --chapter 2 --listing 1
```

包装程序将输出它正在运行的 SQL，最终结果与图 2-5 类似。该图和本章中的所有 SQL 输出都以表格形式呈现，就像在 SQL 工具中运行查询一样。如果使用 GitHub 上提供的 Python 框架运行代码清单 2-1，则结果将输出为一行文本。另请注意，你的结果可能会略有不同，因为基础数据是随机生成的。

净留存率SQL返回的典型结果(代码清单2-1)。你的结果不会完全相同，因为数据是随机生成的

net_mrr_retention_rate	net_mrr_churn_rate	start_mrr	retain_mrr
0.9424	0.0576	$103,336.56	$97,382.52

净留存率与净流失率(留存率+流失率=1.0)　　　　通过净留存客户计算MRR

图 2-5　在模拟数据集上运行代码清单 2-1 的结果

在本书中使用 PostgreSQL(aka Postgres)

本书介绍的程序都是在 PostgreSQL 11 上运行的。我选择 PostgreSQL 11 是因为它是编写本书时 PostgreSQL 的最新版本，而且它是一个流行的开源数据库，具有现代数据库

的特性，可以很容易地演示所要介绍的概念。如果你的公司使用其他数据库，将本书中的 SQL 转换成适合你的版本应该不难。主要问题可能是 CTE，必须将其转换为临时表或子查询。如果你是一名学生或刚刚学习这些技术的初学者，并且可以自由选择数据库，强烈建议你使用 PostgreSQL 来简化本书学习的过程。

当然，PostgreSQL 不具备大型数据仓库的能力，虽然 CTE 易于阅读，但它们的计算开销很大。因此，这种数据库只适用于客户数量相对较少的服务和产品。本书中的公司案例研究大都有数万到数十万个客户，PostgreSQL 可以轻松满足需求。根据你使用的硬件和在性能优化中投入的精力，PostgreSQL 应该能够很好地扩展到对数百万客户的分析。如果有 1000 万或更多的客户，那么应该选择适合更大规模数据的专业数据库。幸运的是，大多数现代数据仓库(如 Redshift 和 Presto)支持带有 CTE 的 SQL，因此本书中的技术可以直接在这些数据仓库中使用。不过，如果你是第一次学习本书中的技术，强烈建议你在笔记本计算机的 PostgreSQL 数据库上学习相关内容。

2.3.3　解释净留存率

以下情况可能会发生并影响你对净留存率的理解。

- 所有订阅都支付相同的费用，包括免费服务。
- 多重订阅价格有两种情况：
  - ◆ 标准情况——客户流失和降价销售超过了追加销售。
  - ◆ 负流失率的情况——追加销售超过了客户流失和降价销售。

如果所有客户支付的费用完全相同，并且没有客户改变支付金额，那么本节中计算的 MRR 流失率和留存率与 2.1 节中描述的基于客户数量的流失率和留存率完全相同。在图 2-2 中，如果每个客户都支付相同的费用，那么使用费用得到的比例和使用客户数得到的比例相同。如果为客户提供的是免费服务，那么 MRR 为 0：计算净留存率和派生流失率的方法与基于客户数的相关计算相同。但是，对于这些免费的服务，需要对代码清单 2-1 中的 SQL 进行修改，因为代码清单中原来是按照 MRR 计算的，要修改成按照客户数计算。

另一方面，客户支付的金额不同时，基于收入的净留存率与流失率计算与基于客户数的净留存率与流失率计算不同。这是因为，随着时间的推移，个人客户支付的金额会发生变化，所以如果图 2-2 中的圆圈代表收入，那么圆圈大小有 4 种变化方式。图 2-6 说明了这种更复杂的情况：在追加销售和销售下降的情况下，基于 MRR 的留存率与流失率。从客户所获得的收益可能有 4 种变化。

- 客户增加。
- 客户流失。
- 追加销售：当前留存的客户，有人升级到更高级别的会员，从而为公司带来更高的经常性收入。
- 销售下降：与追加销售相反，在留存下来的客户中，有人从较高的会员级别降低到较低的会员级别，从而让公司的经常性收入减少。

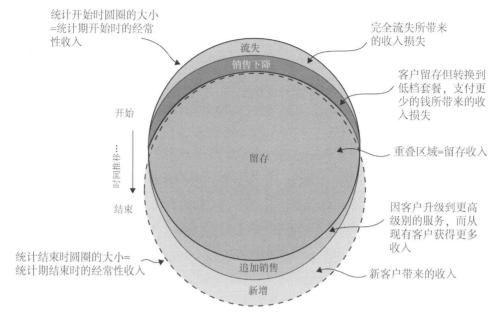

图2-6 当追加销售和销售下降发生时的利润留存与流失

基于收入的净留存率和净流失率与基于客户数量的(标准)流失率不同。由留存客户的追加销售所带来的影响可以有效地抵消客户流失造成的损失。留存客户的销售下降，也会显著增加收入的流失。

提示 净留存率之所以称为"净"，因为它结合了流失、追加销售和销售下降等诸多因素的影响。

这种净流失率的"净"，看似很科学，但是在对抗客户流失的工作中并不是很有帮助，因为它包括追加销售和销售下降，并且将多个概念和数据混杂在一起，往往会让问题发生混淆。在计算流失率时，计入销售下降合乎逻辑，因为客户并没有退订，但由于付费金额下降，将给企业带来损失，这是现实中确实存在的情况。而追加销售也确实存在，因此在图 2-6 中，净留存率不再是一个圆圈中部分与整体之间的比率。另外，在现实中，客户所享用的折扣价到期，也会给企业带来收入损失，但是这种损失与客户满意度无关。

警告 追加销售和折扣到期都会对净流失率产生影响，难以有针对性地通过净流失率来衡量客户的流失，对于对抗客户流失的工作作用不大。本书接下来使用的标准流失(基于客户数量)和 MRR 流失是更具体的客户流失指标，它们才是首选。

净留存率并不是对抗客户流失最有用的衡量标准，但由于客户流失报告中要使用它，因此仍然值得关注。

提示 净留存率是那些提供订阅服务的公司，向外部投资者提供的公司运营报告中首要的客户流失指标。

为什么在报告中偏向使用净留存率？这有两个原因，首要原因是：作为一项运营指标，净留存率将客户流失、追加销售和销售下降汇总为一个方便观察的数字，可以说是对外部投资者最重要的数字。另外一个是经营者的主观原因：每当追加销售高于销售下降时，净流失率(100%减去净留存率)将低于基于客户数计算的流失率，这样会给投资者更大的信心。通过这种方法，净收入的变化(包含追加销售、折扣到期及销售下降等因素)有效地隐藏了真实的潜在客户流失。对于许多公司来说，报告净留存率而不是更具体的客户流失指标，是改善投资者关系并提升投资者信心的常用手段。在极端情况下，当追加销售所带来的收入增加大于由销售下降和客户流失所导致的收入损失时，就出现了一种罕见但合理的情况——负流失。

定义　负流失：当追加销售所带来的收益大于销售下降和客户流失所带来的损失时，将发生负流失。

这意味着统计结束时，留存客户为公司提供的收益大于开始统计时客户所提供的收益，即便考虑了客户流失和销售下降等负面影响也是如此，净留存率将大于100%。如果根据 2.1.2 节中的式(2.6)计算净流失率，则结果为负数。注意，这并不是标准流失率的真正负值——标准流失率只能是一个正数(或者可能为 0，即没有客户流失)。如前所述，这不是用数据对抗流失最有效的流失测量方法，因为它掩盖了发生客户流失的真实情况，虽然这会使投资者报告光彩照人。

2.4　标准流失率计算：基于客户数量的流失

标准的基于客户数量的流失率计算是最简单直接的计算方法，因为它不受追加销售、销售下降和客户折扣到期等影响。它简单地表示了取消服务的客户所占的比例。

定义　标准客户流失：基于客户数量的客户流失计算，也称为流失率。

标准流失率通常称为账户流失率，因为它是指可能持有多个订阅的账户持有人的完整流失率。因此，对于标准流失率，取消一个订阅但保留另一个订阅的账户持有人将不被视为流失(这被视为销售下降，参见 2.5 节)。在 B2B 领域，标准流失率也称为品牌流失率，因为每个账户持有人都是一家公司(有自己的品牌)。

在本节中，将演示如何直接计算流失率，而不是通过 100%减去留存率来计算。直接计算需要使用称为外连接的 SQL 特性。的确，流失率可以使用内连接(如用于净留存的内连接)通过账户留存来计算，但是能够通过外连接来识别流失的账户是你将来需要的一项技能。因为外连接不是基本的 SQL 特性，所以在 2.4.1 节介绍查询语法之后，将在 2.4.2 节介绍外连接。

2.4.1　标准流失率定义

在详细介绍标准流失率之前，先回顾根据图 2-2 和式(2.1)计算标准流失率的步骤。

(1) 设置测量的开始时间和结束时间。

(2) 在统计开始时，识别并计算客户数量(图 2-2 中的顶部圆圈)。

(3) 确定统计结束时的客户数量(图 2-2 中的底部圆圈)。

(4) 识别并计算流失的客户数量(图 2-2 中标记为"流失客户"的部分)。

(5) 用流失的客户数量除以统计开始时的客户数量(式(2.1))

2.4.2　用于计算流失率的外连接

流失的账户是使用外连接从统计开始时的账户和统计结束时的账户中选择的。我将为不熟悉外连接的读者简要回顾外连接。

内连接是更常见的连接类型，就像在代码清单 2-1 中创建留存账户 CTE 的 account_id 上使用的连接。它根据连接字段返回所有匹配的行，并从两个表中返回所需要的字段。外连接则不相同，因为它不是只返回匹配的项，而是返回两表中一个表内的所有行，然后从第二个表返回匹配的行。因为在输出结果时，有些记录只有来自第一个表的信息，没有来自第二个表的信息，那么这些字段将用空值表示。这称为左外连接，因为始终选择第一个表中的所有行，"第一个表"位于连接(join)语句的左侧。使用同样的原理，还可以使用右外连接及全外连接。对于全外连接，在结果中首先显示两个表中均匹配的记录，然后是存在于第一个表但是不存在于第二个表的匹配记录，最后是存在于第二个表但不存在于第一个表的匹配记录。对于客户流失，使用左外连接就足够了。

外连接用于查找流失的账户，因为关键是要找到统计开始时存在但统计结束时不存在的账户。如果使用内连接，它会匹配统计开始时和结束时都存在的账户，而那并不是我们想要的。左外连接返回统计开始时存在的所有账户，而不仅仅是流失的账户，这就是为什么选择流失账户的 CTE 也需要使用 WHERE 子句。它只从连接中选择那些来自统计结束时 account_id 为 null 的账户，这意味着只选择 account_id 存在于 start_accounts CTE 中而不在 end_account CTE 中的记录。

提示 外连接可用于查找与连接条件不匹配的记录，这使得它们在识别客户流失时非常有用。

再次查看图 2-2 所示的客户流失图：它还提供了内连接和外连接的逻辑说明(如图 2-7 所示)。留存账户是统计开始时的账户和统计结束时的账户的交集，可以通过内连接得到。流失账户，即左外连接，是统计开始时存在而统计结束时不存在的记录。也可以通过右外连接的技术得到同样的结果，但是右外连接不在本书介绍的范围中。

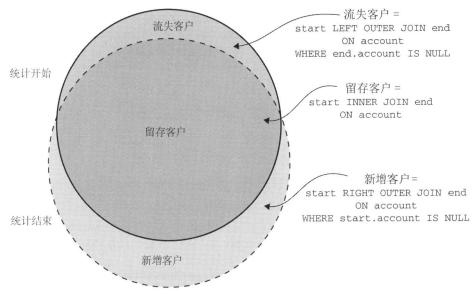

图2-7　通过对客户的统计，说明内连接和外连接

2.4.3　使用 SQL 计算标准流失率

　　标准流失率计算的 SQL 如代码清单 2-2 所示。它与代码清单 2-1 中前 3 个 CTE 的净留存查询相同，首先创建临时表，其中包含统计开始和结束时的账户。但在找到账户后，它会创建一个流失账户表，而不是留存账户表。

代码清单 2-2　标准流失率 SQL 程序(基于客户数量)

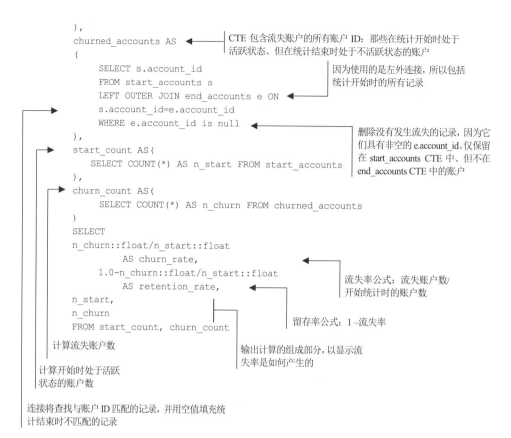

下面介绍程序中的每个 CTE 和最终的 SELECT 语句，以及每个 CTE 在与 2.4.1 节中描述的步骤相关的计算中所起的作用。

(1) date_range：有一条记录的表，其中包含计算的开始日期和结束日期。这是第(1)步。

(2) start_accounts：在客户流失统计开始时，每个活跃账户都有一条记录保存在该表中。这张表以订阅表为基础，并且通过条件过滤订阅表。过滤条件为，账户的订阅开始日期早于统计日期，而订阅的结束日期在统计日期之后，或没有订阅结束日期。这是第(2)步。

(3) end_accounts：当客户流失统计结束时，每个活跃的账户都会在该表中有一条记录。账户活跃的衡量标准与 start_accounts 相同。这是第(3)步。

(4) churned_accounts：在统计开始时处于活跃状态、在统计结束时处于非活跃状态的每个账户，都会在该表中有一行记录。该表是将 start_accounts 表和 end_accounts 表通过账户 ID 进行外连接，然后用 WHERE 子句删除 endaccount_id 不为空的账户得到的。这是第(4)步。

(5) start_count：为了简单起见，这是一个只包含一行记录的表，其中汇总了流失计算开始时账户的总数。

(6) churn_count：为清楚起见，该表包含一行记录，汇总了在测量期间流失的账户总数。

(7) 最后的 SELECT 语句：从 start_count 和 churn_count 表中获取结果，并通过将值代入式(2.1)和式(2.2)来计算最终结果。这是第(5)步，也是 SQL 程序的最后一步。

现在你已经了解如何通过 SQL 从典型订阅数据库利用式(2.1)和式(2.2)计算流失率和留存率。代码清单 2-2 在本书网站(www.manning.com/books/fighting-churn-with-data)和 GitHub 存储库(https://github.com/carl24k/fight-churn)中可以获得，如果使用之前介绍的测试数据，那么将生成如图 2-7 所示的结果。应该按照 README 文件中的说明运行代码清单 2-2。设置好环境后(在 README 文件中有详细说明)，使用以下命令运行代码清单 2-2：

```
fight-churn/fightchurn/run_churn_listing.py --chapter 2 --listing 2
```

图 2-5 显示了用代码清单 2-1 计算的净留存率。与图 2-5 相比，图 2-8 显示了相同情况下的流失率，但在计算过程中，不是依据收入，而是依据账户数。为什么两种计算得到相同的结果？因为在模拟时，对每个客户使用相同的 MRR。

流失率SQL返回的典型结果(代码清单2-2):churn_rate = n_churn/n_start

churn_rate	retention_rate	n_start	n_churn
0.0534	0.9466	10331	552

流失率和留存率(流失率+留存率=1.0)　　　　开始时的客户数与流失的客户数

图 2-8　在模拟数据集上运行代码清单 2-2 的结果

2.4.4　何时使用标准流失率

当所有客户支付相似的金额或订阅服务免费时，标准流失率用作主要的操作指标。如果所有客户支付的费用完全相同(意味着没有折扣或其他价格变化，或者产品免费)，那么标准流失率也可以通过净留存率计算。但如果存在某些定价变化或临时折扣，则应该使用本节介绍的标准流失率计算方法进行计算。

正如你稍后将看到的，标准流失率在流失分析中也具有特殊作用。因为流失分析使用旨在预测客户(订阅者)流失的模型，所以正确校准的预测流失模型可以重现标准账户流失率。但是，对于客户支付金额差异很大的订阅或大量使用折扣的订阅，标准流失率并不是最佳选择。对于这些场景，应该使用 2.6 节介绍的 MRR 流失率计算方法。

提示　如果存在适度的价格变化(包括折扣)，那么依旧可以使用标准流失率计算方法。适度的价格变化意味着大多数客户支付几乎相同的价格，但可能有一些客户使用较早的套餐、折扣或其他优惠政策。

2.5　基于事件的非订阅产品流失率

在第 1 章介绍过，不仅仅订阅服务需要对抗客户流失，对于有复购客户的产品和服务，也要考虑对抗客户流失。现在将介绍非订阅场景中计算和对抗客户流失的技术：根据客户活动计算流失率。

基于事件或活动的客户流失的概念与标准订阅的客户流失概念相同，但你需要一个非正式的定义来定义客户是活跃客户还是流失客户。要使用这些技术，只需要一个事件的数据仓库即可，它保存了客户使用产品时带时间戳的事件记录。第 3 章将更多地讨论事件数据，但是为了简单起见，本节中的示例假设使用带有事件时间戳的数据模型。

2.5.1 通过事件确定活跃客户和流失客户

对于非订购产品，最常见的活跃客户定义是在最近的时间窗口内(通常是 1~2 个月)使用过产品的客户。图 2-9 说明了这个概念。客户活动倾向于聚集在一起，所以我们很自然地认为活跃时期将会有一系列事件，两个连续事件之间没有很大的差距。如果某个客户的两次事件间隔时间超过了设定的最大时间阈值，该客户就会被认为流失了。但"最大时间阈值"应该设置得足够长，避免出现误报。

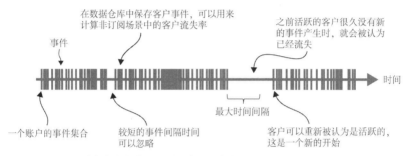

图 2-9 通过客户的事件间隔时间来判断客户是否活跃，以及客户是否流失

通过事件来判断客户是否活跃的其他标准有以下几种。

- 只有客户发生某些特定事件时，才认为该客户是活跃的。
- 只有客户具有最小事件总数的时候，才认为该客户是活跃的。
- 只有在客户拥有针对最近时间段内事件计算的特定指标时，客户才被认为是活跃的。认为客户是活跃的指标包括，近期该客户的消费金额，或由该客户带来的最低广告收入。

这些不同的条件不会对 SQL 程序造成太大的影响。

2.5.2 使用 SQL 计算基于客户活跃度的流失率

基于事件的流失率计算 SQL 程序，如代码清单 2-3 所示。它几乎与代码清单 2-2 相同，只是没有使用订阅表。但是，在统计开始和结束时的账户 CTE 基于一个事件表(表 event)。如前所述，认为账户活跃的标准只是它最近产生了一些事件。如代码清单 2-2 所示，控制日期范围的参数在 CTE 中。

由于没有订阅的产品通常只被使用较短的时间，代码清单 2-3 显示了 1 个月的客户流失率(每月的客户流失率)。另外一个需要注意的区别是，有另一个参数控制两个事件间隔时间的阈值。除了这些变化之外，程序的主要逻辑与代码清单 2-2 相同，所以在这里只需要做如下总结即可。

(1) 在流失测量开始时查找活跃的客户。开始时处于活跃状态的客户是指在客户流失测量的开始和结束的时间窗口内产生事件的客户。

(2) 在流失测量结束时查找活跃的客户。这些客户在时间窗口内发生了事件，该时间窗口在客户流失测量结束时结束。

(3) 将上面两组客户使用外连接进行连接，找出在测量开始时活跃但在测量结束时不活跃的客户。这些客户为流失的客户。

(4) 将流失的客户数除以开始时活跃的客户数来计算流失率。

代码清单 2-3 可以在本书网站(www.manning.com/books/fighting-churn-with-data)和 GitHub 存储库(https://github.com/carl24k/fight-churn)上获得，并且可以应用于之前介绍的模拟数据，生成的结果如图 2-10 所示。设置好环境后，使用以下命令运行代码清单：

```
fight-churn/fightchurn/run_churn_listing.py --chapter 2 --listing 3
```

图 2-7 显示了通过代码清单 2-2 计算的标准流失率，与之前的流失率类似，但并不完全相同。这是意料之中的，虽然这些都是相同的客户流失，但代码清单 2-3 使用了略微不同的标准来确定何时发生流失。

通过客户活跃情况计算流失率的SQL(代码清单2-3)返回的典型运行结果

churn_rate	retention_rate	n_start	n_churn
0.0463	0.9537	14604	676

计算开始时的活跃客户数，以及在统计结束时由于不活跃而被判定为流失的客户

图 2-10　在模拟数据集上运行代码清单 2-3 的结果

代码清单 2-3　通过客户活跃情况(基于事件)计算客户流失率的 SQL 程序

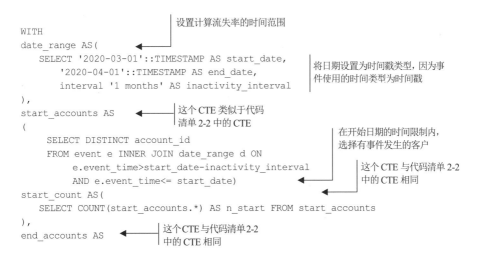

```
WITH
date_range AS(                                    设置计算流失率的时间范围
    SELECT '2020-03-01'::TIMESTAMP AS start_date,
        '2020-04-01'::TIMESTAMP AS end_date,       将日期设置为时间戳类型，因为事
        interval '1 months' AS inactivity_interval  件使用的时间类型为时间戳
),
start_accounts AS              这个 CTE 类似于代码
(                              清单 2-2 中的 CTE
    SELECT DISTINCT account_id
    FROM event e INNER JOIN date_range d ON        在开始日期的时间限制内，
        e.event_time>start_date-inactivity_interval 选择有事件发生的客户
        AND e.event_time<= start_date)             这个 CTE 与代码清单 2-2
start_count AS(                                     中的 CTE 相同
    SELECT COUNT(start_accounts.*) AS n_start FROM start_accounts
),
end_accounts AS              这个 CTE 与代码清单 2-2
                             中的 CTE 相同
```

```
(
    SELECT DISTINCT account_id
    FROM event e INNER JOIN date_range d ON
        e.event_time>end_date-inactivity_interval
        AND e.event_time<= end_date
),
end_count AS(
    SELECT COUNT(end_accounts.*) AS n_end FROM end_accounts
),
churned_accounts AS
(
    SELECT DISTINCT s.account_id
    FROM start_accounts s
    LEFT OUTER JOIN end_accounts e ON s.account_id=e.account_id
    WHERE e.account_id is null
),
churn_count AS(
    SELECT COUNT(churned_accounts.*) AS n_churn
    FROM churned_accounts
)
SELECT
n_churn::float/n_start::float AS churn_rate,
    1.0-n_churn::float/n_start::float AS retention_rate,
n_start,
n_churn
FROM start_count, end_count, churn_count
```

选择在结束日期的时间限制
内有事件发生的客户

代码的其余部分与
代码清单 2-2 相同

基于订阅的客户流失和基于活动的客户流失之间的一个重要区别是，基于活动的流失通过两次客户事件之间的间隔进行判断。在订阅中，在订阅结束或取消之后，马上就知道客户流失的发生。但是对于没有订阅的系统的客户，永远不知道客户的某个事件是否是可以用来判断客户已经流失的最后一个事件。在第 4 章，如果允许订阅到期后给客户几天时间作为宽限期，而不是马上认为其流失，则相同的逻辑也适用于订阅系统。

提示 对于非订阅产品，可以根据客户最近的活跃情况计算客户流失率。

2.6 高阶流失率：MRR 流失率

在前面的内容中，大家已经了解到对于多定价的订阅产品，如果使用标准流失率可能会产生问题。标准流失率忽略了销售下降的情况，这应该被视为客户流失的一部分，而净留存率包括销售下降，但也包括不应该被视为流失的追加销售。针对这种情况还有另一种流失衡量标准：MRR 流失。这是最复杂的流失率计算，但有多个订阅产品和不同价格策略时，它是最准确的。

提示 如果客户在你的系统中为服务所支付的费用存在较大的差异，则使用 MRR 流失率：也就是说，在系统中，最有价值的客户所提供的收入是那些价值较低客户所贡献收入的 2 倍甚至更高。在企业 B2B 软件中，最有价值的客户支付的费用可能是最低价值客户的 100 倍，在这种情况下，通过 MRR 计算流失是绝对必要的。

2.6.1　MRR 流失率的定义和计算

MRR 流失率依旧是损失与初始状态的比率，但现在流失率的分子是由客户流失和销售下降所带来的总损失，而分母是开始时客户所贡献的总收入。图 2-6 说明了追加销售和销售下降的流失计算，MRR 流失包括客户流失造成的 MRR 彻底损失(图 2-6 中顶部向下的新月形)，以及由于销售下降造成的损失(第二个向下的新月形)。将这两部分放在一起作为分子，将留存客户的 MRR 作为分母，但在分母中不包括追加销售所带来的 MRR。因此，它是多价订阅产品流失率的最准确衡量标准。

MRR 流失率定义如式(2.11)所示，MRR 留存率定义如式(2.12)所示。

$$MRR流失率 = \frac{MRR_{客户流失} + MRR_{销售下降}}{MRR_{开始}} \times 100\% \tag{2.11}$$

$$MRR留存率 = 100\% - \frac{MRR_{客户流失} + MRR_{销售下降}}{MRR_{开始}} \times 100\% \tag{2.12}$$

在公式中，$MRR_{客户流失}$表示所有流失客户的总 MRR，$MRR_{销售下降}$表示所有由销售下降所导致的 MRR 减少。

图 2-11 通过扩展 2.3.1 节中图 2-4 的示例，显示了 MRR 流失率计算的示例。在图 2-11 中，有一位使用高级套餐的客户流失，有两位新客户注册，有另外两位客户更改了套餐计划，其中一位从标准套餐升级到高级套餐，另外一位客户从高级套餐降级到标准套餐。该示例显示了 MRR 流失和净留存之间的一个重要区别：销售下降计入 MRR 流失，但追加销售没有计入。

在一月，一位使用高级套餐的客户不再订阅(通过×标记为流失客户)，一位客户从高级套餐降级为标准套餐(使用∨标记)，一位客户从标准套餐升级到高级套餐(使用^标记)。还有两位新客户注册(使用+标记)

1月1日客户情况

2月1日客户情况

ID	注册时间	下次续订时间	套餐类型	MRR	变更	ID	注册时间	下次续订时间	套餐类型	MRR
1	10月3日	1月3日	标准套餐	9.99		1	10月3日	2月3日	标准套餐	9.99
2	10月17日	1月17日	高级套餐	29.99	X					
3	11月2日	1月2日	标准套餐	9.99		3	11月2日	2月2日	标准套餐	9.99
4	11月11日	1月11日	高级套餐	29.99	˅	4	11月11日	2月11日	标准套餐	9.99
5	12月7日	1月7日	标准套餐	9.99	^	5	12月7日	2月7日	高级套餐	29.99
				89.95	+	6	1月3日	2月3日	标准套餐	9.99
					+	7	1月15日	2月15日	高级套餐	29.99
										99.94

MRR流失率是将由于客户流失以及现有客户选择较低套餐造成的MRR损失(客户2流失，损失29.99；客户4由高级套餐降级到标准套餐，损失20。两者共损失49.99)，除以所有客户在计算开始时的MRR(89.95)，得到的MRR流失率为49.99/89.95 = 56%

注意，两位客户新注册和一位客户升级到高级套餐不会影响 MRR 流失率的计算，但从高级套餐降级到标准套餐则会影响MRR流失率的计算

图 2-11　MRR 流失率计算所用的数据集

将图 2-11 所示的值填写到式(2.11)中，就得到式(2.13)。

$$\text{MRR流失率}_{\text{图2-11}} = \frac{\text{MRR}_{\text{客户流失}} + \text{MRR}_{\text{销售下降}}}{\text{MRR}_{\text{开始}}} \times 100\%$$

$$= \frac{29.99 + 20}{89.95} \times 100\% = 56\%$$

(2.13)

2.6.2 使用 SQL 计算 MRR 流失率

用于计算 MRR 流失率的 SQL 程序如代码清单 2-4 所示。它包括来自计算净留存的 SQL 和计算标准流失的 SQL 的内容。首先介绍计算的步骤，以及它们与 MRR 流失率公式(式(2.11))与销售下降和追加销售收入图(图 2-6)的关系。之后，介绍如何在 SQL 程序的 CTE 中实现它们。计算步骤如下：

(1) 设置测量的开始时间和结束时间。

(2) 在测量开始时确定客户和总收入(图 2-6 中的顶部圆圈)。

(3) 确定测量结束时的客户(图 2-6 中的底部圆圈)。

(4) 确定流失的客户及其对应的收入损失(图 2-6 中顶部朝下的新月形)。

(5) 确定出现销售下降的客户，及其对应的收入损失(图 2-6 中的第二个向下的新月)。

(6) 按照式(2.11)，将客户流失带来的收入损失与销售下降所带来的损失相加，将其结果除以测量开始时的客户总收入。

这些步骤在 SQL 程序(代码清单 2-4)中实现为以下 CTE。

(1) date_range：有一条记录的表，其中包含计算的开始日期和结束日期。这是第(1)步。

(2) start_accounts：在客户流失统计开始时，每个活跃账户都有一条记录保存在该表中。这张表以订阅表为基础，并且根据条件过滤订阅表。过滤条件为，账户的订阅开始日期早于统计的日期，而订阅的结束日期在统计日期之后，或没有订阅结束日期。这是第(2)步。

(3) end_accounts：客户流失统计结束时，每个活跃账户都会在该表中有一条记录。账户活跃的衡量标准与 start_accounts 相同。这是第(3)步。

(4) churned_accounts：在统计开始时处于活跃状态，在统计结束时处于非活跃状态的每个账户，都会在该表中有一条记录。该表是将 start_accounts 表和 end_accounts 表通过账户 ID 进行外连接，然后删除 endaccount_id 不为空的账户得到的。这是第(4)步。

(5) downsell_accounts：该表中的账户在测量开始和测量结束时都处于活跃状态。但在测量开始时的 MRR 高于测量结束时的 MRR。通过账户 ID 连接 start_accounts 表和 end_accounts 表，并通过 WHERE 子句选择测量结束时 MRR 小于测量开始时 MRR 的账户，进而创建该表。这是第(5)步。

(6) start_mrr：该表只有一行，记录流失率测试开始时账户的 MRR 总和。

(7) churn_mrr：该表只有一行，记录由流失造成的 MRR 损失总和。

(8) downsell_mrr：该表只有一行，记录由销售下降造成的 MRR 损失总和。

(9) 最终 SELECT 语句：从单行结果表 start_mrr、churn_mrr 和 downsell_mrr 中获取结果，并通过将值代入式(2.11)来计算最终结果。这是第(6)步，也是程序的最后一步。

代码清单 2-4　用于计算 MRR 流失率的 SQL 程序

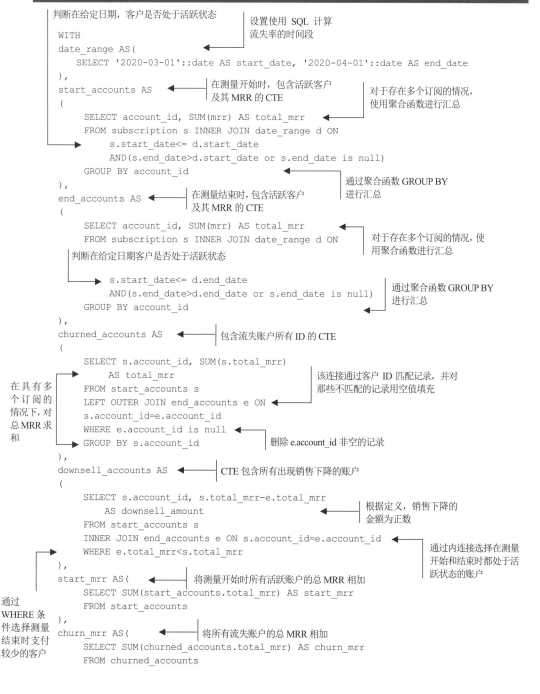

```
判断在给定日期，客户是否处于活跃状态

WITH                                    设置使用 SQL 计算
date_range AS(                          流失率的时间段
    SELECT '2020-03-01'::date AS start_date, '2020-04-01'::date AS end_date
),
start_accounts AS        在测量开始时，包含活跃客户
(                        及其 MRR 的 CTE              对于存在多个订阅的情况，
                                                     使用聚合函数进行汇总
    SELECT account_id, SUM(mrr) AS total_mrr
    FROM subscription s INNER JOIN date_range d ON
        s.start_date<= d.start_date
        AND(s.end_date>d.start_date or s.end_date is null)
    GROUP BY account_id
),                                          通过聚合函数 GROUP BY
end_accounts AS          在测量结束时，包含活跃客户   进行汇总
(                        及其 MRR 的 CTE

    SELECT account_id, SUM(mrr) AS total_mrr
    FROM subscription s INNER JOIN date_range d ON
                                            对于存在多个订阅的情况，使
    判断在给定日期客户是否处于活跃状态          用聚合函数进行汇总

        s.start_date<= d.end_date
        AND(s.end_date>d.end_date or s.end_date is null)
    GROUP BY account_id                  通过聚合函数 GROUP BY
),                                       进行汇总
churned_accounts AS      包含流失账户所有 ID 的 CTE
(
    SELECT s.account_id, SUM(s.total_mrr)
        AS total_mrr                 该连接通过客户 ID 匹配记录，并对
    FROM start_accounts s            那些不匹配的记录用空值填充
    LEFT OUTER JOIN end_accounts e ON
    s.account_id=e.account_id
    WHERE e.account_id is null
    GROUP BY s.account_id             删除 e.account_id 非空的记录
),
downsell_accounts AS     CTE 包含所有出现销售下降的账户
(
    SELECT s.account_id, s.total_mrr-e.total_mrr
        AS downsell_amount           根据定义，销售下降的
    FROM start_accounts s            金额为正数
    INNER JOIN end_accounts e ON s.account_id=e.account_id
    WHERE e.total_mrr<s.total_mrr            通过内连接选择在测量
),                                           开始和结束时都处于活
start_mrr AS(            将测量开始时所有活跃账户的总 MRR 相加    跃状态的账户
    SELECT SUM(start_accounts.total_mrr) AS start_mrr
    FROM start_accounts
),
churn_mrr AS(           将所有流失账户的总 MRR 相加
    SELECT SUM(churned_accounts.total_mrr) AS churn_mrr
    FROM churned_accounts
```

在具有多个订阅的情况下，对总 MRR 求和

通过 WHERE 条件选择测量结束时支付较少的客户

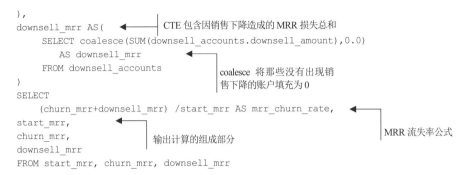

代码清单 2-4 在本书网站和本书 GitHub 存储库可以获得，使用之前提到的模拟数据进行测试，生成图 2-12 所示的结果。按照 GitHub 上的 README 说明运行代码清单 2-4。设置好环境后，使用以下命令运行代码清单：

```
fight-churn/fightchurn/run_churn_listing.py --chapter 2 --listing 4
```

与使用代码清单 2-2 计算的标准流失率(见图 2-7)相比，代码清单 2-4 显示了相同的流失率。这是意料之中的，因为在模拟数据中，对每个客户使用完全相同的 MRR，所以模拟数据中没有销售下降或与标准计算不同的因素。也就是说，需要对模拟数据进行修改，以包含不同的 MRR，这将使这个练习更有趣。鼓励读者完成这样的练习。

计算MRR流失率的SQL程序返回的典型结果(代码清单2-4)

mrr_churn_rate	n_start_mrr	churn_mrr	downsell_mrr
0.0534	$103 206.69	$5 514.49	$0.0

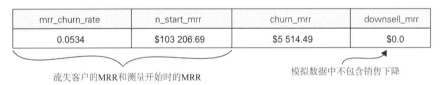

图 2-12　在模拟数据集上运行代码清单 2-4 的结果

2.6.3　MRR 流失率、客户数流失率与净流失率

至此，已经介绍了 3 种不同的流失率计算公式：
- 净流失率，通过净留存率计算。
- 标准流失率，基于客户的账户数计算。
- MRR 流失率。

同时，你也应该了解这些流失率的适用场景。
- 净流失率与净留存率：向投资者报告的运营指标。当所有客户支付相同的费用(或所有客户不支付任何费用)时，净流失率与标准流失率相等。
- 标准流失率：客户支付的费用几乎相同时，效果与净流失率相同。但如果存在不同的定价和折扣，会使净留存率的解释复杂化，则应该使用标准流失率。
- MRR 流失率：当不同客户支付的费用差异较大时，应该使用 MRR 计算流失率。

在工作中，有一种常见的情况不应该使用 MRR 留存率。当客户按年订阅和按月订阅价格不同时，一般按年订阅折扣更好，如果这种策略使用得当，可以提高客户的生命周期价值。我们将在第 8 章深入讨论。但当客户从按月订阅改为按年订阅时，一般会出现销售下降，因为一年内客户总支出减少。这种付费周期的改变，将对投资者报告产生负面影响，因此，在这种情况下，使用标准流失率可能会给投资者更大的信心。

MRR 流失率往往用于不同类型账户的 MRR 存在较大差异的情况：在 B2B 软件销售中，大客户所支付的费用往往是小客户的 10 倍甚至更多。对于有多种定价的公司来说，这 3 种流失率指标之间通常存在一致的关系。

提示　标准流失率>MRR 流失率>净流失率

你可能期望 MRR 流失率高于标准流失率，因为 MRR 流失率包括销售下降的影响，但标准流失率不包括。然而，通常情况是，对于有多种价格的产品，付费较多的客户比付费较少的客户流失率更低。付费最少的客户几乎总是流失更多。乍一看来，这似乎是自相矛盾的，根据逻辑，支付更多应该会让客户更不开心。然而，在 B2B 产品中，为公司带来更多收益的往往是那些拥有众多用户的大公司，而且大公司几乎总是比小公司更稳定，更不易流失。此外，支付更多费用的大公司倾向于更长时间地使用该产品，因为在购买之前会花更长的时间审议，并且在订阅产品的设置和运营方面投入更多。因此，对于 B2B 产品，一般情况下计算所有客户的标准流失率几乎总是高于 MRR 流失率。

根据净留存率计算的净流失率几乎总是所有流失率指标中最小的。这是因为它除了反映大公司客户的低流失率外，还将留存账户中的追加销售计入流失率。如前所述，当追加销售超过销售下降和客户流失所带来的损失时，根据净留存率计算的净流失率甚至可能为负数。

2.7　流失率测量转换

到目前为止，都是假设计算 1 个月内的流失率。而如之前提到的，可以计算任何时间段的流失率，并且在现实工作中大多数 B2B 产品订阅的流失率都是按年计算，以更好地反映订阅的典型长度。因为计算方法相同，并且使用相同的代码来计算年流失率，所以只需要将测量的开始时间和结束时间更改为相隔一年的对应日期即可。但是，如果一家公司想要计算年流失率，但运营时间不足 1 年或出于其他原因数据库中的数据不足 1 年，怎么办？不用担心，可以将流失率从较短的时期(如 1 个月)转换为较长的时期(如 1 年)。但是 1 个月的流失率和 1 年的流失率之间的关系并不是那么简单。

需要注意的是，年流失率不是月流失率的 12 倍。本节介绍在不同时间范围内进行的流失测量有何关联，以及如何将月流失率转换为年流失率，反之亦然。

2.7.1　幸存者分析(高级)

注意，本节包含很多公式。如果你不喜欢数学，可以跳到 2.7.2 节直接看答案。

理解月流失率和年流失率关系的关键是将留存客户视为幸存者，并查看有多少人在几个月内幸存下来。“幸存者”一词来自生物学中的人口研究，这就是这种分析的起源，如果将流失比作死亡，那么留存下来的客户就是幸存者。图 2-13 显示了如果每个月的流失率相同，会发生什么情况。在图 2-13 的左侧显示了简单的示例，右侧显示了对应的计算公式。

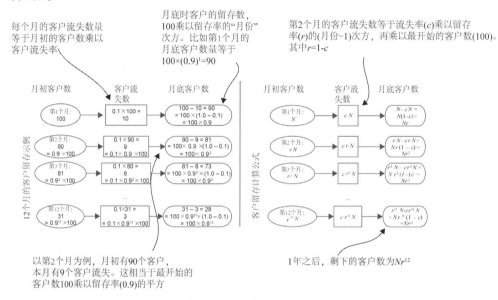

图2-13　一年时间内，客户中“幸存者”的月度变化

以下是一年来客户流失的演变过程，开始有 100 个客户，流失率 10%(0.1)，如图 2-13 左侧所示。

(1) 在第 1 个月月初，有 100 个客户。在第 1 个月，有 100×0.1=10 个客户流失，剩下 90 个客户。这相当于 90%的留存率。

(2) 第 2 个月月初，有 90 个客户，第 2 个月，有 90×0.1=9 个客户流失，剩下 81 个客户。这相当于原来的 100 乘以留存率的平方，因为 81=100×0.81=100×0.9^2。注意，因为流失率是客户流失的百分比，如果一开始客户的总数较少，那么即便流失率相同，流失的客户数也会相对较少。

(3) 在第 3 个月月初，有 81 个客户。在第 3 个月，有 81 × 0.1 ≈ 8 个客户流失，剩下 73 个客户。这相当于原来的 100 乘以留存率的立方，因为 73 = 100 × 0.73≈100 × 0.9^3。

(4) 接下来几个月使用相同的计算方法，12 个月后，剩下 100×0.9^{12}=28 个客户。

在图2-13中的右侧，通过最初几个月的推算，得出“幸存者”月度变化的模式。

(1) 在第 1 个月月初，有 N 个客户，但是在第 1 个月，根据流失率的定义，cN 个客户流失了。月底时，仍有$(1-c)N$ 或 rN 个客户。

(2) 在第 2 个月月初，有 $rN =(1-c)N$ 个客户，并且当月有 $c(1-c)N$ 个客户流失。第 2 个月月末剩余的客户数量为 $rN-crN$，或者 $Nr(1-c)$，等价于 Nr^2。

通过留存率的定义来解释这个算术运算并不难

$$(1-c)N - [c(1-c)]N = (1-c)N \times (1-c) = (1-c)^2 N$$

或者

$$(1-c)^2 N = r^2 N$$

(3) 在第 3 个月的月初，有 $r^2 N$ 个客户。在这个月有 $cr^2 N$ 个客户流失。第 3 月的月末还剩下 $r^2 N - cr^2 N = r^2 N(1-c) = Nr^3$ 个客户。具体的推导式如下：

$$(1-c)^2 N - [c(1-c)^2]N = (1-c)^2 N \times (1-c) = (1-c)^3 N$$

$$(1-c)^3 N = r^3 N$$

(4) 可以将这个模式推广到后续的月份，于是有如下公式：

$$r^x N = (1-c)^x N$$

这表明，第 x 月的留存客户数等于开始时的客户数乘以留存率的 x 次方。

2.7.2　流失率转换

留存率的多月关系是将月流失率转换为年流失率的关键。在 2.7.1 节中，展示了月流失率为 c 且月留存率为 $r = (1-c)$ 的 1 年后的留存客户数为：

$$N_{year} = r^{12} N$$

因此，如果用 R 表示的 1 年留存率，将得到：

$$R = r^{12} \tag{2.14}$$

式(2.14)显示了如何将月留存率 r 转换为年留存率 R。这个定义很直接，因为 1 年后留存的客户数必须等于开始时的客户数乘以年留存率。此外，根据定义可知道，年流失率(使用 C 表示)必须等于100%减去年留存率。因此，年流失率 C 公式为：

$$C = 100\% - R$$
$$C = 100\% - r^{12} \tag{2.15}$$
$$C = 100\% - (1-c)^{12}$$

简言之，年流失率等于100%减去(1−月流失率)的12次方。这听起来很复杂，但就留存率而言，它很容易理解。年留存率是月留存率的12次方。

提示　要将月流失率转换为年流失率，应该首先将月留存率转换为年留存率，然后用100%减去年留存率，得到年流失率。

注意，年留存率低于月留存率，因为将小于 1 的数字求任何幂都会进一步降低它的值。这是有道理的，因为一年内流失的客户数往往比一个月内要多，因为客户的流失时间要长 12 倍。另一方面，年流失率必须大于月流失率，这也是因为有更多的时间来积累客户的流失。

将流失率的年度度量转换为月度度量，应该如何实现？这里不会详细介绍所有细节，但将之前的关系反过来也是成立的。如果你回到式(2.14)并取两边的 12 次方根，会得到：

$$r = \sqrt[12]{R} = R^{1/12} \tag{2.16}$$

式(2.16)显示了如何将年流失率 R 转换为月流失率 r。公式中的 1/12 表示取 R 的 12 次方根。如果不熟悉根操作，记住将数字 x 的平方根，平方后将得到 x。12 次方根的定义类似：x 的 12 次方根的 12 次方依旧等于 x。不用担心。没有人会通过心算的方式计算

12 次方根和 12 次方，但对于任何编程语言来说，这种计算都非常容易实现。在公式中，一个数的 12 次方根等于该数的 1/12 次方，这就是大多数编程语言实现这种根计算的方式。

将年留存率转换为月留存率也可以用上面介绍的方法。具体公式如下所示。

$$c = 100\% - \sqrt[12]{1-C} = 100\% - (1-C)^{1/12} \tag{2.17}$$

式(2.17)显示了如何将年流失率 C 转换为月流失率 c。

提示 要将年流失率转换为月流失率，使用以下事实：月留存率是年留存率的 12 次方根，留存率 = 100% -流失率。

2.7.3 通过 SQL 对任意时间窗口内的流失率进行转换

通过 SQL，可以在任意时间窗口内对流失率进行转换。对于订阅数据库中的数据不足 1 年的公司，如果要计算年流失率，通过 SQL 进行转换是一个绝佳的选择。在这个过程中，可以尽可能多地收集数据，无论是 2 个月、6 个月还是 10 个月。然后将这些数据转换为年流失率。我不会详细说明，但是对于任何流失测量，如果 p 天内的流失率为 c'，那么年流失率 C 为：

$$C = 100\% - (1-c')^{365/p} \tag{2.18}$$

在这种情况下，留存率是 $1-c'$，年度留存率为 $(1-c')$ 的 $365/p$ 次方。用 100% 减去年留存率得到年流失率。同样，如果知道 p 天的流失率 c'，则月流失率 c 为：

$$c = 100\% - (1-c')^{(365/12)/p} \tag{2.19}$$

接下来使用 SQL 从订阅数据库计算流失率，很容易通过在任何时间段内进行的一次流失测量来计算月流失率和年流失率。代码清单 2-5 显示了必要的 SELECT 语句，假设使用与代码清单 2-2 中常规流失率计算相同的 CTE，但 date_range CTE 中的开始日期和结束日期可以是任何日期。该 SQL 通过动态计算时间段 p，将式(2.13)和式(2.14)实现为 SELECT 语句的一部分。

代码清单 2-5 通过任意时段的流失率计算年流失率或月流失率的 SQL 语句

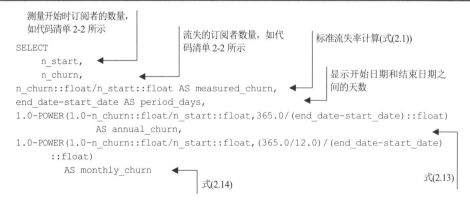

代码清单 2-5 中使用 SELECT 语句的结果如图 2-14 所示。在这种情况下,因为测量周期在 1 个月到 1 年之间,所以等效年流失率大于实测年流失率,而等效月流失率小于实测月流失率。

代码清单 2-5 可以在本书之前生成的模拟数据集上运行,并生成如图 2-14 所示的结果。应该使用下面的包装脚本(与本章前面的命令相同)来运行代码清单 2-5,将代码清单参数更改为--listing5:

```
fight-churn/fightchurn/run_churn_listing.py --chapter 2 --listing 5
```

图 2-8 显示了代码清单 2-2 计算出的标准流失率,与之相比,代码清单 2-5 测量了 92 天内的流失率(假设有 92 天的数据可用来计算年流失率)。结果包括月流失率和年流失率。月流失率与图 2-8 的结果相似,但并不完全相同,这里得到的月流失率是整个 92 天内的平均月流失率。

通过SQL根据特定时间范围的流失率计算年流失率或月流失率(代码清单2-5)

n_start	n_churn	measured_churn	period_days	annual_churn	monthly_churn
10393	1394	0.13412	92	0.43525	0.04649

可以使用任意时间段内的流失率:
在本例中,使用92天的流失率

通过计算,可以得到等效的年流失率
或月流失率

图 2-14 在模拟数据集上运行代码清单 2-5 的结果

2.7.4 选择流失率测量窗口

如果有机会,你可能想知道应该选择什么时间窗口来测量流失率。通常,应该测量接近典型的订阅续订期限内的流失率。如果需要以另一种方式报告流失情况,可以使用本节介绍的方法。

提示 个人客户订阅的流失率通常以"月"来衡量,而企业订阅的流失率以"年"来衡量。

如果在与典型订阅不同的时间范围内衡量流失率,可能会出现问题。如果主要是按月或按年订阅,则会相对简单。

首先考虑按年订阅的情况。如果你的订阅大多是每年一次,要测量 1 个月的客户流失率,必须确保所选择月份的天数与这一年的总天数除以 12 最相近(换句话说,不要选择 2 月)。否则,流失率测量会有偏差。对许多企业来说,大多数续订都发生在特定的季节。如果是这种情况,而且是在 1 年中的其他时间测量流失率,会看到假性低流失率。相反,如果测量 1 个月的流失率,而这个月恰好有大量的年度客户需要更新合约,那么通过这个月流失率来推算年客户流失率,会得到假性高流失率,因为在这段时间内可能有大量客户不再续约,而这种不续约的情况很少发生在其他月份。

如果你的订阅大多是按月计算的,但想测量 1 年的客户流失率,那么客户流失率的计算将会忽略在这两个日期之间开始订阅的客户。注意,本章所有的客户流失率计算只检查两个日期对应的客户，而在这两个日期之间，可能有大量的新客户注册，同时有大量的原有客户流失，只看两个日期的当日客户数量，并据此计算客户流失率，会低估流失率。通常，如果测量客户流失的时间周期比最短的订阅时间长(比如测量周期为 45 天，而最短的订阅周期为 30 天)，就会出现这样的问题。

警告 在不同于典型订阅长度(或典型客户活动生命周期)的时间窗口测量客户流失率，会导致流失率出现误差。

2.7.5　季节性和流失率

在 2.7.4 节中警告过大家，使用与典型订阅长度不同的时间框架计算流失率可能会出问题。在计算流失率时还需要注意另一个问题(主要存在于月流失率的计算中)：季节性。

定义 季节性：某些指标在 1 年中的特定时间会发生变化。

许多订阅业务的流失率都存在季节性变化，如果你在 1 个月的时间窗口测量流失率，可能会发现由于季节性的影响，流失率在 1 年中上下波动。问题在于，开始尝试减少客户流失时，如果没有考虑季节性，就很难知道所看到的客户流失率的变化是由于干预行为造成的还是流失率的季节性变化。

警告 如果使用月流失率，季节性变化会让你很难评估流失率降低的真正原因。

季节性对于年流失率测量来说不是问题，因为年流失率测量总是包括 1 年中的每个季节。如果在一月和二月分别进行了一次年客户流失率测量，这两次测量分别包括了 1 个季节(注意，这里的季节不是春夏秋冬四季，而是与业务相关的周期)：在相隔 1 个月的两个年流失率测量值之间的差异反映了两个"季节"的客户流失率差异，因此流失率的变化已经受季节性的影响。(如果许多"年度续费"发生在一个季节，那么这个季节可能是流失率显著变化的时候。在 1 年中的其他时间里，由于客户重新签订合同的次数较少，流失率变化较小。但在商业中有合同更新的关键季节和季节性不是一回事。)

如果使用月流失率，你会怎么做？首先，尽可能多地测量每个月的流失率，并试图确定是否存在显著的季节性模式。需要至少 2 年的历史数据来查看是否存在季节性模式。仅凭 1 年的数据，无法判断一种模式是季节性的，还是存在其他原因。

如果确定存在季节性模式，那么有几个选择来处理它。应对季节性的一种特别方法就是了解季节性趋势，并在排除季节性因素之后寻找可以降低客户流失率的方法或商业环境的变化因素。如果接受过统计学方面的训练，你可以使用适当的时间序列分析技术做到这一点。这样的高级统计技术超出了本书的范围，但如果有兴趣，可以参阅 Ruey S. Tsay 的《金融时间序列分析》(第 3 版，Wiley，2010，中译本由人民邮电出版社 2019 年出版)。有一些处理流失率季节性的方法不需要高级的统计技术，但涉及更复杂的流失率计算和至少 2 年以上的数据。关于这些内容的详细描述也不包含在本书中，这里只是提供一些思路与想法。

计算具有季节性的流失率的一种方法是通过逐月的订阅计算年流失率。回想一下，在 2.7.4 节中，你已经了解到如果对每月订阅进行年流失率计算，会错过年中注册和流失的账户。一种解决方案是，你无须查看相隔 2 年的每个日期的所有活跃客户，而是查看每个日期前一年的所有活跃客户。过程如下：

(1) 查找在第一年中，任何时刻都为活跃状态的客户。

(2) 查找在第二年中，任何时刻都为活跃状态的客户。

(3) 对上面两个数据集使用外连接，从而获得流失的客户。

(4) 将流失的客户数除以第一年的客户数。

通过这种方式计算的流失率是年流失率，不会错过年中流失的客户，并且包含了所有季节。如果你在 1 个月(或 1 个季度)后重复计算，流失率的变化反映了当月(或当季)的流失率与一年前同一时间之间的差异。这表明它受季节影响。

这种方法的一个缺点是，允许在 1 年内的任何时间重新注册，而且客户不会算作流失。如果系统中有多个账户流失后又重新注册，则应该坚持每月计算流失率并处理季节性差异。

处理月流失率季节性的另一种相对简单的方法是计算每个自然月的月流失率，然后取季度(或 1 年)的平均值，以便比较。与其比较一个月和下一个月的流失率(可能会受到季节性的影响)，不如将去年 12 个月的平均流失率与前一年 12 个月的平均流失率进行比较。或者将过去 3 个月的平均流失率与一年前同期的平均流失率进行比较。然后就可以看到，去年为对抗客户流失所做的努力，是否有发挥了应有的作用。因为你是在同季度进行比较，所以可以抵消季节性所带来的影响。可以对 1 个月采取这种方法，并将 1 个月与 1 年前的同一时期进行比较，这也克服了季节性所带来的影响。还需要注意的是，将一个自然月的流失率与一年前同期的月流失率进行比较只需要 13 个月的数据，因此这可能是新公司的最佳选择。

2.8　本章小结

- 流失率衡量在一段时间内有多少客户流失，或者某项服务的收益发生了多少损失。
- 流失率和留存率可以根据留存率与流失率的和等于100%相互转换。
- 可以使用 SQL 在订阅数据库上计算多种流失率。
- 通过 SQL 的外连接可以识别流失的客户。
- 标准流失率衡量的是取消订阅且不受追加销售和销售下降影响的账户持有人占期初活跃账户的比例。标准流失率对于价格相差不大或有折扣的订阅产品最有用。
- 净留存率包括追加销售和销售下降的影响，这使得它在对抗流失率方面效果有限，但它是一个广泛使用的报告指标。
- 如果所有客户付费相同(或都不付费)，那么净留存率就等于标准留存率，净流失率就等于标准流失率。

- MRR 流失率包括销售下降的影响，但不包括追加销售的影响，当订阅者支付多种价格时，这是衡量流失率的最佳指标，对于 B2B 产品来说是典型的指标。
- 对于非订阅产品，可以根据事件数据来计算客户流失率，方法是将客户定义为在最近一段时间内有事件发生的活跃客户。然后将流失计算为在两个不同日期活跃客户集之间的差值。
- 在任何时间段内测量的流失率都可以转换为其他时间段的等效流失率。
- 通过对幸存者的留存率分析，可以将留存率从一个时间段转换到另一个时间段，然后将其转换为流失率。
- 为了转换流失率，将相应的留存率取幂来增加时间周期(比如从月度到年度的转换)，使用留存率的根来减少时间周期(比如，从年度到月度的转换)。
- 消费者产品的流失率通常以月为单位，商业产品的流失率通常以年为单位。
- 如果在不同于典型订阅长度的时间范围测量流失率，可能会出现误差。
- 对于月流失率，季节性可能是一个导致其变化的因素。

第 **3** 章

客户指标计量

本章主要内容

- 测量客户事件的数量、平均值与总数
- 对指标运行 QA 测试
- 为指标选择时间段和时间戳
- 测量客户使用服务的时间长度
- 测量订阅指标

如果你正在运营与客户重复交互的产品或服务，那么应该在数据仓库中收集有关这些交互的数据。本章的交互是指用户与产品、服务或平台之间的交互(它还可以包括与其他用户的交互，由平台进行处理)。通常将此类交互简称为事件，因为在数据仓库中跟踪的交互总有一个时间戳告诉你它们发生的时间。

定义 事件：有关用户行为的任何事实，与特定时间戳一起存储在数据仓库中。

本书不会介绍如何收集数据，但会介绍如何合理使用这些数据。使用原始数据来应对用户流失的第一步是将事件数据转换为一组指标，这些指标是对事件的总结，通过这些指标可以生成客户行为的概要。这些指标通常称为行为指标，或者简称为指标。

定义 指标：对客户行为的任何汇总测量。指标也有一个时间戳，尽管它们总结了不止一个时间点的行为。

将相关事件转化为测量值是必要的，因为每个事件就像一幅大图中的一个像素点：就其本身而言，一个事件通常没有多大意义。需要将这些数据点一起使用才能发挥应有的价值。每次测量都是为每位客户单独进行的，并且在他们作为你的客户的整个生命周期内重复测量。这是因为客户的参与度和流失是一个动态过程，需要观察这些指标在客户的生命周期中如何变化，从而了解客户的参与度(也称为客户黏性)。

在本章，假设已经收集了客户事件，但没有对它们进行行为处理。如果你没有自己的数据，可以使用本书的模拟程序生成测试数据，并使用这些数据来运行本书中的程序代码。请参阅本书网站和本书 GitHub 存储库的代码以及 README 文件中的详细说明。运行 fight-churn/data-generation/churndb.py 生成数据结构，然后运行 fight-churn/datageneration/churnsim.py 生成虚拟社交网络中的客户、订阅和事件。如果已经生成数据，并用它们来运行第 2 章中的示例程序，就不必再次生成这些数据。

如果你的公司为客户提供即时服务或相关产品，并且已经开始进行客户行为测量，则需要学习一些关于指标和技术的新理念，以检查你的数据的质量。在分析中使用现有的指标并不困难。如果你在一个即时服务公司中工作，且尚未收集数据，那么将需要了解应该收集哪种类型的数据。在本书的整体场景中，本章涵盖了从事件数据仓库计算行为指标的内容，如图 3-1 所示，该图已经在第 1 章介绍过。

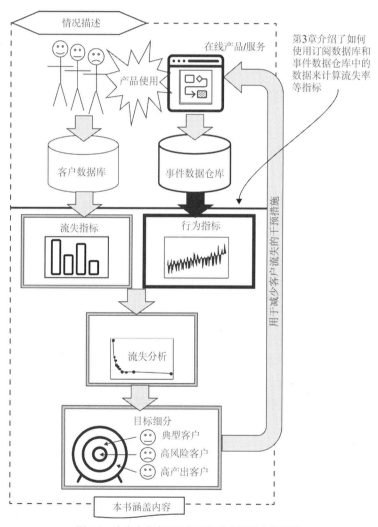

图 3-1　本章内容在用数据对抗流失过程中的位置

本章是全书比较重要的部分，涵盖了很多内容：优秀的行为指标是成功的客户流失分析中最重要的一步，本章解释了许多可能阻止你获得最佳结果的陷阱。

- 3.1 节概述了从事件中提取行为指标背后的概念。
- 3.2 节介绍了事件数据仓库的典型模式(或称最小数据库模式)，本书其余部分的 SQL 程序中使用了该模式。
- 从 3.3 节开始，介绍应用最广泛的行为指标：在特定时间窗口内测量的计数、平均值和总数。还将介绍一些以周为周期的客户行为测量的最佳实践。
- 在 3.4~3.6 节，针对如何计算 3.3 节介绍的指标，介绍更多实用细节。

除了学习计算指标外，还应该学习通过质量保证(QA)测试来检查结果。这是必要的，因为数据仓库中的客户事件数据通常并不可靠。这种不可靠可以以不同的方式表现。例如，事件在到达数据仓库之前可能会在网络上丢失。一般来说，对事件数据不会进行过多的检查，因此进行流失分析的数据人员可能是第一个检查事件数据字段是否正确的人。

- 3.7 节介绍了指标的时间序列 QA 测试。QA 揭示了一个常见的问题：并非所有事件都有相同的频率，所以没有一个单一的时间框架适用于所有类型的事件。
- 3.8 节展示了一些关于事件的基本 QA，有助于揭示事件发生频率方面的事实。
- 3.9 节介绍如何使用事件 QA 来解决选择指标时间框架的问题。

注意 下面的讨论顺序与实际的实践不符。通常会先进行事件 QA，再计算指标，但为了在深入 QA 细节之前先展示指标，本书调整了内容的顺序。

本章结尾引入了其他话题。

- 3.10 节介绍如何生成重要的客户指标：在当前订阅(没有订阅时，是当前约定)中，客户已经注册了多长时间。这被称为客户或账户使用期(tenure)，不要使用 age 一词表示客户已经注册的时长，因为那样会混淆客户使用期与客户的年龄。
- 3.11 节介绍了一种从订阅中获取数据，并将其转换为与其他行为指标等效的技术。

特征工程与指标设计

受过数据科学、机器学习或统计学训练的人了解术语"特征工程"。"特征工程"这个术语的问题在于它很容易与"软件产品特征"混淆。在本书中，将会坚持使用业务人员易于理解的语言，并将这个过程称为指标设计。

警告 对于没有受过数据科学、机器学习或统计学训练的人来说，"特征工程"这个术语可能会让人感到困惑。与业务同事交谈时应该避免使用它。改用"指标设计"这样易于理解的术语。

3.1　从事件到指标

在本节中，首先介绍把事件变成无代码的指标的概念，然后展示对应的 SQL。想象一下，你正在收集数据仓库中的登录事件，并希望将它们转为可用的信息。对于每个用户，你都有一系列的事件，如图 3-2 的上半部分所示。首先，我们仅关注某个单个事件系列：登录。在典型的在线产品方案中，事件有很多类型，并且这些事件可能随时发生。

对于某些类型的事件，甚至可以同时发生多个事件。要查找订阅者的可用指标，使用时间段进行测量，如图 3-2 的下半部分所示。

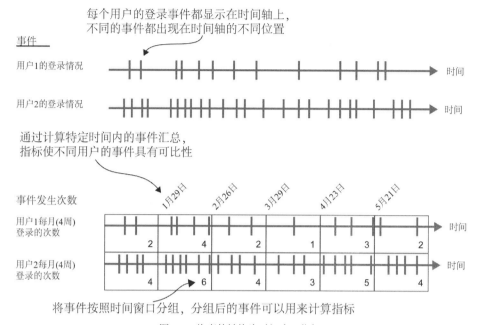

图 3-2 将事件转换为时间窗口指标

本章的"时间窗口"是指测量数据的时间范围(开始时间和结束时间之间)。通常用其持续时间或时间长度来描述时间窗口。

定义 时间窗口：在基于事件的指标计算中，通过时间窗口在时间轴上对事件进行分组。时间窗口通过其持续时间进行描述，因为每个测量的特定窗口(开始时间和结束时间)是相对于测量日期确定的。

例如，图 3-2 中一个时间窗口指标为 4 周，以 4 周的时长为窗口重复测量。指标计算可以是计算每个时间窗口中事件的数量，或者是本章后面介绍的更复杂指标测量。我们将所有指标周期定义为偶数周，将在 3.4.1 节中解释原因。

另请注意，这些指标是在周期结束后的第二天计算的，因此对事件的观察是完整的。例如，在 1 月 29 日，可以计算在 1 月 1 日至 1 月 28 日这 4 周内每个订阅者的登录次数。然后，在 2 月 26 日，可以测量从 1 月 29 日到 2 月 25 日这 4 周的登录次数，以此类推。3.4.2 节将详细讨论。

3.2 事件数据仓库模式

本章研究如何使用代码来计算指标。但为了打好基础，我需要解释事件是如何存储在数据仓库中的。数据仓库有很多种，假设你可以使用 SQL 来查询数据仓库。只要数据不太多,就可以使用事务性 SQL 数据库作为事件数据仓库。本书中的例子是在 Postgres(或 PostgreSQL)中存储事件数据。

表 3-1 显示了典型事件数据模式(schema)的关键元素。此模式用于与事件相关的所有 SQL 代码列表。有关如何使用此模式设置数据库,并使用模拟数据填充数据库的详细说明,参阅本书代码库中的相关说明。以下是此类表的最小典型字段集。

- account_id:账户持有人或用户的标识符,用于表示事件是在哪个账户上发生的。
- event_type_id:因为一般情况下,事件有许多类型,所以这个字段是指向描述事件类型的表的外键。
- event_time:时间戳,表示每个事件发生的时间。

表 3-1　典型事件数据模式

字段	数据类型	说明
account_id	整型或字符型	
event_type_id	整型或字符型	event_type_name 的主键
event_time	时间戳	
event_id	整型或字符型	可选
user_id	整型或字符型	可选
event_data_1	整型或字符型	可选
......		
event_data_n	整型或字符型	可选

表 3-2 显示了一个相关的事件类型表,事件的字符串名称不会重复(出于性能原因,这是数据库或数据仓库中的标准做法)。总之,事件是在某个时间(event_time)发生在某人(account_id)身上的某事(event_type_id)。以下附加字段也可以包含在此类表中,但不是必须的。

- event_id:数据仓库中可能包含也可能不包含的事件的唯一标识符。它与分析无关,因为对事件通常没有唯一性约束。
- user_id:在表中可以保存用户 ID(除了账户 ID 之外),特别是在多个个人与单个账户关联的服务中。
- event_data:事件通常有大量可选的数据字段,提供关于事件的附加信息。它们通常是数值型的,但也可以包括文本信息。

如果熟悉数据仓库,会发现事件的模式在任何事实表中都是非常典型的,只是事件的数值数据字段是可选的(某些类型的数据仓库通常需要它们)。

表 3-2　典型事件类型数据模式

字段	数据类型	说明
event_type_name	字符	要求值唯一
event_type_id	整型或字符型	event_type_name 的主键

3.3　统计某个时间段内的事件

图 3-3 是图 3-2 所示场景的延续：它显示了根据表 3-1 中的事件模式计算一个账户和一个事件的指标的详细信息。表中的每个事件都映射到相应的时间段，总计数就是该时间段的统计结果。因为周期不重叠，所以每个事件只被计算 1 次。如果手动计算或使用电子表格计算，可能会出现重复计算的错误，也非常枯燥乏味。幸运的是，SQL 提供了一种简洁的语言来实现这类计算。

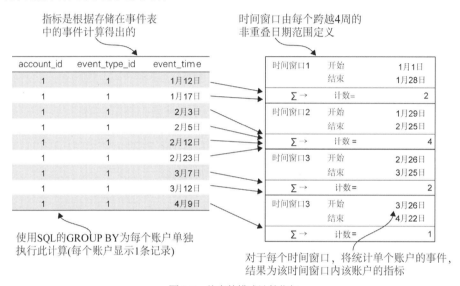

图 3-3　从事件模式计算指标

大规模执行这些计算涉及第 2 章中介绍过的挑战：这些数据可能很大。就像计算流失率一样，在数据仓库中使用 SQL 完成所有工作，而不是将数据提取出来，然后使用 Python 等编程语言进行处理。

注意 对于接下来的操作，可能会使用编程语言来实现，但还是建议使用 SQL 来完成相关的工作，因为在数据处理方面，SQL 往往比编程语言更有优势。

代码清单 3-1 显示了计算单个时间范围内事件数量的 SQL(如图 3-2 所示)。查询的主要步骤如下：
(1) 使用 CTE 设置进行测量的日期。
(2) 选择时间范围内类型正确的所有事件。
(3) 按账户汇总事件。

如果你使用的是模拟社交网络数据集，其中包含一个用户对帖子点赞的事件。代码清单3-1显示了对这些事件进行统计计数的查询，图3-4显示了查询结果。对于在计算指标之前的28天内发生点赞行为的所有账户进行统计，每个账户对应1条记录。

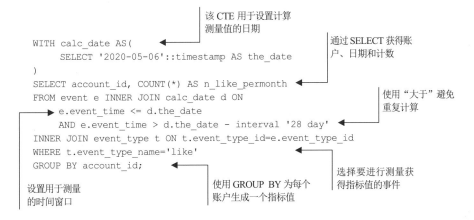

图 3-4　在模拟社交网络数据集上事件计数 SQL(代码清单 3-1)的运行结果。
你的结果会有所不同，因为数据是随机模拟的

代码清单 3-1　统计时间窗口中事件的数量

```
                                          该 CTE 用于设置计算
                                          测量值的日期
                                                              通过 SELECT 获得账
WITH calc_date AS(                                            户、日期和计数
     SELECT '2020-05-06'::timestamp AS the_date
)
SELECT account_id, COUNT(*) AS n_like_permonth
FROM event e INNER JOIN calc_date d ON                       使用 "大于" 避免
     e.event_time <= d.the_date                              重复计算
     AND e.event_time > d.the_date - interval '28 day'
INNER JOIN event_type t ON t.event_type_id=e.event_type_id
WHERE t.event_type_name='like'
GROUP BY account_id;
                                                             选择要进行测量获
设置用于测量           使用 GROUP BY 为每个                  得指标值的事件
的时间窗口             账户生成一个指标值
```

对你自己的数据集运行代码清单3-1，并查看结果。如果你使用的是本书介绍的模拟数据集，并按照README中指定的方式设置了环境，可以使用以下命令运行代码清单：

```
fight-churn/fightchurn/run_churn_listing.py --chapter 3 --listing 1
```

包装程序在连接到数据库之前输出 SQL，然后执行查询并输出结果。如果不想使用包装程序，可以在本书代码中的 fight-churn/listings/chap3 中找到代码清单 3-1 的源代码。注意，代码存储为带有绑定变量的模板(以%开头)。可以修改绑定变量，并使用你熟悉的 SQL 工具运行查询。运行结果将类似于图 3-4 所示，但不完全相同，因为数据是随机模拟的。

如果对 SQL 比较熟悉，可能对该查询有一些疑问：为什么在时间窗口末尾使用日期条件"小于或等于"，而在查询末尾使用"大于且不等于"？为什么不使用 between 语法？这是为了避免进行重复测量时，重复计算边界上的事件。一个相关的问题可能是为什么不使用SQL窗口函数来计算结果。原因是SQL窗口函数通常对固定数量的记录进行操作，

但给定日期范围内的事件数量并不固定。窗口的边界由日期条件设置,而不是根据窗口中的事件数来设置。

3.4 指标周期定义的详细信息

之前在计算指标时,使用了"时间窗口"的概念,其实它有一个更专业的叫法——指标周期。本节将讨论如何选择指标周期。这些细节可能看起来微不足道,但对分析的有效性将产生巨大的影响。

3.4.1 行为周期

你可能会好奇,为什么在之前的指标计算时使用的是 4 周,而不是我们熟知的自然月。要理解这一点,就需要了解人类活动遵循以周为单位的周期,因此数据仓库中的事件很可能也遵循以周为单位的周期。如果人们是在工作中使用你的产品,那么大多数事件发生在周一到周五,周六和周日发生的事件则会很少。另一方面,如果人们是在休闲娱乐时使用你的产品,如看视频或玩游戏,那么周五到周日的使用量最大,周一到周四的用量可能会相对较少。

使用偶数周来计算指标的原因是,用于进行计算的每个测量时间窗口都具有相同的高使用天数和低使用天数。例如,想象一个消费产品在周末存在使用高峰。有 5 个周末的月份似乎比只有 4 个周末的月份多出约 20%的事件。如果将这多出的 20%事件认为是当月的真正使用增加量,将导致错误的统计结果。造成这种错误的主要原因是测量的时间窗口不均匀。

提示 大多数人的行为都遵循以周为周期的规律。因此,对于使用 1 个月或更短时间的指标,最好使用 7 天的倍数的时间窗口来衡量。

Klipfolio 上的用户行为是人类每周行为规律的完美示例。Klipfolio 是一家软件即服务(SaaS)公司,它允许企业创建带有关键指标的在线仪表板(在第 1 章中介绍过)。按周统计的 B2B 软件使用情况如图 3-5 所示,该图显示了 Klipfolio 每天的仪表板视图使用数量。很明显,工作日的使用量明显更高,而周末则少很多:平均而言,工作日的仪表板视图使用次数比周末多 40%。

也就是说,在偶数周内进行测量对于较小的测量窗口很重要:如果测量周期超过 12 周,那么增加或减少 1 个周末不会有太大影响。例如,对于 1 年的测量,选择 52 周(364 天)或 365 天没有本质上的差别。

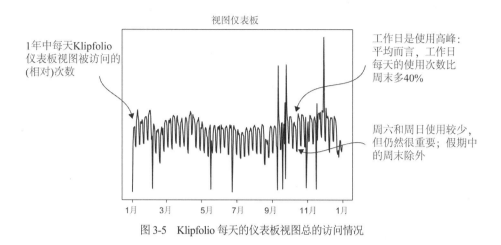

图 3-5　Klipfolio 每天的仪表板视图总的访问情况

3.4.2　用于指标测量的时间戳

另一个重要的问题是如何对指标进行时间标记。

定义　时间戳: 表示指标生成的日期和时间, 它是对时间窗口中的事件进行的计算。

像这样的测量需要有一个时间戳来表示它们所涵盖的时间段, 因为要重复进行测量并分析它们如何随时间变化。一个看似微不足道但实际上很微妙的情况是, 假设你在测量登录次数:

- 测量从 1 月 1 日到 1 月 28 日(含)的所有事件。
- 在 1 月 29 日进行测量。

你会为这个测量选择哪个时间戳?

- 1 月 1 日
- 1 月 28 日
- 1 月 29 日
- 其他时间

最佳实践是在指标周期之后立即使用日期和时间为指标添加时间戳: 在这种情况下, 1 月 29 日午夜测量 1 月 1 日至 28 日的指标。这是一个约定, 它可能看起来很武断, 但错误的选择会导致其他不好的连锁反应。有一些理由要求进行同步测量从而在单个时间点创建客户快照。如果在观察窗口结束时添加时间戳, 则创建同步快照是最简单的, 因为只需要为所有指标选择相同的时间戳。

提示　对于行为指标的时间戳, 最好的选择是客户发生该事件时的时间戳, 假设这些指标可以瞬时计算完成, 那么使用尽可能早的时间戳, 即便计算的动作是日后发生的, 也应该将时间戳设置为客户事件发生的时刻。

替代方案的问题如下:

- 如果在单个分析中使用不同长度的时间窗口,则使用窗口的开始日期作为时间戳会导致问题。在这种情况下,需要在时间戳上加上时间周期计算同步日期。
- 将测量时间作为时间戳也不是好选择。因为测量可能发生在事件发生后的几天甚至几个月,这会带来更多的不确定性。
- 使用测量周期的最后一天(午夜)作为时间戳会产生细微的误差,因为这意味着可能在还剩 1 天时观察整个周期测量。如果在测量日期截止前 24 小时为测量添加时间戳,然后需要将测量结果与其他数据源同步,可能会引入细微的误差。

应该使用一种称为"后一天"的时间戳,虽然有时会让人感到困惑,因为许多人在每个月第一天计算上个自然月的指标值,并将每个月的第一天作为该指标值的时间戳。用 4 周当作"1 个月"来计算月指标,也是使用这样的方法,因为这种"后一天"的时间戳,有助于进行数据分析,并且被认为是最佳实践。

3.5　在不同时间点测量

要了解客户流失,需要比较客户在其生命周期中不同时间点的行为测量结果。这需要一种更高级的指标计算技术。

3.5.1　重叠测量窗口

要比较客户在客户生命周期不同阶段的行为指标,需要在固定间隔的时间点重复进行指标计算。但是,图 3-2 所示的简单方法存在一个问题:如果真的按照这种方法操作,那么将每 4 周只更新 1 次指标。但在这 4 周内可能会发生很多事情,你可能需要更频繁地检查客户的行为。图 3-6 提供了一个解决方案。我们可以更加频繁地进行这种时间跨度为 4 周的测量,如每周测量 1 次。

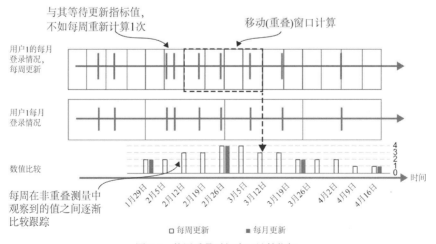

图 3-6　使用重叠时间窗口计算指标

图 3-6 所示为 4 周窗口重叠。还可以看到，测量值在图 3-2 所示的每月测量值之间逐渐跟踪。对于用户 1，前 4 周的非重叠测量为 2、4、2。重叠测量包括值为 3 的中间点：2、3、4、3、2，表示过渡期。

图 3-6 所示的详细计算方法如图 3-7 所示，用于前 4 个时间段。由于计算窗口重叠，第 4 个时间段的结束日期刚好在第一个时间段的结束日期之后 4 周。此外，每个事件都是多个时间段计数的一部分。将 4 周窗口错开 1 周，每个事件都将计入 4 个周期，尽管这一事实在图 3-7 中的示例中并不明显。但正如在不重叠时段的示例计算中(见图 3-7)，每个事件都根据(时段的)开始日期和结束日期映射到具体的一个时段，每个时段中的事件数量就是总计数。值得注意的是，为重叠时段执行此指标计算的 SQL 并不比计算非重叠时段复杂。

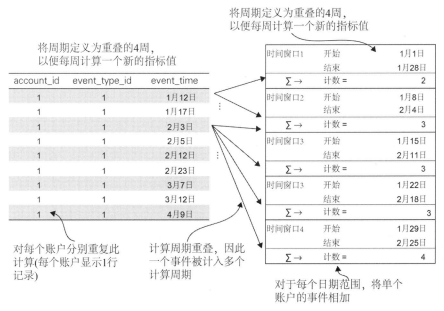

图 3-7　具有重叠时间窗口的简单指标计算

代码清单 3-2 显示了实现此类测量的 SQL，使用模拟流失数据集获得的结果如图 3-8 所示。与单日查询的结果不同(代码清单 3-1 和图 3-4)，现在每个账户都有多个结果，但只显示了前几个。此外，每次测量都带有测量周期结束时的时间戳。

每个账户有多行记录，其中每一行包含该账户在不同时间窗口得到的指标值(总和)

account_id	metric_date	n_like_perMonth
0	2020-04-29	124
0	2020-05-06	111
...	...	...
2	2020-04-29	1215
2	2020-05-06	1421
...	...	...
3	2020-04-29	51
3	2020-05-06	46

该查询将每个账户在28天内的类似事件数相加，每隔7天计算1次，因此事件在各个时间窗口中有重叠

得到的结果可能会与本图有差异，因为数据集中的数据是随机生成的

图 3-8　使用 SQL(代码清单 3-2)对模拟数据集的事件进行多日期统计的结果

代码清单 3-2 中的主要步骤与代码清单 3-1 中的基本相同,但现在 SQL 可以在一个日期范围内运行如下操作:

(1) 选择进行测量的日期序列。这些日期之间的间隔比预期的周期大小更近。

(2) 对于每个测量日期,选择与该测量相关联的时间窗口内的事件。

(3) 根据账户和测量日期汇总事件。

对于步骤(1),代码清单 3-2 中的 SQL 使用 generate_series 函数创建一个包含计算日期列表的 CTE。通过在与事件表的连接中包含这个指标日期列表,你可以在 SELECT 和 GROUP BY 语句中包含指标日期,以计算每个账户和每个测量日期对应的事件数。因此,查询会一次计算整个测量日期序列中的所有指标。

代码清单 3-2 通过重叠时间窗口计算指标

```
WITH date_vals AS(                                    ◄───── 用于指标计算的窗口结束日期的 CTE
    SELECT i::timestamp AS metric_date
    FROM generate_series('2020-01-29', '2020-04-16',
    '7 day'::interval) i                              ◄───── Postgres 函数将生成一系列值
)
SELECT account_id, metric_date, COUNT(*)
        AS n_like_per_month
FROM event e INNER JOIN date_vals d
    ON e.event_time < metric_date                     事件发生在测量日期的
    AND e.event_time >= metric_date - interval '28 day'   4 周
INNER JOIN event_type t ON t.event_type_id=e.event_type_id
WHERE t.event_type_name='like'
GROUP BY account_id, metric_date                      ◄───── 在 GROUP BT 子句中给出
ORDER BY account_id, metric_date;                            账户 ID 和日期

连接 date_vals CTE 来设置日期                          对结果进行排序以提
                                                      高可读性
选择账户、时间和指标
```

运行代码清单 3-2 以查看结果。如果使用的是模拟流失数据和 Python 包装程序,运行以下命令:

```
fight-churn/fightchurn/run_churn_listing.py --chapter 3 --listing 2
```

运行代码清单 3-2 的结果应该与图 3-8 类似,但不完全相同,因为使用的数据是随机模拟的。

generate_series 函数的替代方案

在本书的代码示例中,使用 Postgres 的 generate_series 函数创建等距的日期序列。但是,其他数据库系统可能不支持此函数。可以创建一个常规(永久)表,并用所需日期填表来实现相同的目标。此外,如果在互联网上搜索"×××上的 generate_series 的替代方案"(其中×××是你选择的数据库),可能会找到针对某些数据库系统的实现方法。建议大家使用 Postgres 数据库,因为其 generate_series 函数简单易用,只需要一行短代码即可生成所需要的数据。

3.5.2　时序指标测量

在本书中，通常使用每周更新的指标来进行讲解，原因与 3.4 节中提到的相同：人类行为的规律通常以周为单位。但对于典型客户生命周期非常短(少于几个月)的产品，可能需要更频繁地更新测量值。

提示　对于典型客户生命周期为几个月或更短时间的产品，可能需要每天更新指标。但对于客户的典型生命周期为几个月或更长时间的产品，通常每周计算 1 次指标即可。

对于客户生命周期更长的产品，比如那些生命周期为很多年的产品，每月更新 1 次测量值(或每 4 周)可能就足够了。你需要根据情况动态做出判断，它与使用你公司产品的典型客户需要多长时间才能从产品中看到价值(或看不到价值)并决定继续使用(或不再使用，从而流失掉)有关。所有事件都可以应用相同的分析技术，只是使用不同的时间范围。大多数人高估了对此类测量实时(频繁)更新的需求。通常，留存和流失是一场持续数周、数月或数年的战争。利用最新的信息和及时的干预，可以打赢这场战争。

另一个重要问题是何时进行测量。如前所述，消费产品通常在周末使用最多，而商业产品在工作日使用最多。因此，通常最好在周一或周二午夜对消费产品进行测量，从而了解在刚刚过去的周末发生的情况。对于商业产品，最好在周末测量，可以是周六或周日，以及时了解在过去 1 周的工作日，客户对该产品的使用情况。

提示　在每周一或周二午夜对娱乐产品进行测量，以捕捉上周末的情况。在周五或周六午夜对商业产品进行测量，以捕获刚过去的 5 个工作日的情况。

3.5.3　保存测量指标

查看代码清单 3-2 和图 3-8 所示的查询结果，这种类型的测量可能会产生大量数据。别担心，因为可以将这些结果数据保存在数据仓库中，以便日后分析。用于存储指标的典型模式如表 3-3 所示。与指标相关的 SQL 代码清单使用此模式(有关如何使用此模式设置数据库，并使用模拟数据填充数据库的详细说明，参阅本书的代码说明)。以下是典型字段。

- account_id：账户持有人或用户的标识符。账户 ID 需要跟踪到创建这些指标的客户。这是复合主键的第一部分。
- metric_name_id：指标通常有许多类型，并且通常有一个外键指向一个单独的表来描述这些类型。这是复合主键的第二部分。
- metric_time：每个指标必须有一个时间戳，如 3.5.1 节所述。这是复合主键的第三部分，也是最后一部分。
- value：数值型的指标值。
- user_id：除了账户 ID 之外，用户 ID 也可能出现在有多个用户的账户服务中(一个账户由多个用户共同使用，通过用户 ID 来区分)。

表 3-3 典型指标数据模式

字段	数据类型	说明
account_id	整型或字符型	联合主键的第一个键
metric_name_id	整型或字符型	联合主键的第二个键，metric_name 的外键
metric_time	时间戳	联合主键的第三个键
value	浮点型	
user_id	整型或字符型	可选

还有一个相关的指标名称表(如表 3-4 所示)，这样可以保证指标名称不会重复(出于性能原因，这是数据库或数据仓库中的常用做法)。指标的模式类似于事件的模式(如表 3-1 所示)，这是有意义的，因为它们都是数据仓库中的事实表。

表 3-4 与指标相关的数据模式

字段	数据类型	说明
metric_name	字符型	唯一
metric_name_id	整型或字符型	metric_name 的主键

指标与事件之间的一个重要区别是，指标应该具有一个由 account_id、metric_name_id 和 metric_time 字段组成的复合主键。这意味着账户、指标和指标时间的组合必须是唯一的：在任何给定的时间，每个账户只能有一个指标。指标模式和事件模式之间的另一个区别是，事件可以没有数据字段或具有与每个操作关联的任意种类的数据字段，但指标总是带有一个数据字段：度量值。

如果数据仓库支持将 SELECT 语句结果直接插入到数据仓库中，那么保存指标结果就很容易了，如代码清单 3-3 所示。代码清单 3-3 中的代码与代码清单 3-2 中的代码相同，但使用 INSERT 关键字将其转换为 SQL INSERT 语句。如果你的数据库不支持 INSERT SELECT 语句，那么通常的做法是将代码清单 3-2 中的查询结果保存在一个文本文件中，然后使用数据仓库提供的数据加载功能将其加载回数据仓库。

代码清单 3-3 将指标计算结果插入数据仓库

```
                                  该 CTE 包含计算
                                  需要使用的日期
WITH date_vals AS(
    SELECT i::timestamp AS metric_date
    FROM generate_series('2020-01-29', '2020-04-16', '7 day'::interval) i
)                                        将 SELECT 的结果
INSERT INTO metric                       插入到指标表
  (account_id,metric_time,metric_name_id,metric_value)
SELECT account_id, metric_date, 0,       包括指标 ID，假设它是 0
    COUNT(*) AS metric_value
FROM event e INNER JOIN date_vals d
    ON e.event_time < metric_date        SELECT 语句的其余部分
    AND e.event_time >= metric_date - interval '28 day'   与代码清单 3-2 相同
INNER JOIN event_type t ON t.event_type_id=e.event_type_id
```

```
WHERE t.event_type_name='post'
GROUP BY account_id, metric_date;
```

运行代码清单 3-3，并查看是否程序将查询结果写入自己的数据库中，如果你使用的是模拟数据，并使用 Python 包装程序运行代码清单 3-3，可以使用如下方式：

```
fight-churn/fightchurn/run_churn_listing.py --chapter 3 --listing 3
```

注意，程序运行结果中，除了 Python 包装程序输出的行之外，没有其他输出。结果数据保存在数据库中。你应该通过对指标表(metric)的查询从数据库中查找结果：例如，SELECT * FROM metric limit 10；所得到的查询结果应该类似于图 3-8。

如果使用代码清单 3-3 插入了一个指标，那么必须通过运行代码清单 3-4 插入名称来运行本章后面的代码清单。使用 Python 包装程序和参数--listing 4 运行代码清单 3-4，或者通过 SQL 工具执行等效的插入操作。注意，永远不要插入两个相同的指标名称或 ID。在关系数据库中，主键约束可以防止这种情况发生。关系数据库中的最佳实践是先插入指标名称，然后在指标表上使用外键约束，以防止加载没有名称的指标。

代码清单 3-4　将指标名称插入数据仓库

```
INSERT INTO metric_name('like_permonth',0) ON CONFLICT DO NOTHING;
```

在继续之前，应该注意的是，代码清单 3-3 中的指标计算不会为没有事件的账户插入数值 0。这是事件内连接的自然产物，我们可能没有注意。定义一个为没有事件的账户生成 0 的计数指标并不难，但是当账户数量很大并且事件可能很少时，存储计数为 0 的指标并不是好主意。最终存储的大部分数据可能都是 0，一般不在数据仓库中存储 0，而是在数据分析阶段(第 4 章将会介绍)要分析没有事件的账户时，现场生成所需要的 0。

3.5.4　保存模拟示例的指标

运行代码清单 3-3 和代码清单 3-4，应该在数据库中插入了一个事件计数指标，用于表示获得"点赞"的数量，并在 metric_name 表中插入了名称：likes_permonth。在模拟社交网络数据集中还有 7 个事件：不喜欢、发帖、加为好友、取消好友、广告浏览、发送消息和回复消息。这些事件的指标在本章和本书的其余部分都将用到，因此应该在继续学习其他内容之前，将它们插入所使用的数据库中。为方便起见，代码清单包装程序包括代码清单 3-3 和代码清单 3-4 所需要的替代版本。要运行它们，将--version 标志和版本号列表添加到执行命令中。此外，可以通过在--listing 标志后面列出两个数字来同时运行代码清单 3-3 和代码清单 3-4。要运行代码清单 3-3 和代码清单 3-4 并插入接下来要使用的 7 个计数指标，可以使用如下命令：

```
fight-churn/fightchurn/run_churn_listing.py --chap 3 --listing 3 4
  --version 2 3 4 5 6 7 8
```

在大多数系统插入这么多指标至少需要 10 分钟，具体运行的时间与运行该程序的硬件环境有关。注意，代码清单 3-3 和代码清单 3-4 先前运行的版本被认为是版本 1，因此处理其他指标的程序认为是从版本 2 开始的。有关运行代码清单的更多说明位于 GitHub

存储库根目录的 README 文件中。

3.6　测量事件属性的总数和平均值

到目前为止，只研究了事件的简单计数指标。但是，当事件的其他字段中有数据时，可能希望对这些数据进行处理。最典型的情况是计算这些事件指标的总数或平均值。以下是一些最典型的案例。

- 事件的持续时间，如通话的时长或者某些媒体的播放时间。
- 该事件有货币值，如零售购买或超额费用。在这种情况下，最常见的指标如下：
    - 所有事件的总数
    - 每个事件的平均值

上面这些指标可以通过 SQL 快速计算，如代码清单 3-5 所示，假设事件有一个名为 time_spent 的字段。该指标表示每个用户在 4 周内，在此类通话中花费的总时间。指标计算的步骤如下：

(1) 选择日期顺序进行测量。

(2) 对于每个测量日期，选择与该测量相关的时间窗口内的事件。

(3) 按账户和测量日期对事件分组，计算每组中 time_spent 字段的和。

SQL 几乎与代码清单 3-2 中的事件计数指标相同。唯一的区别在于 SELECT 语句，其中 SQL 不是使用 COUNT(*)聚合函数计算事件的数量，而是使用聚合函数 SUM (time_spent)对 time_spent 字段求和。

代码清单 3-5　测量事件属性的和

此 CTE 包含计算所需要的日期

```
WITH date_vals AS(
    SELECT i::timestamp AS metric_date
    FROM generate_series('2020-01-08', '2020-12-31', '7 day'::interval) i
)
SELECT account_id, metric_date::date,
    SUM(duration) AS local_call_duration
FROM event e INNER JOIN date_vals d
    ON e.event_time < metric_date
    AND e.event_time >= metric_date - interval '28 day'
INNER JOIN event_type t ON t.event_type_id=e.event_type_id
WHERE t.event_type_name='call'
GROUP BY account_id, metric_date
ORDER BY account_id, metric_date;
```

日期条件与代码清单 3-2 中相同

SELECT 语句的其他部分与之前的计数指标相同

假设事件有一个表示持续时间的字段，对事件求和

Versature(在第 1 章中介绍过)是为企业提供统一电信服务的提供商。作为统一电信服务提供商，其最重要的事件之一是语音通话，通话的持续时间存储在每个事件的字段中。图 3-9 显示了在 Versature 的本地通话事件上运行代码清单 3-5 所得到的结果。图 3-9 所示

的结果与图 3-8 所示计数指标的输出相似，但指标值不是时间窗口中的事件计数，而是这些事件中 time-spent 字段的值的和。

图 3-9　通过 SQL 代码清单 3-5 计算 Versature 的本地通话总时长

在撰写本文时，默认模拟数据集不包括事件属性，因此无法在原始的模拟数据上运行它。也就是说，需要对模拟数据进行修改，以包含事件属性。建议大家自己修改数据集，从而可以满足代码清单 3-5 的运行要求。建议分析代码清单 3-5，找到模拟数据集需要修改的地方，然后加以修改。

3.7　指标质量保证

现在你已经学习了如何计算某些指标，接下来学习检查指标结果的基本技术。在前面的内容中，只展示了输出结果的几个示例，但是只抽查几行结果并不能保证行为指标的质量。

警告　对结果进行抽查并不是保证行为指标质量的合适方法。

为什么？你可以从几行代码中看出公式是否正确。但是我们关心的不仅仅是代码的正确性，就像在普通的编程项目中一样。你所关心的问题还包括在某些账户中缺失或错误的数据，如果只抽查几行结果就会错过这些数据。有许多方法可以确保行为指标的质量，本节会介绍一些方法，以及一些常见问题的解决方案。

3.7.1　测量指标如何随时间变化

检查有关问题的指标的一种重要方法是查看结果如何随时间变化。这可以通过聚合查询来完成，该查询分别为每个日期统计数量、平均值、最小值和最大值。这并不能告诉你有关指标值的所有信息，但应该提醒你可能存在的任何重大问题，因为此类问题通常会导致某个汇总统计数据出现异常变化。图 3-10 所示的示例是由来自模拟社交网络数据的 like_per_month 指标创建的。随机模拟数据显示的可变性比真实的流失数据集要小，因此在快速查看代码清单 3-6 和代码清单 3-7 后,将展示来自案例研究的真实示例。正如你将看到的,一个代码清单是用于从数据库中获取数据的 SQL SELECT 语句,另一个是用于制作绘图的简短 Python 程序。

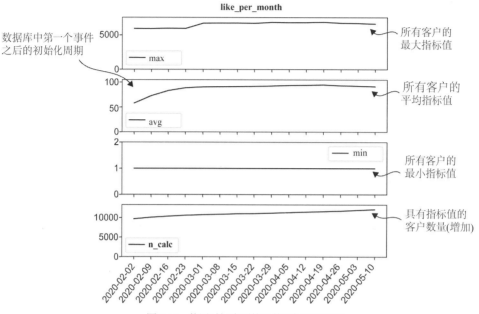

图 3-10 使用时间序列统计的指标质量保证

代码清单 3-6 测量一段时间内指标的平均值、最小值、最大值和计数

```
WITH                              该CTE 包含用于计算的日期
date_range AS(                                              为最终的 SELECT 选择
    SELECT i::timestamp AS calc_date                        放入 CTE 中的指标
    FROM generate_series('2020-04-01', '2020-05-06', '7 day'::interval) i
), the_metric AS(
    SELECT * FROM metric m
    INNER JOIN metric_name n ON m.metric_name_id = n.metric_name_id
    WHERE n.metric_name = 'like_per_month'
)
SELECT calc_date, AVG(metric_value), COUNT(the_metric.*) AS n_calc,
    MIN(metric_value), MAX(metric_value)
FROM date_range LEFT OUTER JOIN the_metric
    ON calc_date=metric_time                        使用聚合函数计算平均值、计
GROUP BY calc_date                                  数、最大值和最小值
ORDER BY calc_date

按 calc_date 分组          使用左外连接,因此
                          可以得到每天的结果
                          按 calc_date 排序,使结果更具可读性
```

代码清单 3-6 显示了一个查询,用于在计算的整个日期范围内选择一个指标的计数和平均值。注意,代码清单 3-6 采用了一种略微不同的方法:

(1) 创建要检查的日期的 CTE。

(2) 创建被测试的指标的 CTE。

(3) 使用外连接来计算结果。

似乎有一种更简单的替代方法，即在指标表上执行单个聚合 SELECT 语句，按 metric_time 字段分组。使用间接方法的原因是，即使在没有计算指标的日期，它也会给出结果：对于没有指标的日期，结果为：平均值为 null，计数为 0。当根本没有计算任何指标时，可以很容易检测到结果中的这类记录。相反，如果只对指标表进行聚合查询，那么在没有指标的日期，根本不会有结果。这些日期将被遗漏，从而使结果不完整。

提示 对指标结果进行质量检查时，应该使用更通用的检查方法，从而可以检查出那些没有数据产生和产生错误数据的情况。在这种情况下，这些检查方法应该同时可以应用于被检查的日期和没有被检查的日期。

使用带有这些参数的 Python 包装程序对模拟数据运行代码清单 3-6：

```
--chapter 3 --listing 6
```

生成图 3-10 中的指标 QA 图的代码如代码清单 3-7 所示。首先，代码清单 3-7 将查询结果(代码清单 3-6)加载到 Pandas 的 DataFrame 中。之后，使用 matplotlib.pyplot 包绘制并保存图形。因为有 4 个几乎相同的子图，所以使用一个辅助函数来创建每个子图。

代码清单 3-7　绘制一段时间内的 QA 指标统计值

将数据文件加载到 DataFrame 中

```python
import pandas as pd
import matplotlib.pyplot as plt
from math import ceil

def metric_qa_plot(qa_data_path, metric_name,**kwargs):    # 接受 SQL 代码清单中的 kwargs 作为默认参数
    metric_data_path = qa_data_path + '_' \
        + metric_name + '.csv'
    qa_data_df=pd.read_csv(metric_data_path)    # 这是代码清单 3-6 保存的文件
    plt.figure(figsize=(6, 6))    # 打开一个图像
    qa_subplot(qa_data_df,'max',1,None)    # 使用辅助函数创建子图
    qa_subplot(qa_data_df,'avg',2,'--')
    qa_subplot(qa_data_df,'min',3,'-.')
    qa_subplot(qa_data_df,'n_calc',4,':')
    plt.title(metric_name)
    plt.gca().figure.autofmt_xdate()    # 设置图像的标题等参数

    save_to_path=metric_data_path.replace('.csv','.png')    # 保存图像
    print('Saving metric qa plot to ' + save_to_path)
    plt.savefig(save_to_path)
    plt.close()

def qa_subplot(qa_data_df, field, number, linestyle):
    plt.subplot(4, 1, number)
    plt.plot('calc_date', field, data=qa_data_df, marker='',
        linestyle=linestyle, color='black', linewidth=2, label=field)
    plt.ylim(0, ceil(1.1 * qa_data_df[field].dropna().max()))
    plt.legend()
```

注意，运行 Python 代码清单的方式与运行 SQL 代码清单的方式相同。要运行代码清单 3-7，可以使用如下命令执行 Python 包装程序：

```
fight-churn/fightchurn/run_churn_listing.py --chap 3 --listing 7
```

这个程序会输出它保存的图形的位置。例如：

```
Saving metric qa plot to ../../../fight-churn-output/socialnet7/socialnet7_metric_stats_
over_time_like_per_month.png
```

所得到的图与图 3-10 相似。如果想对其他指标运行 QA，还有其他准备好的命令配置版本可供使用。首先，使用此命令提取所有指标的数据：

```
run_churn_listing.py --chap 3 --listing 6 --version 2 3 4 5 6 7 8
```

以下命令为其他指标绘图：

```
run_churn_listing.py --chap 3 --listing 7 --version 2 3 4 5 6 7 8
```

3.7.2 QA 案例研究

图 3-11 说明了在 Klipfolio 应用程序的一个指标上运行代码清单 3-6 中指标 QA 查询的结果：每月 Klip 覆盖事件的数量(用户在 Klip 上应用了一个层时发生该事件)。图 3-11 表明，对于真实指标，平均值和最大值的结果不如模拟数据平滑。

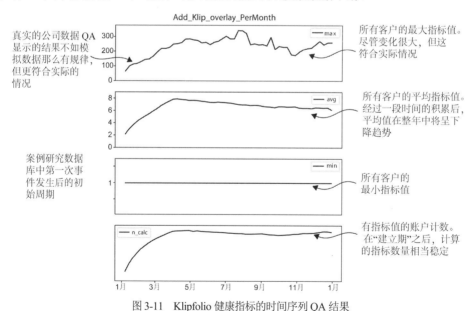

图 3-11　Klipfolio 健康指标的时间序列 QA 结果

图 3-12 举例说明了出现错误时的 QA 结果：通过删除某个事件 1 个月的数据来模拟丢失的数据(关于常规指标 QA 的解释，参见图 3-11)。Broadly(在第 1 章中介绍过)是一个移动通信平台，维护企业在互联网上的正面形象。客户"推广事件"发生在客户写了一

条积极的评论时，每月的客户推广事件是产品在客户方取得成功的重要指标。通常，为指标计算的平均值和数字在一年中略有变化，但是当数据出现缺失时，这两种 QA 测量值都会下降。在图 3-12 中，对于缺失数据的日期，曲线将出现明显的下降趋势。指标的最大值也是如此，在缺失数据的日期，最大值也明显下降。

当一个事件出现数据丢失时，指标的最大值、平均值和计数都会下降。如果缺失的时间段较长，当测量窗口中没有事件时，这些值将为 0。实际上，用于计算指标的时间段比丢失数据的时间段长，因此指标不会全部都趋近于 0。

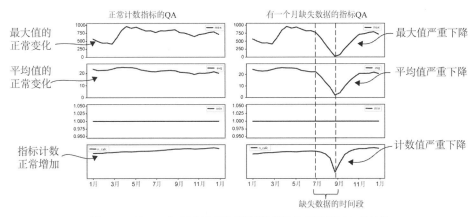

图 3-12　对 Broadly 缺失事件数据的指标进行时间序列 QA 的结果

图 3-13 所示是 Versature 的 QA 结果的第二个示例，其中有些地方实际上是存在错误的：极端值被插入到事件属性字段。如前所述，客户拨打本地电话时，会在数据库中记录本地通话事件，而 3 个月内本地通话时间的总和是 Versature 账户的一个重要指标。通常，该指标的平均值和最大值在一年中相当稳定，并在年底增加。但是，当"持续时间"字段中存在极端值时，两个 QA 测量值都会出现跳跃。脏数据的影响在最大值中最明显，在平均值中相对较小。对平均值的影响几乎可能被误认为正常的变化。如果极端值为正值，对指标的计数或最小值几乎没有影响。如果极端值为负值，将影响最小值而不是最大值。

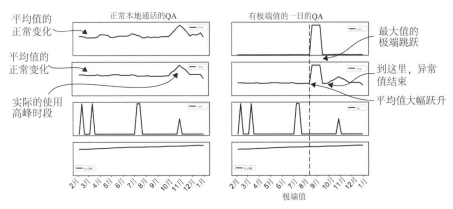

图 3-13　Versature 极端值指标的时间序列 QA 示例结果

图 3-13 显示了在本地通话持续时间数据中插入几个极值之前和之后的 QA 结果，以此来说明错误极端值对指标计算的影响。当事件数据中存在极端(正)值时，对最大值的影响最大，对平均值的影响较小。如果极端异常值是负数，则将对最小值产生影响，本例中的极端值为正值，所以没有对指标最小值产生影响。只要异常值在指标计算窗口中，指标值就会产生跳跃。

3.7.3 检查指标覆盖率

QA 的另一个重要问题是每个指标占活跃账户总数的百分比。代码清单 3-6 查看了随着时间的推移有该指标的账户数，它可以显示时间异常，但不会检测到一些账户从来没有某个指标的错误。检查接收指标值的客户比例，看看它是低于还是高于预期，这是一个重要的测试。

代码清单 3-8 中的 SQL，计算在给定的时间范围内收到指标结果的所有活跃账户的百分比。也计算了平均值、最小值和最大值。图 3-14 显示了在模拟社交网络数据集运行代码清单 3-8 得到的结果。大多数指标覆盖了几乎所有的账户(90%以上)，除了 unfriend_permonth，只有 59%的账户有该指标。这是正确的，还是存在数据问题？这可能是正确的，因为大多数人每天都会发帖和看广告，但不会频繁地与他人解除好友关系。

metric_nam e	count_with_metric	n_account	pcnt_with_metric	avg_value	min_value	max_value	earliest_metric	last_metric
account_tenure	13714	13747	100%	58.86	0	130	2020-02-02	2020-05-10
adview_per_month	13684	13747	100%	175.75	1	9545	2020-02-02	2020-05-10
dislike_per_month	13659	13747	99%	75.38	1	5403	2020-02-02	2020-05-10
like_per_month	13693	13747	100%	411.11	1	30401	2020-02-02	2020-05-10
message_per_month	13683	13747	100%	224.71	1	18009	2020-02-02	2020-05-10
newfriend_per_month	13366	13747	97%	12.69	1	271	2020-02-02	2020-05-10
post_per_month	13686	13747	100%	184.40	1	8663	2020-02-02	2020-05-10
reply_per_month	13598	13747	99%	75.82	1	6820	2020-02-02	2020-05-10
unfriend_per_month	8109	13747	59%	1.16	1	5	2020-02-02	2020-05-10

几乎所有指标都是针对所有账户计算的，
只有59%的账户有每月解除好友关系这一指标

为了QA目的而显示
的其他汇总统计数据

图 3-14 在模拟数据集上运行代码清单 3-8，计算账户具有某个指标的百分比

具体计算有指标的账户百分比步骤如下：

(1) 选择一个时间范围。通过查询对该时间窗口进行一次总体测量(不是像代码清单 3-6 那样逐日计算)。

(2) 计数时间窗口中具有活跃订阅的账户数。

(3) 在时间窗口中计算拥有每种类型指标的账户数。

(4) 将步骤(3)的结果除以步骤(2)的结果，计算拥有每种类型指标的账户的百分比。

(5) 在时间窗口中测量指标的其他统计数据。

代码清单 3-8 中的 SQL 使用了两个常见的 CTE。

- date_range：设置计算的开始和结束日期。
- account_count：计算时间范围内活跃账户的总数

最终结果由聚合函数计算，得到事件的账户数，然后将其除以 account_count CTE 的结果，得到百分比。

代码清单 3-8 计算指标覆盖率(有指标的账户的百分比)

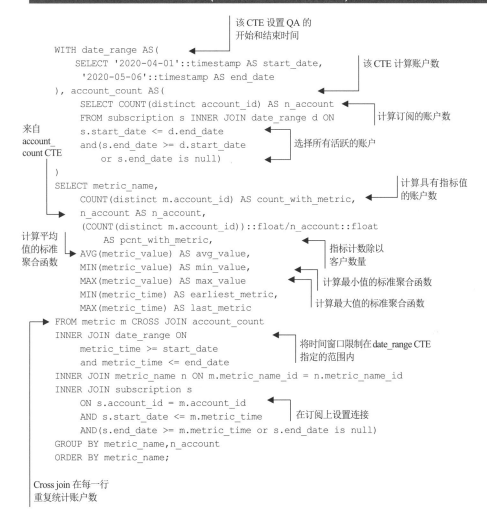

```sql
                                              该CTE设置QA的
                                              开始和结束时间
WITH date_range AS(
    SELECT '2020-04-01'::timestamp AS start_date,     该CTE计算账户数
     '2020-05-06'::timestamp AS end_date
), account_count AS(
    SELECT COUNT(distinct account_id) AS n_account    计算订阅的账户数
    FROM subscription s INNER JOIN date_range d ON
    s.start_date <= d.end_date               选择所有活跃的账户
    and(s.end_date >= d.start_date
        or s.end_date is null)
)
SELECT metric_name,                          计算具有指标值
    COUNT(distinct m.account_id) AS count_with_metric,  的账户数
    n_account AS n_account,
    (COUNT(distinct m.account_id))::float/n_account::float
        AS pcnt_with_metric,                 指标计数除以
    AVG(metric_value) AS avg_value,          客户数量
    MIN(metric_value) AS min_value,
    MAX(metric_value) AS max_value           计算最小值的标准聚合函数
    MIN(metric_time) AS earliest_metric,
    MAX(metric_time) AS last_metric          计算最大值的标准聚合函数
FROM metric m CROSS JOIN account_count
INNER JOIN date_range ON
    metric_time >= start_date                将时间窗口限制在date_range CTE
    and metric_time <= end_date              指定的范围内
INNER JOIN metric_name n ON m.metric_name_id = n.metric_name_id
INNER JOIN subscription s
    ON s.account_id = m.account_id
    AND s.start_date <= m.metric_time        在订阅上设置连接
    AND(s.end_date >= m.metric_time or s.end_date is null)
GROUP BY metric_name,n_account
ORDER BY metric_name;
```

来自 account_count CTE

计算平均值的标准聚合函数

Cross join 在每一行重复统计账户数

运行代码清单 3-8，以确认结果，并检查所有指标是否已正确计算。如果使用 Python 包装程序，使用参数--chapter3--listing8 运行它。结果将保存在 CSV 文件中，应该类似于图 3-14。

3.8 事件 QA

在 3.7 节介绍了如何进行指标 QA 和计算具有指标的账户的百分比。但如果想对事件进行 QA 呢？如果首先检查事件，就可以更好地了解通过指标将获得什么，甚至可能会改变决定计算指标的方式(参见 3.8.1 节)。前面介绍了如何计算某些指标，下同将介绍一些实践中可用的不同计算方式。

提示 在开始计算指标之前，花一些时间检查事件数据的质量。本书调整了工作中处理数据的顺序。工作中常规的顺序是：①事件 QA(本节)，②计算指标(3.5 节和 3.6 节)，③指标 QA(3.7 节)。

3.8.1 检查事件如何随时间变化

图 3-15 演示了一个事件的简单时间序列摘要 QA：计算所有账户每天的事件总数。你已经看到大多数真实事件都以周为周期(见图 3-5)，并且通过模拟数据重现这种行为。稍后将介绍更多案例研究的结果，但首先看一下生成此类数字的代码(见代码清单 3-9)。

代码清单 3-9 利用了之前介绍的技术。具有一系列生成日期的 CTE(参见 3.4 节)用于与事件数据进行外连接，从而确保每个日期都有来自 QA 查询的结果，即使那个日期没有事件。

在模拟数据集上运行代码清单 3-9。这样做将生成一个每行有一个事件计数的 CSV 文件。程序输出一行代码，如下所示：

```
Saving: ../../../fight-churn-output/socialnet7/socialnet7_events_per_day_like.csv
```

可以使用代码清单 3-10 生成如图 3-15 所示的图像。这个代码清单使用一个 Pandas 的 DataFrame 加载数据，使用标准的 matplotlib.pyplot 绘图。为了提升 x 轴上日期的可读性，使用 lambda 创建筛选器，该筛选器选择以 01 结束的日期，这些日期是每个月的第一天(2020-02-01、2020-03-01，等等)。筛选后的日期列表被传递给 matplotlib.pyplot xticks 函数。

代码清单 3-10　绘制每天事件的数量

将数据读入 DataFrame

```python
import pandas as pd
import matplotlib.pyplot as plt
from math import ceil

def event_count_plot(qa_data_path, event_name,**kwargs):
    event_data_path = qa_data_path +
        '_' + event_name + '.csv'
    qa_data_df=pd.read_csv(event_data_path)
    plt.figure(figsize=(6, 4))
    plt.plot('event_date', 'n_event', data=qa_data_df,
        marker='', color='black', linewidth=2)
    plt.ylim(0,
        ceil(1.1*qa_data_df['n_event'].dropna().max()))
    plt.title('{} event count'.format(event_name))
    plt.gca().figure.autofmt_xdate()
    plt.xticks(list(filter(lambda x:x.endswith(("01")),
        qa_data_df['event_date'].tolist())))
    plt.tight_layout()
    plt.savefig(event_data_path.replace('.csv',
        '_' + event_name + '_event_qa.png'))
    plt.close()
```

代码清单 3-9 用来保存数据的路径

绘制日期与事件数量之间的关系图

根据最大值设置 y 轴限制

在 x 轴的标签上显示每个月的第一天

确保所有轴标签都可见

保存结果

旋转 x 轴日期标签

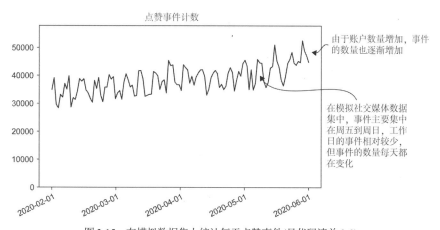

由于账户数量增加，事件的数量也逐渐增加

在模拟社交媒体数据集中，事件主要集中在周五到周日，工作日的事件相对较少，但事件的数量每天都在变化

图 3-15　在模拟数据集上统计每天点赞事件(见代码清单 3-9)

如果正在使用 Python 包装程序，可以同时运行代码清单 3-9 和代码清单 3-10，用一个命令来创建数据和绘图：

```
fight-churn/fightchurn/run_churn_listing.py --chap 3 --listing 9 10
```

程序将输出它保存的图形的位置，它应该类似于图 3-10。如果想对其他指标运行 QA，还有其他已经配置好的命令可供使用。首先使用如下命令为所有事件创建计数：

```
run_churn_listing.py --chap 3 --listing 9 --version 2 3 4 5 6 7 8
```

注意，这可能比在指标上进行 QA 需要的时间更长，因为它必须汇总每天的事件。以下命令将为其他指标绘制图形：

```
run_churn_listing.py --chap 3 --listing 10 --version 2 3 4 5 6 7 8
```

为了说明如何发现缺失的事件，图 3-16 显示了一个真实的案例研究(来自 Broadly)。该案例研究来自运行代码清单 3-9 中 QA 查询的输出，涉及真实的客户推广事件(当客户给出正面评论时)以及何时故意删除 1 个月的事件(删除与图 3-12 中所示相同的数据)。如果仔细查看，通常很容易注意到此类问题，但如果数据缺失的时间较短，那么识别问题可能更具挑战性。

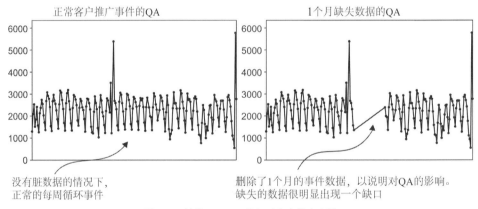

图 3-16 计算 Broadly 的每天客户推广事件

为了说明如何在事件字段中发现异常值，图 3-17 显示了运行代码清单 3-9 中的 QA 查询输出的第二个示例(用于 Versature)，其中的数据为真实数据，并且故意添加了极端值。这些更改与图 3-13 所示的示例相同。客户拨打本地电话时，会在数据库中记录本地电话事件，并且数据库有一个存储通话持续时间的字段。事件字段中的极端值不会影响事件的计数，但如果绘制事件字段的总和(总的通话持续时间)或事件字段的某些其他聚合函数，通常会出现很明显的变化。

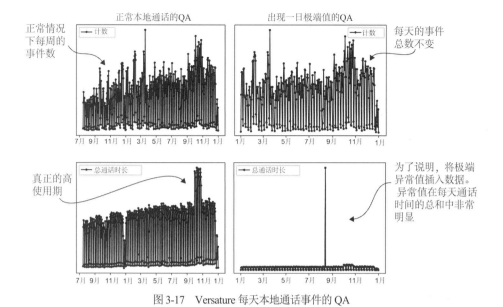

图 3-17 Versature 每天本地通话事件的 QA

3.8.2 检查每个账户的事件

对事件的另一项重要检查是查看事件的总数以及每个账户有多少事件。这样做是必要的，可以评估事件的总数和类型。这类似于 3.8.1 节介绍的检查具有指标的账户的百分比。

对于模拟社交媒体数据集，该检查的输出结果如图 3-18 所示。通过该图可以看出，平均每个账户每月有大约 75 个点赞事件，但解除好友事件少于 1 个。这就解释了为什么具有每月解除好友指标的账户较少(见图 3-14)。只有大约 1/3 的账户的指标有非零值，这与每个账户每月的事件指标一致。

event_type_name	n_event	n_account	events_per _account	n_months	events_per _account_ per_month	
like	3,586,812	13,723	261.4	3.5	74.7	典型的账户每个月有几十个这样的事件
message	2,484,742	13,723	181.1	3.5	51.7	
post	1,535,130	13,723	111.9	3.5	32.0	
adview	1,522,256	13,723	110.9	3.5	31.7	
reply	915,902	13,723	66.7	3.5	19.1	典型的账户每月只有不到1个解除好友事件
dislike	598,919	13,723	43.6	3.5	12.5	
newfriend	256,631	13,723	18.7	3.5	5.3	
unfriend	11,747	13,723	0.9	3.5	0.2	

图 3-18 通过代码清单 3-11 计算模拟社交网络数据集中每个账户每月事件的统计结果

代码清单 3-11 包含用于计算每个账户的事件数并将其转换为每月事件数的 SQL。计算步骤如下。

(1) 选择一个时间窗口。

(2) 计算在时间窗口中具有活跃订阅的账户数。

(3) 计算时间窗口中的事件总数。

(4) 对事件总数做两次除法：

　　① 事件总数除以账户数。

　　② 事件总数除以测量的月数。

此过程将计算每个账户每月的事件平均数。计算的开始与代码清单 3-8 相同，计算每个账户的指标。唯一的不同是在最终进行测量的 **SELECT** 语句中：它还计算时间范围内的月数，并用结果除以月数。

代码清单 3-11　计算每个账户的事件平均数

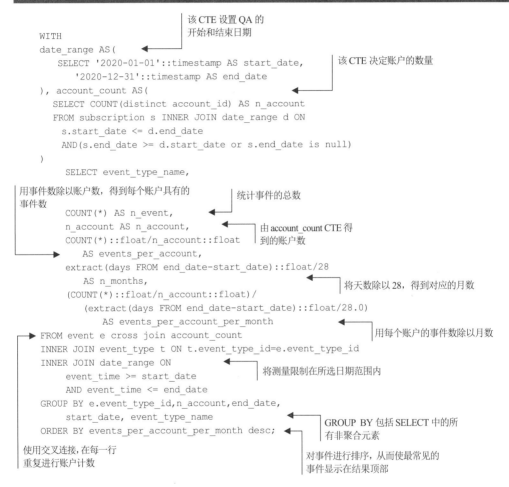

```
                          该 CTE 设置 QA 的
                          开始和结束日期
WITH
date_range AS(
    SELECT '2020-01-01'::timestamp AS start_date,
        '2020-12-31'::timestamp AS end_date          该 CTE 决定账户的数量
), account_count AS(
  SELECT COUNT(distinct account_id) AS n_account
  FROM subscription s INNER JOIN date_range d ON
    s.start_date <= d.end_date
    AND(s.end_date >= d.start_date or s.end_date is null)
)
    SELECT event_type_name,
用事件数除以账户数，得到每个账户具有的
事件数                     统计事件的总数
    COUNT(*) AS n_event,
    n_account AS n_account,                由 account_count CTE 得
    COUNT(*)::float/n_account::float        到的账户数
        AS events_per_account,
    extract(days FROM end_date-start_date)::float/28
        AS n_months,                              将天数除以 28，得到对应的月数
    (COUNT(*)::float/n_account::float)/
        (extract(days FROM end_date-start_date)::float/28.0)
            AS events_per_account_per_month
FROM event e cross join account_count              用每个账户的事件数除以月数
    INNER JOIN event_type t ON t.event_type_id=e.event_type_id
    INNER JOIN date_range ON
        event_time >= start_date           将测量限制在所选日期范围内
        AND event_time <= end_date
    GROUP BY e.event_type_id,n_account,end_date,
        start_date, event_type_name
    ORDER BY events_per_account_per_month desc;      GROUP BY 包括 SELECT 中的所
                                                    有非聚合元素
使用交叉连接，在每一行
重复进行账户计数          对事件进行排序，从而使最常见的
                        事件显示在结果顶部
```

本节是关于 QA(即检查问题)的。但是在这种情况下，考虑示例中解除好友事件的数量，似乎没有什么问题。也许只是人们并没有那么疏远他们的朋友。

看到每个账户每月的事件数量较少时，需要利用你对产品的了解来弄清是否存在问题。所有产品都没有绝对的标准，因为有许多产品应该会看到近乎持续的客户交互，而有些产品 1 年内只有几次交互。如果没有专业知识来判断每个账户的事件数量是低还是高，那么需要与组织中的其他人沟通并让他们提供帮助。这可能不是某些人想听到的建议，但我还是需要强调一下它的重要性。

提示 如果你的业务知识不足以判断每月观察到的事件数是否合理，那么必须向公司或组织内的其他业务专家寻求帮助。在花大量时间计算行为指标、进行客户流失分析之前，首先要完成这些工作。

图 3-18 所示的表通常足以将这些信息传达给企业。如果有很多事件，应该按频率排序，将最频繁的事件显示在顶部，因为这些是你的客户最有可能熟悉的事件。即使是熟悉他们产品的人，也可能不知道罕见事件。如果事件没有直观的类型名称，更是如此，软件和互联网服务通常就是这样的，事件可能是客户点击特定的 URL。

运行代码清单 3-11，确认你自己的数据的运行结果。如果使用的是 Python 包装程序，将参数更改为--chapter3--listing11 来执行此操作。由于模拟数据是随机生成的，结果会类似于图 3-18，但不完全相同。

> **QA 的自动异常检测**
>
> 值得指出的是，有一些方法可以自动检测本节提到的数据质量问题。数据质量问题的自动检测属于异常检测领域。相比之下，之前介绍的手动生成图表找到问题的方法显得非常低效。但事实是，对于典型的流失分析，从来不使用自动异常检测技术。首先，如果只有几十个事件和几十个指标，可以很容易找到那些异常值。另外，我也提供了一组用于生成图表的脚本，如本节中使用的那样，通过这些脚本，可以轻松地找出异常值。
>
> 视觉上检测异常很容易——可以说比几乎任何算法都更有效。推荐大家使用手动方法的另一个原因是，它是了解数据的极佳方法。如果依赖算法，可能错过那些有帮助的模式或关系。也就是说，如果你有超过 100 个事件或指标，可能需要使用完全自动化的方法，但自动异常检测超出了本书的范围。

3.9 选择行为测量的测量周期

假设你了解具体的业务，并且知道像"解除好友"这样的事件很少见，因此看到每个账户每月有少量这种事件(如图 3-18 中的"解除好友"事件)认为是正常的。这是否意味着在任何给定月份只有 59%的账户具有该指标值是正常的(见图 3-14)？不完全是。数据没有任何问题，但测量结果还有提升空间。

想法是这样的：如果事件很少见，则在指标定义中使用更长的周期。这样，可以在测量中捕获更多客户，并可以比较更多具有该行为的账户。记住，代码清单 3-2 中的指标计算仅使用 28 天(4 周)作为周期。就目前而言，在过去 28 天内没有发生罕见类型事件的所有账户的指标都为 0。另一方面，如果用更长的周期来衡量指标，可能会有一些账户每隔几个月才产生 1 个事件，这些事件在 28 天的周期内被错过，但在更长的周期内会出现。同时，可能有一些账户每个月都会发生罕见事件，如果使用更长的周期，它们的指标计数会更高。

提示 在对罕见事件进行度量时，应该使用更长的测量周期。

应该如何选择周期？就像用数据对抗流失的许多策略一样，没有严格的规则，只有指导方针。选择测量周期需要在行为指标对时间变化的响应性，与行为指标在提取具有罕见事件的账户时的敏感性之间进行权衡。行为指标的响应性意味着如果账户的事件级别降低或升高，账户的指标会迅速变化。例如，如果使用 1 年(365 天)的时间周期来计算指标并每天更新，那么每天只有 1/365 进入指标的数据发生了变化。如果某个账户的某个指标值在年初的时候较高，但现在该指标已经降为 0，那么需要很长时间才能发现这种指标值的变化。总结一下：

- 较短周期的行为指标对行为变化的反应更加灵敏，但对于事件级别较低的账户不太敏感。
- 较长周期的行为指标对行为变化的反应比较迟钝，但可以更灵敏地识别事件级别较低的账户。

你应该选择哪个？根据事件的频率，可以使用一条经验法则来确定观察事件的最短周期，进而确定行为指标：选择至少 2 倍于普通账户发生 1 次事件所需的时间长度。但是由于 3.4 节提到了每周行为周期，无论事件多么频繁，选用的周期都不应少于 1 周。而且(通常)不应该使用 1 年以上的周期进行行为测量。例如，如果每个账户每个月有 1 个事件，则至少使用 2 个月进行衡量。如果每个账户每月有 2 个事件，则可以将周期减少到 1 个月。遵循这个策略，大多数账户可能在该时间周期内至少有 1 个事件。

提示 指标的最短周期应至少是账户发生 1 个事件所需要的平均时间的 2 倍。

表 3-5 总结了工作中推荐使用的最短测量周期。

表 3-5　推荐使用的最短测量周期

每个账户每月的事件数	月份数：单个事件	最小测量周期
>8	<0.1	1 周
8	0.125	1 周
4	0.25	2 周
2	0.5	1 个月
1	1	2 个月
0.5	2	4 个月
0.333	3	6 个月
0.25	4	8 个月
0.1666	6	12 个月
<0.1666	>6	12 个月

表 3-5 中的行为测量经验法则提供了一些最小值，一般来说，不应该测量 1 年以上的行为。但是，在该测量范围内，响应性和灵敏度之间的最佳权衡是什么？

对于有固定期限(如 1 个月或 1 年)的订阅，行为测量在时间周期上应与订阅期限近似。

如果公司为客户提供 1 年的订阅期，你可能应该使用 1 年的周期进行行为测量。如果提供的是按月收费的订阅，那么测量周期应该设为 1 个月。这样做是为了让行为测量能够反映客户在订阅期内从服务中获得的体验。也就是说，服务体验可能在接近服务期结束时最重要，因为当需要续约时，客户的想法会更加直接。如果你想使用 3~6 个月的时间来衡量 1 年订阅的行为，也是可以的，但不要使用 1 个月的指标来衡量 1 年的订阅。

如果产品没有固定订阅期怎么办？我们的目标应该是使用客户保持活跃的典型时间的 1/4~1/2 作为测量周期，对行为进行测量。如果客户通常可以活跃 6 个月，则可以使用 1~2 个月作为测量周期，对行为进行测量。如果客户通常只活跃 1 个月，那么可以将测量周期设定为 1 周或者 2 周，以表 3-5 中所示的最小值为准。这里的基本原理是，应该在足够短的时间范围内进行测量，以便在一般客户可能考虑不再续约之前完成测量。

应该根据事件的频率来调整测量周期。这是一个很好的建议，但有一个问题：如果为不同的事件选择不同的测量周期，会造成混乱。我们是否必须将测量周期设置为适合找到最稀有事件的天数？这种方法的一个问题是，如果使用很长的时间来测量行为，就需要很长时间才能对新账户进行有效的测量。第 7 章展示了更好的解决方案：在较长周期内测量某些行为，在较短周期内测量另一些行为，并且以可解释的方式计算它们的平均值。

3.10　测量账户使用期

到目前为止，只考虑了基于事件的行为测量。但是有一些重要的客户衡量标准不是基于事件，而是基于订阅。客户注册日到现在的时间或作为活跃客户的时间就是这种衡量标准。我们将客户注册日到现在的时间称为账户使用期(account tenure)。

账户使用期在分析客户流失时很重要，因为它与客户流失有很大的关系：客户生命周期中可能存在客户流失的最可能或最不可能时间点。一般情况下，账户使用期越长的客户，流失越少，第 5 章将展示如何进行这些分析。现在，将介绍如何计算账户使用期。

3.10.1　账户使用期定义

如果每个账户只有 1 个订阅，则账户使用期限(对于那些没有订阅的服务，使用"活跃期")很容易计算。这是从订阅开始到测量日期持续的时间。但在多订阅环境中，账户使用期的计算更为复杂。对于持续订阅你公司服务的客户，他们的账户使用期不只是当期订阅开始到现在的时间，而是从他们最开始注册的日期到现在的时间。另一种情况是，有些客户在很早之前是活跃客户，然后在很早之前就不再续订。后来由于某种原因又重新使用你公司的服务，重新订阅。那么，这些客户的账户使用期应该从最近的订阅开始计算，而不是从很早之前的订阅开始计算，因为他们已经离开了一段时间，应该按"新客户"来对待。图 3-19 显示了在多个订阅的假设情况下，账户使用期的定义。

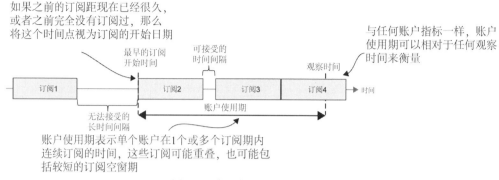

图 3-19　有多个订阅的账户使用期

同时，允许订阅和订阅之间存在较短的空窗期，仍然视为连续的订阅，并且将这段很短的空窗期也计入账户使用期，这通常是一个很好的做法。假设一个账户因为信用卡过期而不能续订，该账户随后更新信用卡，并在几天后再次注册。不应该因为其存在几天或者 1 周的订阅空窗期就将其视为新签约的客户。另一方面，如果订阅有几个月(或更长)的空窗期，则将该客户视为新签约的客户。并且在计算账户使用期时，从最近一次的注册日期开始计算。

多久的空窗期是可以接受的，取决于具体的业务情况。对于每月订阅，通常可以接受的空窗期最长为 1 个月。对于年度订阅，1 个月或 2 个月甚至多达 4 个月的空窗期也是可以接受的。

定义 账户使用期: 客户在当前不间断订阅期，或当前不间断活跃期间(可能包括订阅或活跃之间相对较短的时间间隔)使用产品的时间。

图 3-19 显示了在某个观察时间内，该账户有 4 个订阅期。订阅 3 和订阅 4 之间没有空窗期，订阅 2 和订阅 3 之间有很短的空窗期，这个空窗期是可以接受的，而订阅 1 和订阅 2 之间的时间间隔很长。账户使用期是指从订阅开始到进行观察时的时间。

图 3-20 显示了基于图 3-19 的账户使用期计算的更多细节。账户使用期从第一次订阅的 0 开始，每天增加 1，直到第一次订阅结束。在图 3-20 中，当"订阅 1"结束后，因为间隔一个多月才开始"订阅 2"，所以"订阅 2"开始时将重新计算账户使用期。在"订阅 2"结束后，有一个短暂的"空窗期"，这是可以接受的，所以"订阅 3"开始时，账户使用期没有重新计算。通过观察，我们发现"订阅 4"与"订阅 3"和"订阅 5"有重叠，但计算账户使用期时，按照日历日期计算，并不会出现日期的叠加计算。与大多数指标计算一样，这种计算很乏味，或者不可能为每个账户手工执行。但是，可以使用 SQL 为任何复杂的订阅场景提供一种简便计算的方法。

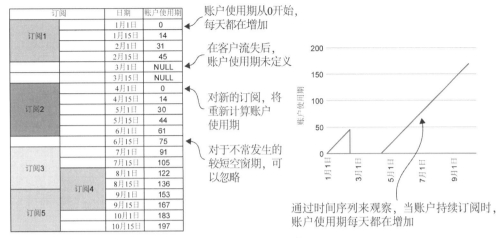

图 3-20　账户使用期计算示例

3.10.2　账户使用期的递归 CTE

在具有多个订阅的情况下，计算账户使用期需要使用 SQL 的高级功能，称为递归公用表表达式(Recursive Common Table Expression，递归 CTE)。顾名思义，递归 CTE 允许 SELECT 语句在构建结果集时递归运行。递归 CTE 与标准 CTE 类似，但不同之处有以下两点。

- 主 SELECT 语句或"锚定"SELECT 语句定义 CTE 的列，并使用初始结果集填表。
- 递归 SELECT 语句通过重复运行将更多的行添加到 CTE，直到不再产生更多的结果行。递归 SELECT 语句可以引用 CTE 中的当前结果集，也可以引用模式中的其他表。

这听起来可能很抽象，但是从多个订阅计算账户使用期的问题将使递归 SQL 计算变得具体。下面是递归策略，用于找到任何订阅的最早开始日期，并且在订阅与订阅之间，最多允许有 1 个月的空窗期。

(1) 对于每个具有活跃订阅的账户，选择最早开始日期(如果当前有多个活动订阅)来创建 CTE。

(2) 为同一账户选择其他订阅，这些订阅具有较早的开始日期，并且结束日期距离下一个开始日期不超过 1 个月。

如果重复步骤(2)，直到没有更早的订阅开始日期，那么CTE中起始日期最早的订阅就是你正在找的：与当前订阅形成连续订阅序列的任何订阅的最早开始日期。使用递归 CTE框架可以很容易找到最早的订阅开始日期。

图3-21显示了递归方法如何应用在图3-19和图3-20中假设的多订阅场景中。以下是通过递归CTE查找最早开始日期的步骤。

(1) 初始化时，订阅 5(9 月 1 日)的开始日期被输入到此账户的 CTE 表中，这是最新的订阅，因为该订阅在当前日期之前开始，并且在当前日期之后有一个结束日期。

(2) 在递归步骤的第一次迭代中，订阅 4 的开始日期(8 月 1 日)被输入到 CTE，因为它的结束日期晚于订阅 5 的开始日期，但开始日期早于订阅 5 的开始日期。

(3) 在递归步骤的第二次迭代中，订阅 3 的开始日期(7 月 1 日)被输入到 CTE，因为它的结束日期晚于订阅 4 的开始日期，但开始日期早于订阅 4 的开始日期。

(4) 在递归步骤的第三次迭代中，订阅 2 的开始日期(4 月 15 日)被输入 CTE，因为空窗期很短，订阅 2 的结束日期仍然与订阅 3 的开始日期足够接近，所以可以算作连续的订阅。

(5) 在递归步骤的第四次迭代中，由于订阅 1 的结束日期距离订阅 2 的开始日期太远，因此不再向该账户的表中输入任何信息。递归 SELECT 语句可以为其他账户生成额外的结果，但是对于这个账户已经完成了所有计算。

(6) 递归完成后，账户 CTE 中的订阅最早开始日期是订阅 2 的开始日期。

从账户的最早日期到现在的时间是账户使用期。这种识别当前订阅并使用递归 SQL 程序回溯到相应最早开始日期的过程，可以对任意数量的账户和订阅进行有效的账户使用期计算。

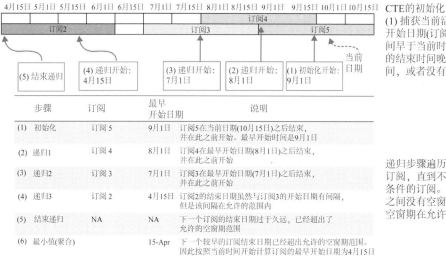

图 3-21　账户使用期递归计算实例

3.10.3　账户使用期 SQL 程序

代码清单 3-12 显示了执行账户使用期测量的 SQL。现在你已经了解了计算策略，我们将参考代码清单，解释有关递归 CTE 的更多细节。首先是关于一般递归 CTE 的说明。

注意 RECURSIVE 关键字出现在所有 CTE 的 WITH 关键字之后，即使第一个 CTE 可能不是递归的。

代码清单 3-12 的细节如下：

- 第一个 CTE，date_range，设置账户使用期计算的日期。
- 第二个 CTE，earlier_starts，是递归 CTE。用 early_starts 作为名称，是因为它递归地查找同一账户的订阅的较早开始日期。
  - early_starts 的前半部分从订阅表中选择所有当前活跃订阅的最早开始日期。要选择活跃订阅，查询使用常规的检查，如果订阅在计算日期之前开始，并在某个未来日期结束(或没有结束日期)，则该订阅是活跃的。
  - 在 early_starts 的第一部分之后是一些重要的 SQL 关键字。

注意 递归 CTE 的两个部分之间是 UNION 关键字。它指定递归查询的结果与 CTE 中已有的结果合并，避免重复。也可以使用 UNION ALL，保留重复项。

  - early_starts 的第二个递归部分查找更早开始且满足结束日期条件的订阅。为此，它使用订阅表和当前 CTE 结果集之间的内连接。CTE 的递归部分加入账户 ID，因为搜索较早的开始日期是为每个账户单独执行的。
- 所有 CTE 之后的最终查询是对递归 CTE 中结果的聚合，选择最早的开始日期，并计算当前 CTE 中最早开始日期以来的天数。

代码清单 3-12　使用递归 CTE 测量账户使用期

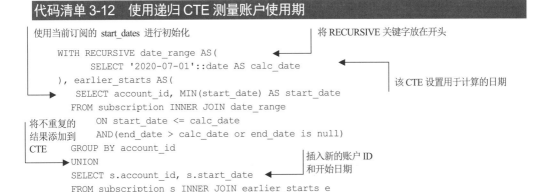

使用当前订阅的 start_dates 进行初始化　　　　　　　将 RECURSIVE 关键字放在开头

```
WITH RECURSIVE date_range AS(
    SELECT '2020-07-01'::date AS calc_date
), earlier_starts AS(
  SELECT account_id, MIN(start_date) AS start_date
  FROM subscription INNER JOIN date_range
    ON start_date <= calc_date
    AND(end_date > calc_date or end_date is null)
  GROUP BY account_id
  UNION
  SELECT s.account_id, s.start_date
  FROM subscription s INNER JOIN earlier_starts e
```

该 CTE 设置用于计算的日期

将不重复的结果添加到 CTE

插入新的账户 ID 和开始日期

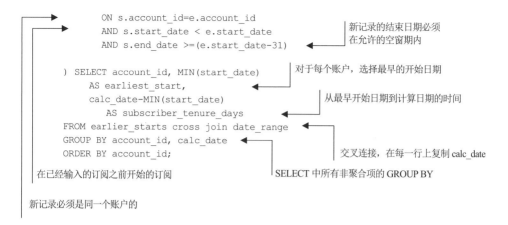

```
          ON s.account_id=e.account_id
          AND s.start_date < e.start_date          新记录的结束日期必须
          AND s.end_date >=(e.start_date-31)        在允许的空窗期内

) SELECT account_id, MIN(start_date)              对于每个账户，选择最早的开始日期
     AS earliest_start,
       calc_date-MIN(start_date)                   从最早开始日期到计算日期的时间
          AS subscriber_tenure_days
FROM earlier_starts cross join date_range
GROUP BY account_id, calc_date
ORDER BY account_id;                               交叉连接，在每一行上复制 calc_date

在已经输入的订阅之前开始的订阅                      SELECT 中所有非聚合项的 GROUP BY

新记录必须是同一个账户的
```

图 3-22 显示了运行代码清单 3-12 的结果。输出显示来自不同账户及其使用期的 SELECT 结果。该计算是在 2020 年 5 月 6 日进行的，届时，最早的订阅可以追溯到 2020 年 1 月，并且使用期约为 100 天。对于最近的日期记录，有些新账户的使用期只有几天。

运行账户使用期计算 SQL 的典型结果(代码清单3-10)

account_id	earliest_start	subscriber_tenure_days
0	2020-01-24	103
2	2020-01-06	121
...	...	...
11541	2020-03-01	66
11543	2020-03-20	47
...	...	...
16604	2020-05-01	5
16605	2020-05-02	4

你的结果不会与此完全相同，因为数据是随机模拟的

图 3-22 运行账户使用期计算的结果

在自己的数据集上运行代码清单 3-12 可以得到类似的结果。如果使用模拟数据和 Python 包装程序，则需要将参数更改为 listing 3.12，结果类似图 3-22 所示。

代码清单 3-12 和图 3-22 通过最早的开始日期来说明如何计算账户使用期。事实上，我们的目标是像指标一样运行计算，并将其插入到指标表中，以便可以将一系列账户使用期计算的结果用于进一步的指标计算和分析(将在后面的章节中讨论)。要将账户使用期计算结果插入到指标模式中，需要对代码清单 3-12 进行以下修改。

- 使用 calc_date CTE 中的日期序列来计算一系列日期，而不是仅计算一个日期。
- 计算日期必须放在递归 CTE 的 SELECT 语句和连接中。否则，递归 CTE 将保持不变。
- 不要在最后的 SELECT 语句中选择最早的开始时间，而是应该选择进行计算的日期。这是插入到指标表中的测量观察时间戳。
- 如果数据仓库支持 INSERT SELECT，则还需要使用相应的 INSERT 语句(参见代码清单 3-3)。

代码清单 3-13 所示为经过修改的 SQL 程序，该程序计算指标，并将其插入数据库。

运行代码清单 3-13 来插入指标(将在后面的章节中分析)。如果使用包装程序运行代码清单，则命令为：

```
fight-churn/fightchurn/run_churn_listing.py --chap 3 --listing 13
```

这会将账户使用期测量值插入本地数据库，必须使用 SQL 查询(或代码清单 3-6 中的指标 QA 查询)来检查结果。注意，与代码清单 3-3 一样，只能运行一次此代码清单，除非更改配置或从数据库中删除之前的结果。最后，在指标名称表中插入新指标的名称(account_tenure)。为此，需要重用代码清单 3-4。为了更容易做到这一点，可以执行代码清单 3-4 的另一个版本：重新运行代码清单 3-4，但将参数--version11 添加到可执行的命令中：

```
fight-churn/listings/run_churn_listing.py --chap 3 --listing 4 --version 11
```

代码清单 3-13　使用 INSERT SELECT SQL 计算账户使用期，并将其保存为指标

将 RECURSIVE 关键字放在开头

该CTE 包含计算使用的日期

```
WITH RECURSIVE date_vals AS(
    SELECT i::timestamp AS metric_date
    FROM generate_series('2020-02-02', '2020-05-10', '7 day'::interval) i
),
earlier_starts AS
(
    SELECT account_id, metric_date,
        MIN(start_date) AS start_date
    FROM subscription INNER JOIN date_vals
        ON start_date <= metric_date
        AND(end_date > metric_date or end_date is null)
    GROUP BY account_id, metric_date
    UNION
    SELECT s.account_id, metric_date, s.start_date
    FROM subscription s INNER JOIN earlier_starts e
        ON s.account_id=e.account_id
        AND s.start_date < e.start_date
        AND s.end_date >=(e.start_date-31)
)
INSERT INTO metric
(account_id,metric_time,metric_name_id,metric_value)
SELECT account_id, metric_date, 8 AS metric_name_id,
    extract(days FROM metric_date-MIN(start_date))
        AS metric_value
FROM earlier_starts
GROUP BY account_id, metric_date
ORDER BY account_id, metric_date
```

该CTE 与代码清单 3-12 中的基本相同

为每个日期在递归 CTE 中启动一个条目

对每个日期分别应用订阅活跃条件进行判断

指标日期必须包含在递归 SELECT 中

INSERT 语句与以前指标计算的语句基本相同

将账户使用期指标作为 ID 为 8 的指标

账户使用期的值是针对每个指标日期单独计算的

计算非订阅产品和服务的账户使用期

如果正在开发一个无须订阅的产品(广告支持、零售、非营利项目等),那么分析和理解账户使用期与客户流失率之间的关系仍然很重要。唯一的区别是,不是通过订阅量来测量账户使用期,而是通过事件来确定用户使用产品的时间。之前描述的账户使用期计算方式同样适用于事件。具体程序将在 4.3 节介绍,其中的账户使用期算法是为非订阅产品创建客户流失分析数据集的重要部分。

如果你的产品无须订阅,可以直接跳到第 4 章,并了解更多信息,因为本章下一部分是关于订阅产品的特定指标。第 4 章将介绍无须订阅的产品特征,其中 4.3 节将介绍具体算法,4.3 节的内容是以 4.1 节和 4.2 节为基础的。

3.11   测量 MRR 和其他订阅指标

在客户的订阅中,可以挖掘更多类似账户使用期的重要指标,但这取决于订阅信息的详细程度,而不仅仅是订阅的开始日期和结束日期。与测量账户使用期一样,这些测量在概念上很简单,如果每个客户都有 1 个(并且只有 1 个)订阅,则不需要太多计算。但是,像往常一样,当客户随着时间的推移可能先后拥有多个订阅或同时拥有多个订阅时,事情就会变得复杂。接下来将演示你可能遇到的所有用于处理"杂乱"订阅数据的常用技术,如果数据条件允许,还可以简化计算方法。

3.11.1   计算 MRR 并作为指标

当客户为订阅付费时,总 MRR 是一个重要的衡量标准。你可能不会将 MRR 视为一种衡量标准,而是将其视为一个简单的事实。如图 3-23 所示,只要有可能通过不同的价格订阅多个服务,就需要在不同的时间点测量 MRR,就像常规的行为测量一样。

由于无法确定账户在任何给定时间拥有哪些订阅服务,因此想要了解的每个点的MRR 必须单独计算。并且由于存在多个订阅,该计算必须包括给定日期的所有活跃订阅的总 MRR 之和。图 3-23 中的示例说明了旧订阅结束或新订阅开始时 MRR 如何变化,也说明了 MRR 如何随时间变化。

图 3-23 说明了 MRR 如何随时间变化:

(1) 客户从基本套餐(MRR=19)开始订阅。

(2) 客户暂时流失(MRR=0)。

(3) 客户再次订阅基本套餐(MRR=19)。

(4) 客户订购附加服务(MRR=33)。

(5) 在附加服务过期之前,客户升级到高级套餐(MRR=43)。

(6) 附加服务过期(MRR=29)。

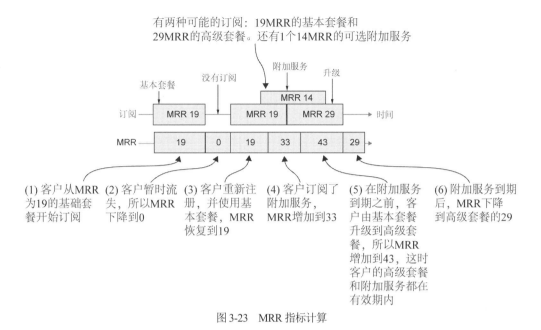

图 3-23　MRR 指标计算

尽管 MRR 可能随时更改，但如果每周计算所有其他行为指标(如 3.5.1 节所述)，那么在计算这些指标时一起计算所有账户的 MRR 就可以了。代码清单3-14 显示了一个SQL查询，它计算所有账户在一个日期序列上的总 MRR，该日期序列与任何其他指标的日期序列一样。计算 MRR 的策略如下：

(1) 使用 generate_series 定义一个固定的测量日期序列(如果使用 Postgres 以外的数据库，参阅 3.4 节中有关生成序列的介绍)。

(2) 将日期和订阅连接起来，从而查找每个日期对应的所有活跃订阅。如果开始日期为测量日期或之前，并且结束日期在测量日期之后(或没有结束日期)，则认为订阅处于活跃状态。

(3) 使用标准聚合函数计算每个日期所有订阅的总 MRR。

代码清单 3-14　计算 MRR 并将其作为指标的 SQL

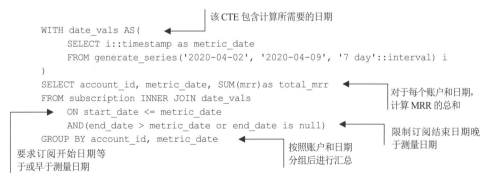

代码清单 3-14 没有示例输出。到目前为止，我们知道每个账户和日期都会有一个 MRR 结果。在撰写本文时，默认的模拟数据仅包括每个账户 1 个订阅和 1 个 MRR(价格)。所以可以运行代码清单 3-14，但是如果使用默认的模拟数据，结果会比较单调。对于现实的公司来说，MRR 经常会因账户而异，很少看到单个账户的 MRR 发生变化。只有账户的订阅计划在两个测量日期之间发生变化时，才会观察到 MRR 的变化。

虽然这种计算 MRR 的方法可能看起来过于复杂或计算起来消耗资源过多，但比计算基于事件的指标要快得多，因为客户的订阅通常比事件要少。将不经常更改的 MRR 存储在每周(或每天)更新的表中也可能看起来效率低下。这是一个公认的缺点，但实际上，它只是存储在数据仓库中的一个指标，通常在整个分析过程中有数十个(或更多)指标。将 MRR 指标与其他行为指标以通用格式存储的好处超过了它的缺点。在接下来的两章中将看到，这样做会使 MRR 与其他行为指标集成起来变得更加容易。

3.11.2 特定数量的订阅

到目前为止，在讨论订阅时，还没有讨论订阅的具体用途。或者更确切地说，目前谈到的订阅是指只有名称但没有其他事实或细节区别的产品。但是，许多订阅都是针对特定的内容，即订阅授权用户使用某种类型的产品。

例如，在 SaaS 中，订阅通常是有用户数量限制的，即最多允许有多少用户使用该服务。对于电信和物联网(IoT)，通常设置允许使用的手机或设备数量，或允许使用的数据流量或带宽。所以，在现实中，提到订阅，往往要结合订阅的单元以及相关的允许使用的数量。

定义 单元: 在订阅中，指能够提供特定类型的服务。数量: 指客户能够获得多少"单元"的服务。

表 3-6 显示了一个扩展的订阅表模式，当订阅具有关联的单元和数量时，可以使用该模式。该订阅模式添加了一个文本字段来描述单元，添加了一个数字字段来表示数量。注意，在该模式中，每个订阅仅针对一种类型的单元，但实际上，可以同时订阅多种类型的单元。如果向客户提供多种类型的单元，通常将它们作为单独的订阅存入模式中，并使用相同的开始日期和结束日期。在订阅业务管理软件系统的术语中，在特定的周期内，每次销售一定数量的"单元"通常被称为"收费段""费率计划"或仅仅是"收费"。

定义 收费段: 一定数量的某些"单元"的单一经常性合同，也称为"费率计划"或"收费"。

如果使用"收费段"这个术语，则订阅被定义为一组相关的收费段。为了保持简单和一致，本书将订阅表中的每个此类条目称为"订阅"，但需要理解客户可以在任何时间点拥有多个订阅。这在很大程度上是关于销售给客户的各种循环产品的部分和整体之间的问题。

表 3-6　包含单元、数量和计费周期的订阅表模式

字段	数据类型	说明
subscription_id	整型或字符型	第 2 章介绍的标准订阅字段
account_id	整型或字符型	
product_id	整型或字符型	
start_date	日期型	
end_date	日期型	
mrr	双精度型	
quantity	整型或双精度型	订阅的"单元"数量
units	字符或文本型	订阅的"单元"
billing_period_(months)	整型	每隔多少个月给客户开具发票

3.11.3　计算订阅单元数量并作为指标

现在引入多单元订阅的意义在于，客户订阅每种单元的数量是一个重要指标，就像 MRR 一样。计算单元数量指标的方法几乎与计算 MRR 相同。

它与 MRR 计算的一个区别是，不是对 MRR 字段求和，而是对数量字段求和。有两种及以上类型的单元时，必须有一个额外的条件来选择正确的单元：每一种类型的单元应该有一个测量标准。计算订阅单元数量的策略如下：

(1) 使用 generate_series 定义测量日期的固定序列(如果使用的是 Postgres 以外的数据库，参阅 3.5.1 节中关于生成序列的说明)。

(2) 连接订阅与日期，从而找到每个日期的所有活跃订阅。如果开始日期在测量日期当天或之前，结束日期在测量日期之后(或者没有结束日期)，则认为订阅是活跃的。

(3) 将订阅的条件设置为具有正确单元类型的订阅。

(4) 使用标准聚合函数计算每个日期所有匹配订阅的总数。

计算订阅单元数量的 SQL 如代码清单 3-15 所示。正如刚才介绍的，它类似于代码清单 3-14 中的 MRR 指标计算。你可能想知道，为什么在对单元数量求和时，如果有多个订阅，需要使用聚合 SQL 求和。每种类型的单元不应该只有一个订阅吗？实际上，"数量增加"是一种非常常见的附加订阅类型。如果客户需要更多的单元，并且正在使用现有订阅，而不是结束原有订阅并产生新订阅，通常更容易为额外的单元进行第二次订阅，并带有它自己的价格和开始及结束日期。这就是将单元数量作为指标来计算的动机，指标可以随着时间的推移而变化，并通过聚合函数计算指标。

代码清单 3-15　通过 SQL 计算作为指标的总单元数量

```
WITH date_vals AS(          ◄──────  该CTE包含计算所需要的日期
    SELECT i::timestamp as metric_date
    FROM generate_series('2020-04-02', '2020-04-09', '7 day'::interval) i
)
```

```
SELECT account_id, metric_date, SUM(quantity)          计算订阅的总数
    AS total_seats
FROM subscription INNER JOIN date_vals
    ON start_date <= metric_date
    AND(end_date > metric_date or end_date is null)    设置订阅开始日期早于或等于测量日期
WHERE units = 'Seat'
GROUP BY account_id, metric_date                       将单元设置为"Seat"

设置订阅结束日期要晚于测量日期或                        按照账户和日期分组
订阅没有结束日期
```

默认的模拟数据集不包括订阅单元或数量,因此不能在模拟数据集上运行此操作。这个例子只是想告诉你有自己的包含单元和数量的数据时该怎么做。但是可以扩展模拟代码,以包含这些细节,建议大家自己完成对代码的修改。

3.11.4 计算计费周期并作为指标

表3-5显示了扩展的订阅表模式。3.11.3节研究了根据订阅单元数量制作指标。表3-5还有一个与流失率相关的元素:订阅的计费周期。

定义 计费周期:衡量客户被计费的频率。每月计费的计费周期为1;年度计费(每12个月计费一次)为12个计费周期。

计费周期可能很重要,因为支付频率不同的客户可能有不同的流失率。通常(但并非总是),计费周期较长(如每年)的客户比计费周期较短(如每月)的客户流失率更低。提前付款的服务尤其如此,客户可能很难或不可能获得退款,因此不太可能在中期流失。为了吸引客户提前支付大笔费用,按年度付费通常会提供折扣:对于订阅业务来说,问题在于所提供的折扣是否对应较低的流失率。在第5章和第8章研究计费周期对客户流失的影响时,将详细介绍。

可以并且应该将计费周期视为基于订阅的指标。它应该以与行为指标相同的时间间隔从订阅的聚合中计算,以便可以在流失分析中轻松地与其他指标相结合。代码清单3-16中给出了用于计算计费周期作为指标的SQL。它与本节前面所示的订阅指标(MRR和单元数量)有许多共同之处。关于计费周期指标的一个新颖点是,组合不同订阅的多个计费周期的聚合不是相加后的和。例如,同时有两个12个月(年度)的计费期并不等于24个月的计费期;不同订阅的计费期不能相加。

在不同的计费周期上拥有多个订阅很少见。大多数客户即使拥有多个订阅产品,也使用一张发票在相同的计费周期内付款。这绝对是最佳实践,因为客户更喜欢更简单的计费方式。但是在指标计算中需要某种聚合函数来保证每个账户在每个测量日期都有一个结果,即使有多个订阅处于活跃状态。聚合的选项往往是最短计费周期、平均计费周期或最长计费周期。所有订阅都有相同的计费周期时,所有这些选择都返回一个正确的计费周期,并返回一个以正在使用的最小和最大计费周期为界的数字。在代码清单3-16中,选择使用最小值,这样客户将每个月收到账单,即使还订阅了其他较长计费周期的产品。

代码清单 3-16　计算计费周期并作为指标的 SQL

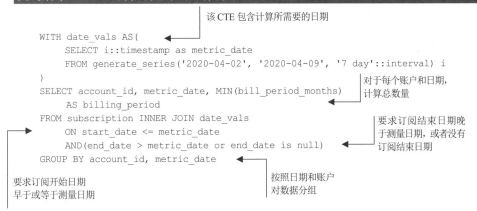

可以按照本书代码中的说明运行代码清单 3-14，但如果使用默认的模拟数据集，结果可能比较单调。在撰写本文时，默认的模拟数据集仅包含 1 个计费周期(每月)，但它会告诉你每个账户的计费周期始终为 1 个月。可以对模拟代码进行修改，以包含不同的计费周期。

用于自动化指标计算的软件框架

在工作中，会生成和保存大量的指标，如客户事件的数量、平均值和总数，很快就会变得乏味。如果你有多种类型的事件，应该尽可能使用软件进行自动化处理。在工作中，经常会遇到使用软件完成自动化工作的场景，因为往往不会一次性计算所有指标，而是按照时间表，定期对特定指标进行计算。对于本章的模拟数据，暂时不使用自动化指标处理技术，因为这只是简单的模拟，并且计算的指标极为有限。

警告　在真实的案例研究中，可能会在测试和调试策略过程中，多次计算指标。

提示　自动化是在努力对抗数据流失的工作中，成功迭代各种指标的关键。

运行代码清单的 Python 脚本就是这种自动化框架的一个例子，但它没有针对计算指标值的任务进行优化。一个指标计算软件框架至少应该包括以下特性：

- 通用存储指标 SQL 程序，通过将事件 ID 绑定为变量，并将指标计算中的时间周期等选项参数化，来计算许多不同事件的指标。
- 可以将生成的指标(包括名称)插入数据仓库中。
- 重新计算指标时删除之前的旧结果。

编写程序包装器是为了演示各种代码清单，它实现了上面的第一个目标，但没有实现第二个目标。更高级的指标计算框架可能包括控制指标计算的日期范围和在新的事件数据到达数据仓库时自动更新指标等功能。

如何设计和实现更好的指标计算框架超出了本书的范围，因为那是依赖于特定用例的软件工程练习。本书是关于数据分析和数据科学的。但已经在本书附带的 GitHub 库中发布了另一个用 Python 编写的指标计算框架示例。我在工作中使用该框架对客户案例进行研究，并且通过它计算许多指标。

3.12 本章小结

- 行为测量，也称为指标，总结了每个客户在某个时间点或多个时间点的事件。
- 通过提供行为概要，指标使客户账户具有可比性。这是必要的，因为不同账户的事件发生频率不同，发生的时间也不同。
- 通用指标是在几周到 1 年的时间周期内测量的。
- 对于使用 1 个月或更短时间周期的测量，最好使用 7 天的倍数，因为几乎所有人类活动都以周为周期。
- 通用指标包括：
  - 事件数量。
  - 事件属性的平均值，如平均持续时间、平均价值或平均大小。
  - 事件属性的总值，如总的持续时间、总价值或总大小。
- 可以使用聚合 SQL SELECT 语句计算所有通用指标。
- 所有事件和指标都需要进行质量保证(QA)测试，因为事件数据并不总是可靠的，并且指标计算可能包含错误。
- 计算指标的正确过程如下：
  (1) 对事件数据运行 QA 测试。
  (2) 计算指标。
  (3) 对指标运行 QA 测试。
- 对指标的一项重要 QA 测试是计算指标的数量、平均值、最小值及最大值如何随时间发生变化。
- 另一个重要的指标 QA 测试是，活跃账户指标具有非零值的比例，以及所有客户的指标平均值、最小和最大值。
- 对事件的一项重要 QA 测试是计算每个账户每月的平均事件数，并确认这是否与业务专家的意见一致。
- 当事件很少发生时，需要通过更长的时间周期来观察事件。
- 账户使用期用来衡量账户使用订阅服务的时间，在计算过程中允许订阅与订阅之间存在可接受的空窗期。但较早的有较长空窗期的订阅，将不计算在内。
- 如果账户有多个订阅(包括已流失但又重新注册的)，应使用递归 CTE 计算账户使用期。
- 当账户有不同价格的多个订阅时，MRR 应作为订阅指标进行计算，其频率应该与基于事件的指标相同。

- 订阅服务可以授权用户使用特定数量的产品或功能。使用产品的总数称为数量，使用的产品或功能称为订阅单元。
- 当订阅可以有不同的数量和/或单元时，计算每个客户的单元数量时，应该按照与计算其他基于事件的指标相同的频率进行。
- 订阅往往存在不同的计费周期，计费周期指两次付款之间的时长。
- 当客户的订阅存在不同的计费周期时，客户的计费周期往往使用与基于事件的指标相同的频率进行计算。

第4章

观察续订与流失

本章主要内容
- 在客户流失之前选择提前观察期进行观察
- 为订阅或活跃客户选择观察日期
- 通过展开指标数据来创建分析数据集
- 导出当前客户列表从而进行细分

用数据对抗客户流失的本质是从每次客户选择继续使用或退出服务时发生的自然实验中学习。在这种情况下，自然实验是指测试你感兴趣的结果的场景，但没有像正式实验那样设置它。这些实验是已经发生的流失和恢复，结果保存在数据仓库中。为什么你还没有从结果中吸取教训？事实上，如果你以前从未做过这些实验，观察这些实验并阅读结果可能会有些棘手。本章介绍如何使用正确的方法来观察客户实验数据，并从中找出客户的行为。

在本章，假设你已经按照第 3 章的描述，生成了行为指标，并按照第 2 章的描述计算了某些与流失率相关的测量值。本章是流失分析的准备步骤。你需要收集对客户指标的观察结果，从而确定客户是流失还是继续使用服务。本章主要关注图 4-1 中突出显示的部分。

本章的结构如下：
- 4.1 节介绍通过数据集向客户学习的思路。
- 4.2 节讨论了如何在概念层面上选择观察结果，并介绍了提前观察期的概念。
- 4.3 节展示了如何简化存在多个重叠订阅或订阅之间存在空窗期的数据。这大大简化了选择观察日期的过程。
- 4.4 节将这些技术应用于没有实际订阅的产品，通过合并活动然后应用 4.3 节中的技术使用客户事件数据。
- 4.5 节介绍如何为客户生成一组客户的观察日期，并使用 4.2 节和 4.3 节中的技术准备数据。
- 4.6 节介绍如何将观察日期与第 3 章的指标结合起来，形成一个用于分析客户流失的数据集。

- 4.7 节介绍了一项相关技术：导出当前或最近的客户快照，以用于细分。

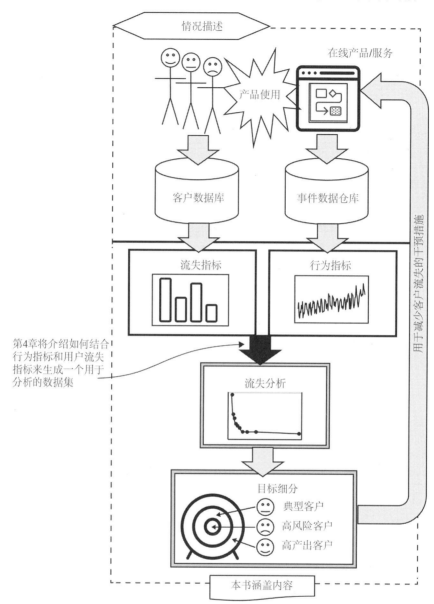

图4-1 本章涵盖的与使用数据对抗客户流失相关的内容

4.1 数据集介绍

在通过客户数据向客户学习的时候，遇到的最大挑战往往是客户使用的复杂性。使观察大量客户行为变得复杂的原因在于，客户在使用产品的过程中往往处于不同的阶段。

只看现在或任何一个固定时间点的所有客户状态没有意义。应该在客户处于产品生命周期的同一点(或多个点)观察它们,这使它们具有可比性。如果你不正确地执行此操作,并在错误的时间观察,可能得到错误的分析结果,使据此制定的对抗客户流失的策略完全无效,甚至造成更大的客户流失。本章将介绍如何在客户生命周期中选择合适的观察点。

然后,在所有客户的所有观察点,对测量的所有指标进行快照(第 3 章的指标计算都是按时间顺序进行的,这使这一操作成为可能)。这组客户快照的组合称为客户观察数据集,或简称为数据集。你可能还不熟悉该术语,数据集是在数据科学和统计工作中用于特定分析的数据集合。

定义 数据集: 对某些情况感兴趣并进行分析时,需要使用的关于这些情况(事实)的数据。通常,数据集是单个表(或文件),每行有相同数量的列,其中每行都包含一种情况的完整信息。

当一组数据被称为数据集时,意味着这些数据组织在一个表中,每一行有相同数量的列。每一行都包含了一个实例的完整信息或对问题现象的观察(这意味着单独的行是单独的观察),每一列对应于关于情况的一种事实类型(通常是一个指标或度量)。创建数据集时,要确保没有丢失字段或写入 null(空值)。对于缺失的值,要么提供合适的默认值,要么删除包含丢失数据的观察结果(记录)。

定义 客户流失分析数据集: 一个数据集,其中每行代表一个要决定流失还是留下的客户。各个字段(列)表示该客户的各种行为测量指标,以及其他相关的数据。

在创建这个数据集时,遇到的挑战和第 2 章和第 3 章相同,首先数据内容是敏感的,而且这些数据可能很大,所以如果可以在数据库或数据仓库中处理所有数据,会是很好的选择。如前几章所述,实现这一点的方法是用 SQL 编写简短的程序,并将关键结果保存在数据仓库中。最后,从数据仓库中提取尽可能不包含敏感信息的精简数据集,并对这些数据集进行进一步分析。

4.2　如何观察客户

要观察客户流失还是继续使用产品的自然实验,需要先确定何时进行观察。首先,在抽象级别考虑这个问题(代码将在后面介绍)。

4.2.1　提前进行观察

何时观察客户是一个简单的问题,对吧? 在客户已经流失时观察他们,对吗? 不完全对。比如在社交媒体应用程序中,当客户已经流失时,客户的行为指标会是怎样? 登录:0,下载:0,点赞:0。因为他们已经流失了,所以在产品上的所有行为都应该是停止的。在客户已经流失时观察他们对研究流失的原因并没有什么帮助。此外,在某人流失之后,一般没有太多机会让他们再次注册,所以应该在客户做决定之前,找到他们并采取行动，降低他们的流失率。

提示 说服客户在他们不再使用产品或服务之前留下来，比在他们流失之后让他们重新注册更容易。因此，流失前的时期是分析的重点。

应该在客户流失之前观察客户。那么我们应该在客户可能流失之前多久进行观察呢？在他们决定不再使用服务之前的一天吗？这很显然不是好选择。应该用更长的时间观察客户的行为。这是因为，客户的行为通常会在流失之前的一段时间内发生变化。图4-2通过媒体服务的例子来说明这种变化。

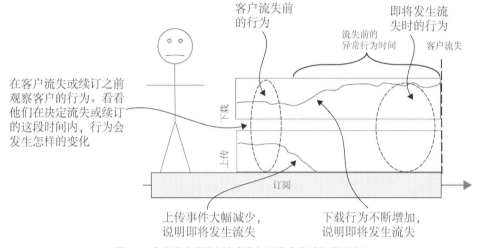

图 4-2 客户流失前的行为变化与观察客户时间(提前期)

如果客户打算不再继续续订阅产品或服务，那么在他们流失之前，某些行为可能会减少，另外一些行为可能会增加。以文件共享服务为例，如果客户决定不再使用这项服务，那么在他们打算离开之前，会出现上传事件逐渐减少、下载事件大量增加的情况。因为客户不想浪费时间去贡献任何文件了。而他们想更多地将云端的资料下载到本地。另一个例子是客户的登录，在客户流失之前，客户的登录次数会明显增加，然后在发生流失时，登录次数降低为0。

对于某些产品，这些行为变化可以使可能流失的客户在流失前的一段时间很容易被发现。但如果仅观察客户流失前很短时间内的行为，并不能为减少客户流失提供太多帮助，应该对客户进行更长时间的观察，从而在他们在犹豫是否要离开时精准地识别，并采取相应的措施来降低他们退订产品或服务的可能性。

提示 分析的目的是识别和了解仍在犹豫是否要续订的客户，因为这是对他们进行干预，并使他们留下来继续使用产品或服务的最佳时机。

如何知道客户正在犹豫是否继续使用该产品？你无法知道确切的时间和客户。你必须在一个合理的时间段观察客户的行为，并判断他们是否可能流失。这个合理的时间段既不是客户刚刚订阅后的一段时间，也不是客户订阅马上到期的那段时间。观察客户的时间段取决于服务，但一般来说，服务期越长，服务越贵，观察客户的时间应该越长。

- 对于周期为月的订阅，在每月续订前 1~2 周或当月的中旬到下旬观察客户。
- 对于消费者或小型企业的年度订阅，在年度续订前大约 1 个月观察客户。
- 对于大型企业的年度订阅，在续订前 2~4 个月观察客户，提前 90 天是典型值。

对于非订阅产品，无须选择提前观察期。可以选择一系列定期间隔的观察日期，就像订阅产品一样。但是由于没有续订行为，因此无法知道何时有人可能会考虑取消订阅。

4.2.2　观察续订和流失的顺序

创建数据集时，不想只观察流失的客户，还想观察续订的客户。这样，可以比较流失和续订，并分析其中的差异。而且在观察时，应该多选择一些续订的客户，对足够多的续订客户进行观察，并且将观察的结果与真实的留存客户对比，从而发现客户的规律。

提示 对于流失分析数据集，尝试将数据集中的续订与真实的留存率进行对比，数据集中的留存率应该和真实留存率成比例，数据集内的流失率也应该和真实流失率成比例。

例如，如果在数据集有 5% 的流失率和 95% 的留存率，那么观察现实客户每个账户每次续订与流失的情况，希望也有 5% 的流失率和 95% 的留存率。对于相同的业务来说，数据集中观察到的流失率和留存率应该与现实客户的流失率和留存率大致相同。

如果订阅没有固定期限或自动续订，则应根据每次付款的到期时间进行观察。付款通常在订阅开始后的固定期限到期：对于大多数消费者订阅，一般为每月一次。为了能够得到正确的流失率与留存率，每次在客户续订或付款之前，应该在相同的提前期提前观察客户的行为。具体情况如图 4-3 所示。

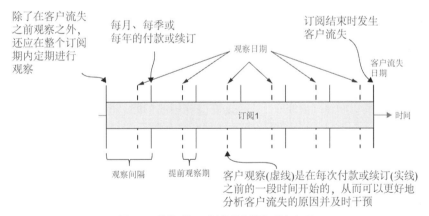

图 4-3　付款时间、提前观察期和观察序列

订阅具有定期付款的特性(以月付款为例)，客户在每月固定的日期支付费用直到取消订阅为止。应该选择客户每次付款之前的一段时间作为客户提前观察期，因为在这段时间内，客户将决定是否继续使用服务。通常，我们会在账户续订时多次观察他们，但是在他们流失时只观察 1 次。如果你的产品有不同续订或付款周期怎么办？例如，许多产

品都有月计划和年计划。有多种方法可以解决这个问题，但建议以相同的频率观察所有客户，假设他们都处于相同的续订或付款周期。选择付款或续订周期最常见的频率作为观察频率。通过这个观察频率，可以很容易找到容易流失的客户。

- 对于报告月流失率的消费者订阅，即使有些客户使用年度支付合同，也要每月进行观察。
- 对于报告年流失率的企业订阅，每年对客户进行观察，即使有些客户按月或按季度付费或续订。

记住：如果根据特定的观察周期对你来说更有意义，如按月、按季或者按年。那么是用这个对你有意义的周期进行客户观察。

在某种程度上，在年中观察年度付费客户没有意义，因为他们那时不会发生流失，而且在那个时间他们可能还没有考虑下一年是否继续使用你的服务或产品。但是，如果你每年只观察一次按年付费的客户，那么在你的数据中重现流失率和留存率会变得复杂，并且会使你更难以解释年套餐与月套餐对客户流失的影响。第 5 章将介绍套餐对客户流失的影响。

4.2.3　创建订阅数据集

现在介绍从实际订阅中创建数据集的过程。对于那些没有订阅的过程，参阅 4.4 节。整个过程的概述如图 4-4 所示。在这个过程中将用到第 2 章介绍的订阅数据和第 3 章创建并保存在数据仓库中的指标。

图 4-4 所示的主要步骤如下：

(1) 确定客户当前存在一个或多个活跃订阅的时间段(这个阶段客户还没有发生流失)，这个时间段被称为正在进行的活跃期。

(2) 确定每个客户具有一个或多个订阅的时间段，但这个时间段以客户流失的时间作为结束时间。这个时间段被称为以流失作为结束的活跃期。

(3) 使用这些活跃期，使用付款周期(或续订周期)及提前观察期为每个客户选择观察日期序列，如 4.2.2 节所述。在实际流失前，跟踪哪些流失是在提前观察期发生的。

(4) 使用观察日期序列来获取保存在数据仓库中的指标。指标值、流失和观察的详细信息保存在单个数据集中，数据集的每行记录代表对每个客户的一个观察。

刚刚提到了一个重要的新概念(活跃期)，我们将在整个过程中使用它。

定义 活跃期：订阅者至少有一个活跃订阅的一段时间。在不中断活跃期的情况下，订阅和订阅之间可以有短暂的空窗期。

4.3 节详细介绍了此过程的第(1)步和第(2)步：创建活跃期。4.4 节解释这个过程对于没有实际订阅的产品有何不同。4.5 节介绍并解释了此过程中的第(3)步：选择观察日期。最后，4.6 节讨论了最后一步：将指标数据与观察日期合并，然后导出数据集。

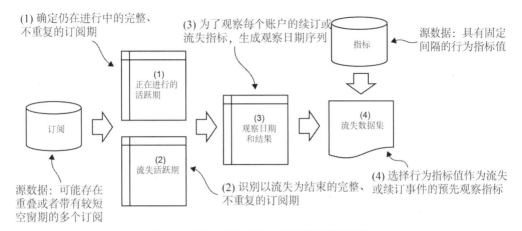

图 4-4　通过 4 个步骤从订阅创建数据集的过程

4.3　从订阅中识别活跃期

此阶段的目标是在适当的时间定期观察你的订阅者,从而了解他们流失的原因。第一步是处理订阅中的冗余或订阅时间不规则引起的问题。这些问题与在第 3 章学习如何计算账户使用期时遇到的问题相同。某些客户可以有多个订阅,因此客户的有效使用期比任何单个订阅的周期都长,并且你可能不想考虑流失的各个订阅之间可能存在短暂的空窗期。此外,当有多个产品或存在基础产品和附加服务时,一些客户可能同时拥有多个订阅。这些附加订阅的日期可能与主订阅不相同。

如果你的订阅产品没有这里所描述的特性,可以直接跳到 4.5 节。为了清楚地说明,只有你的产品订阅已经保证每个账户都包含单个、不重叠的期间,且没有无意义的空窗期时,才可以跳过本节。

4.3.1　活跃期

如图 4-5 所示,活跃期是账户通过一个或多个个人订阅持续订阅的一段时间。在图 4-5 中,总共有 7 个独立的订阅,按开始时间顺序编号。活跃期与订阅的不同之处在于,活跃期合并了所有订阅并忽略订阅之间短暂的间隔。每个账户一次只能处于一个活跃期,活跃期之间的任何间隔都代表着真正的客户流失,然后在以后的某个日期重新订阅。

注意　如果账户不处于活跃期,则最后一个活跃期的结束表示客户流失。

在图 4-5 中,第一个活跃期很简单:这是单次订阅。图中的第二个活跃期是由 3 个主要订阅(编号 2、3 和 5)组成的复杂活跃期。虽然订阅 2 和订阅 3 之前存在一个短暂的空窗期,但因为时间较短,将不被计为客户流失。订阅 3 和订阅 5 并列,两者之间没有空窗期。还有一个附加订阅(订阅 4),它在订阅 3 的中期开始,在订阅 5 的中期结束。订阅 2、3、4、5 共同构成了一个活跃期。第三个活跃期是一个正在进行的活跃期,它在我们分析完时还没到达订阅结束期，或者它没有订阅结束期。

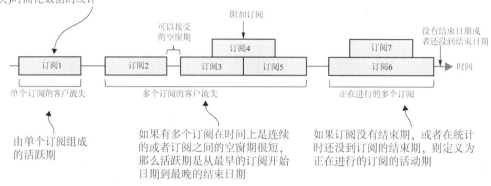

图 4-5　从多个订阅确定活跃期

4.3.2　用于存储活跃期的模式

计算活跃期只是数据集形成过程中的一个步骤，方便将它存储在数据库中。或者，可以选择将本章中的所有短程序组合成一个大型程序，该程序无须任何永久存储即可生成数据集。因为这本书讲授了一个简短程序中的每个步骤，所以将结果存储在一个数据表中。存储活跃期所需要的模式如表 4-1 所示。它与存储订阅的模式(表 2-1)有一些相似之处，因为每条记录都有一个账户 ID 和一个开始日期，这些字段不能为空，另一个日期是客户流失日期，该字段允许为空。但是活跃期记录与订阅记录有一些重要的区别：

- account_id 和 start_date 的组合在一个活跃期内必须是唯一的，因此它们应该作为数据表上的复合主键或索引。
- 活跃期没有与订阅相关的任何详细信息，如产品或 MRR。

(如果你需要有关如何在多个订阅的上下文中计算 MRR 等指标的需求，参阅 3.10 节。)

注意 account_id 和 start_date 上的约束可以作为数据表的约束，但是还有另一个隐含的约束必须由应用程序逻辑来实现。对于每个账户，活跃期的开始日期和客户流失日期必须定义在不重叠的时间段，并且每个账户只能有一个没有客户流失日期的活跃期：当前活跃期。

表 4-1　活跃期数据表结构

字段	数据类型	说明
account_id	整型或字符型	非空，复合主键
start_date	日期型	非空，复合主键
churn_date	日期型	可以为空

4.3.3 寻找正在进行的活跃期

接下来展示如何找到仍在进行的活跃期，因为这比找到以客户流失为结束的活跃期更容易。对于正在进行的活跃期，不需要查找客户流失日期，因为你知道它们不会以客户流失为结束，只需要找到开始日期即可。查看图 4-5，并回想一下 3.10 节中学习的账户使用期计算(见图 3-19~图 3-21)。查找正在进行的活跃期的开始日期与查找每个账户的使用期(即每个账户截止今天的使用期)基本相同。唯一的区别是，我们想得到的结果是客户当前活跃期的开始日期，而不是他们成为活跃订阅者的时间。与计算账户使用期一样，不仅需要找到当前订阅的开始日期，还需要找到迄今为止重叠或形成连续订阅的最早订阅。

代码清单 4-1 显示了一个简短的 SQL 程序，用于计算当前正在进行的活跃期。另外，结果只是当前处于活跃订阅状态的所有账户的列表，以及他们开始当前活跃订阅的最早日期。这与第 3 章中描述的使用递归 CTE 计算账户使用期相同，但我们将再次快速回顾一下。该过程通过以下 SELECT 语句实现：

- CTE 带有控制何时以及如何找到活跃期的参数。
- 分为两部分的递归 CTE 可以找到活跃订阅的序列。
  - ◆ 初始化 SELECT 语句查找当前处于活跃状态的所有账户。
  - ◆ 递归 SELECT 语句查找与当前找到的订阅重叠或连续，但比当前找到的订阅更早的订阅。
- 聚合 SELECT 语句，用于查找每个账户的所有订阅中最早的开始日期。

因为这个结果会保存并与活跃期的结果结合在一起，最终的 SELECT 语句会包含一个 INSERT 语句，将结果保存在名为 active_period 的表中。

代码清单 4-1 正在进行的活跃期

考虑的最近日期

```
WITH RECURSIVE active_period_params AS
(
        SELECT interval 7 AS allowed_gap,          该 CTE 保存常量参数
        '2020-05-10'::date AS calc_date
),                                                 在客户流失前，允许
active AS                                           的最长空窗期
(                    这与第 3 章中的计算
                     账户使用期相同

    SELECT distinct account_id, min(start_date)
        AS start_date
    FROM subscription INNER JOIN active_period_params
      ON start_date <= calc_date                    在每个当前订阅开始
      AND(end_date > calc_date or end_date is null) 时初始化递归 CTE
    GROUP BY account_id

    UNION                              在递归期间插入新的
                                       账户 ID 和开始日期
    SELECT s.account_id, s.start_date
    FROM subscription s
```

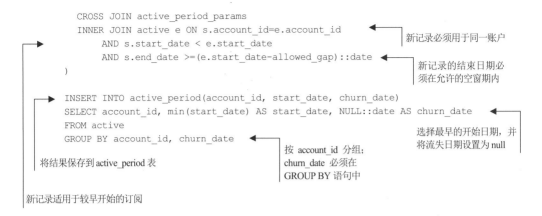

```
    CROSS JOIN active_period_params
    INNER JOIN active e ON s.account_id=e.account_id
        AND s.start_date < e.start_date
        AND s.end_date >=(e.start_date-allowed_gap)::date
)
INSERT INTO active_period(account_id, start_date, churn_date)
SELECT account_id, min(start_date) AS start_date, NULL::date AS churn_date
FROM active
GROUP BY account_id, churn_date
```

新记录必须用于同一账户

新记录的结束日期必须在允许的空窗期内

选择最早的开始日期,并将流失日期设置为 null

按 account_id 分组;churn_date 必须在 GROUP BY 语句中

将结果保存到 active_period 表

新记录适用于较早开始的订阅

可以在本书代码库或 GitHub 存储库中下载代码清单 4-1,并按照说明来运行代码。默认情况下,它使用默认的模拟数据集。设置好环境后,使用以下命令运行代码清单 4-1:

```
fight-churn/fightchurn/run_churn_listing.py --chapter 4 --listing 1
```

包装程序 run_churn_listing 输出它正在运行的 SQL。但要注意,代码清单 4-1 执行了对数据库的插入操作,因此它不会产生任何输出。要查看结果,使用 SQL 查询方法运行查询语句(有关建议可参阅 README 文件),例如:

```
SELECT * FROM active_period ORDER BY account_id, start_date;
```

图 4-6 显示了在默认模拟数据集上运行代码清单 4-1 的结果,然后像之前一样使用 SELECT 语句查看结果。如果查询得到的结果较多,则使用 LIMIT 子句,但对于默认的模拟数据无须使用该语句。结果包含在生成模拟数据时开始订阅的账户,以及在生成模拟数据结束时添加的账户。由于 active_period 表的约束,在不删除表中已有数据的情况下,只能运行一次代码清单 4-1。

每个账户和活跃期都有 1 条记录,无论该活跃期包含多少个订阅。(你的结果不会完全相同,因为基础数据是随机生成的。)

客户流失日期为 NULL,因为这些是正在进行的活跃期;在保存客户流失期的表中,该列是必要字段

account_id	start_date	churn_date
0	2020-01-15	NULL
3	2020-01-23	NULL
7	2020-01-05	NULL
...	...	...
3480	2020-05-05	NULL
3493	2020-05-05	NULL
3498	2020-05-03	NULL

图 4-6 运行代码清单 4-1 所得到的正在进行的活跃期记录

4.3.4 找到以客户流失为结束的活跃期

找到以客户流失为结束的活跃期可能是本书最复杂的 SQL 程序。但是该程序并不比你见过的其他程序难。它只是结合了你已经掌握的其他技术:第 2 章用于计算流失率的外连接技术,第 3 章的递归 CTE。通过这些技术找到一个接一个的连续订阅中最早的开

始日期。

寻找所有流失客户的算法基于第 2 章中计算流失率的外连接方法，但并不完全相同。首先它将观察每个客户流失都有的对应的订阅结束日期。此外，对于同一账户，某个订阅结束后，在允许的空窗期内没有"延期"，其结束期将被视为客户流失日期。

定义 延期：在前一个订阅结束之前或在允许的空窗期内，开始并且未来有结束日期的另一个订阅。延期会延长活跃期。这种延期的定义是针对当前算法的讨论而定的，并不是行业中普遍使用的术语。

之所以称为"延期"，是因为它延长了先前订阅的结束日期，并防止该结束日期成为客户流失日期。客户流失日期为没有延期的订阅结束日期。图 4-7 提供了通过检查结束日期和延期来查找客户流失日期的示例。它基于图 4-5 所示的订阅顺序。要判断一个账户的客户流失日期，可以使用以下步骤：

(1) 确定该账户的所有订阅结束日期(没有结束日期的订阅不会有客户流失，因此直接忽略)。可以根据需要，选择任何较早的开始时间，但订阅结束日期等于或晚于当前日期。

(2) 确定所有延长这些结束日期的延期。这些延期是在其他订阅的结束日期之前或在允许的空窗期内开始，并在未来晚些时候结束的订阅。

(3) 选择那些没有延期的结束日期。这些结束日期对应着客户流失。在 SQL 中，对带有延期的结束日期使用外连接，并从步骤(1)中选择那些外连接为 NULL 的订阅和来自步骤(2)的延期订阅。这些结束日期对应于以客户流失为结束的活跃期。

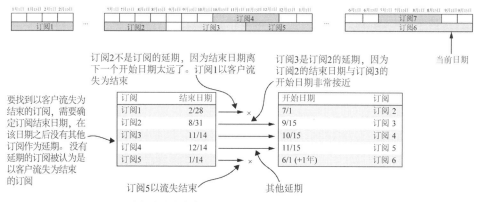

图 4-7 从结束日期和延期中查找客户流失日期

图 4-8 显示了查找客户流失及其相应开始日期的完整过程。首先通过查找结束日期和延期来查找流失，然后查找以客户流失为结束的活跃期的开始日期。这发生在两个附加步骤(4)和(5)中：

(4) 开始日期的查找方式与正在进行的活跃期的开始日期(以及账户使用期计算)相同：使用递归 CTE 逐步搜索更早的开始日期。

(5) 从以客户流失为结束的订阅(如果有的话)之前的订阅，提取开始日期的最小值(即最早的开始日期)。

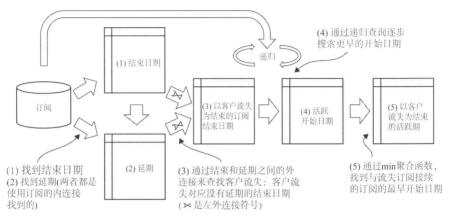

图4-8 查找客户流失和相应的活跃期开始日期的过程

代码清单4-2是查找以客户流失为结束的活跃期的SQL程序。它包括4个CTE。

- active_period_params:包含固定常量,该常量定义程序将在何时发现客户流失,以及订阅与订阅之间允许的最长空窗期。
- end_dates:包含在要求的时间段内的所有订阅。为了方便下一步处理,它还计算延期可能发生以扩展此结束日期的最大日期:结束日期加上参数中定义的允许空窗期。
- extensions:包含扩展它的另一个订阅(延期)的每个订阅结束日期。这是在最长延期日期(在end_dates CTE中计算)之前开始的匹配账户的所有订阅,并且结束日期在未来或没有结束日期。
- churns:递归CTE,执行算法的关键计算:
    - 初始化SELECT语句是结束日期和延期之间的外连接,它只选择没有延期的结束日期。这代表客户流失。
    - 递归SELECT语句查找在同一账户客户流失之前,订阅的较早开始日期。其中最早的是活跃期的开始日期。

代码清单4-2中的最后一个SELECT语句找到与每个结束日期对应的最早开始日期,这与代码清单4-1中仍然处于活跃状态的活跃期相同。它还包含INSERT语句,从而将此结果与 active_period 表中正在进行的活跃期间一起保存在数据表中。需要注意的是,没有延期的订阅的结束日期是客户流失日期。

代码清单4-2 以客户流失为结束的活跃期

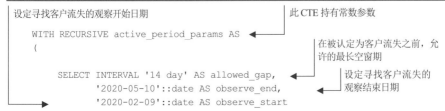

```
),
end_dates AS          ◄─── 该CTE 包含每个账户的
(                          唯一开始日期和结束日期

                                                    如果多个订阅具有相同的结束
                                                    日期,则使用 DISTINCT
    SELECT distinct account_id, start_date, end_date,
        (end_date + allowed_gap)::date AS extension_max    ◄─── 为避免客户流失,账户
    FROM subscription INNER JOIN active_period_params           应该重新注册的日期
        ON end_date between observe_start
        AND observe_end   ◄─── 将结束时间限制在检查
                               客户流失的时间段内
),
extensions AS         ◄─── 此 CTE 包含延长结束
(                          日期的订阅
                                           如果多个订阅具有相同的日期,
                                           则使用 DISTINCT
    SELECT distinct e.account_id, e.end_date  ◄───
    FROM end_dates e INNER JOIN subscription s
        ON e.account_id = s.account_id        其他订阅必须在延期
        AND s.start_date <= e.extension_max  ◄─── 结束日期开始
        AND(s.end_date > e.end_date
            OR s.end_date is null)  ◄───
                                         其他订阅的结束日期必须
),                                       晚于原始订阅的结束日期
churns AS         ◄─── 此 CTE 识别客户流失,并查
(                      找流失对应的开始日期
                                       订阅的结束日期即为客户流失日期

    SELECT e.account_id, e.start_date,
        e.end_date AS churn_date  ◄───       使用外连接识别
                                              客户流失
    FROM end_dates e LEFT OUTER JOIN extensions x  ◄───
    ON e.account_id = x.account_id
        AND e.end_date = x.end_date   连接结束日期和延期
    WHERE x.end_date is null  ◄───
                                  识别没有延期
                                  的客户流失

    UNION

    SELECT s.account_id, s.start_date, e.churn_date  ◄───
    FROM subscription s                                   递归 SELECT 查找
    CROSS JOIN active_period_params                       最早的开始日期
    INNER JOIN churns e ON s.account_id=e.account_id
        AND s.start_date < e.start_date
        AND s.end_date >=(e.start_date-allowed_gap)::date
)
INSERT INTO active_period
    (account_id, start_date, churn_date)  ◄───
SELECT account_id, min(start_date) AS start_date,    在 active_periods 表中插入结果
    churn_date
FROM churns  ◄───
GROUP BY account_id, churn_date   选择每个客户流失的最早开始日期
```

可以按照本书的代码说明来运行代码清单 4-2。如果之前运行过其他代码清单,现在应该知道如何通过将包装程序的参数更改为 --chapter 4 --listing 2 来执行此操作。注意,代码清单 4-2 执行对数据库的插入,就像代码清单 4-1 一样。它不产生任何输出(运行代

码清单时会输出正在运行的 SQL)。要在运行代码清单 4-2 后查看结果，运行如下查询：

```
SELECT * FROM active_period WHERE churn_date is not null ORDER BY account_id,start_date;
```

图 4-9 显示了在默认模拟数据集上运行代码清单 4-2 的结果，然后像之前一样使用 SELECT 语句查看结果。如果数据量比较大，可以使用 LIMIT 子句，但对于默认模拟数据集不需要使用该子句。以客户流失为结束的活跃期开始于模拟数据中各个订阅时间的各个部分，并且具有各种长度。由于 active_period 表带有约束，如果不删除表中现有数据，只能运行该 SQL 一次。

account_id	start_date	churn_date
2	2020-01-10	2020-03-10
4	2020-01-08	2020-03-08
6	2020-01-06	2020-03-06
17	2020-01-06	2020-05-06
...	...	...
2923	2020-04-03	2020-05-03
2977	2020-04-01	2020-05-01
2995	2020-04-03	2020-05-03

以客户流失为结束的活跃期的典型结果(你看到的结果可能与此不同，因为数据是随机模拟的)

图 4-9   运行代码清单 4-2 得到的以客户流失为结束的活跃期

4.4   识别非订阅产品的活跃期

从第 1 章开始，就说明了，本书中涉及的客户流失分析技术也可以用于没有实际订阅的产品，如靠广告收入运营的媒体网站、具有 App 内购买的 App 和零售网站。现在将解释如何计算这些非订阅产品的账户活跃期。之所以现在才介绍，是因为进行这种计算需要之前提到的很多技术和内容。

4.4.1   活跃期定义

在第 2 章，提到了解非订阅产品流失率的关键是计算反映个人账户在产品上的活跃期，类似于订阅。在这种情况下，每当账户处于非活跃状态超过某个最长允许时间(通常为 1 个月或几个月)时，认为该客户已经流失。应该设定这个时间限制，以识别那些流失的客户，或者如果他们又回来访问你的系统或网站，可将其视为一个新活跃期的开始。

图 4-10 展示了从事件衍生的活跃期的概念。关键是要为每个账户找到"事件组"，事件组中事件之间的距离都在允许的间隔范围内。一旦计算出此类活跃期，就可以计算流失率，就好像是订阅一样。此外，本书其余部分描述的所有分析技术都可以在这里使用，无须任何修改。

定义 事件衍生的活跃期：用户至少有一个事件的时间跨度。事件之间可以存在空窗期，但是空窗期不能超出规定的时间。来自事件的活跃期的定义类似于来自多个订阅的活跃期的定义。

　　基本思想是：在 4.3 节中，演示了使用 SQL 中的算法来处理账户按时间顺序有多个订阅的场景。有必要找到所有这些订阅的最早开始日期，并找出订阅序列何时结束。所有这些订阅的计算还包括允许的空窗期，以防客户有很短的时间没有订阅。其实，这正是事件需要进行的计算，从而确定账户处于活跃状态的时间段(即活跃期)。订阅和事件都必须分组，这样组中的订阅或事件之间的距离就不会超过允许的空窗期。唯一的区别是订阅有持续时间(订阅的结束日期在开始日期之后)，但一个事件对应的是一个时间点。可以使用一种类似于从订阅中查找活跃期的方法在事件中查找活跃期。

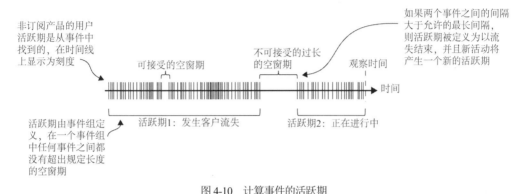

图 4-10　计算事件的活跃期

　　但是订阅和事件之间有一个重要的区别会影响该算法的表现：账户通常一次只有一个或几个订阅，但账户可以有非常多的事件。换句话说，订阅通常是小数据，而事件通常是大数据。因此，将 4.3 节中的活跃期算法直接用于事件可能不是好主意。所以应该做一些简化：将活跃期定义为账户中具有任何事件的 7 天。

　　定义　活跃周：对于单个账户，至少有 1 个事件的 7 天周期。

　　第一步是计算对于所有账户来说，哪个星期账户都处于活跃状态。这可以使用聚合查询并保存结果来实现。这个简单的第一步减少了后续步骤所要处理的数据大小。如果你的用户通常每周有 100 个事件，在聚合之后，表示活跃的数据大小仅为原有数据的 1%。如果客户每周有 1000 次活动，以此类推。

　　当然，这样的活跃期只允许在为聚合步骤中测量活动而定义的周间隔内准确地识别流失日期。这些活跃期不会告诉你用户活跃或流失的确切日期或时间。如果认为以周为周期不足以准确地找到活跃期的开始和结束日期，那么可以将按周统计变成按天统计。然后就可以在计算中达到按天计算的精度，精度是原来的 7 倍。根据具体的数据量大小和实际情况来调整时间精度。我们往往需要在数据量大小和精度之间进行权衡。在本书的示例中，假设聚合周期为周，因为这通常是精度和计算成本之间的最佳折中。

4.4.2　从事件生成数据集的过程

　　计算出"活跃周"后，可以在活跃周上使用正在进行的活跃期算法(代码清单 4-1)和流失活跃期算法(代码清单 4-2)，而不是使用订阅来创建客户流失分析数据集。由于这些算法是为合并顺序订阅而设计的，因此也可以用来合并活跃周，并且可以设定无法形成活跃周的最大空窗期(或包含任意周数的空窗期)。如果选择使用活跃天数，则可以使用相同的算法，并将允许的空窗期定义为天数。在 1 周内运行代码清单 4-1 和代码清单 4-2 的结果就是你要查找的：账户发生事件(至少每周发生 1 次)的连续时间段的日期。这些活跃期要么在过去以客户流失为结束，要么一直持续到现在。图 4-11 说明了从事件生成客户流失数据集的完整过程。

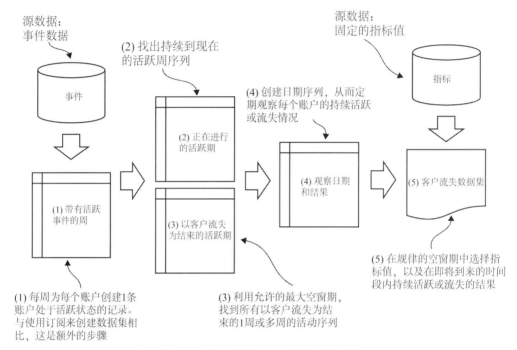

图 4-11　用于查找基于事件的活跃周的流程

　　如果将没有订阅的事件生成的数据集过程(图 4-11)与 4.3 节由订阅生成数据集的过程进行比较，唯一的区别是开始时多了一个步骤：将事件分组为活跃周。因为过程的其余部分是相同的，所以按周分组是唯一需要加入的新代码。

4.4.3　用于计算活跃周的 SQL

　　因为已经获得了带有活跃事件的"活跃周"，你需要创建一个数据库表来保存它们，可以使用表 4-2 中显示的模式。这类似于在订阅和活跃期看到的模式。对于活跃周，结束日期与开始日期是冗余的，因为开始日期可以唯一地标示固定长度时间段的结束日期(结束日期等于开始日期加上固定长度的时间段)。但是，包含结束日期可以让 4.3 节中用于订阅的 SQL 程序在不改变查询逻辑的情况下处理活跃周。

表 4-2　活跃周表模式

字段	数据类型	说明
account_id	整型或字符型	不能为空：联合主键
start_date	日期型	不能为空：联合主键
end_date	日期型	不能为空

代码清单 4-3 提供了将事件分组为活跃周的 SQL。任何了解聚合 GROUPBY 查询的人都知道这种技术，因为查询的主要逻辑是创建按 1 周的时间段定义的事件组。代码清单 4-3 中唯一值得注意的技术是使用生成的系列函数来选择日期。

代码清单 4-3　将事件分组为活跃周

```
                            该 CTE 包含一系列以
                            周为单位的时间间隔
WITH periods AS
(
    SELECT i::timestamp AS period_start,
        i::timestamp + '7 day'::interval AS period_end
    FROM generate_series('2020-02-09', '2020-05-10', '7 day'::interval) i
)
INSERT INTO active_week              将结果插入 active_periods 表
    (account_id, start_date, end_date)
SELECT account_id,
period_start::date,
period_end::date            序列中每个周期的开始日期和结束日期
FROM event INNER JOIN periods
    ON event_time>=period_start      事件时间必须严格
    AND event_time < period_end      早于周期结束日期
GROUP BY account_id, period_start, period_end
事件时间大于等于                      将账户 ID、开始时间和结束时间
周期的开始时间                        作为 GROUP BY 的分组条件
```

可以按照本书的代码说明来运行代码清单 4-3。如果使用包装程序，可以将参数改为 --chapter 4 --listing 3。注意，代码清单 4-3 执行对数据库的插入操作，就像代码清单 4-1 和代码清单 4-2 一样，因此它不产生任何输出。运行代码清单将输出正在运行的 SQL。要查看运行代码清单 4-3 后的结果，可以执行如下查询：

```
SELECT * FROM active_week ORDER BY account_id, start_date;
```

图 4-12 显示了在默认模拟数据集上运行代码清单 4-3 的结果，然后像之前一样使用 SELECT 语句查看结果。如果查询得到的结果较多，可以使用 LIMIT 子句，但对于默认模拟数据集，不需要使用它。注意，保存在 GitHub 存储库中的代码并没有设置为按活跃周计算活跃期。请自己对代码进行修改。

account_id	start_date	end_date
0	2020-03-04	2020-03-11
0	2020-03-11	2020-03-18
0	2020-03-18	2020-03-25
...	...	...
3497	2020-05-06	2020-05-13
3498	2020-04-29	2020-05-06
3498	2020-05-06	2020-05-13

从事件计算活跃周的典型结果
(你的结果可能和图中不一样，因为底层数据是随机模拟的)

图4-12 运行代码清单4-3的输出示例

在计算出活跃周并将其保存在数据表中之后，可以使用代码清单4-1和表4-2中的相同程序来查找活跃期。修改它们，以使用active_week表(表4-2)而不是订阅表(表2-1)。一旦根据活跃周计算活跃期，就可以在第2章(代码清单2-2)的标准流失计算中使用它们代替订阅。

注意 要使用代码清单4-1和代码清单4-2中的程序，其活跃周来自"活跃事件"而不是订阅，修改代码，将连接中的scription表替换为active_period表，其他部分保持不变。

注意 要使用代码清单2-2中的程序来计算活跃事件而不是订阅的流失率，修改代码，将连接中的scription表替换为active_period表。此外，使用active_period中的churn_date列，而不是scription表中的end_date列。

4.5 选择观察日期

我们的目标是在适当的时间定期观察订阅者，从而了解他们流失的原因。一旦订阅(或事件)被划分为活跃期(无论是订阅还是活跃事件)，下一步就是为每个账户选择具体的观察日期。

4.5.1 平衡流失和非流失观察

正如4.2节描述的，我们的计划不仅是在账户流失时观察账户，还要在账户没有流失时创建账户快照。当数据集中的流失和非流失测量值与流失率和留存率的比例相同时，客户流失分析的效果最佳。实现这一目标的方法是在计算流失率时对每个账户使用相同的周期。还需要注意的是，在观察时需要提前对客户进行观察，需要在客户决定留下继续使用你的产品或服务还是退订时，观察他们的行为。这一过程在图4-3已经说明过，在图4-13中将再次说明。

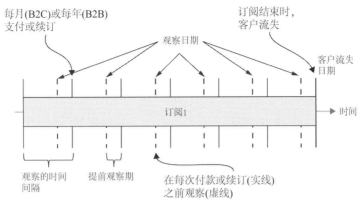

图 4-13 再次强调：付款周期，提前观察期和观察日期序列

如图 4-13 所示，除了在客户流失之前对客户进行观察外，还应在整个订阅期间定期进行观察。观察的频率应该与付款周期或续订周期相同，通常与客户续订(有订阅的服务)或支付账单(长期的连续订阅)的频率相同：B2B(商业)产品的频率一般为 1 年 1 次，B2C(消费者)或 SMB(中小型企业)产品频率一般为 1 月 1 次。为了与客户流失观察保持一致，这些观察是在每次付款或续订前提前一段时间进行的。

4.5.2 选择观察日期的算法

根据图 4-13，选择观察日期的详细算法如下。

(1) 从每个账户每个活跃期的开始日期开始。

(2) 对于第一次观察：

① 对于所有账户和活跃期，分别将进行观察的周期性时间间隔(如 1 个月)添加到开始日期。对于订阅，通常是下一个付款日或续订日期。

② 减去提前观察期，得到每个活跃期的第一个观察日期。

③ 如果此观察日期之后有客户流失，则将其标记为带有客户流失的观察，这意味着如果活跃期在此观察和之后的一个观察期之间以流失的结束，那么这将是客户流失之前的最后一次观察。

(3) 对于每个账户的第二次观察：

① 将观察期的 2 倍长，添加到每个账户的开始日期。

② 减去提前观察期。

③ 如果此观察日期之后出现客户流失，则将其标记为有客户流失的观察。

(4) 对每个账户重复步骤(3)，添加到开始日期的周期数(并始终减去提前观察期)，直到下一个观察日期超出活跃期。

图 4-14 显示了为两个账户以 7 天为提前观察期，选择每月观察日期的算法示例。它表明，经过一些初始计算，每个账户在每月的同一天被重复观察。如果按月付款或续订，则观察日期为付款日期或续订日期之前的一周。如果是一个按年订阅的产品，那么观察日期将是每年的同一天。同样，对于年度续订(或付款)，也有一个提前观察期，但这个提

前观察期会更长——如第 4.2 节所述，可能是 1~3 个月。

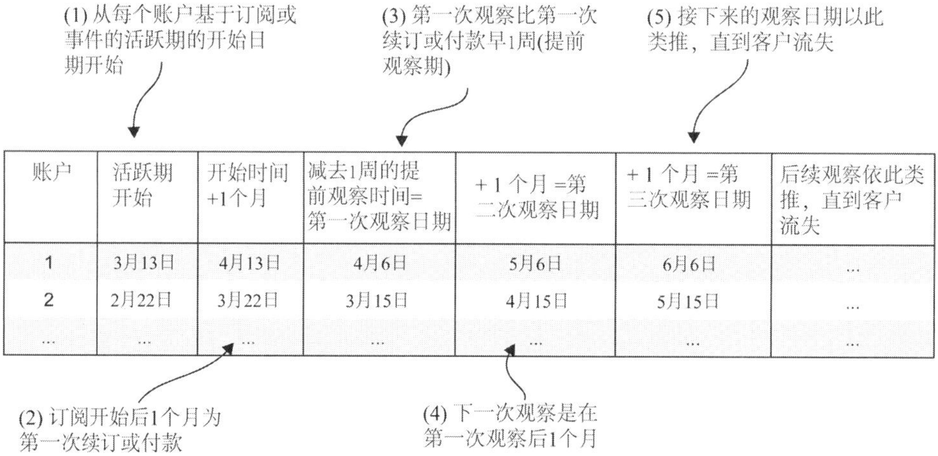

图 4-14　选择观察日期的算法说明

要为每个账户选择观察日期，从每个活跃期的开始日期计算，然后将观察周期(本例为 1 个月)减去提前观察期(1 周)得到第一个观察日期。要获得第二个观察日期，将观察周期的 2 倍(减去提前期)添加到开始日期。要获得第三个观察日期，添加 3 倍的观察周期，减去提前观察期，以此类推。

4.5.3　计算观察日期的 SQL 程序

因为观察日期是需要存储的，至少是暂时被存储的，所以需要为它们创建另一个表。表 4-3 显示了用于保存观察日期的表结构。此表包含账户 ID 和观察日期，它们共同定义了表的复合主键，该表还有一个附加列：一个逻辑值，用于表示该观察是否为活跃期结束的最后一个观察。

表 4-3　观察日期表结构

字段	数据类型	说明
account_id	整型或字符型	非空：联合主键
observation_date	日期型	非空：联合主键
is_churn	逻辑型	非空

代码清单 4-4 提供了生成观察日期的 SQL 程序。假设有 1 个表 active_period，其中包含从订阅开始定义的周期。生成观察日期的 SQL 程序使用递归 CTE，递归创建观察日期的策略如下。

(1) 对每个 active_period 使用观察值初始化递归 CTE：

① 第一个观察日期是开始日期加上观察周期，再减去提前观察期所得到的日期。

② 将观察计数设定为 1，这将用于计算以后的观察日期。

③ 设置一个布尔值，指示用户流失日期是否在该观察日期和下一个观察日期之间，下一个观察日期将是该观察日期加上观察周期所得到的日期。

(2) 递归地在 CTE 中为每个活跃期插入额外的观察日期：

① 将计数器加 1。

② 新的观察日期是由开始日期加上计数器值乘以观察周期，再减去提前观察时间计算出来的。

③ 为每个观察设定一个布尔值，如果本次观察到这个活跃期以客户流失为结束，那么该值为 true。

④ 当满足以下条件之一时退出递归：

● 下一个观察日期是在活跃期结束之后。

● 下一个观察日期是在所考虑的整个观察期结束之后。

用于计算观察日期的 SQL 程序仅使用两个 CTE：一个用于设置常量参数，另一个用于递归。在这个递归过程之后，结果被插入到观察表中。代码清单 4-4 中的 SQL 程序的观察周期为 1 个月，提前观察期为 1 周。

代码清单 4-4　计算观察日期的 SQL

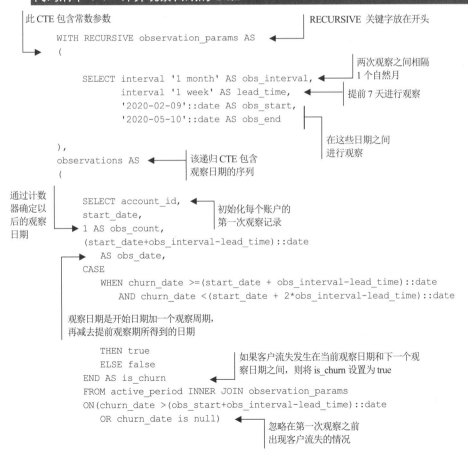

```
WITH RECURSIVE observation_params AS
(
        SELECT interval '1 month' AS obs_interval,
               interval '1 week' AS lead_time,
               '2020-02-09'::date AS obs_start,
               '2020-05-10'::date AS obs_end
),
observations AS
(
        SELECT account_id,
        start_date,
        1 AS obs_count,
        (start_date+obs_interval-lead_time)::date
          AS obs_date,
        CASE
           WHEN churn_date >=(start_date + obs_interval-lead_time)::date
               AND churn_date <(start_date + 2*obs_interval-lead_time)::date
              THEN true
              ELSE false
        END AS is_churn
        FROM active_period INNER JOIN observation_params
        ON(churn_date >(obs_start+obs_interval-lead_time)::date
           OR churn_date is null)
```

此 CTE 包含常数参数

RECURSIVE 关键字放在开头

两次观察之间相隔 1 个自然月

提前 7 天进行观察

在这些日期之间进行观察

该递归 CTE 包含观察日期的序列

通过计数器确定以后的观察日期

初始化每个账户的第一次观察记录

观察日期是开始日期加一个观察周期，再减去提前观察期所得到的日期

如果客户流失发生在当前观察日期和下一个观察日期之间，则将 is_churn 设置为 true

忽略在第一次观察之前出现客户流失的情况

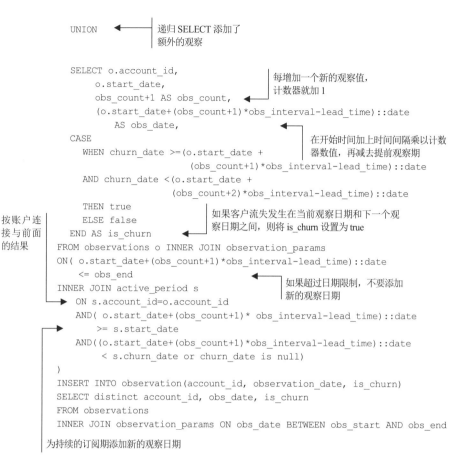

按照本书代码说明运行代码清单 4-4。如果使用包装程序，将参数更改为 --chapter 4 --listing 4。注意，与代码清单 4-1~代码清单 4-3 一样，代码清单 4-4 执行对数据库的插入操作，因此它不产生任何输出(运行代码清单将输出正在运行的 SQL)。运行代码清单 4-4 后，要查看结果，可以使用如下查询：

```
SELECT * FROM observation ORDER BY account_id, observation_date;
```

图 4-15 显示了在默认模拟数据集上运行代码清单 4-4 的结果，然后像之前一样使用 SELECT 语句查看结果。如果数据量较大，使用 LIMIT 子句，但对于默认的模拟数据集，则不需要使用它。is_churn=TRUE 表示在客户流失发生之前进行的观察。对于每个账户，观察日期间隔 1 个月，这是由观察间隔定的。

account_id	observation_date	is_churn
0	2020-03-10	FALSE
0	2020-04-10	FALSE
...	...	...
17	2020-04-01	FALSE
17	2020-05-01	TRUE
...	...	..
3040	2020-05-03	FALSE
3041	2020-05-03	FALSE

以客户流失为结束的观察日期序列(你的结果不完全相同)

图 4-15　代码清单 4-4 的运行结果示例

你可能想知道为什么代码清单 4-4 中的 SQL 程序会有一个计数器，并将其乘以观察周期来计算每个观察日期。这导致代码中重复出现以下表达式：

```
(o.start_date+(obs_count+1)*obs_interval-lead_time)::date
```

另一种办法是将观察周期加到当前最后一个观察日。尽管这样做算法更加简单，但会导致对月末附近日期的处理不当。例如，如果开始日期是 31 日，到 2 月时，观察日期就会变成 28 日。当你将 1 个月添加到 1 月 31 日时，数据库就是这样定义结果的。但是，到 3 月时，如果算法只是增加一个观察周期，它不会将日期移回 31 日，而是使用 3 月 28 日，并在随后的几个月继续使用 28 日。在非闰年，所有月末续订将在 2 月后变成每月的 28 日。

通过乘以观察周期，并在计算每次观察日期时重新将其添加到开始日期，将避免上述问题。并且它会在天数较少的月份发生变化，但它不会改变随后每个月的观察日期。

4.6　探索客户流失数据集

创建数据集的最后一步是选择账户在观察日期的所有指标。原则上，这很简单，但像往常一样，也存在一些复杂的情况。

提取数据集的一个重要部分是将数据从数据库表的形式转换为适合分析的形式，如图 4-16 所示。在分析数据集内，必须重新排列数据，以便每一行对应一个账户的单个观察值(流失或未流失)，每一列对应一个行为指标。但是，在数据库表中，数据是标准化的，因此所有指标的值都存储在一个列中，另外一个列用来指明一行有哪些指标。在数据库中，单个账户在某个日期的行为快照分布在许多行中。这通常被称为宽数据与高数据。分析数据集会比较宽，因为它有许多列用于存储不同的变量。数据库表则很高，因为数据全部堆积在一列中。将数据从较"高"数据，转换为较"宽"数据，通常称为数据扁平化，这是创建流失数据集必须执行的操作。在电子表格中，可以使用 Pivot 函数完成此操作，称为对数据进行透视。

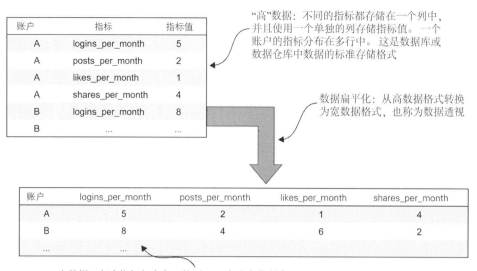

图 4-16 将高数据扁平化为宽数据

用于创建数据集的 SQL 程序

在标准 SQL 中透视数据有一个技巧。如果你已经了解，可跳过这部分内容。如果对此没有了解，详细阅读以下内容。

可以将图 4-16 中所示的指标表扁平化为带有 GROUP BY 聚合函数的宽数据集，其中将每个账户所有单独的指标行分组到每个日期对应的一行记录中。你可能已经看到使用求和、求平均值等聚合函数将多行合并为一行，聚合函数也可用于从多行记录中选择指定值并将每个值放在指定列中，这是数据扁平化所需的转换。

代码清单 4-5 展示了扁平化数据的技巧。它使用多个 SUM 聚合函数，其中一个用于计算想要从高表扁平化到宽表的每个指标。要从列中获取所需要的值(而不向其中添加任何内容)，可以在每个 SUM 中放一个 CASE 语句，该语句从高表中仅选择一类指标值。GROUP BY 聚合函数中的一系列此类 SELECT 语句有效地将高数据扁平化为宽数据。虽然宽数据不便于观察，但有利于数据分析。

另一个复杂因素是你可能没有每天为账户计算指标。鼓励大家每周只对指标进行一次计算。如果你这样做，而不是每天都计算指标，那么创建数据集时，需要选择的指标不一定是在观察的当天。这将需要使用日期范围来选择 SELECT 中的指标。

代码清单 4-5 中的最后一个技巧是处理在观察日期前后根本没有为账户计算指标的情况。回想一下，在第 3 章中，定义了统计计数和平均值指标，从而当账户没有事件时，不会存储指标值。这意味着对于此类指标，代码清单 4-5 中的 JOIN 语句可能没有任何价值。但是，无论账户的事件如何，"账户使用期"这个指标始终有指标值。

对于具有有效订阅或处于有效使用期的账户，账户使用期必须始终有指标值。账户使用期总是有一个值的事实意味着代码清单 4-5 中的 JOIN 总是在每个账户的观察日期附近找到至少一个指标。对于其他指标，CASE 语句的逻辑意味着任何其他被扁平化的指标的值都为 0，这有效地解决了填充这些指标的缺失值的问题。

　　警告　如果不使用账户使用期指标，或者不使用那些确保每次计算都能保证每个账户有一个值的指标，那么代码清单 4-5 中的查询可能会删除没有指标的账户观察。这个问题可以通过指标和观察之间的外连接来解决，但建议在分析中包括账户使用期。

　　代码清单 4-5 使用 CTE 来保存常量参数，包括指标计算间隔的常量参数。INNER JOIN 语句使用指标间隔来选择观察日期之前 7 天内计算的最后一个指标。

　　注意　代码清单 4-5 的输出还包括账户 ID 和观察日期。尽管这些对分析来说不是必须的，但这种描述性数据通常对数据质量检查很有用。

　　在第 5 章中，将花更多时间研究如何检查以这种方式提取的数据集的质量。

代码清单 4-5　创建数据集的 SQL

该 CTE 包含常量参数

计算指标的频率：每 7 天

在此日期范围内形成观察结果

每个账户每个日期观察一次，包括流失标志

对 CASE 语句的结果求和，以使数据扁平化

连接观察参数以限制整个日期范围

连接观察，选择最新的指标

```sql
WITH observation_params AS
(
    SELECT interval interval '7 day'
        AS metric_period,
    '2020-02-09'::timestamp AS obs_start,
    '2020-05-10'::timestamp AS obs_end
)
SELECT m.account_id, o.observation_date, is_churn,
SUM(CASE WHEN metric_name_id=0 THEN metric_value ELSE 0 END)
    AS like_per_month,
SUM(CASE WHEN metric_name_id=1 THEN metric_value ELSE 0 END)
    AS newfriend_per_month,
SUM(CASE WHEN metric_name_id=2 THEN metric_value ELSE 0 END)
    AS post_per_month,
SUM(CASE WHEN metric_name_id=3 THEN metric_value ELSE 0 END)
    AS adview_feed_per_month,
SUM(CASE WHEN metric_name_id=4 THEN metric_value ELSE 0 END)
    AS dislike_per_month,
SUM(CASE WHEN metric_name_id=5 THEN metric_value ELSE 0 END)
    AS unfriend_per_month,
SUM(CASE WHEN metric_name_id=6 THEN metric_value ELSE 0 END)
    AS message_per_month,
SUM(CASE WHEN metric_name_id=7 THEN metric_value ELSE 0 END)
    AS reply_per_month,
SUM(CASE WHEN metric_name_id=8 THEN metric_value ELSE 0 END)
    AS account_tenure,
FROM metric m INNER JOIN observation_params
    ON metric_time between obs_start and obs_end
INNER JOIN observation o ON m.account_id = o.account_id
    AND m.metric_time >(o.observation_date - metric_period)::timestamp
    AND m.metric_time <= o.observation_date::timestamp
```

```
GROUP BY m.account_id, metric_time,
    observation_date, is_churn
ORDER BY observation_date,m.account_id
```

←—— SUM/CASE 聚合模式
的 GROUP BY

按照本书的代码说明运行代码清单 4-5。如果使用包装程序，将参数更改为--chapter 4 --listing 5。代码清单 4-5 以包含结果的 SELECT 语句结束。如果使用 GitHub 存储库中的代码运行它，它会将结果保存在 CSV 文件中。包装程序将输出文件的路径，例如：

```
Saving: ../../../fight-churn-output/socialnet/socialnet_dataset.csv
```

图 4-17 显示了运行代码清单 4-5 的结果。它跳过行来跟踪数据集中的一些账户。数据集观察按日期进行排列，因此单个账户的记录分散在结果的各处。

account_id	observation_date	is_churn	like_per_month	newfriend_per_month	post_per_month	adview_per_month	dislike_per_month	unfriend_per_month	message_per_month	reply_per_month	account_tenure
11	2020-02-18	FALSE	318	4	571	235	40	0	29	7	24
...	...	...	...	...	...	...	...	...	...	...	...
15	2020-03-02	FALSE	54	7	42	26	5	1	65	20	54
...	...	...	...	...	...	...	...	...	...	...	...
11	2020-03-18	FALSE	362	10	589	280	44	0	43	7	52
...	...	...	...	...	...	...	...	...	...	...	...
15	2020-04-02	FALSE	69	10	37	41	11	2	62	16	82
...	...	...	...	...	...	...	...	...	...	...	...
11	2020-04-18	TRUE	345	3	613	288	44	2	37	12	80
...	...	...	...	...	...	...	...	...	...	...	...
15	2020-05-02	FALSE	54	8	42	41	7	0	45	16	110

图 4-17　运行代码清单 4-5 得到的结果示例

注意，代码清单 4-5 通过硬编码的方式预定义了固定数量的指标，因此代码清单 4-5 仅适用于默认的模拟数据集。如果想使用自己的数据集运行代码清单 4-5，需要对程序进行修改，使其能够反映你创建的特定指标。但是，更好的选择是使用脚本自动执行此步骤，该脚本根据数据库中的任何指标生成正确的 SQL。本书的代码中也有一个完成该操作的函数，但代码清单 4-5 中没有包含该函数：dataset-export 文件夹包含一个脚本，它清理了结果表，并以自定义生成的指标扁平化脚本作为结束来运行本章的所有代码清单。README 文档中包含关于如何配置和运行该程序的更多信息。

账户"键"对齐问题

本节的代码假定你可以简单地将用于创建活跃期的订阅上的账户 ID 与用于创建指标的事件上的账户 ID 连接起来。不幸的是，订阅数据库和事件数据仓库通常是不同的系统。为简单起见，本书将它们保存在通用数据库中，并使用一组通用的账户 ID。为了让大家为现实工作中可能面临的问题做好准备，解释一下如果你的订阅(观察)和事件(指标)数据位于两个不同的系统中，可能会遇到的一些实际问题。

你不能在不同的系统上运行像代码清单 4-5 这样带有事件和订阅的程序。必须通过指标向系统提供观察日期，或者通过订阅和观察日期向系统提供可用的指标。通常，最简单的方法是从带有订阅的系统中生成活跃期数据，并将其加载到带有指标的系统中，然后根据带有指标的系统上的活跃期生成观察日期。这最大限度地减少了需要传输的数据量。这是最容易的部分。

当两个系统中的账户 ID 不匹配，并且需要映射时，事情会变得更加困难。必须创建一个查找表，其中每一行都具有两个系统中账户的唯一匹配标识符。这种映射可以在代码清单 4-5 中用作额外的内连接。这并不太难，但是当无法创建准确的映射时，就会出现真正的问题，从而丢失账户、重复账户或两者同时出现。例如，当通过电子邮件跟踪事件数据，通过某种数据库主键跟踪订阅，并且存在带有订阅的电子邮件，但电子邮件不能准确地匹配事件数据时，可能会发生这种情况。业务上下文中也可能出现问题，你在部门级别有订阅，并且根据用户来跟踪事件数据，但是有些用户被分配给多个部门，或者没有分配给任何部门。除非你使用过大量的 ETL 管道，否则可能会对出现这样的映射问题感到惊讶。其实在工作中，它们很常见。许多人在工作中都会遇到这样的情况。

对于这样的问题，没有简单的方法可以处理。常用的方法是删除不完整的记录，而不是试图修复它们，但前提是你始终有足够的数据进行分析。好消息是，你的数据不一定要非常完美。在分析数据集中，存在一小部分丢失或重复的账户不会使数据集失效。所谓"一小部分"，指的是有问题的数据应该远远少于总数的一半。一般情况下，如果数据有 90% 是良好的，就符合分析要求，它可能有点混乱，但仍然可用。

同样重要的是，就受影响的客户类型而言，受影响的数据或多或少是随机存在的。例如，如果所有丢失的客户都使用某种特定的产品功能或来自特定的销售渠道，那么在这些群体上的结果就会被取消。但如果在所有产品功能和销售渠道中随机丢弃或存在少量重复账户，那么不必担心。后面将介绍一些额外的方法来从数据集中删除有问题的记录，但最好的方法是在一开始就尽可能正确地进行映射。记住，数据存在缺陷是常态。

4.7　导出当前客户进行细分

本章教你如何准备数据集来分析客户。但最终，你还需要采取一些措施来减少客户流失。正如第 1 章所解释的，有多种可能的策略来减少客户流失。从数据的角度来看，所有减少客户流失的方法都有一个共同点：必须使用数据来选择最合适的目标客户。这通常称为细分。

定义　细分：根据一组标准选择一组客户。

现在，将学习一种通过对当前客户进行快照来为细分奠定基础的技术。更多关于细分的内容将在后面介绍。

4.7.1　选择活跃账户和指标

细分和针对客户进行干预的第一步是对客户现在的情况进行快照。这与创建当前一组客户及其指标的数据集相同，但没有历史记录。这比构建历史数据集更简单。

注意 客户细分使用只包含当前客户信息的数据集。

代码清单 4-6 显示了一个 SQL SELECT 语句，它创建了一个适合细分的当前客户数据集。它使用两个技巧：首先，CTE 使用 MAX 聚合函数选择带有指标的最近日期。还可以选择简单地对日期进行硬编码，但建议使用 MAX 聚合函数进行选择，这样更加准确。代码清单 4-6 使用了 4.6 节介绍的扁平化聚合技巧。运行 SQL 并检查结果是否与代码清单 4-5 的结果类似，不同之处在于，所有账户都是在一个日期观察到的：最近的日期。

代码清单 4-6　选择当前活跃账户

```
                              该CTE 选择带有
                              指标的最近日期
with metric_date AS
(
    SELECT max(metric_time) AS last_metric_time FROM metric
)                                                              这就是代码清单4-5 中
SELECT m.account_id, metric_time,                              介绍的扁平化聚合
SUM(CASE WHEN metric_name_id=0 THEN metric_value ELSE 0 END)
    AS like_per_month,
SUM(CASE WHEN metric_name_id=1 THEN metric_value ELSE 0 END)
    AS newfriend_per_month,
SUM(CASE WHEN metric_name_id=2 THEN metric_value ELSE 0 END)
    AS post_per_month,
SUM(CASE WHEN metric_name_id=3 THEN metric_value ELSE 0 END)
    AS adview_feed_per_month,
SUM(CASE WHEN metric_name_id=4 THEN metric_value ELSE 0 END)
    AS dislike_per_month,
SUM(CASE WHEN metric_name_id=5 THEN metric_value ELSE 0 END)
    AS unfriend_per_month,
SUM(CASE WHEN metric_name_id=6 THEN metric_value ELSE 0 END)
    AS message_per_month,
SUM(CASE WHEN metric_name_id=7 THEN metric_value ELSE 0 END)
    AS reply_per_month,
SUM(CASE WHEN metric_name_id=8 THEN metric_value ELSE 0 END)
    AS account_tenure,
FROM metric m INNER JOIN metric_date          只选择单个日期的指标
    ON metric_time =last_metric_time
INNER JOIN subscription s
    ON m.account_id=s.account_id
WHERE s.start_date <= last_metric_time           连接订阅数据，以确保
AND(s.end_date >=last_metric_time or s.end_date is null)  客户当前处于活跃状态
GROUP BY m.account_id, metric_time
ORDER BY m.account_id
```

代码清单 4-6 还使用订阅表上的连接来确保这些客户仍处于活跃订阅。在第 3 章中，计算指标的代码从未检查过客户是否处于活跃状态，因此对于已经流失但在指标时间段

内仍有事件的客户，可能会查询出数据。从指标计算的角度来看，结果只是一些额外的记录，所以我们没有展示如何防止这些指标被保存在记录中。在历史数据集中，需要注意每个观察都对应一个活跃客户。但是对于当前的客户列表，需要确保只提取活跃客户的数据，而订阅表上的连接可以很好地处理这个问题。

注意　在实际工作中，代码清单 4-6 必须包括账户名称或电子邮件，或任何必要的标识符，从而将账户与用于干预客户的其他系统(如电子邮件营销和客户关系管理系统)联系起来。这个模拟示例中省略了这些细节。

4.7.2　通过指标来细分客户

现在已经拥有了一个当前用户列表以及他们的所有参数，所以细分的动作就变得很简单了。如果将代码清单 4-6 的输出提供给业务部门的同事，他们可能知道该做什么：在电子表格中打开它并使用过滤功能根据指标探索和选择匹配不同行为特征的客户。你还可以通过将条件放入代码清单 4-6 的 SELECT 语句中来定义细分。我们面临的困难是如何确定细分的阈值以及首先关注哪些行为。要以数据驱动的方式做到这一点，你需要真正了解客户行为与客户流失和客户留存之间的关系，这些将在第 5 章介绍。

4.8　本章小结

- 客户流失分析数据集是客户行为快照的表格，包括流失的客户和没有流失的客户。
- 客户流失先导指标是指当客户还没有下定决心时，很可能会流失的行为。客户流失率先导指标通常是降低客户流失率的重点。
- 流失滞后指标是指客户在决定不再续订后经常会出现的行为。流失滞后行为通常不是流失的潜在原因。
- 为了将分析的重点放在流失先导指标上，在实际流失发生之前的一段时间内，对客户流失的行为进行快照。
- 对于消费产品来说，观察流失的提前期通常是几周，对于商业产品来说通常是 1~3 个月。
- 重要的是要确保数据集中的流失率和留存率分别与实际流失率和留存率接近，在此前提下对数据进行采样。
- 续订客户的行为快照是按照与测量流失率相同的固定时间间隔制作的：对于消费品通常是每月一次，对于商业产品通常是每年一次。这确保了数据集中的流失比例与流失率大致匹配。
- 对于订阅产品，留存客户的行为快照是在续订或付款日期之前制作的，并考虑使用提前观察期。

- 创建流失分析数据集的第一步是确定每个客户的活跃期,即客户在短时间内至少有 1 个订阅(对于订阅产品)或一个事件(对于非订阅产品)。
- 对于非订阅产品,首先按周对事件进行聚合,作为每个账户在那一周是否有任何事件的单个指标。活跃期是从活跃周中找到的。
- 在确定活跃期之后,根据活跃期的开始,为每个账户选择观察日期。
- 数据集是通过将观察日期与之前计算的指标合并而创建的。
- 创建数据集时,指标是扁平的,这意味着它们会从在一列中有不同指标的格式转换为不同指标在各自列中的格式。

动 手 实 践

现在你已经掌握了对抗客户流失的基础设置，可以开始着手进行对抗客户流失的工作了。对于数据人员来说，这主要意味着向组织或公司中防止客户流失的工作人员提供可操作的客户指标，这些人包括产品经理、营销人员、客户成功部门和技术支持代表等。出色的、可操作的客户指标与客户流失率和留存率有着明确的关系，可用于细分客户，从而制定减少客户流失的干预措施。客户指标也必须简明扼要，这样干预客户流失的工作人员才能瞄准目标，而不会因信息过载而感到困惑。

第 5 章介绍了理解客户流失和行为之间关系的方法，展示了哪些指标提升了客户的参与度，并帮助了解什么是"健康"的客户。

第 6 章展示了有太多相关事件和指标时该怎么做。这个问题很重要，因为当今大多数在线服务都拥有海量数据，导致信息过载。但是，掌握了本章的技术后，就可以轻松处理数据过载的问题。

第 7 章介绍如何制定高级客户指标，它将所有内容整合在一起。与第 3 章介绍的简单指标相比，这些指标能够更细致入微地理解和定位客户。本章将使用在第 5 章和第 6 章学到的知识。

第5章

通过指标理解客户流失和客户行为

本章主要内容

- 使用队列分析揭示流失率与指标之间的关系
- 通过数据集统计总结客户行为的范围
- 将指标从常规范围转换为分数
- 从队列分析中删除无效观察
- 根据指标和流失情况定义客户细分群

如果你需要使用统计数据来理解你的实验,那么应该认真对待你的实验。

——欧内斯特·卢瑟福(Ernest Rutherford),1908 年诺贝尔化学奖获得者,因发现放射性衰变而被称为"核物理学之父"

从本章开始将进入本书的核心部分:了解你的客户为什么会流失,什么让他们留下继续使用你的产品与服务。尽管我们在前面花费了不少时间,但在第3章和第4章中学习的创建数据集的方法是接下来内容的基础。你可能期望现在就深入研究一些统计数据或利用机器学习方法进行分析。但请仔细体会欧内斯特·卢瑟福的那句话,这将帮助你走向成功。

欧内斯特·卢瑟福的话表明,如果使用统计数据来分析实验,可能会出问题。在大数据和数据科学时代,这听起来像是异端邪说。但我们需要仔细推敲卢瑟福所要表达的含义。首先,他是物理学家,在那个年代,电子实验室设备是由科学家组装的。如果实验设备中有很多干扰,可以使用统计学方法来处理它,比如,通过对多次实验的结果取平均值,但也许你应该花更多的时间利用具有更少干扰的设备来进行实验。对于21世纪的数据分析师来说,这可能意味着你应该花大量时间清理数据,从而获得更好的结果,这是完全正确的。但这是否证明我们应该对统计数据的合理性表示怀疑?

也许我对卢瑟福的建议进行了过度解读，但我认为它有更深层次的含义。它也可能意味着，如果一项实验的结果并不能明显地证实假设，那么不要花时间通过统计数据来优化结果。相反，应该提出更好的假设——能真正解释你想要理解的事情的假设。为了实现这一目标，应该设计实验来寻找能够强烈推动结果的解释，而不是二阶影响。如果假设是正确的，实验的定性结果就可以从简单的结果图中读出。

事实证明，对于流失分析和订户参与度来说，最重要的结果通常是这样的：你看到它就会知道，而且不需要统计数据。同样重要的是，这种客户流失的特性将使与组织中的业务人员进行交流变得容易。在客户流失分析和行为指标的背景下，寻找与客户流失有密切关系的指标，因为这些指标将帮助你找到客户流失的真正原因。

提示 你要寻找的是与客户流失率密切相关的行为指标。你找到一个这样的指标，就会知道，在这个过程中不需要使用统计数据。

本书的第 Ⅲ 部分将介绍有关客户流失的统计方法和机器学习方法。统计方法和机器学习方法固然重要，但找到与客户流失相关的指标更加重要。在本章和后续章节中，会介绍必要的数据知识，从而让你可以轻松完成各种相关运算。

就本书的总体主题而言，本章的主题在图 5-1 中突出显示。本章假设你使用第 2 章中的技术测量客户流失率，使用第 3 章的技术确定行为指标，利用第 4 章中创建的数据集。本章将之前所学习的内容融合在一起。

本章的组织结构如下：

- 5.1 节介绍指标队列的技术，它允许我们调查可能与客户流失有关的行为的具体影响。将通过案例研究演示这种技术。
- 5.2 节展示如何通过汇总数据集中的所有行为来了解客户行为的全貌。你在数据集总结中发现的信息对精炼队列分析很有帮助。
- 5.3 节介绍了另一种辅助技术——评分，这是一种转换客户指标以提高分析质量的方法。这部分将不使用统计数据，但会包含一些方程。
- 5.4 节讨论何时以及如何删除无效或不需要的数据，这些数据使队列分析更难以解释。
- 5.5 节讨论了如何使用队列分析实现客户细分。

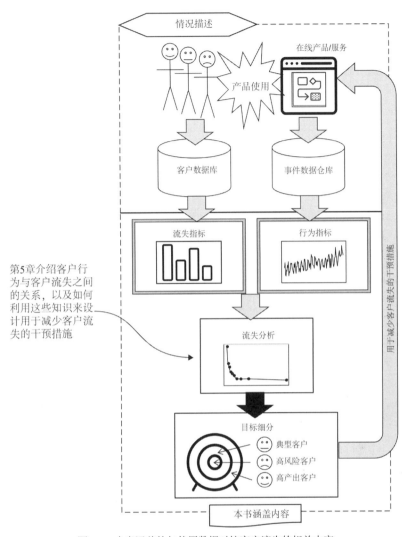

图 5-1 本章涵盖的与使用数据对抗客户流失的相关内容

5.1 指标队列分析

队列分析是一种分析客户流失(和其他行为)如何依赖于行为和订阅指标值的方法,就像第 3 章所讲的那样。

定义 以下定义将贯穿本章:

- 一个"队列"是一组相似的个体(在特定意义上,所有这些个体在一个相对较小的范围内具有特定指标)。
- 指标队列是通过具有相似的指标值来定义的客户队列。
- 队列分析是对不同的队列在其他指标(不是用来定义队列的指标)上进行比较。

● 流失率分析通过对不同指标队列的流失率进行比较，分析其中的原因。

为简洁起见，通常使用术语"队列分析"，但除非另有说明，否则这些分析指的是客户流失的指标队列分析。你会在本书的其余部分看到很多队列分析，所以在查看执行计算并绘制结果的 Python 代码之前，需要了解这个概念。在你了解了概念和代码之后，将在一些真实的案例研究中阐释结果。

5.1.1 队列分析背后的思想

任何客户流失调查最基本的假设可能是：经常使用产品的人比很少使用或根本不使用产品的人更不容易流失。对流失的队列分析使用常见的产品行为对客户进行分组，并作为对该假设的检验。图 5-2 说明了这个思想。如果活跃客户的流失率低于不活跃客户的流失率，那么一组活跃客户的流失率应该低于一组不活跃客户的流失率。你可以根据客户的活跃程度将他们分成不同的队列，然后测量每个队列的流失率，从而验证这个假设。如果较高的活跃度与较低的流失率相关，应该会发现最活跃的队列流失率最低，较不活跃的组的流失率较高，而最不活跃的组的流失率最高。图 5-2 说明了 3 个组的理想场景。

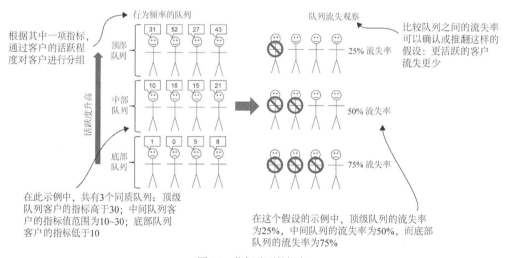

图 5-2　指标队列的概念

提示　如果使用产品较少的客户流失率较高，那么一组相对不活跃的客户应该比一组相对活跃的客户流失率更高。

需要注意的重要一点是，在不太活跃和更活跃的队列中找到相对较高和较低的流失率，比期望所有活跃客户不会流失，而所有不活跃客户完全流失更现实。客户流失涉及很多明显的随机性：有时，你认为最优质的客户也会流失，而你认为最差的客户反而会留下来，原因只有他们自己知道。比较不同队列的流失率(平均值)有意义，但你不能期望所有客户都表现出完全相同的流失规律。

接下来，考虑对于第 4 章创建的数据集，队列分析将如何在实践中发挥作用。完成第 4 章后，创建了一个数据集，其中包含一个很大的数据表，在每一行上，存储着特定日期对客户进行的一次观察，包括几个指标以及客户在该日期是否发生流失或续订。对单个指标进行指标队列分析的过程如图 5-3 所示，具体步骤如下所示。

(1) 从包含客户观察的完整数据集开始，包括你所感兴趣的指标和客户是否流失。有些客户如果续订，可能在数据集内有多条记录。假设数据是通过第 4 章描述的过程创建的，那么数据很可能是按照日期和账户 ID 排序的。

(2) 使用指标和表示流失或非流失的变量，按指标对这些观察结果进行排序。对于队列分析的其余部分，账户的身份和观察日期将被忽略。

(3) 将观察结果分成具有相等元素数量的组，在真正的队列分析中，通常创建 10 个队列，因此每个队列包含 10%的数据(在图 5-1 和图 5-2 所示的简单示例中，只使用了 3 个队列)。注意，没有事先决定队列的边界应该在哪里，队列之间的界限是分析的结果。

(4) 对于每个队列，进行两个计算：
● 计算队列中所有观察指标的平均值。
● 计算队列观察中的流失百分比。

(5) 绘制平均指标值和流失率，x 轴为平均指标值，y 轴为流失率。

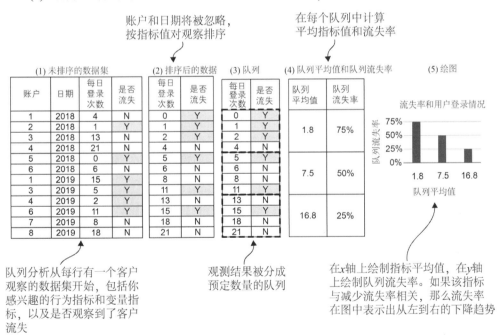

图 5-3　指标队列分析示例

客户的身份和观察日期对于队列分析并不重要，这可能会让你感到惊讶。因为数据集通常是由对大多数客户的多次观察形成的，所以同一客户通常会在队列中出现多次。有些时候，一个客户在一个队列中出现多次，也可能一个客户同时出现在多个队列中。

尽管这种情况可能令人困惑，但它是有道理的：正在验证指标所代表的行为与流失相关的假设，而不是客户身份或观察时间与流失相关的假设。

也就是说，你可能不想向业务同事解释这些细节，因为这可能会导致混淆。正如"分析队列如何随时间变化"(5.1.4节)中更详细讨论的那样，你可以测量观察的行为和时间是否重要，但现在，继续探索行为是否与流失率相关。

提示 指标队列是对客户指标和流失率的观察组，它们与客户组不同，因为一个客户可以被观察多次。

警告 重要的是要了解一个客户可以在队列分析中多次出现，但可能不必向业务同事解释这一事实，因为他们可能会感到困惑。

5.1.2 使用 Python 进行队列分析

图 5-4 显示了对模拟数据集进行的队列分析，并使用 Python 绘制了曲线。这个指标是每个月发布的帖子数量，用 x 轴表示：这个指标范围的队列平均水平从接近 0 到超过 175。y 轴绘制流失率，范围为 0.02~0.12。客户流失率在队列中显著下降，因此在模拟社交网络数据中，客户行为与客户流失率之间存在预期关系。

图 5-4 中模拟数据所显示的模式在真实的流失案例研究中非常常见。当指标值增加时(从底部队列向顶部队列移动)，流失率会迅速下降，但流失率的下降速度会逐渐减慢，甚至可以在顶部队列中趋于平稳。这种模式可以很容易地识别指标的健康程度。对于模拟数据中的每月发帖数量，超过 25 个是健康的，因为在这种情况下，发帖量的进一步增加对流失率没有明显的影响。

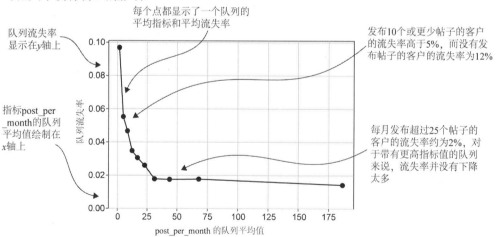

图 5-4 对模拟客户数据集内每月的发帖数量进行队列分析

5.1.3 节将展示真实的案例研究，但首先看一下执行队列分析的代码。代码清单 5-1 所示的 Python 函数使用 Pandas DataFrames 执行单个指标队列分析。该函数具有以下输入。

- data_set_path：数据集存储路径，是字符串变量。

- metric_to_plot：用于制作队列图的指标名称，是字符串变量。
- ncohort：队列的数量，是数值型变量。

基于这些输入，用于创建队列图的主要步骤如下所示。

(1) 将数据集加载到 Pandas DataFrame 对象中，并设置 DataFrame 索引。

(2) 使用 DataFrame 成员函数 qcut 将观察结果划分为队列。此函数返回一个 Series。Series 长度与观察次数相同，Series 值是整数，表示分配的组。

(3) 使用 DataFrame 函数 groupby 并将 qcut 结果(组标识符 Series)作为参数，计算平均指标和平均流失率。

(4) 根据平均值和流失率制作一个新的 DataFrame。

(5) 使 matplotlib.pyplot 绘制结果，并添加适当的标签。

注意，此过程与 5.1.1 节中示例问题的解决方案有一个重要区别：代码依赖于 Pandas DataFrame.qcut 和 DataFrame.groupby 函数，而不是通过编程的方式对数据进行排序、分组并计算平均值。qcut 是 quantile-baseddiscretization 的缩写，它是我们正在制作的队列分组的技术术语，使用了分位数的概念。

定义　分位数是当数据被分成相等的组时，作为分界点的值，每个组中的成员数相等。当数据分为 10 组时，称为十分位数，每组包含 10% 的数据。百分位数是指将数据分成 100 组时的分位数，每组包含 1% 的数据。

第一个十分位数是一个指标值，当数据按该指标组织时，该指标将数据的第一个 10% 与第二个 10% 分割开来。第二个十分位数是将第二个 10% 的数据与第三个 10% 的数据进行分割的指标值，以此类推。在数学语境中，离散意味着分离(或不连续)。分组是离散的，因为组内的成员指标值处于不连续状态。qcut 函数被称为基于分位数的离散化函数，因为数据根据分位数的值被划分为离散的组。

代码清单 5-1　Python 中的指标队列

```
import pandas as pd
import matplotlib.pyplot as plt
import os
```

检查数据集路径

```
def cohort_plot(data_set_path, metric_to_plot, ncohort=10):
    assert os.path.isfile(data_set_path),
        '"{}" is not a valid path'.format(data_set_path)
    churn_data = pd.read_csv(data_set_path,
        index_col=[0,1])
    groups = pd.qcut(churn_data[metric_to_plot], ncohort,
        duplicates='drop')
    cohort_means =
        churn_data.groupby(groups)[metric_to_plot].mean()
    cohort_churns =
        churn_data.groupby(groups)['is_churn'].mean()
    plot_frame = pd.DataFrame({metric_to_plot: cohort_means.values,
```

将数据集加载到 Pandas DataFrame 对象中并设置索引

计算队列指标的平均值

对队列进行分组，然后返回一个由分组号码组成的 Series

计算队列的流失率

通过 DataFrame.qcut 和 DataFrame.groupby 函数执行算法中的主要步骤，代码清单 5-1 的一半代码是关于如何绘制结果的。因为这个代码清单是本书中的第一个绘图代码，所以我想简要说明清楚地标记分析中生成的图形的重要性。

警告 要对分析过程中生成的图形进行清楚的标记。因为在向别人介绍分析结果时，他们可能对生成的图形并不熟悉，如果不清楚地标记图形，别人将很难理解你的图形所要表达的意思。

标记结果也可以在稍后回顾自己的分析结果时提供帮助，特别是有许多事件和指标时。你可能需要对几十个甚至数百个队列图形进行筛选，如果你没有在创建图像时给出清晰的注释，这样的筛选任务将是无法完成的。

如果还没有这样做，运行代码清单 5-1 并使用你自己的数据对其进行测试。假设你已经设置好环境(说明位于本书 GitHub 存储库的 README 文件中)并且正在使用 Python 包装程序，可以通过如下命令运行代码清单 5-1：

```
fight-churn/fightchurn/run_churn_listing.py --chapter 5 --listing 1
```

结果是一个.png 文件，其队列图如图 5-4 所示。

5.1.3　产品使用队列

图 5-5 显示了第一个来自真实案例研究的队列分析示例，显示了 Broadly 公司客户的指标队列中的客户流失。对于 Broadly 的客户来说，一个重要事件是更新的在线评论数量，因此需要计算每月更新的评论数量的指标。

因为图 5-5 介绍了本书中第一个真实的指标队列流失案例研究，这里需要指出一个重要的观点，该观点适用于书中基于真实公司(非模拟)的所有其他研究：图 5-5 并没有显示 y 轴上的百分比。相反，y 轴没有标记，流失率被描述为相对指标。为了保护案例研究中公司的隐私和商业利益，将忽略实际的流失率，但是仍然可以看到不同队列之间流失率差异的重要性，因为队列图的底部总是固定为零流失率。因此，点到图形底部的距离显示了队列的相对流失率。

对于 Broadly 的指标，流失率在第一个队列中最高，在前 5 个队列中呈现下降趋势；指标值最高的前 3 个队列的流失率(在图 5-5 的右侧，具有最高的指标值)大约是指标值底部队列流失率的一半。你可以通过使用等间距的网格线更好地观察它们。准确地说，图 5-5 顶部队列的流失率略高于底部队列流失率的一半。图 5-5 中值得注意的另一点是流失率的下降发生在大约具有每月零评论更新和每月有 4 次评论更新附近；当每月更新评论多于 4 次之后，流失率没有进一步降低。

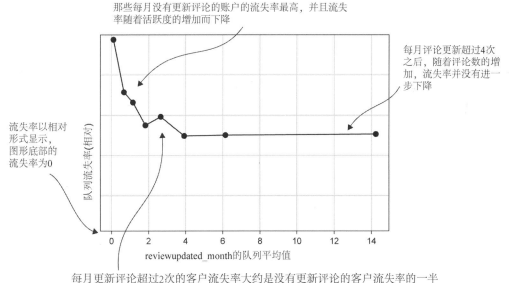

图 5-5　针对 Broadly 公司的指标标准进行流失率的队列分析(每月更新的评论次数)

图 5-6 显示了 Klipfolio 公司的另一个指标队列流失案例研究，显示了 Klipfolio 的客户每月编辑指标仪表板的次数。如图 5-5 所示，流失率以相对比例显示，图形底部固定为零流失率。在这种情况下，顶部队列的流失率是底部队列的 10%左右。

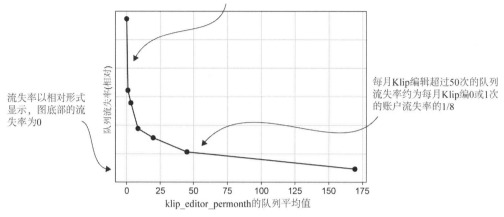

图5-6 Klipfolio 以每月仪表板编辑次数为指标的客户流失队列分析

图 5-7 显示了另一个指标队列流失率示例，使用 Versature 的指标来衡量每月本地总通话次数。图 5-7 描绘了一个重要的行为指标和客户流失之间的另一个相当典型的关系。每月拨打本地电话超过 2500 次的队列流失率大约是拨打本地电话次数最少队列的 1/3，后者几乎不拨打任何电话。流失率的下降发生在拨打次数范围为 0~2500，之后流失率似乎略有增加，但并不显著。

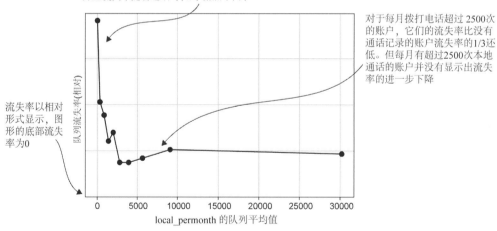

图 5-7 Versature 以每月本地通话时间为指标的客户流失队列分析

查看图 5-7 中本地电话通话的分布(不是流失率)，注意大多数队列都出现在图形左侧的较低范围内。事实上，7 个队列占据了该范围(0~5000 次通话的区域)的 1/6。该图显示了，拨打次数最多的队列比其他队列的通话时长长得多，因此即使是拨打次数第二多的队列，平均拨打次数也不到拨打次数最多的队列的 1/3。此示例显示了一个偏态(倾斜)的行为指标。

定义　偏态指标是指排名靠前的队列包含的值比紧随其后的队列的值高出数倍的指标。通常，大多数较低的队列平均值都在一个相对较小的范围内。

偏态是指标中的一个重要概念将在 5.2.1 节解释。偏态可能会导致分析出现问题，首先是图 5-6 有些难以阅读。大部分空间被前两个队列占据；其他队列挤在一起。这种排列是指标值分布偏斜(偏态)的自然结果，因为顶级队列的指标值比其他队列高出许多倍。在第 6 章中，试图理解指标之间的关系时，偏态会导致另一个问题。出于这个原因，将在 5.3 节介绍指标分数。

注意图 5-5~图 5-7 中队列流失分析的另一个特征：它们的整体形状都相同，前几个队列的队列流失率迅速下降；对于指标值较高的队列，流失率大致是恒定的。这个结果很常见，这也是图 5-4 所示的模拟会以这种方式运作的原因。

流失率随着客户行为的改变而下降，然后趋于平稳这一事实既十分有用也是个问题。它很有用，因为它很容易确定指标的健康水平：客户流失率停止下降的水平。它是个问题，因为在某个点之后，该指标不再能帮助你了解流失或根据流失风险来细分客户。就减少客户流失率而言，对客户采取更多特定干预行动在过了图 5-7 中某个点后并不会产生任何影响。如果想解释高价值客户流失率的差异，并减少这些客户的流失，需要做一些其他的事情。在第 6 章和第 7 章中，将学习到如何创建与客户流失率具有密切关系的指标，即使是在顶级队列中也可以这么做。

5.1.4　账户使用期队列

另一种常见的队列分析是根据客户注册的时间长度来观察客户流失，这个时间长度一般称为账户使用期。这种形式的队列分析是最常见的，所以如果你看过基于队列的流失分析，它可能是基于使用期进行分析的。

这种类型的队列分析与指标队列分析相同，只是它着眼于账户使用期而不是客户行为。此外，你通常会发现注册时间较久的客户流失的可能性较小，而新客户流失的可能性更大。使用账户使用期的队列分析可作为对该假设的检验。由于账户使用期是作为账户指标计算的，因此这种类型的队列分析使用与 5.1.3 节中行为指标队列分析完全相同的代码执行。

图 5-8 显示了对 Klipfolio 账户使用期的队列分析结果。结果相当典型。

- 刚注册客户的流失率(平均注册时间大约为 1 个月)低于注册较久的客户的流失率。
- 在注册后的半年内，客户流失率会随着注册时间增加而增加，第三个队列的客户流失率会比其他队列高 1/3。
- 注册时间从半年到 1 年的客户，流失率出现下降趋势。但在第一年结束时，客户的流失率会增加。
- 注册时间超过 1 年之后(平均使用期大于 365 天的队列)，客户流失率会下降，使用期最长的队列(约 4 年)的客户流失率会比刚注册的队列客户流失率少 1/3。

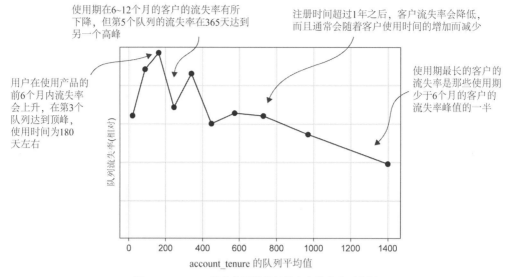

图 5-8   Klipfolio 账户使用期指标的客户流失队列分析

尽管基于账户使用期的队列分析是关于客户流失的文献中最常见的形式,但在图 5-8 中展示的分析有些不同。定义账户使用期队列和执行此分析的最常见方法是按客户注册时间对客户进行分组,可以将月、季度或年作为时间间隔。在完成分组、生成队列之后,随着时间的推移跟踪每个队列中剩余的客户数量,并用于得出每个队列在不同时间点的流失率。相比之下,我们所演示的方法根据客户自己的续订时间独立地观察客户,并将所有在留存期测量中具有相似值的客户放入一个队列中。

这种方法的优点是,经验丰富(订阅时间较长)的客户流失率是根据更大的客户池来估计的,因为较老的客户队列结合了在不同时间注册的客户。潜在的缺点是,这种队列分析没有显示给定账户使用期的队列中的流失率如何随着时间的推移而变化,因为账户使用期队列分析方法融合了在不同时间注册的客户的观察结果。

分析队列如何随时间变化

通常情况下,对于相隔几个月注册的账户使用期相同的客户来说,流失率并没有太大的差异。所有差异可能是由于随机变化或由季节性驱动的。但如果等待 1 年或更长时间,客户流失的模式可能会发生很大变化。

要检查流失率和指标之间的关系是否发生了变化,建议使用第 4 章的方法为不同时间段创建不同的数据集,然后在不同的队列分析中对结果进行比较。例如,可以创建一个仅包含过去 1 年的观察结果的数据集和另一个来自上一年的观察结果的数据集。对数据集使用 1 年的时间应该可以控制季节性。如果你发现不同数据集的队列流失率之间存在显著差异,那么这两年的流失率和账户使用期之间的关系就发生了变化。当你的产品或营销策略的变化导致不同时间段内产生不同客户行为时,可以使用此方法。为每个时间段创建一个数据集,并比较来自不同数据集的队列分析结果(关于所需的最小观测次数的讨论,见 5.1.6 节)。

5.1.5　计费周期的队列分析

可以使用队列分析来分析基于客户订阅的指标。图 5-9 显示了 Broadly 对客户的流失率和订阅计费(按月或按年计费)的分析。该图解释了两个队列，因为计费期只有两个不同的值，它们在图中显示为点 1 和 12，因为计费期以月为单位。Broadly 的客户呈现出一种典型模式：按年计费的客户流失率明显低于按月计费的客户流失率。

图 5-9 的结果是根据每月的客户流失率得出的。然而，以这种方式分析年度客户似乎有些奇怪，因为年度客户每年只有一次发生流失的机会。另一种可能的方法是对年度和月度客户进行单独的指标队列分析，然后每年观察一次年度客户。如果有大量的年度缴费的客户，这种技术可以发挥作用，但它通常存在一个问题，因为对年度客户的观察远远少于对月度客户的观察。因此，你可能没有足够的年度客户观察数据来进行单独的行为分析。

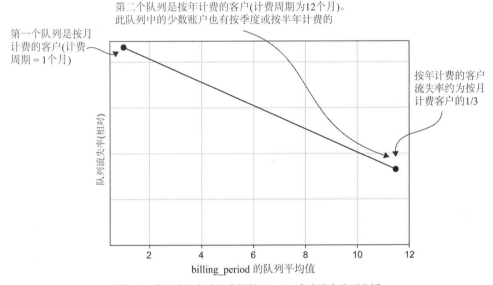

图 5-9　有月度和年度计费期的 Broadly 客户流失队列分析

要了解年度客户行为，最好将年度缴费的客户和月度缴费的客户结合起来。你可能认为每年观察一次年度客户并将其与月度客户合并在一个数据集中(通过改变数据集构建来实现)是个好主意。但这样一来，年度缴费客户的流失率就会表现为更高。通过每年观察一次，可以计算出这一群体的年流失率。想象一下，图 5-9 显示年度客户的流失率高于月度客户。如果你每年观察一次年度缴费客户，并希望将其与月度缴费客户进行比较，则必须将月度缴费客户的月流失率转换为年流失率，从而显示出真实的关系：月度缴费客户的年流失率更高。最好的选择是按月观察月度缴费和年度缴费客户的混合体。

5.1.6 最小队列规模

使用队列分析客户流失的一个重要问题是每个队列中的观察次数。你需要在每个队列中进行足够的观察，以便在估计队列流失率时，估计值可以更加准确。记住，从第 1 章的讨论中可以看出，客户流失受许多不可控的随机因素的影响。当你根据指标估计队列中的流失率时，部分结果受到指标的影响，部分结果由所有其他因素决定。需要大量观察才能使所有这些"其他因素"的影响抵消，并突出指标的影响。具体需要的观察次数要看情况而定，但一个简单的经验法则是，应该在每个队列中有 200~300 个观察，最好是有数千个观察。

提示 每个队列至少应该有 200~300 个观察，最好有数千个观察。

注意，这里说的是每个队列中应该有多少个观察，而不是有多少个客户。如果有 500 位每月续订的客户，并且观察他们的行为(指标和流失)6 个月，将有大约 3000 次观察。如果生成 10 个队列，每个队列将有 300 个观察值，这样的观察数量可以满足一般要求。关于年度续订的最小队列规模：如果有 500 位客户进行年度续订，一整年之后，只有 500 个观察值。

如果每个队列中的观察值太少，你应该做的第一件事是使用更少的队列。以 500 个观察值为例，可以形成包含 167、167 和 166 个观察值的 3 个队列。虽然这不是你想要的每个队列有几百个观察值，但每个队列中至少会有 100 多个观察值。然后，你的队列将代表你所分析的指标的低、中、高水平。

警告 单个队列中有足够的观察数量，比有多个队列但是每个队列只有少数观察更重要。适当减少队列的数量，有助于做更好的分析。

如果每个队列的观察值仍然少于 200 个，将为分析带来很大的风险，其中随机事件的噪声可能会淹没在基于指标的队列中找到的有用信息。如果流失率相对较高(大于20%)，那么每个队列包含大约 100 次观察可能仍然有效。那是因为如果流失率相当高，随机因素对流失率的影响可能相对较小。但流失率较低(低于10%)时，与指标相比，外部的随机因素产生的影响可能更加显著。因此，如果你的流失率很低，你需要更多的观察来消除干扰并找出真相。如果你的流失率很低，并且每个队列的观察值不足 200，则不应进行分析，直到每个队列有足够的观察值为止。

另一个经验法则是，在一个分析中至少要有 100 次客户流失。例如，如果流失率是 5%，那么应该总共有大约 2000 个观察结果(100 / 0.05 = 2000 个观察结果)。通常，观察次数和客户流失数量的下限不是问题，大多数公司最初关注的是客户获取，只有在运营一段时间后才会考虑客户流失。但是，各种问题可能会限制观察的数量，如数据仓库中事件的历史记录很短，你应该意识到这些限制。

提示　如果数据中的流失数量少于 100，你应该专注于获取新客户，并通过调研和"重点关注小组"定性地了解他们的观点。通过这么少的数据很难了解客户流失的真正原因。

这些粗略的指导方针大多基于实践经验，而不是严格的统计数据。第 8 章和第 10 章将讨论一些与统计数据相关的方法，你可以使用统计数据来更好地回答有关样本数量的问题。

5.1.7　显著和不显著的队列差异

到目前为止，只展示了客户指标与流失率明显相关的情况。然而，有时使用队列测试一些指标，但没有发现显著的结果。图 5-10 显示了云端通信服务提供商 Versature 的一个示例。在这种情况下，指标是客户购买的扩展套餐的数量。流失率没有任何明显的趋势：底部队列的流失率与顶部队列的流失率大致相同，中间队列的流失率会有变化，但与平均值没有显著差异。因此，这种客户行为与客户流失无关。

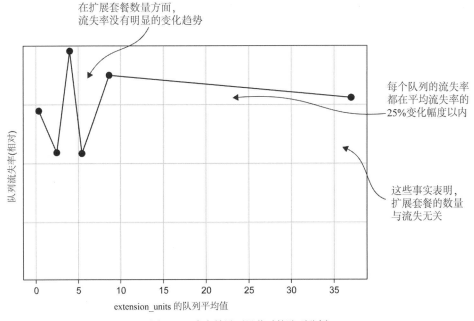

图 5-10　流失差异不显著时的队列分析

有些情况不太明确，但并非明显不相关。在第 8 章中，将会更严格地使用统计数据来回答这些问题，但是通常可以在没有统计数据的情况下做出合理的判断。如果试图确定某个指标是否与客户流失相关，首先要问的问题是其他指标是否与流失更显著相关。

提示　如果你不确定某个指标是否与客户流失相关，先确定其他明显的指标是否与流失有密切关系。如果是，关注这些明显的指标，尝试将其运用到留存策略中，再观察其他指标。

唯一需要担心的情况是边界情况：

- 当你没有多少与客户流失率相关的指标时。
- 当某个特定指标预计与客户流失相关，并且已经根据该预期计划了留存策略时。

在这种情况下，你应该查看不同队列的流失率变化是否一致，以及流失率最低和最高的队列之间的差异是否显著。如果客户流失率从高到低(或从低到高)排列，最高和最低之间的差值至少是 1.5 倍，那么有理由认为已经找到了与客户流失率相关的潜在关系。

最后，应该考虑导致这种客户流失关系的商业原因：

- 该指标是衡量与产品的有用性或客户感受密切相关的方面吗？
- 还是衡量产品核心特性以外的方面？

如果你坚信该指标很重要，则可以为分析带来更好的结果，并在有更多数据时重新检查结果。另一方面，如果数据不支持"宠物理论"(宠物理论就是不管到底是对或者错，提出者都一味地认为它是正确理论的观点)，就不要尝试太久，这就是数据驱动的一个例子。

最后，注意显著性问题与样本大小有关，在 5.1.6 节中讨论过：如果你有很多样本，更有可能看到更有意义的关联关系。在第 8 章和第 10 章，将使用更高级的方法来研究这些问题。

5.1.8　具有大量零客户指标的指标队列

在队列分析中可能面临的另一个问题是，有大量的观察结果，但这些观察结果可能无法提供有用的信息。当事件很少发生时，即使长时间观察它(如第 3 章所述)，也会发生这种情况。图 5-11 显示了 Klipfolio 的示例指标队列分析。大多数账户的相关性指标为 0：用户在查看仪表板时每月进行的方向切换次数。在这种情况下，Python 函数 DataFrame.qcut 仅形成 3 个队列，即使将队列的参数设置为 10。

图 5-11 中的队列图仍然显示了与流失的关系，但该图看起来与预期存在一些差异。如果你知道原因，就知道没有什么错，但你必须向业务同事解释为什么只有 3 个队列。在 5.4 节中，将展示如何通过删除不需要的观察来改进这种分析。

如果一个事件很少发生，并且大多数客户的这个指标都为 0，那么该指标可能不会像有更多账户参与的行为那样与流失有重要关系。在某种程度上，应该忽略罕见事件，关注常见事件。当然，如果所涉及的行为与少数客户的流失有重要关系，也可能存在例外情况。另一种处理罕见行为指标的方法是将它们结合到行为组中，详见第 6 章。

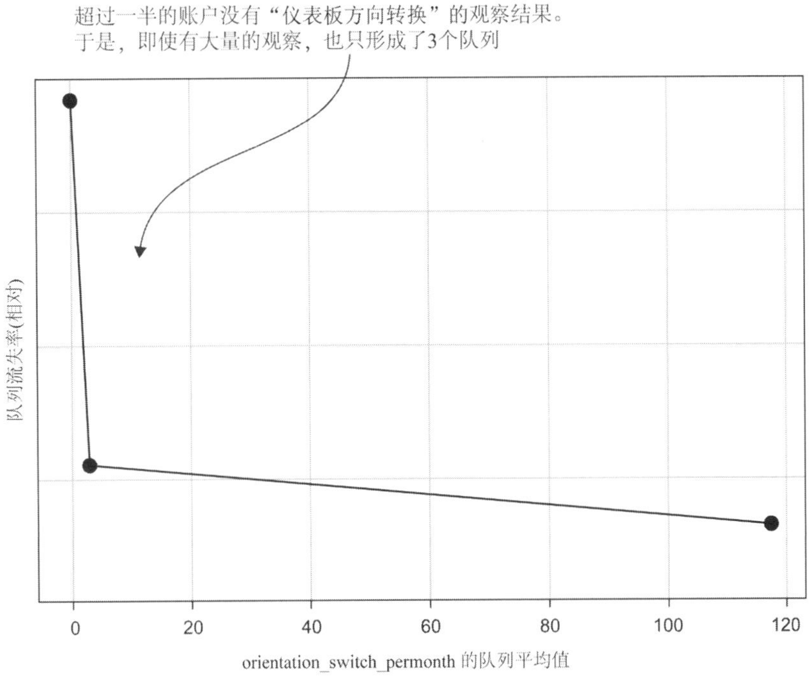
超过一半的账户没有“仪表板方向转换”的观察结果。
于是，即使有大量的观察，也只形成了3个队列
队列流失率(相对)
0
20
40
60
80
100
120
orientation_switch_permonth 的队列平均值

图 5-11　大多数观察值为 0 的队列分析

5.1.9　因果关系：指标是否会导致客户流失

现在你知道了如何发现行为指标何时与客户流失率相关，也很清楚这些关系何时是重要的。但你可能想知道因果关系(如果你不知道，现在是开始了解它们的好时机)。因果关系提出了以下问题：

- 如果指标较高时客户流失率较低，那么相关事件和行为是否会导致客户留下来？
- 较低的指标值(事件数量较少)是否会导致客户流失？

遗憾的是，这些问题没有简单的答案。高级统计可用于分析因果关系问题，但这些技术超出了本书的范围。因此，不建议使用高级方法来了解客户流失的因果关系，因为我们需要进行简洁、敏捷的分析(第 1 章)。

对因果关系使用的方法如下：客户流失或不流失主要是由他们从使用产品或服务中获得的效用或乐趣来决定的。在这里，主要指经济意义上的效用和主观愉悦。如果指标背后的事件是为客户提供效用的行为，那么可以公平地说该事件会导致客户留存或客户流失。如果事件不是提供效用的事件，而是在过程中发生的事情，那么公平地说，事件和指标与客户黏性和留存率相关，但与原因无关。

如何知道哪个事件为客户提供了效用？应该依靠你对产品的了解和常识(如果你不知道，试着和一些客户沟通)。也就是说，如果你认为某个事件为客户提供了效用，但发现它与客户流失和留存率的关系很小，你可能要重新考虑你的算法——这是另一个数据驱动的例子。

提示 你需要依靠自己的业务知识来决定某个与客户流失率相关的指标是否会导致客户流失或客户留存，还是只与客户流失率或客户留存率相关。要引起客户流失，该事件必须与客户从产品中获得的效用密切相关。

导致留存或流失的指标和事件，和与之相关的指标和事件之间的区别对流失相关数据的分析没有太大影响，但它确实对提高留存率的策略产生很大影响。如果你认为某个事件或指标与留存相关，但不会导致客户的流失或留存，那么尝试鼓励客户采取该特定行动是没有意义的。

警告 如果不认为某个事件会导致客户保留和流失，则不要试图鼓励客户采取相应行动，即使该事件与流失密切相关。

5.2　总结客户行为

到目前为止，你已经了解了很多关于如何执行与指标相关的客户流失指标队列分析。你还看到了一些可能导致结果难以解释的问题。一个问题是指标可能存在偏差，这会使队列分析难以阅读和比较。另一个可能出现的问题是发生罕见事件，大多数账户指标为0。这些问题是相当典型的，这不一定是错误的，但如果它们是极端的，可能需要采取一些行动来解决这些问题。首先，为了帮助诊断这些问题，并确保当它们发生时你不会感到惊讶，我将展示如何通过汇总数据集来检查这类问题。

数据集摘要可帮助检查问题，也是了解客户表现出的整体行为范围的好方法。这种理解将帮助你规划客户细分和干预措施，从而提高客户参与度。

5.2.1　了解指标的分布

数据集的摘要是对数据集内容的一组指标——一组关于指标的"指标"。数据集摘要中的结果可以让你很好地了解客户行为的范围和多样性。它还可以帮助你在花费大量时间进行分析之前发现数据中的许多问题。

提示 在开始对客户流失进行队列分析之前，应该计算一组汇总统计数据，并解决所有数据问题。这里先介绍队列分析，展示为什么需要完成初步的总结。

指标的分布是统计学家和分析师用来描述这类属性的东西，如最小值、最大值和典型值。

定义 指标的分布是指关于一个指标对客户的价值的整体事实集。了解分布意味着以适当的详细程度了解诸如有多少客户拥有该指标、典型值是什么，最小值和最大值是什么等事实。

图 5-12 显示了模拟社交网络数据集的汇总统计数据。本节末尾的表 5-1 对汇总统计数据进行了简要解释，任何参加过统计课程学习的人都会熟悉这些统计数据。如果想了解更多信息，有许多书籍和在线资源可供参考。

以下是关于图 5-12 中数据集摘要的一些要点。

- 除了 unfriend_per_month 指标外，账户的其他指标几乎都为非零数据，而只有 25% 的账户在 unfriend_per_month 指标上有值。
- 指标事件数的平均值通常为几百，而最大事件数为几千。只有"非好友"和"新朋友"例外，这两种情况都比较少见。
- 大多数指标都存在不同程度的偏差；计数较高的事件具有较高的偏差。
- account_tenure 指标的统计数据显示所有账户都有测量值，因为非零测量值(第 2 列)是 100%。平均值(average)为 61 天，账户使用期的偏差为 0.2，表明它大致均匀地分布在其平均值周围。
- 该表还显示了数据集中流失的统计数据：4.6%的观察结果为客户流失。

该表显示了客户流失的统计信息，因为数据流失也是数据集中的一列

每个指标都有平均值，并且指标值在某种程度上存在偏态的情况

指标	计数	非零值	平均值	标准差	偏差	最小值	1%分位数	25%分位数	50%分位数	75%分位数	99%分位数	最大值
is_churn	32316	4.6%	.0459	0.2	4.9	0	0	0	0	0	1	1
like_per_month	32316	99%	93.7	204.7	12.1	0	1	16	39	95	826	6867
newfriend_per_month	32316	90%	6.6	8.1	3.9	0	0	2	4	8	38	136
post_per_month	32316	98%	39.2	72.5	9.8	0	0	8	19	43	315	2148
adview_per_month	32316	98%	38.5	68.9	7.6	0	0	8	19	43	304	1566
dislike_per_month	32316	95%	15.2	22.1	6.4	0	0	4	9	18	102	633
unfriend_per_month	32316	25%	0.30	0.5	1.9	0	0	0	0	1	2	5
message_per_month	32316	98%	60.1	125.9	7.4	0	0	9	24	59	566	2676
reply_per_month	32316	91%	21.8	44.8	6.5	0	0	2	8	22	213	840
account_tenure	32316	100%	61.4	29.6	0.2	18	19	26	54	83	116	116

unfriend_per_month 指标是唯一具有远低于100%的非零值指标

账户使用期平均为 61天，范围为0~116 天，并且几乎没有偏态的情况

图 5-12　来自社交网络模拟数据集的汇总统计示例

真实的客户流失案例研究数据通常在指标的分布和偏态方面是相似的，但真实的公司数据通常有更多的指标，其中只有一小部分账户有非零值(我们特意在模拟中提供了一个这样的数据供你学习，同时仍然保持模拟数据的简洁)。

表 5-1　指标分布汇总统计

汇总统计值	解释
非零百分比	数据集中指标不为 0 的值所占的百分比——这是对行为罕见程度的重要检查
平均值	指标的平均值。它是通过对所有观察值求和并除以观察值的数量来计算的
标准差	从所有值是否相对接近典型值的意义上衡量指标值的变化程度。当许多值远离典型值时，就会出现较高的标准差。有时，通过某个值与平均值的标准差来使用指标值很方便。例如，如果平均值为 20，标准差为 5，则 25 的指标观察值称为高于平均值 1 个标准差。在这种情况下，30 将被称为高于平均值 2 个标准差，以此类推。该术语很有用，因为它传达了指标值与典型值的比较情况，而不需要记住每个指标的典型值

(续表)

汇总统计值	解释
偏差(也称偏态)	衡量指标分布的平衡或不平衡程度的统计指标。这种不平衡出现在本章前面的队列分析中。如果偏差为 0, 则低值和高值围绕均值对称分布。如果偏差为正, 则指标高于均值的观察值比小于均值的观察值多。如果偏斜为负, 则相反, 小于均值的观察值比大于均值的观察值多(不太可能在典型的行为指标中看到这种结果)。通常, 偏差小于 3 或 4 并不显著, 但偏差大于或等于 5 的指标具有显著偏差
分位数(1%, 5%等)	分位数是找到低于该值的固定百分比的观察值所需要的指标值。例如, 1%分位数是有 1%的观察值小于该指标值; 其他 99%的观察值都大于该指标值。5%分位数是有 5%的观察值小于该指标值, 且95%的观察值大于该指标值。对于所有较高的分位数, 依旧使用这种模式。查看摘要中的分位数序列是了解客户指标值在什么范围内的好方法。如果你看到登录的第 25 个百分位对应的指标值是 20, 登录的第 75 个百分位对应的指标值是 100, 那么 50%的客户(75−25=50)的登录次数范围为 20~100
中位数(50%分位数)	这是另一种典型的指标值, 它与平均值比较接近。中位数是一半的观察值大于它, 另一半观察值小于它的值(与 50%分位数相同)。当数据包含极端异常值时(指标具有较高偏差时), 中位数比平均值能够更好地衡量指标的典型值。极端异常值会提高平均值, 但不会提高中位数, 因此中位数总是反映中间的客户
最小值和最大值	观察到指标的最大值和最小值

正态分布和肥尾分布

在著名的正态分布(钟形曲线)中, 大约 2/3 的值在均值的 1 个标准差以内, 几乎所有的值都在均值的 3 个标准差以内。如果平均值为 20, 标准差为 5, 则 3 个标准差为 $3 \times 5 = 15$。在这种情况下, 大多数观察值为 5~35(因为 $20 - 15 = 5$, 而 $20 + 15 = 35$)。对于正态分布, 极少有与平均值相差 5 个或更多标准差的值。

但行为指标通常比正态分布有更多的异常值, 所以你的数据可能不满足正态分布。比正态分布有更多极端异常值的分布通常称为肥尾分布。分布的尾部是极端值, 如果尾部很厚, 很多观察结果都是极端值。对于你自己的大多数指标, 不到 2/3 的观察值会在平均值的 1 个标准差之内, 有许多值超出这个范围。可能只有 1/3 的观察值在均值的 1 个标准差之内。大多数产品的行为指标值与平均值相差 5~10 个标准差(或更多)是很常见的。

5.2.2 用 Python 计算数据集汇总统计信息

在数据分析中, 对数据集进行汇总测量是一项常见任务, 因此 Python 的 Pandas 模块提供了一个函数来完成这项任务——DataFrame.describe。这个函数为数据集中的每列计算一组测量值。回想一下, 数据集的每列都包含一个指标的观察值。调用 describe 函数会为每个指标生成一组汇总统计信息。

代码清单 5-2 显示了一个完整的程序, 它使用 Pandas 函数并向摘要中添加了几个字段, 因为这对理解客户行为很有用。代码清单 5-2 中的主要步骤如下。

(1) 给定路径，将数据集加载到 Pandas 的 DataFrame 中。

(2) 调用 Pandas 函数 DataFrame.describe 获取基本摘要。基本摘要包括平均值、标准差、最小值和最大值，以及第 25、第 50 和第 75 个百分位数。摘要数据将作为另一个 Pandas DataFrame 返回。

(3) 计算一些额外的统计数据，并将它们添加到汇总结果中：

- ◆ 使用 Pandas 函数 DataFrame.skew 计算的偏差。
- ◆ 使用 Pandas 函数 DataFrame.quantile 计算的第 1 个和第 99 个百分位数。
- ◆ 每个指标的非零观察值的百分比，使用一个小技巧来计算：将列转换为布尔类型并相加，得出非零值的计数；然后除以行数将其转换为百分比。

(4) 将最终结果的列重新排序，从而更符合逻辑。

(5) 将结果保存起来。

代码清单 5-2 将在本章后面再次使用，因为对数据集的进一步分析需要这些汇总统计信息。

代码清单 5-2　客户流失分析数据集的统计信息

```python
import pandas as pd
import os

def dataset_stats(data_set_path):
    assert os.path.isfile(data_set_path), \
    '"{}" is not a valid path'.format(data_set_path)        ◀── 检查数据集路径
    churn_data = \
        pd.read_csv(data_set_path,index_col=[0,1])          ◀── 将数据加载到 Pandas DataFrame
                                                                对象中并设置索引

    if 'is_churn' in churn_data:
        churn_data['is_churn']= \          将流失指示器
            churn_data['is_churn'].astype(float)    转换为浮点数

    # 提供一组标准的摘要统计信息
    summary = churn_data.describe()
    summary = summary.transpose()         使用数据行中的指标，
                                          让结果更易于阅读

    summary['skew'] = churn_data.skew()                使用分位数函数计算
    summary['1%'] = churn_data.quantile(q=0.01)  ◀──   第 1 个百分位数
    summary['99%'] = churn_data.quantile(q=0.99)
    summary['nonzero'] = churn_data.astype(bool).sum(axis=0) /      计算非零值的比例
                         churn_data.shape[0]
    summary = summary[ ['count','nonzero','mean','std','skew','min','1%',
                        '25%','50%','75%','99%','max']]
    summary.columns = summary.columns.str.replace("%", "pct")

    save_path = data_set_path.replace('.csv', '_summarystats.csv')     对结果中的
    summary.to_csv(save_path,header=True)                             列重新排序
    print('Saving results to %s' % save_path)
```

使用分位数函数计算第 99 个百分位数

使用标准数据集函数测量偏差

你应该自己在模拟数据集上运行代码清单 5-2。如果使用 Python 包装程序，可以通过如下命令执行：

```
fight-churn/fightchurn/run_churn_listing.py --chapter 5 --listing 2
```

运行代码清单 5-2 的典型结果如图 5-12 所示。你的结果可能会有所不同，因为数据是随机模拟的。

5.2.3　筛选罕见指标

创建数据集摘要统计信息后，应该检查账户在所有指标上具有非零值的百分比。此时，你应该已经为罕见指标选择了更长的观察窗口，如第 3 章所述。如果仍然发现只有一小部分账户指标有非零值，那么这可能是你能做得最好的事情。如果情况是这样，建议你从数据集和分析中删除那些非零值少于 5% 的指标。具体的界限(是 5% 还是其他值)取决于你拥有多少"优秀"指标。如果你有许多指标，其中大多数账户都有非零值，那么应该使用更高的阈值，如 10%。另一方面，如果有许多罕见事件和为 0 的参数值，你应该使用较低的阈值进行这种筛选，如 1%。

如果你发现这些罕见指标当中有与客户流失密切相关的指标，或者你知道它对业务有特殊的敏感性，那么可以使用这种方法。这一方法的指导原则是简约：如果某个指标只适用于一小部分客户，就不太可能是有用的指标，即使它与客户流失率和留存率关系密切。

5.2.4　邀请业务人员共同保证数据质量

生成数据集汇总统计数据之后，是让组织中的业务人员参与数据质量保证的好时机。建议你与代表不同业务部门的工作人员举行一次或多次会议，并与他们一起审查汇总的数据。在向他们展示队列分析结果之前，你应该先完成与他们的讨论。只有业务人员也认可汇总数据中的信息之后，你所做的后续分析才有意义。否则，你的分析结果将毫无价值，毕竟业务人员也许比你更加了解客户。

与业务人员一起进行这样的审查是与那些应该非常了解数据质量的人进行确认的机会，特别是你希望询问业务人员指标值的分布是否符合他们的预期时。指标标准低于预期的账户百分比，还是最大值高于预期的账户百分比？在与业务人员分享关于客户流失的结果之前，获得这些信息很重要，因为你可能需要基于业务人员的建议，对数据集进行修正与补充，使用修正后的数据集，可能带来与之前不同的结果。

警告　在分享队列分析结果之前，完成对数据的质量检查，包括与业务人员一起审查汇总统计数据。如果先分享了队列分析的结果，但后来由于数据质量问题需要撤回分析报告，可能会失去公司及业务人员对你的信任。

5.3　指标分数

在 5.1 节中查看队列分析时，我们看到的一个问题是，对于某些指标，大多数队列只占整个指标范围的一小部分。在 5.2 节中，了解到可以通过查看数据集的指标偏差来识别这种类型的数据分布。本节将学习指标分数的技巧，以便在指标高度倾斜(偏差)时提高队列分析的可解释性。在第 6 章，你将了解到指标分数的其他重要用途，所以本节只是简单介绍。

数据评分与数据标准化

如果接受过统计或数据科学方面的培训，你可能知道名为"评分"的内容，即数据的规范化或标准化。在工作中，业务人员觉得这些术语令人生畏和困惑。为了让业务人员更好理解数据处理过程，我们将转换后的数据称为"评分"，而不是标准化数据。业务人员似乎更容易理解这些术语。因此，本书用这些术语而不是传统的统计语言来描述这个过程。

5.3.1　指标分数背后的想法

指标分数背后的想法是：它是对之前使用的指标重新调整之后的结果。在这种情况下，重新调整意味着最后得到的指标分数将在与原始指标不同的数值范围内。

定义　指标分数(或简称为"分数")是对原始指标值进行缩放得到的结果。

重新缩放还意味着更大的指标观察值总是会转换为更大的分数，并且具有相同指标值的两个客户最终会得到相同的分数。因此，如果客户按指标值从大到小排序，然后对相同的客户按指标分数排序，那么这两个结果的顺序完全相同。根据指标创建的队列也将与基于分数创建的队列完全相同。图 5-13 说明了这个过程。

分数有一些特征，可用于进一步分析指标和客户流失。以下是其中的一些特征。

- 指标可以取任何值，但分数总是很小的数字，有正有负，但一般以 0 为中心。典型的值为–1、0 和 1。分数的极值可能是 3 或 5，因此无论指标的原始范围是什么，分数的典型范围一般为–5~5。
- 如果指标存在偏差(偏态)，分数不会有偏差。同样，该指标可以有许多接近 0 的观察值和少量比 0 大得多的值，但分数值将更均匀地分布在分数所对应的整个范围内(如–5~5)。
- 无论指标的原始平均值是多少，分数的平均值始终为 0。即使不知道指标的平均值，你也可以通过查看分数了解客户在指标上是否平均分布。
- 指标分数的标准差始终为 1。此属性很有用，因为你还知道给定分数与平均值的差值。1 分表示客户的原始指标比平均值高 1 个标准差，–1 分表示客户的原始指标比平均值低 1 个标准差。

这些属性使分数对于查看客户指标和客户流失非常有用。你将在本书后面了解更多有用的指标分数属性。

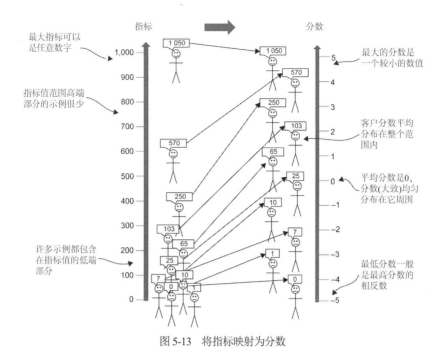

图 5-13 将指标映射为分数

5.3.2 指标分数算法

现在我们将查看用于根据指标计算分数的公式。可以使用算法来确定基于指标数据的分数公式，而不是使用统一的单个公式。图 5-14 说明了这个过程。

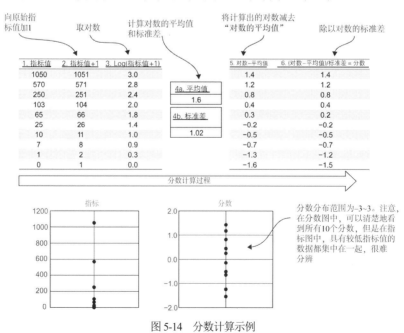

图 5-14 分数计算示例

(1) 通过检查偏差(偏态)统计量来确定指标是否存在显著偏差(见 5.2 节)。典型的阈值认为当它高于 4 时偏差是显著的，尽管你可以根据自己的喜好调整阈值。此外，必须确认最小指标值(在任何转换之前)为 0。如果指标没有明显偏差或存在负值，跳到步骤(4)。

(2) 将 1 加到有偏差的客户指标上，这样事件数为 0 的客户现在的计数值为 1，计数值为 1 的客户现在值为 2，以此类推。

(3) 取所有有偏差指标的对数。通常使用自然对数(以 e 为底数)，其实对数的底数无关紧要。

(4) 计算此时指标值的平均值和标准差。如果指标没有倾斜(不存在偏差)，则这些值只是原始指标。如果指标有倾斜，将原始指标值加 1，然后取对数。

(5) 从所有值中减去平均值。

(6) 所有值除以标准差。计算结果就是最终的分数。

取对数是减少数据偏差的关键步骤。两个数字之间的数量级差异变成这两个数字的对数的微小差异。但是只能对正数取对数，这就是为什么要检查最小值是否为 0，然后加 1(第 7 章介绍负指标的相关方法)。

减去平均值并将指标除以标准差，最终得分的平均值为 0，标准差为 1。这个推导过程在统计学教科书中有详细介绍，但你可以通过以下几点来理解它。

- 平均值是通过将所有指标相加并除以观察次数计算的。如果从每次观察中减去一个特定的数字，新的平均值也会减少相同的量。如果从每次观察中减去原始平均值，那么新的平均值一定是 0。
- 假设平均值为 0，标准差为任意数。然后将所有观察值除以标准差。原来等于标准差的观察值现在变成了 1，相等的数相除结果就是 1。实际上，每次观察结果除以原始标准差后，都会转化为一个值，即该观察结果与平均值之间相差标准差的个数。此结果与标准差为 1 的指标相同。

根据单个指标创造分数与计算式(5.1)相同：

$$分数(指标值) = \frac{m' - \mu_{m'}}{\sigma_{m'}}$$

其中

$$m' = \ln(指标值 + 4) \tag{5.1}$$

式(5.1)中，$\mu_{m'}$ 表示 m' 分布的均值，$\sigma_{m'}$ 是 m' 分布的标准差，ln 是自然对数函数。如果指标没有倾斜(偏差)，使用原始指标而不是 m'。

5.3.3　使用 Python 计算指标分数

代码清单 5-3 显示了一个实现分数计算的 Python 函数。注意，此函数计算数据集中所有指标的分数，而不仅仅是一个指标。代码清单 5-3 中的函数 metric_scores 有以下输入。

- data_set_path：设定数据文件的位置，该变量接字符串型数据。
- skew_thresh：确定指标是否应被视为倾斜(偏差)的阈值。

基于这些输入参数，以下是计算分数的主要步骤。

(1) 将数据集加载到 Pandas 的 DataFrame 对象中，设置 DataFrame 索引并制作副本。分数写入副本。

(2) 删除流失指示器列，因为它不会转换为分数；计算分数后，它将按原样重新加载。

(3) 加载代码清单 5-2 生成的数据集统计文件。

(4) 使用汇总统计信息，通过将偏差统计信息与阈值进行比较来确定哪些列中的数据明显存在偏差。

(5) 对于显著倾斜(存在偏差)的每一列，加 1 并取对数。

(6) 对于所有列，减去平均值，然后除以标准差。

(7) 重新加入流失指示器列。并将生成的 DataFrame 保存起来。

关于代码清单 5-3 需要注意的一点是，它没有遵循 5.1 节中关于使用标准 Python 函数的建议。这个代码清单没有使用标准 Python Pandas 函数来计算分数，虽然 Python 提供一个这样的函数，但代码清单 5-3 没有使用它，因为标准 Pandas 函数不包括对倾斜(偏差)变量取对数的功能。

代码清单 5-3　在 Python 中计算指标分数

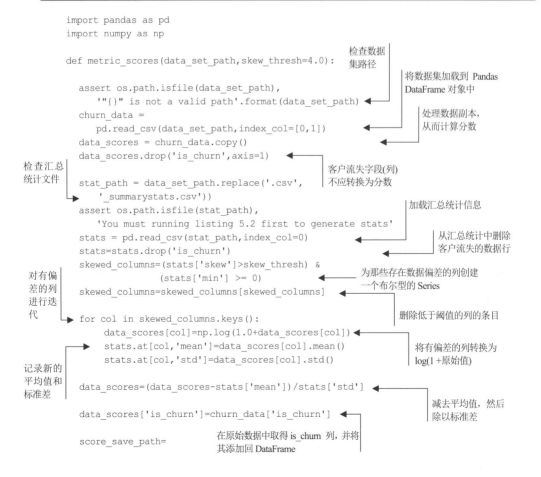

```
import pandas as pd
import numpy as np

def metric_scores(data_set_path,skew_thresh=4.0):

    assert os.path.isfile(data_set_path),
        '"{}" is not a valid path'.format(data_set_path)
    churn_data =
        pd.read_csv(data_set_path,index_col=[0,1])
    data_scores = churn_data.copy()
    data_scores.drop('is_churn',axis=1)

    stat_path = data_set_path.replace('.csv',
        '_summarystats.csv'))
    assert os.path.isfile(stat_path),
        'You must running listing 5.2 first to generate stats'
    stats = pd.read_csv(stat_path,index_col=0)
    stats=stats.drop('is_churn')
    skewed_columns=(stats['skew']>skew_thresh) &
                    (stats['min'] >= 0)
    skewed_columns=skewed_columns[skewed_columns]

    for col in skewed_columns.keys():
        data_scores[col]=np.log(1.0+data_scores[col])
        stats.at[col,'mean']=data_scores[col].mean()
        stats.at[col,'std']=data_scores[col].std()

    data_scores=(data_scores-stats['mean'])/stats['std']

    data_scores['is_churn']=churn_data['is_churn']

    score_save_path=
```

检查数据集路径

将数据集加载到 Pandas DataFrame 对象中

处理数据副本，从而计算分数

客户流失字段(列)不应转换为分数

检查汇总统计文件

加载汇总统计信息

从汇总统计中删除客户流失的数据行

对有偏差的列进行迭代

为那些存在数据偏差的列创建一个布尔型的 Series

删除低于阈值的列的条目

将有偏差的列转换为 log(1+原始值)

记录新的平均值和标准差

减去平均值，然后除以标准差

在原始数据中取得 is_churn 列，并将其添加回 DataFrame

```
        data_set_path.replace('.csv','_scores.csv')
    print('Saving results to %s' % score_save_path)
    data_scores.to_csv(score_save_path,header=True)
```

现在完成了指标到分数的转
换,将结果保存起来

如果遵循本章中的示例,你应该自己在模拟数据集上运行代码清单 5-3。如果使用 Python 包装程序,将参数设置为--chapter 5--listing 3。该操作将在输出目录中创建 socialnet_ dataset_scores.csv 文件。运行代码清单的包装程序将输出目录。

如果想检查分数数据集与原始数据集的不同之处,一种选择是在文本编辑器或电子表格中打开它。你应该能够看到所有指标都是很小的数字(接近于 0),并且数值有正数也有负数。更好的选择是在新数据集上重新运行数据集汇总程序(代码清单 5-2)。可以通过将参数 --version 2 添加到 Python 包装程序来运行数据集摘要的第二个版本,可以使用以下参数运行包装程序:

```
--chapter 5 --listing 2 --version 2
```

包装程序将结果保存在名为 socialnet_dataset_scores_summary.csv 的文件中。如果检查结果文件,所有指标应该如图 5-15 所示。
- 平均值是一个接近 0 的小舍入误差。在图 5-15 中,平均值为-2.65E-16,即 10^{-16},这是一个极小的数字。
- 标准差为1。
- 最小值和最大值分别在–4 和 4 左右。
- 尽管原始指标严重偏差(图 5-12 中的 15.5),但转换为分数之后,消除了偏差。

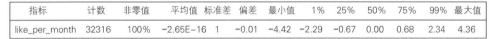

指标	计数	非零值	平均值	标准差	偏差	最小值	1%	25%	50%	75%	99%	最大值
like_per_month	32316	100%	-2.65E-16	1	-0.01	-4.42	-2.29	-0.67	0.00	0.68	2.34	4.36

图 5-15 将模拟数据集中的指标转换为分数之后的汇总统计示例

5.3.4 使用评分指标进行队列分析

从原始数据集创建分数数据集后,可以使用相同的代码完全按照 5.1 节中介绍的方式进行队列分析。回顾代码清单 5-1(5.1.2 节),你会发现在队列分析函数中,无论数据是原始指标(在其自然尺度上)还是在转换后的分数指标,都无关紧要。还要记住,因为将指标转换为分数会保留客户的顺序,所以所得到的分数队列与之前相同:使用分数进行队列分析只会改变数据在队列图水平轴上的分布方式。

应该使用 Python 包装程序对来自社交网络模拟的分数指标运行自己的队列分析。可以使用以下参数运行队列图的第二个版本(代码清单 5-1):

```
--chapter 5 --listing 1 --version 2
```

结果如图5-16所示,其中水平轴被重新标记为–1.5~1.5的分数(队列平均值)。每个队列的流失率与图5-4所示的相同。但是在转换为分数后,队列位置在整个图中分布得更加均匀。与此同时，分数指标队列中每个点的流失率与原始队列中一个点的流失率相对应。

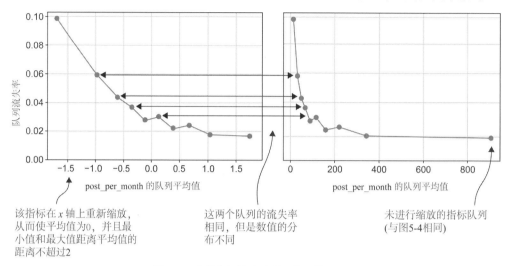

图5-16 分数指标的队列分析(使用模拟数据)

图 5-17 显示了一个示例，比较了 Broadly 的指标队列流失图的自然尺度分析和分数尺度分析，Broadly 是一种帮助企业管理其在线业务的服务。Broadly 客户的一个重要事件是增加新交易，并计算了每月增加的交易数量的指标。每月增加的交易数量指标高度倾斜，统计值为 23。因此，当使用自然尺度的指标绘制队列图时，除一个之外的所有队列都位于整个图形的左侧 1/8 范围内。队列平均值范围为 0~250，最高队列平均值为 2300。相比之下，基于指标分数的队列大致平均分布在 −1.5~2.0。此外，现在可以很清楚地看出这些队列与平均值的关系，其中平均值为 0。前 3 个队列低于平均水平，流失率下降较快，主要发生在最低队列到接近平均水平的队列间。

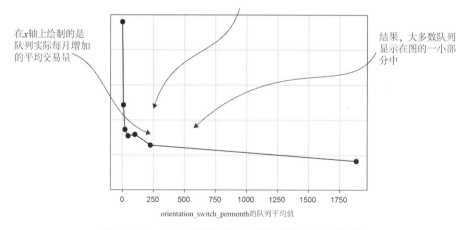

图5-17 Broadly 每月增加交易的分数指标和客户流失示例

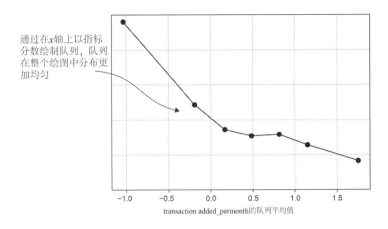

通过在x轴上以指标
分数绘制队列，队列
在整个绘图中分布更
加均匀

transaction added_permonth的队列平均值

图5-17　Broadly 每月增加交易的分数指标和客户流失示例(续)

提示　使用分数指标进行队列分析可以很容易地了解队列与平均指标值的关系，平均指标值始终为 0。

5.3.5　MRR 的队列分析

在第 3 章中，提到 MRR(每月经常性收入)应该作为一个指标来计算，但到目前为止，还没有查看任何队列的分析结果。现在，使用 5.3.4 节中介绍的指标分数技术演示 MRR 队列分析的典型结果。接下来将展示使用分数的 MRR 和客户流失队列分析，这样做的原因有两个。

- MRR 通常对 B2B(企业对企业) 产品高度倾斜，因为最大的客户(可能是大公司)支付的金额通常比最小的客户(可能是小型企业)支付的金额高很多倍。
- 用分数呈现的队列分析可以保持案例研究中定价信息的保密性。

图 5-18 显示了 MRR 评分的客户流失分析结果。但是在查看结果之前，先考虑一下预期的结果(在第 1 章介绍过这个结果)。付款较多的客户群(可能是大公司)流失率是否会符合如下规律：

A. 比支付更少的客户的流失率更高？

B. 低于支付较少客户的流失率？

C. 与支付较少的客户的流失率大致相同？

通过图 5-18 得到的答案是 B：平均支付更高的客户群具有更低的客户流失率，尽管图中的趋势看起来有点嘈杂。支付较高的客户流失率比支付最低的客户少 1/3~1/2。

这个结果可能会让你大吃一惊。通常的想法是，高价格使客户满意度下降，因此他们的流失率更高。然而，事实往往与之相反。平均而言，支付更多费用的客户流失率通常较低，原因有很多。第一个原因与被动流失率有关。被动流失(也称为非自愿流失)是由于在客户没有表示选择流失(因此称为被动)时付款失败而发生的。被动流失最常见的情况是支付卡过期或可用余额不足。因为支付更多的客户使用了更高的“套餐”等级，通常有更多的钱，因此不太可能出现这些问题。为了减少被动流失，大多数公司会多次重试扣款，直到交易完成，但这种减少流失的方法超出了本书的范围。

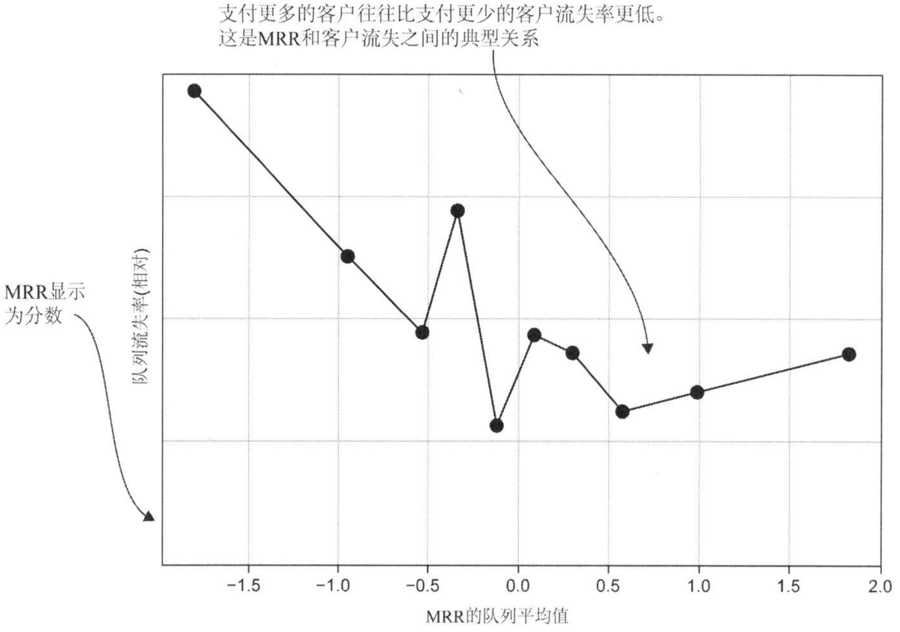

图 5-18 Versature 通过 MRR 分数分析客户流失示例

具有较高 MRR 的客户流失率较低，通常还有第二个更重要的原因，尤其是对于商业产品：商业产品以更高的价格出售给更大的客户，而更大的客户由于与其规模相关的多种原因而流失更少。较大的公司员工更多，因此在拨打电话或使用软件等产品使用方面，较大的客户通常会使用更多的产品和服务。此外，大型企业客户在建立系统方面投入更多，因此不太可能随便放弃投资。你可能会惊讶地发现，同样的模式通常也适用于消费品。注册价格更高套餐的客户往往会花费更多，并更多地使用产品，因此，与使用低价格套餐的客户相比，他们的流失率更低。

MRR 与较低的流失率有关，但这不是根本原因。如果你看到这样的关系，不要试图提高 MRR 来减少客户流失。这种做法是违背常理的，因为为某件事付出太多应该会导致客户流失，而客户得到某种优惠应该是留下来的原因。了解客户支付和流失之间关系的更好方法是使用不同的指标——反映客户获得的价值而不是支付的成本。第 6 章和第 7 章将介绍这些内容。

5.4　删除无效的观察

另一种在队列分析中常用的技术是从队列分析中删除不需要的观察结果。尽管你尽最大努力进行数据质量保证和清理数据，但某些观察结果可能无效(脏数据)，或者它们不是无效的，但你不想使用它们，因为它们会使队列分析更难理解。接下来将展示两个令人振奋的案例研究，其中会介绍如何将观察结果从队列分析中删除，以及执行删除的 Python 函数。

5.4.1　从流失分析中删除非付费客户

你可能需要从分析中删除一些观察结果，一种常见情况是你同时拥有付费和非付费客户。不需要付费的客户可能是临时免费试用的，也可能是某些特殊类别的客户，如永久免费使用产品的合作伙伴。当某些客户支付的费用远低于常规客户支付的费用时，情况类似。非付费(或低付费)客户的问题在于，他们往往不会流失，因为产品不会让他们付出任何代价，但他们不一定会经常使用该产品。因此，非付费客户的行为与流失之间没有正常的规律，如果非付费客户数量过多，可能会破坏分析结果。

图 5-19 通过将模拟的非付费客户添加到 Versature 的 MRR 和本地通话观察中，展示了非付费客户对分析结果的影响，这在 5.3.5 节中进行了分析。这些非付费客户不是真实存在的，它们是随机生成的观察结果，MRR 为 0 美元。模拟的非付费客户被分配了一个本地通话指标，该指标也是随机生成的，位于真实客户的最后两个十分位范围内。在测试中，模拟了足够多的非付费客户，约占总数据的 15%。重新生成队列图，如图 5-19 所示，由于非付费客户的存在，图中的曲线出现了严重扭曲，指标和流失率之间的关系变得不那么显著。

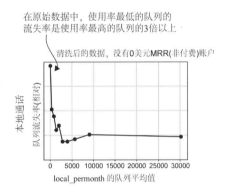
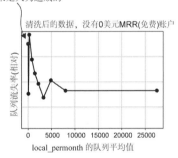
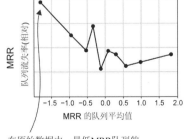
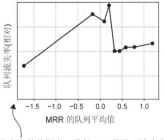

图 5-19　向 Versature 订阅数据添加 0 美元 MRR(免费)试用账户所产生的影响

如果你有付费客户和非付费客户，则应在尝试进行队列分析或后面描述的其他分析之前，删除非付费客户。理想情况下，可以在生成观察结果时(如第4章所述)通过使用基于客户订阅计划的某种SQL逻辑来删除这些客户。但是由于存在多个订阅，这种方法可能会变得复杂。一个客户可能有一些0美元的MRR订阅,而其他的订阅可能有附加费用，所以为了确保客户不支付任何费用，必须使用第3章计算的MRR指标。这个例子说明了为什么在生成数据集之后可能需要删除这些客户。5.4.2节中的Python程序将展示如何操作。

5.4.2 在Python中根据指标阈值删除观察

从流失分析中删除观察的一种方法是定义指标的最小值、指标的最大值或两者都定义。可以删除低于最小值或高于最大值的任何观察值，并生成一个新的数据集，该数据集是原始数据集的子集。

代码清单5-4展示了一个执行这些操作的Python函数。函数remove_invalid有以下输入。

- data_set_path：指定数据文件的位置，该参数为字符型数据。
- min_valid：包含要筛选的任何指标的最小有效值的字典。假设其条目为键值对，其中键是指标的名称(字符串)，值是用于筛选该指标的最小值。可以通过这种方式设定任意数量的标准。
- max_valid：包含要筛选的任何指标的最大有效值的字典。假设其条目为键值对，其中键是指标的名称(字符串)，值是用于筛选该指标的最大值。可以通过这种方式设定任意数量的标准。
- save_path：设定用于保存分数的文件路径。

根据这些输入，以下是创建删除无效观察，并生成新数据集的主要步骤：

(1) 将数据集加载到Pandas的DataFrame对象中，设置DataFrame索引并创建副本。将清理后的数据将写入DataFrame的副本。

(2) 根据min_valid字典中指定的值，从DataFrame中删除值低于最小值的观察值。

(3) 对于max_valid字典中指定的值，从DataFrame中删除高于最大值的观察值。

(4) 将生成的DataFrame保存到文件中。

图5-19给出了一个使用这种算法的例子。图的左侧是由代码清单5-4清理的数据集生成的。图5-19的右侧是由原始的、未清理的数据生成的。

代码清单 5-4　删除无效观察

```
import pandas as pd
import os                                              检查数据集路径

def remove_invalid(data_set_path,min_valid=None,max_valid=None):    将数据加载到
  assert os.path.isfile(data_set_path),                            Pandas DataFrame
     '"{}" is not a valid path'.format(data_set_path)             中，并设置索引
  churn_data =
     pd.read_csv(data_set_path,index_col=[0,1])
  clean_data = churn_data.copy()                       迭代用于通过最小值
                                                       过滤数据的变量
  if min_valid and isinstance(min_valid,dict):
     for metric in min_valid.keys():
        if metric in clean_data.columns.values:
           clean_data=clean_data[clean_data[metric] >
                         min_valid[metric]]            删除指标值小于
        else:                                          最小值的记录
           print('metric %s not in dataset %s' %(metric,data_set_path))

  if max_valid and isinstance(max_valid,dict):         迭代用于通过最大值
     for metric in max_valid.keys():                   过滤数据的变量
        if metric in clean_data.columns.values:
           clean_data=clean_data[clean_data[metric] <
                      max_valid[metric]]
        else:
           print('metric %s not in dataset %s' %(metric,data_set_path))
  score_save_path=
     data_set_path.replace('.csv','_cleaned.csv')
  print('Saving results to %s' % score_save_path)      将生成的 DataFrame
  clean_data.to_csv(score_save_path,header=True)       保存到文件中
```

制作原始 DataFrame 的副本

确认该指标在 DataFrame 中

删除指标值大于最大值的记录

　　本书的模拟数据集不包含任何免费试用客户，也不需要删除任何其他数据，因此运行代码清单 5-4 不会删除任何数据，因此不运行此代码清单。

5.4.3　从罕见指标分析中删除零测量值

　　另一种可能希望从队列分析中删除观察结果的情况是，当通过一个指标衡量罕见事件时，结果中大多数客户的指标值为 0。这种情况在 5.1.7 节中说明过。如果只考虑拥有事件的客户(指标值非 0)，代码清单 5-4 中的函数提供了一种简单的方法来查看队列的情况。

　　图 5-20 显示了对 Klipfolio 的"方向切换"事件的分析，有些客户的指标值为 0，有些不为 0。

　　通过在数据集上运行代码清单 5-4 来创建没有零指标客户的数据集，首先删除指标为 0 的客户，然后保存数据集。之后使用 5 个箱(bin)进行队列分析，因为只剩下大约 25% 的观察数据。

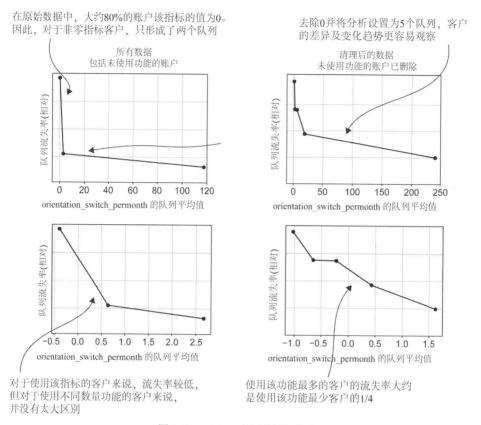

在原始数据中，大约80%的账户该指标的值为0。
因此，对于非零指标客户，只形成了两个队列

去除0并将分析设置为5个队列，客户
的差异及变化趋势更容易观察

对于使用该指标的客户来说，流失率较低，
但对于使用不同数量功能的客户来说，
并没有太大区别

使用该功能最多的客户的流失率大约
是使用该功能最少客户的1/4

图 5-20　Klipfolio 的罕见行为队列

5.4.4　脱离行为：与流失率增加相关的指标

到目前为止，已经展示了与减少流失相关的行为队列分析。你可能想知道与增加流失相关的行为。我们将这些行为称为脱离行为。

定义 脱离行为是一种客户行为，它发生得越频繁，客户流失风险就越大。

本书并没有回避脱离行为，从而对案例研究产生积极影响。事实是，在客户流失案例研究中，脱离行为很少见，并且通常无法通过简单的计数和平均指标来检测，就像你目前所学的那样。一方面，产品创造者的工作是开发引人入胜的产品功能，所以如果创造者认真工作，脱离行为就会非常罕见。通常，不使用该产品的客户的流失率甚至高于有脱离行为的客户的流失率。因此，如果存在脱离行为，它们与流失的关系很可能很小，所以可以直接忽略。

提示 脱离行为通常表现出与不断增加的客户流失率的微弱关系——通常由于脱离行为所导致的客户流失率比由于客户很少使用产品所带来的流失率要低。

图 5-21 显示了一个 Klipfolio(业务仪表板的 SaaS 产品)中脱离功能的示例。该案例研究显示了两个版本的队列分析。一个版本研究所有客户，包括不使用该产品或功能的客户，而另一个版本只包括使用该功能的客户。如果包括所有客户，可能会错过这个功能是脱离的这一事实。队列分析最显著的特点是，不使用该功能的客户流失率最高。我们很容易忽略这样一个事实：使用该功能的客户使用频率越高，流失的比例就越高。当从分析中剔除不使用该功能的客户后，使用该功能的客户中，使用频率越高，流失率越高这一事实将更加清晰地显现。

综上所述，图 5-21 所示的不使用某功能所带来的客户流失的增加，与 5.1 节所示使用主要产品功能所带来的客户流失减少相比，要小得多。这个结果对于用简单指标衡量的脱离行为是典型的。在第 7 章，将介绍更高级的技术，从而创建检测更重要的脱离行为的指标。

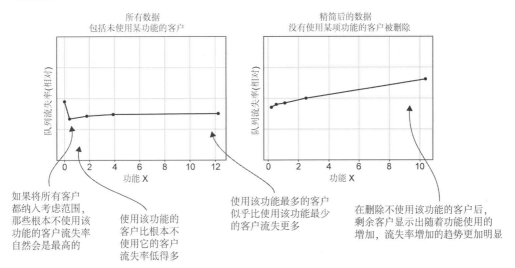

图 5-21　Klipfolio 的脱离行为队列

你的直觉可能认为脱离行为一定是不好的，因为客户不喜欢某种产品的使用体验。但是我见过一些脱离行为带来好结果的案例，比如这种行为有助于改善产品的功能时，即给客户提供他们真正想要的东西。当产品对某些客户只有一个用途且该用途可以实现时，也会发生脱离行为。一个常见的例子是观看一部流行的电视剧。如果只有一部流行的电视剧在播放，当人们看完每一集时，都可能会发生流失。在这种情况下，即使观看"最好的"电视剧，也会导致客户流失，因为电视剧只有一部，并不能满足所有人的喜好。创作者必须创作更多同样令人满意的电视剧来改变这种模式。要得出这样的结论，需要运用商业知识。通常，人们不需要进行客户流失分析，就能知道某个功能或内容是否足够优秀(如果不确定，可以进行客户调研)。

5.5　使用队列分析细分客户

现在你知道如何使用队列分析来了解客户行为和客户流失。对抗客户流失的下一步是利用所学到的知识细分客户并计划干预措施。你将在第 6 章和第 7 章中进一步了解客户，但你无须再等待开始。正如第 1 章中提到的，本书不会详细介绍不同类型的客户干预，因为它们是针对每家公司的产品和情况的。但是，基于流失数据创建客户细分的基于数据的程序非常普遍。

5.5.1　细分过程

大多数公司都认为细分非常简单，主要步骤如下：

(1) 使用当前的客户数据集(已经在第 4 章末尾学习了如何创建这个数据集)创建细分。不要使用进行队列分析时使用的历史数据集。

(2) 细分通常是由业务部门的工作人员在电子表格上进行的，他们将对客户进行干预。在大型公司中，可能会使用商业智能系统。

(3) 根据队列分析的结果选择指标级别，定义有流失风险的客户细分群体。假设该指标中较高的值与较低的流失率相关联，那么风险客户就是那些指标低于所选水平的客户。

(4) 如果需要，可以将生成的客户列表加载到另一个系统，如电子邮件营销工具或客户关系管理系统。

这是基本过程，但在设置细分标准时会有一些细微差别。

5.5.2　选择细分标准

可以使用一些策略来设置指标级别，以定义细分标准。一种常见的方法是基于流失风险来设置指标级别，例如根据队列分析的结果，挑选流失风险高于某一特定水平的所有客户。假设队列分析显示，不使用产品的客户流失率为 20%，并且在某个指标水平上，风险降低到 5%。为了定义风险客户的细分，选择流失风险明显高于最低流失的指标级别。例如，可以选择流失率为 10%的指标值。另一种策略是选择指标的级别，在这个级别上，可以通过增加产品的使用率减少客户流失(假设存在这样的级别，详见 5.1 节)。

许多公司也有某种类型的资源预算或其他限制，它们将根据客户的数量进行特定的干预。定义细分的另一种方法是选择 500 名对某些行为有最低衡量标准的客户。当面临风险的客户数量大于资源时，这种方法很有意义，并且需要对你的工作进行分类。要创建这样的细分，需要根据你所关心的指标对当前客户数据集进行排序，并从列表的底部(或顶部)选择预定数量的客户。

使用干预措施(如电子邮件、电话或培训)处理有中等风险的客户也很常见。

提示　对于那些参与度最低的客户，往往不会制定干预策略来减少其流失率。

原因是对风险最高(使用率最低)的客户无论是否采取干预措施，他们都会发生流失，对他们的干预往往是浪费资源。当干预有相关成本，或者你认为不必要的沟通可能加速客户流失时(不必要的打扰可能让客户更加反感)，这一考虑是最重要的。

5.6　本章小结

- 队列分析将客户观察组的流失率与基于单个指标测量的组的流失率进行比较。
- 指标队列分析通常表明，使用产品更多的客户流失更少。
- 每个队列应该有至少 200~300 个观察值，最好是数千个。如果没有对客户进行大量观察，可以少用些队列。
- 队列分析可应用于订阅指标，如账户使用期、MRR 和计费期。
- 数据集的统计摘要由数据集内每个指标的一组度量值(如平均值、最小值和最大值)组成。
- 数据集的统计摘要是对数据质量的良好保证，通过它可以提醒你需要调整队列分析的条件。在进行队列分析之前，应该检查数据集的摘要(汇总)数据。
- 应该与业务人员讨论数据集的汇总统计信息，并在进行队列分析之前纠正所有数据问题。
- 当大多数观察值分布在一个很小的范围内，并且存在相对较少但是值较大的观察值时，指标会发生偏差(存在偏态)。
- 根据指标创建的分数是每个指标观察的重新缩放，以便重新缩放的值位于接近 0 的小范围内。根据分数的观察顺序与根据指标的观察顺序相同(更大的指标值总是映射为更高的分数)。
- 当指标出现偏差时，使用指标分数的队列分析比使用未转换指标的队列分析更容易理解。
- 如果非付费客户与付费客户混在一起，应该在进行队列分析之前删除非付费客户。非付费客户往往不会流失，无论他们使用了多少产品，他们的存在往往会让队列分析中的关系发生扭曲。
- 对于基于罕见事件的指标，可能希望删除指标值为 0 的客户，以便队列可以反映具有事件的客户之间的差异。
- 脱离行为是指那些执行这种行为的顾客更容易流失的行为。
- 脱离行为很少出现在简单的行为计数指标中。通常，必须将"非用户"从队列分析中剔除，才能看到这些行为的队列分析趋势。
- 可以根据队列分析的结果选择一个最低指标水平，从而找到有风险的客户群作为干预的目标。

第 **6** 章

客户行为之间的关系

本章主要内容

- 分析指标之间的关系
- 计算相关系数矩阵
- 计算相关性指标分数的平均值
- 使用平均指标对客户进行细分
- 使用聚类发现指标组

对于大多数产品和服务，分析单个指标是否与客户流失相关是使用数据减少客户流失的开始而非结束。本章介绍如何解决一个常见问题：在对抗客户流失时拥有过多数据。在大数据时代，一些公司收集了大量有关其客户的信息。你可能认为这将更容易用数据来对抗客户流失，情况并非如此。

许多客户行为之间密切相关，因此基于这些行为的指标与客户流失具有类似的关系。对典型公司的事件和指标数据库进行的队列流失分析可能不会只提供几个队列流失图：可能有几十个或更多队列流失图。这实际上会导致更多的混乱而不是方便进行分析。当指标所衡量的行为并不是能够给客户带来收益或效用的特定行为时，客户流失的关系便只是关联关系而非因果关系。当你拥有许多与客户流失率相关但却没有因果关系的指标时，就没有很好的方法来了解它们如何协同工作。

为了有效地利用数据对抗客户流失，不仅需要了解个别客户行为与客户流失之间的关系，还需要了解客户行为是如何相互关联的。这样，不仅可以查看单个行为与流失的相关性，还可以查看行为组与流失的相关性，从而可以将数据过多的问题转化为资产，因为与单独的个别行为相比，行为组通常显示出与客户流失更清晰的关系。

本章的结构如下：

- 在 6.1 节中，从一些案例研究开始，说明行为相关的含义，然后介绍如何使用 Python 和相关性矩阵计算数据中的相关性。这是一种重要的数据分析方法，可以找到大量指标之间的相关性。

- 在 6.2 节中，将学习一种计算相关行为指标分数平均值的技术，然后使用指标分数平均值分析客户流失。这是一项关键技术，可以用来解决过多指标导致的信息过载问题。
- 在 6.3 节中，将学习聚类算法，通过它可以在大型数据集中自动查找相关性指标组。通过掌握这些技术，将准备好处理有大量相关性指标和行为的大型数据集，从而更有效地对抗客户流失。

行为分组和降维

如果接受过数据科学或统计学方面的正规培训，你可能会认识到本章涵盖了降维的概念和实践，可以将本章看作线性代数的速成课程。为了让业务人员更好理解降维的概念，本书中将其称为行为分组。如果接受过正式培训，你还会发现本书坚持一种基本且直观的降维方式，但需要注意的是，不要将其视为"愚蠢"的方法。虽然这个方法非常简单，并且在通常的统计意义上不是最优的，但它已针对可解释性进行了优化。在面对混乱的数据和动态变化的问题(流失是非平稳的)时，它依旧具有出色的鲁棒性和样本外预测性。根据经验，使用更复杂的降维方法并不会在客户流失预测中产生更好的结果。感兴趣的读者，可以阅读本章结尾的附加信息，将使用本章方法所得的结果与使用主成分分析(Principal Component Analysis，PCA)的标准降维得到的结果进行比较。

6.1 行为之间的相关性

如果有两种你认为相关的客户行为，首先要客观地衡量它们的相关程度。最实用的方法是测量相关性，这是本节的主题。你将了解客户行为之间的相关性意味着什么，并通过案例研究进行深入了解。然后，你将学习如何计算和可视化"指标对"之间以及数据集中所有指标之间的相关性。

6.1.1 "指标对"之间的相关性

如果一个客户在第一个指标上有较高值，在第二个指标上也有较高值，而另一个客户在第一个指标上有较低值，在第二个指标上也有较低值，这两个指标或行为就称为是相关的。还可以这样描述相关性：第一个指标的增加与第二个指标的增加相关联，也就是说，如果客户增加了一种行为，倾向于也增加另一种行为(及相关的指标)。

定义 相关性：一对指标或行为之间的相关性是衡量一个指标或行为的增加(或减少)与另一个指标或行为的增加(或减少)的关联关系。

这是相关性的概念。还有一个概念用来衡量相关性，称为相关系数，也经常简称为相关性。

定义 相关系数是衡量相关性的指标，范围为–1.0~1.0。

- 两个指标之间的相关性为 1.0，意味着一个指标的增加总是与另一个指标的增加相关联，并且增加幅度相同。
- 负相关意味着当一个指标增加时，另外一个指标减少。

两个指标的增加比例为 1:1 时，最容易想象相关性为 1.0(第一个指标增加 1，相对应的第二个指标也增加 1)，但当相关性相同时，它也可以是任何比例(1:2, 2:1 等)。这就是为什么相关性取决于两个指标之间关联的一致性，而不是比率的确切大小。相关性也可以存在于任何具有测量单位或规模(登录次数、下载量、查看次数等)的两个指标之间。

注意 关系的一致性意味着一个指标增加一定数量会导致另一个指标增加相应数量，两个指标是按照特定比例增加的。

图 6-1 显示了具有不同相关度的"指标对"示例，这些指标来自前面介绍的公司案例研究。散点图通过将每个观察值绘制为一个点来显示两个不同指标的值。图 6-1 中的每个点代表数据集中单个观察值的两个指标；完整的点集是这两个指标的所有配对值。

图 6-1(A)显示了高度相关的指标，相关性高于 0.95(准确地说是 0.98)。在实践中，永远不会看到两个指标之间的相关性等于 1.0(除非不小心计算了两个相同的指标)，但你可能会看到高度相关的指标，如图 6-1(A)所示。这些是来自 Klipfolio 仪表板编辑器的密切相关的指标(第 1 章介绍的 Klipfolio 是一种用于业务仪表板的 SaaS 产品)。

绘制一组高度相关的观察值时，它们几乎排列在对角线上。在相关性等于 1.0 的情况下，这些点将精确地位于对角线上。

高于 0.7 的相关测量值被认为是高相关性。图 6-1(B)显示了 Broadly 中添加的客户数量和提出的询问数量这一对指标，相关性为 0.88(关于 Broadly，在第 1 章介绍过，它帮助企业管理在线业务)。图 6-1(C)显示了另一对相关性比较高(0.75)的指标，它是来自 Versature 的本地通话和国内通话的指标分数(第 1 章介绍的 Versature 提供了基于云的通信业务解决方案)。对于相关性相对较高的指标，这些散点往往呈椭圆形分布在对角线方向上。

0.3~0.7 的相关性表示指标之间具有中等相关性，如图 6-1(D)和图 6-1(E)所示。图 6-1(D)是 0.57 的中等相关性，显示了来自 Versature 的本地通话和国内通话两个指标。在这种情况下，指标以其自然比例而不是分数进行显示。注意，指标分数的相关性明显高于基础指标。如第 5 章所述，当指标出现偏差(偏态)时，通常会出现这种情况。

提示 指标分数通常比基础指标在自然尺度上更相关，特别是当指标严重倾斜时。这是在分析中使用指标分数的另一个重要原因。

图 6-1(E)显示了 Klipfolio 的两个指标，相关性较弱但在常见范围(0.31)。这些是数据源数量和编辑 Klip 数量的指标分数。在中度相关性指标的散点图中，点往往更靠近对角线，但整体的散点图要更加松散。图 6-1(F)显示了 Broadly 的两个指标，它们的相关性甚至更弱(0.18)。这些是增加的交易数量和客户推广者(给予正面评价的客户)数量的指标。交易量较多的企业往往推广者更多，从图中可以看出，这两个指标的关系较弱，并且有

许多异常值: 一些观察值在一个指标上很高, 但在另一个指标上很低, 最终导致散点图中的点更接近两个坐标轴。

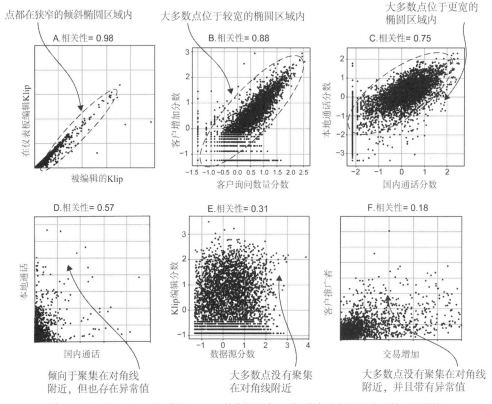

图 6-1 Klipfolio、Broadly 和 Versature 的案例研究, 说明指标之间不同水平的正相关性

图 6-2 显示了相关性为 0 或接近 0 的指标示例。这种情况通常称为不相关。尽管具有高相关性的指标的散点图通常看起来相似, 但具有低相关性和接近零相关性的指标有更多的变化。图 6-2(A)显示了来自 Broadly 的两个指标, 它们的相关性正好为 0.0。这些指标用于查看客户列表和发送后续电子邮件。在这种情况下, 指标之间没有相关关系, 并且点往往靠近原点(相对于两个轴等距)。图 6-2(B)显示了 Versature 的本地通话和账户使用期指标。账户使用期在 x 轴均匀分布, 直至最大值, 但与本地通话次数无关。图 6-2(C)显示了来自 Klipfolio 的示例, 其中添加模板和切换方向两个指标之间的相关性接近 0。添加模板指标很少见, 因此大多数观察值在该轴上接近 0, 并且与其他指标(方向切换)没有相关关系。

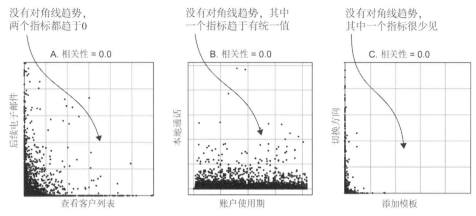

图 6-2　通过 Klipfolio、Broadly 和 Versature 案例研究说明零相关性

图 6-3 显示了不太可能在数据中看到的相关模式。案例研究中没有这样的示例,因此这些示例是使用本书网站和本书 GitHub 存储库中的数据。图 6-3(A)显示了一个示例,其中两个行为指标都位于一个非零范围内,异常值很少且没有偏差(偏态),但指标之间仍然没有相关性。此类指标散点图的点往往位于一个球形中,这是统计学教科书中不相关性指标的经典示例。但令人惊讶的是,很少在客户行为中看到它。通常,当两个客户指标几乎没有 0,也没有极端值时,它们就存在某种程度的相关性。

在图 6-3(B)和图 6-3(C)分别显示了低负相关和中度负相关的例子。就像正相关一样,散点图中的点往往位于一个椭圆中,但在这种情况下,椭圆沿着一条对角线方向,向左倾斜,而不是向右倾斜。这表明,一种行为的增加与另一种行为的减少相关。

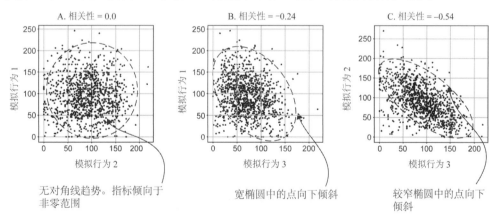

图 6-3　举例说明来自模拟数据的罕见行为相关性

很少会观察到基于客户事件的计数指标之间的负相关性,因为通常客户在使用某项服务或产品时,一个指标值的增加,也会带来其他指标值相应的增加。但也会遇到指标值出现负相关的情况,第 7 章将介绍更高级的行为指标,以及在数据集内存在负相关的指标。

6.1.2   使用Python计算相关性

代码清单6-1所示为一个简短的Python程序，用于创建散点图和6.1.1节所示的相关性指标。程序中使用通过第4章代码创建的数据集(具体创建数据集的代码清单为代码清单4-1、代码清单4-2、代码清单4-4和代码清单4-5)。代码清单6-1的大部分内容处理并加载数据集，制作散点图。该代码清单的注释提供了更多的细节信息。

相关性可以通过调用Pandas中的Series.corr函数计算。如果想知道相关系数是如何计算的，网上和统计学教科书中有很多资源(如搜索"Pearson 相关系数")。散点图是通过调用Matplotlib的pyplot.scatter函数创建的。与前面的绘图示例一样，为绘图提供详细的标签和注释很重要，这样你的业务同事就能够更好地理解图中的内容(这也有助于日后查看程序时，更好地理解自己之前的想法)。

图6-4显示了在默认模拟数据集上运行代码清单6-1的结果。你应该自己尝试分析一对指标。假设已经设置了你的环境(在本书GitHub存储库中，README文件内有相关说明)，并且正在使用Python包装程序，可以通过如下命令运行代码清单6-1：

```
fight-churn/fightchurn/run_churn_listing.py --chapter 6 --listing 1 --version 1 2
```

程序运行后会生成一个.png文件，其中包含指标post_per_month和like_per_month之间的散点图，如图6-4所示。还可以通过添加最多16个版本参数来运行替代版程序，从而检查不同指标对的结果：

```
--version 3 4 5 6 7 8 9 10 11 12 13 14 15 16
```

上面的命令将生成每个月发帖数量与获得点赞的散点图。在图6-4中分别使用分数和自然指标值作为尺度指标。这是数据集内所有可能的"指标对"的一小部分，但这两个图足够展示指标之间的关联关系，以及使用不同尺度所观察到的"指标对"相关关系的差异。

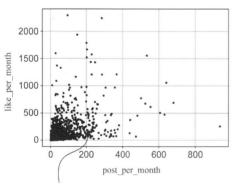

每个点代表每月点赞指标和每月发帖指标的配对观察。0.5表示中度相关性

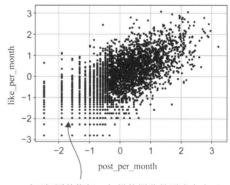

对于相同的指标，如果使用分数形式来表示，相关性明显更高，为0.66。低端的离散分数表示0、1、2等计数

图6-4   在模拟数据集上运行代码清单6-1的结果，显示每月点赞数和每月帖子数之间的相关关系

代码清单 6-1　分析成对指标的相关性

```python
import pandas as pd
import matplotlib.pyplot as plt
import os

def metric_pair_plot(data_set_path):
  assert os.path.isfile(data_set_path),                     ← 检查数据集的路径

      '"{}" is not a valid path'.format(data_set_path)
  churn_data =                                              ← 将数据集加载到 DataFrame
      pd.read_csv(data_set_path,index_col=[0,1])

  met1_series = churn_data[metric1]                         ← 选择要分析的两个指标
  met2_series = churn_data[metric2]

  corr = met1_series.corr(met2_series)                      ← 计算两个系列之间的相关性

  plt.scatter(met1_series, met2_series, marker='.')         ← 通过两个系列制作散点图

  plt.xlabel(metric1)            ← 添加轴标签
  plt.ylabel(metric2)
  plt.title('Correlation = %.2f' % corr)                    ← 在标题中输出相关指标测量值

  plt.tight_layout()            ← 调整布局, 以适应
  plt.grid()                       标签和标题
  save_name = \
      data_set_path.replace('.csv','_'+metric1+'_vs_'+metric2+'.png')
  plt.savefig(save_name)
  print('Saving plot to %s' % save_name)                    ← 将图形保存为
  plt.close()                                                  .png 格式文件
```

6.1.3　使用相关性矩阵了解指标集之间的相关性

散点图有助于理解你感兴趣的"指标对"之间的关系, 但这种方法是了解大量指标中"指标对"之间相关性的低效方法。这是因为如果有大量的指标, 就会有更多的组合(在数学中, 对于 N 个指标, 有 $N \times (N-1) / 2$ 种组合)。接下来将介绍一种更有效的方法来查看数据集中的大量相关性, 称为相关性矩阵。矩阵是(数据)表, 其中所有条目都是数字, 相关性矩阵是数据集中所有指标之间相关性的汇总表。也就是说, 相关性矩阵中的每个条目都是两个指标之间的相关系数。

定义　相关性矩阵是数据集中所有指标进行排列组合之后生成的"指标对"的相关系数表。

图 6-5 显示了从简单数据集创建相关性矩阵的示例。这个模拟数据集有 5 个指标——所有每月事件(点赞、阅读、回复、发送和撰写)在消息传递应用程序中的计数。这些指标被转换为分数, 因为这可以显示更多的相关性。每对指标都有自己的关联关系, 可以通过散点图和单独的相关性计算进行研究。为了在单个矩阵中显示所有相关性, 将指标放

在表的行和列上(以相同的顺序)。每个"指标对"之间的相关性显示在表中该对指标的交集处。这样，每个相关性都可以在单个表中查找。

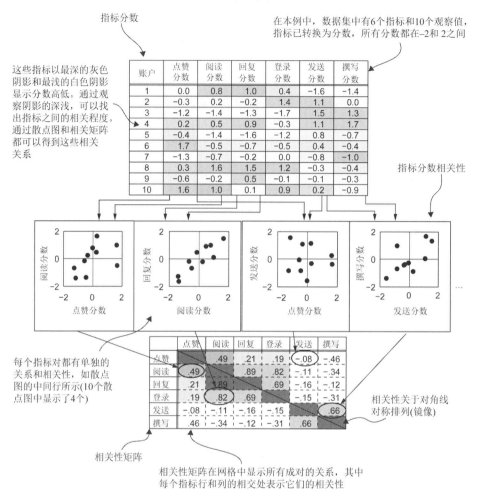

图6-5 相关性矩阵(下图)总结了数据集(上图)中指标之间的所有成对相关性

注意 相关性矩阵通常按值进行颜色编码，因为这样可以更容易地在视觉上识别高相关性和低相关性。经过颜色编码的相关性矩阵通常称为热图。

因为本书是黑白印刷，所以书中的热图通过灰度显示。但建议你在所有其他情况下使用全彩色热图，既方便你自己分析，也方便向他人展示。

因为指标在相关性矩阵的行和列中，所以对于每对指标，矩阵中有两个交集。这些位置相对于从左上角到右下角穿过矩阵绘制的对角线对称。处理这种冗余有两种选择：将每个条目显示两次，或省略一半矩阵。最常见的方法是每个条目显示两次。因此，相关性矩阵关于对角线对称。这可以更容易地找到你正在寻找的相关性，因为无论是从行还是从列开始，都能以同样快的速度找到所需要的条目。另一种方法是省略对角线上方或下方的一半矩阵。这会使表格更加清晰，更适合演示。此外，每个指标在相关性矩阵中都与自身有一个交集，位于矩阵的对角线上，这是因为指标在行和列中的顺序相同。

根据定义，每个指标与其自身的相关性都是 1.0。虽然这些信息无用，但它在数学上是涉及相关性矩阵的算法所必须的。但是在矩阵中显示对角线的 1.0 会分散演示时观众的注意力，因此可以忽略。

6.1.4　案例研究的相关性矩阵

图 6-6 显示了 Klipfolio 案例研究的相关性矩阵，并通过热图显示。该数据集大约有 70 个指标，通过热图显示了指标之间的高度相关关系。其中 6 组指标高度相关。最大的一个相关组包含最常见的产品使用方式指标。还有 5 个较小的指标组与产品的其他方面相关，图 6-6 中也显示了一些指标与其他指标没有强相关性。这种结构相当典型，尽管并不总是有这么多明显的相关组。稍后的代码清单 6-4 显示了生成该热图所需的技术。

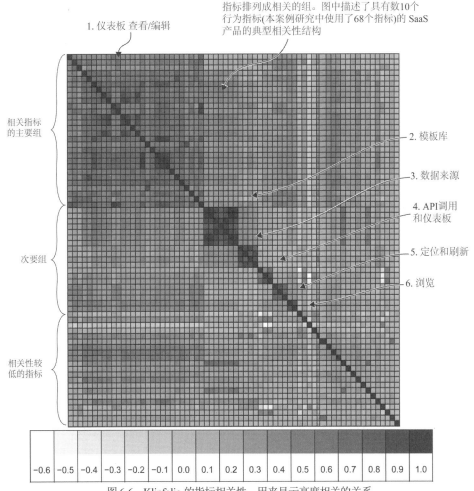

图 6-6　Klipfolio 的指标相关性，用来显示高度相关的关系

图 6-7 显示了 Klipfolio 案例研究中的相关性矩阵，指标按字母顺序排列。这些指标与图 6-6 所示的指标相同，只是顺序不同。图 6-6 中的关系矩阵比图 6-7 中按字母顺序排列的矩阵显示了更多的结构。但是，第一次查看热图中的相关性时，你更有可能看到图 6-7(代码清单 6-2)所示的内容。指标按字母顺序排列揭示了一种结构，其中以相同字母开头的指标通常是相关的。尽管如此，还是有很多例外情况，所以相关组并不像图 6-6 中那样明显。

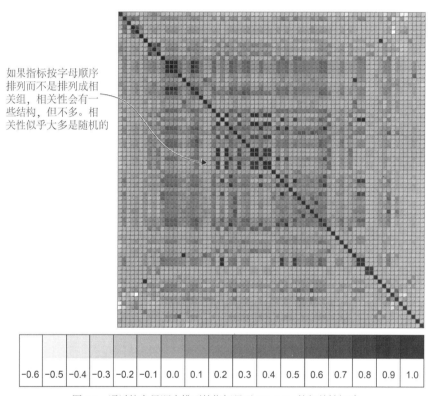

如果指标按字母顺序排列而不是排列成相关组，相关性会有一些结构，但不多。相关性似乎大多是随机的

| -0.6 | -0.5 | -0.4 | -0.3 | -0.2 | -0.1 | 0.0 | 0.1 | 0.2 | 0.3 | 0.4 | 0.5 | 0.6 | 0.7 | 0.8 | 0.9 | 1.0 |

图 6-7　通过按字母顺序排列的指标显示 Klipfolio 的相关性矩阵

6.1.5　在 Python 中计算相关性矩阵

代码清单 6-2 是一个简短的 Python 程序，用于创建如图 6-6 和图 6-7 所示的相关性矩阵。在模拟数据集上运行代码清单 6-2 的结果如图 6-8 所示。该程序假定使用第 4 章的代码创建并保存了一个数据集。回想一下，该数据集为一个表格，每行代表一个客户的观察结果，每列代表一个指标。代码清单 6-1 的大部分内容用于处理加载数据集和保存结果。格式化是在免费的电子表格中完成的，稍后将对此进行描述。

在代码清单 6-2 中，相关性矩阵是通过调用 Pandas 的 Dataframe.corr 函数来计算的。注意，代码清单 6-2 并没有尝试创建图 6-6 和图 6-7 所示的热图。该函数将相关性矩阵结果保存在逗号分隔(.csv)文件中。原因是在 Python 中为大量指标制作热图不切实际。如果有超过 15 个指标，热图一定非常大，或者指标名称和相关值太小而无法阅读(见图 6-6 和图 6-7)。

	account_tenure	adview_per_month	dislike_per_month	is_churn	like_per_month	message_per_month	newfriend_per_month	post_per_month	reply_per_month	unfriend_per_month
account_tenure		0.05	0.06	0.00	0.06	0.05	0.09	0.06	0.04	0.06
adview_per_month	0.05		0.34	−0.03	0.56	0.06	0.56	0.56	0.05	0.02
dislike_per_month	0.06	0.34		−0.03	0.37	0.08	0.37	0.34	0.05	0.01
is_churn	0.00	−0.03	−0.03		−0.04	−0.06	−0.08	−0.05	−0.05	0.04
like_per_month	0.06	0.56	0.37	−0.04		0.06	0.57	0.59	0.04	0.01
message_per_month	0.05	0.06	0.08	−0.06	0.06		0.07	0.04	0.93	0.01
newfriend_per_month	0.09	0.56	0.37	−0.08	0.57	0.07		0.57	0.04	0.02
post_per_month	0.06	0.56	0.34	−0.05	0.59	0.04	0.57		0.03	0.02
reply_per_month	0.04	0.05	0.05	−0.05	0.04	0.93	0.04	0.03		0.00
unfriend_per_month	0.06	0.02	0.01	0.04	0.01	0.01	0.02	0.02	0.00	

指标按字母顺序排列

该灰度热图是通过电子表格应用程序得到的

图 6-8　在模拟数据集上运行代码清单 6-2 得到的结果

提示 在静态图像中探索较大的相关性热图不现实。你当然应该仔细检查相关性热图，但在电子表格应用程序中查看它通常更容易。在电子表格中，可以固定指标名称所在的行和列，使矩阵可以滚动，并使用条件格式添加热图颜色。对于需要演示的场景，可以将热图导出为各种所需的格式。

代码清单 6-2　在 Python 中计算数据集的相关性矩阵

```python
import pandas as pd
import os

def dataset_correlation_matrix(data_set_path):

    assert os.path.isfile(data_set_path),
        '"{}" is not a valid path'.format(data_set_path)
    churn_data =
        pd.read_csv(data_set_path,index_col=[0,1])
    churn_data =
        churn_data.reindex(sorted(churn_data.columns), axis=1)

    corr_df = churn_data.corr()
    save_name = data_set_path.replace('.csv', '_correlation_matrix.csv')
    corr_df.to_csv(save_name)
    print('Saved correlation matrix to' + save_name)
```

检查路径

将数据集加载到 DataFrame 并设置索引

使用 Dataframe.corr 函数计算相关性矩阵

以.csv 格式保存相关性矩阵

按字母顺序对列进行排序

应该运行代码清单 6-2 并确认它在你自己的数据集上可以得出类似的结果。如果使用包装程序运行程序，根据之前的经验，可以将命令行中执行的参数修改为--chapter 6

--listing 2。程序将数据保存在.csv 文件中(文件位置将由每个程序输出)。

6.2　对行为指标组计算平均值

假设有 5~10 个客户行为,其中指标是中度到高度相关的,你会怎么做?处理高度相关性指标的基本方法是对相关性指标的分数计算平均值。

6.2.1　为什么要计算相关性指标分数的平均值

在客户流失分析和客户细分中单独处理多个相关性指标会有问题,有如下两个原因:
- 在两种不同队列分析中观察到的客户流失率关系并没有整合在一起,因为你无法理解基于不同指标的不同队列中的客户是如何相互关联的。在两个相关的活动中,如果一个特定客户在一个指标上处于第三队列,而在另一个指标上处于第六队列,这意味着什么?一种方法是对它们求平均值,本章后面会解释。
- 信息过载源自查看过多的指标。记住,行为指标通常不能衡量直接导致客户流失或留存的因素。更常见的情况是,行为指标只与客户流失率相关。如果给定大量与流失率相关的指标(但不是因果关系),无法知道哪个指标和事件最重要。

对相关性指标的分数计算平均值后,通常更容易用于客户细分的流失队列分析。正如第 5 章所解释的,将许多客户放在一起求平均值后形成队列,通过计算平均值来影响行为的个别情况,从而显示衡量标准对客户流失的影响。同样,将多组指标放在一起求平均值可以进一步减少随机变化产生的影响,并使客户流失和一组行为之间的潜在关系更加清晰。

对不同的分数求平均值是什么意思?需要注意的是,不同的指标通常意味着完全不同的内容,如登录并编辑文档或观看视频并点赞。将登录次数和编辑次数进行平均有意义吗?可能会存在编辑次数远超登录次数的情况,它们之间的关系将是不平衡的。将点击量和点赞次数进行平均有意义吗?点击量会比点赞次数多很多,所以这样的平均值是否有意义不得而知。如果不同的指标包含货币价值或时间等单位,问题会更糟。例如在电信环境中,总通话时间和超额费用的平均值意味着什么?事实上,这完全不是问题。这是将指标转换为分数的另一个优势。

提示　因为每个指标分数都衡量了客户相对于平均值的位置,所以可以将不同类型指标的分数放在一起求平均值。

如果使用原始单位,那么对不同类型的指标求平均值没意义,因为这些指标指的是不同的东西。但可以使用分数:平均分数描述了不同指标相关的整体活动领域。如果某人在使用 SaaS 产品的登录和编辑方面均高于平均水平,则称他们为“总体高于平均水平的客户”是合理的。如果某人在流媒体视频产品上的观看次数和点赞次数低于平均水平,那么将他们视为“低于总体平均水平的客户”是有意义的。如果某人的通话时间低于平均水平,而电信产品的超额费用高于平均水平,那么如果对分数进行平均,会发现他们只是普通客户。

事实上，一组指标的平均分数往往比单独的分数更有用。这是因为不同指标提供了不同的方式来观察相同的活动领域，可以相互替代。如果客户不使用某一特定产品的功能，而是使用与之相关的功能，那么无论哪种方式，平均值都会被采纳。如果依赖于单一的指标标准，可能会错过一些客户的活动。如果一个客户一个指标值很高，而另一个指标值很低，那么在一个流失队列中，他可能处于低风险队列，而在另一个流失队列中，他将处于高风险队列。通过将两者平均，就能更好地了解整体情况。

6.2.2 使用载荷矩阵(权重矩阵)计算平均分数

将相关性指标分数放在一起求平均值是一个简单的概念，但实现有点棘手，因为可能会为很多指标和观察结果完成这样的计算。我们可以使用一种技术，在权重矩阵中对指标组进行编码，从而跟踪哪些指标属于哪个组，以及形成平均值所需的权重。回想一下，矩阵只是一个表，其中所有条目都是数字。在这种情况下，权重意味着需要乘法因子 $1/n$ 才能将总和转化为平均值。这个权重矩阵称为载荷矩阵。

定义 载荷矩阵是应用于指标，从而形成平均值的权重表。

载荷矩阵不仅跟踪每个组中的指标，还提供了平均值计算的有效实现(参见 6.2.3 节)。我们将介绍一个仅包含少量指标标准的示例。对于像示例这样的简单问题，该技术可能看起来过于复杂，但它可以很好地扩展到数十甚至数百个指标以及大型数据集。

图 6-9 演示了包含 10 个观测数据和 6 个指标的小型数据集的平均值算法，延续了图 6-5 的示例。下面是它的工作原理。

(1) 登录、读取和回复事件的指标被放在一个组中计算平均值，因为它们高度相关。发送和撰写事件的指标放在一个组中计算平均值，点赞的指标被保留。这些决定是通过对小型相关性矩阵的检查驱动的。在本章稍后的内容中，将介绍如何在有大量指标的数据集中自动发现组。

(2) 载荷矩阵的形状定义为指标数乘以组数(如 3×5)。同样在示例中，载荷矩阵在行上排列组，在列上排列指标。在实践中，它通常以另一种方式存储(在行中存储指标，在列中存储组)，6.2.3 节中将介绍更多详细信息。

(3) 组的每一行都包含权重，从而形成相应指标的平均值，其他指标为 0。形成平均值的权重是 1 除以组中指标的数量。

- 对于第 1 组对应的行，登录、阅读和回复 3 列的权重均为 1/3(0.33)，其他列的权重均为 0。为了计算第 1 组的平均值，对登录、阅读和回复事件的分数应用 0.33 的权重。对于其他指标，在它们的位置显示 0，表明这些指标在第 1 组中没有使用。
- 对于第 2 组对应的行，撰写和发送两列的权重都为 1/2(0.5)，另一列的权重为 0。
- 对于第 3 组对应的行，点赞权重列的值为 1。

(4) 为了计算组内平均值，将每个账户的指标值乘以每组的权重，然后将结果相加。

(5) 所得的总和是每组的平均值。

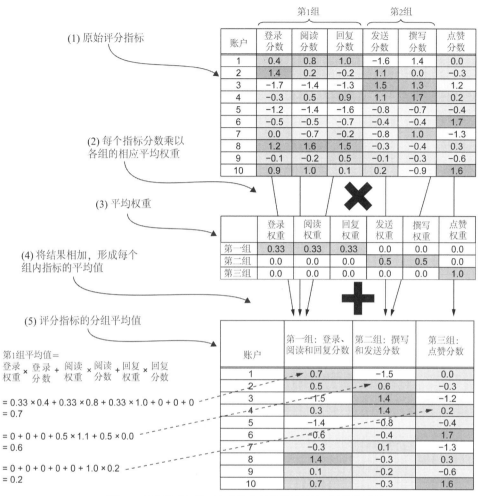

图 6-9 使用载荷矩阵对相关性指标分组并计算平均值的过程

6.2.3 载荷矩阵的案例研究

图 6-10 显示了为模拟社交网络数据创建的载荷矩阵。这里创建了两个组：

- 广告浏览量、点赞和发布帖子的指标组：3 个最常见的指标。
- 消息和回复的指标组。

指标显示在行上，组显示在列上。非零条目表示组成员身份

指标	metric_group_1	metric_group_2	account_tenure	dislike_per_month	newfriend_per_month	unfriend_per_month
adview_per_month	0.413	0	0	0	0	0
like_per_month	0.413	0	0	0	0	0
post_per_month	0.413	0	0	0	0	0
message_per_month	0	0.620	0	0	0	0
reply_per_month	0	0.620	0	0	0	0
account_tenure	0	0	1.0	0	0	0
dislike_per_month	0	0	0	1.0	0	0
newfriend_per_month	0	0	0	0	1.0	0
unfriend_per_month	0	0	0	0	0	1.0

相关指标的主要组

次要组

相关性较低的指标

第一组共有3个指标，权重为0.4

第二组有2个指标，权重为0.62

4个指标未分组

图 6-10　模拟案例研究的载荷矩阵

如果查看图 6-8 中的相关性矩阵，可以轻松地说服自己，这些组中的指标彼此之间高度相关，并且与其他组之间的相关性较低(自动发现组的正式方法将在本章后面介绍)。

需要注意图 6-10 中一个没有预料到的特性：实际载荷矩阵中的权重略高于 $1/N$，其中 N 是组中的指标数量。

载荷矩阵仍然是相关分数的平均值，但权重略高于 $1/N$。之前没有提到这个细节，因为它们的含义相同，而且用 $1/N$ 权重来解释概念会更清晰。有 3 个指标的组的权重为 0.41，而不是 0.33。对于有 2 个指标的组，权重为 0.62，而不是 0.5。具体的原因在 6.3.3 节中解释(它与调整合并分数的标准偏差有关)。

图 6-11 显示了在 Klipfolio 案例研究中创建的实际载荷矩阵。现在矩阵在行中显示指标，在列中显示组。这是图 6-9 中视图的转置(图 6-9 显示了转置的载荷矩阵，以便权重在视觉上与数据列对齐，从而方便说明)。从图 6-11 中可以清楚地看出将指标安排在行中、将组安排在列中的原因：指标通常比组多得多，所以这样读起来更容易。沿着行排列指标也是实现平均值计算的正确方向，6.2.4 节将对此进行展示。

在图 6-11 中，可以看到平均权重也不完全是 $1/N$：第一组由 28 个指标组成，因此每个指标分配的权重为 0.041，但 1/28=0.0357。还有 5 个其他组，每个组由不到 10 个指标组成，它们都使用矩阵中略高于 $1/N$ 的权重数据。还有几十个其他指标的相关性不够高，无法分组。图 6-11 仅显示了部分内容。

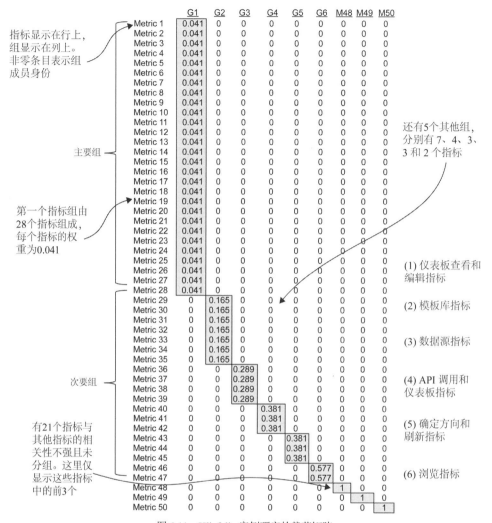

图 6-11 Klipfolio 案例研究的载荷矩阵

6.2.4 在 Python 中应用载荷矩阵

代码清单 6-3 显示了将载荷矩阵应用于数据集，从而计算平均分数的代码。该代码清单的大部分内容是读取数据集并保存结果，但还读取载荷矩阵(由代码清单 6-4 创建)。代码清单的核心是以下这行：

```
grouped_ndarray = np.matmul(ndarray_2group, load_mat_ndarray)
```

这一行代码执行数据与载荷矩阵的矩阵乘法，进行 6.2.3 节中描述的平均值计算。

定义 矩阵乘法是对创建结果矩阵的两个矩阵的运算。结果矩阵第一行中的每个元素是通过将第一个矩阵的第一行乘以第二个矩阵的每一列，然后将每一列的结果相加得到的。结果矩阵的第二行是通过对第一个矩阵的第二行和第二个矩阵的所有列依次执行相同的操作得到的，以此类推。

注意，要使矩阵乘法可以运行，第一个矩阵中的列数必须等于第二个矩阵中的行数；在进行载荷矩阵与分数矩阵的运算时也需要满足此条件。

代码清单 6-3　在 Python 中对数据集应用载荷矩阵

```python
import pandas as pd
import numpy as np
import os

def apply_metric_groups(data_set_path):          # 代码清单 5-3 保存了
    score_save_path=                               # 这个分数数据
        data_set_path.replace('.csv','_scores.csv')
    assert os.path.isfile(score_save_path),
        'Run listing 5.3 to save metric scores first'
                                                   # 将文件重新加载到 DataFrame
                                                   # 并设置索引
    score_data =
        pd.read_csv(score_save_path,index_col=[0,1])
                                                   # 流失指示器暂时被移除，
                                                   # 这将返回一个副本
    data_2group = score_data.drop('is_churn',axis=1)

    load_mat_path = data_set_path.replace('.csv', '_load_mat.csv')
    assert os.path.isfile(load_mat_path),          # 从文件中读取
        'Run listing 6.4 to save a loading matrix first'   # 载荷矩阵
    load_mat_df = pd.read_csv(load_mat_path, index_col=0)

    load_mat_ndarray = load_mat_df.to_numpy()
                                                   # 将载荷矩阵转换为 NumPy 数组
    ndarray_2group =
        data_2group[load_mat_df.index.values].to_numpy()
    grouped_ndarray =                              # 按照载荷矩阵行的顺序，
        np.matmul(ndarray_2group, load_mat_ndarray)   # 重新排列数据列
    churn_data_grouped
                                                   # 在 ndarray 上使用矩阵乘
                                                   # 法进行分组

        = pd.DataFrame(grouped_ndarray,
                    columns=load_mat_df.columns.values,
                    index=score_data.index)         # 根据 ndarray 的结果创建
                                                    # DataFrame

    churn_data_grouped['is_churn'] =
        score_data['is_churn']                      # 将客户流失状态列添加回来
    save_path = data_set_path.replace('.csv', '_groupscore.csv')  # 保存结果
    churn_data_grouped.to_csv(save_path,header=True)
    print('Saved grouped data to ' + save_path)
```

图 6-12 说明了矩阵乘法在平均分数方面的定义。定义听起来可能很复杂，但这正是 6.2.3 节中介绍的：

- 账户 1 的第一个分数平均是将账户 1 行的数据乘以第一列中的第一组载荷权重，并将其相加得出的。

● 账户1的第二个分数平均是将账户1行的数据乘以第二列中的第二组载荷权重来计算的，以此类推。

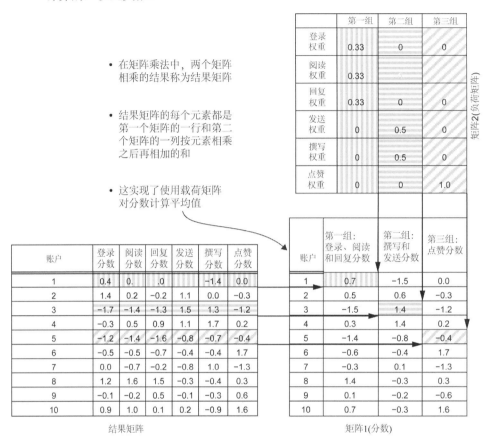

图6-12   矩阵乘法是一种通过载荷矩阵实现分数平均计算的操作

矩阵乘法是一种简洁有效的方法，可以应用载荷权重来计算具有任意多个指标和组的大型数据集中的平均值。

此时，你可能希望使用自己的数据运行代码清单6-3，并查看结果，但你可能想知道从哪里得到载荷矩阵。有这种想法是正确的，因为本书先教你如何使用载荷矩阵，这样你才能理解它的用途。6.2.5节将展示如何从头开始创建载荷矩阵。请耐心等待：你将看到一些案例研究，以进一步说服你对载荷矩阵的指标进行分组有意义，然后在6.3节中，将介绍如何运行代码来创建矩阵。之后，可以使用创建的载荷矩阵运行代码清单6-3。

6.2.5   基于指标组平均分数的流失队列分析

一旦将相关性指标按相关行为的平均分数分组，就可以对平均分数组进行流失分析。这样做不需要新的代码。具体步骤如下：

(1) 使用代码清单6-3，并将分组后的分数保存在一个新的数据集文件中。它的名称是原始数据集的名称加上"group_scores"。

(2) 使用代码清单 5-1 将第一组的新文件名和变量名替换为 metric_group_1,从分组数据集中创建一个队列图,以此类推(详见代码清单 6-3)。

图 6-13 显示了 Klipfolio 用于查看和编辑仪表板的主要指标组的流失队列分析结果。这是在图 6-6 的相关性矩阵和图 6-11 的载荷矩阵中说明的第一组。流失队列分析在第 5 章介绍过,这里将简要总结主要特征。每个点代表由分数中的一个十分位数定义的队列中的客户。纵轴以相对比例显示队列中的流失率,图底部固定为 0。如果一个队列距离图底部的距离是另一个队列的 2 倍,那么它的流失率也将是 2 倍。

图 6-13 显示了 Klipfolio 主要指标得分的平均值,显示了与流失率的紧密关系:平均得分最高的队列的流失率是得分较低队列的 1/10。这种关系的另一个优点是,流失率不断下降,直至达到平均分数最高的队列。这组分数的平均值与图 5-6 所示的单个行为相比,所显示的与客户流失的关系更密切。

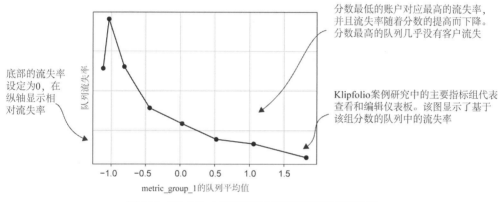

图 6-13　Klipfolio 主要指标组分数的客户流失队列分析

图 6-14 显示了 Broadly 主要组分数平均值的流失队列分析示例。相关性指标的主要组都与向系统添加客户和交易、向客户发出请求以获得评论和建议,以及这些请求的结果有关。基于这组分数的队列分析是另一个与流失率密切相关的例子。在这种情况下,顶部队列的流失率大约是底部队列的 1/7。

图 6-13 和图 6-14 都表明,在真实的案例研究中,指标分数组的平均值通常比单独的指标值能更有效地显示与流失率的关系。你使用自己数据得到的结果可能不会显示这么强的关联关系,但仍然最好通过分数组来分析相关性指标。这是因为它避免了过多指标造成的信息过载。

提示　对于相关性指标,最好是使用平均分数代替单个指标来分析客户流失率。

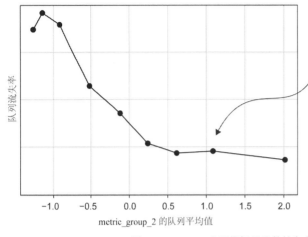

图 6-14　Broadly 主要指标组分数的客户流失队列分析

6.3　发现相关性指标组

现在知道如何对一组指标取平均值，但还有最后一件事：本书还没有解释如何在大型数据集中找到这些指标组。对于只有几个指标的简单案例，也许可以通过查看相关性矩阵来识别指标组。图 6-5 和图 6-9 的示例中使用的小型数据集就是这种情况。但是，如果有一个包含数十个(或更多)指标的相关性矩阵，如图 6-7 所示案例研究的矩阵，情况就没那么简单了。幸运的是，有一个标准算法可以完成这种操作。

6.3.1　通过聚类对指标进行相关性分组

用于查找相关性指标组的算法称为聚类算法。

定义 聚类算法是一种基于数据，对相似项自动分组的算法。

从技术上讲，聚类算法的过程不同于测量项目之间的相似性。要将指标组合在一起，将使用相关系数，相关性越高，指标越相似。要使用的聚类过程称为层次聚类。

定义 层次聚类是一种贪婪的、凝聚的聚类算法。
- 凝聚意味着该算法通过自下而上组合相似项来工作。从两个相似的元素开始形成组，随着算法的运行，添加更多的元素，从而形成更大的相似组。
- 贪婪意味着该算法通过选取看起来最相似的两个元素来实现，并且在将这两个元素组合在一起之后，在每个阶段将下一个最相似的元素合并到组中。
- 在这种情况下，分层是指在"贪婪地"凝聚元素时生成的层次结构。先有两个最相似的元素，然后是下一个最相似的元素，以此类推。

图 6-15 说明了层次聚类，继续使用图 6-5、图 6-9 和图 6-12 所使用的小型数据集。该算法从图 6-5 所示的相关性矩阵开始，并找到任意两个指标之间的最大相关性(图 6-15(1))。

两个最相关的指标构成第一组：这是阅读和回复消息的指标，它们之间的相关性为 0.93。

层次聚类算法的第(2)步(图 6-15(2))是创建一个载荷矩阵，将原始数据集转换为一个新数据集，其中两个最相关的指标放在一组，但所有其他指标保持独立。这个载荷矩阵的列比指标少一列，因为有两个指标已经合并成一组。算法的第(3)步(图 6-15 中未显示)是使用新的载荷矩阵创建数据集的新版本，遵循上面介绍的过程。层次聚类算法的第(4)步(图 6-15(3))是在前两个指标合并成一组后，计算数据的新相关性矩阵。

有了一个新的相关性矩阵，算法将开始一个新的迭代：找到下一个最高的相关性。在该示例中，下一个最高相关性是登录指标与阅读及回复指标组，它们之间的相关性为0.77，这是在上一步中创建的(图 6-15(3))。在载荷矩阵的新迭代中将登录指标添加到第一组(图 6-15(4))，从而产生新版本的数据集和新的相关性矩阵(图 6-15(5))，以此类推。

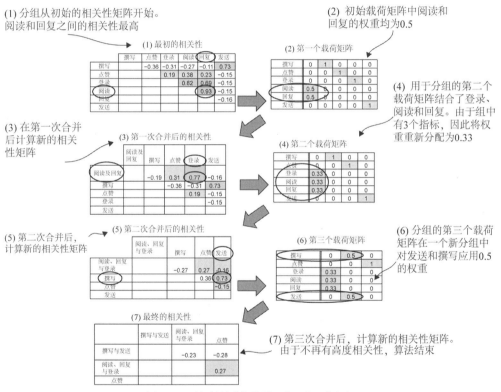

图 6-15　对相关性进行聚类，从而发现指标组

当对足够多的指标进行分组后，算法停止运行，从而没有剩下任何中度或高度相关的指标。算法停止尝试对指标进行合并的确切相关性水平是由参数控制的。通常，将阈值设置为中度相关。在本书所做的分析中，通常将其设置为 0.5~0.6。6.3.3 节将提供有关如何设置此参数的详细信息。现在，看看图 6-15 中的示例是如何结束的。登录、阅读、回复为一组，撰写、发送为另一组(图 6-15(6))，其余相关性(图 6-15(7))均为–0.28~0.27。这些只是弱相关，因此算法停止。该算法的结果是产生如图 6-9 所示的载荷矩阵(图 6-15(6)

是图 6-9 中载荷矩阵的转置并重新排序的版本)。

回顾一下，以下是分层聚类算法在每一步的工作方式：

(1) 找出最高的相关性。

(2) 更新载荷矩阵，将两个最相关的元素组合在一起。

(3) 使用载荷矩阵在原始分数数据集上创建一个新的分组数据集。

(4) 计算新的相关性矩阵。

(5) 重复步骤(1)~步骤(4)，直到所有剩余的相关性都低于预定的阈值。

大型数据集层次聚类和相关性计算的效率

你可能会在其他参考资料中见过层次聚类效率低下且不适合大型数据的说法。但这里有一个关键的区别：即使数据量很大，相关性矩阵也不会过大。对于层次聚类的运行时间来说，重要的是数据集中指标的数量，而不是客户(观察)的数量。每运算一步减少一个指标，所以迭代的最大数量就是指标数。对于较大的数据集，使用分层聚类没有问题。

如果你确实通过大量观察得到很多客户数据，会发现计算相关性矩阵实际上是最昂贵的步骤。如果数据量确实很大，应该考虑相关性矩阵计算的优化或进行近似计算，而不必担心分层聚类。正如将在 6.3.2 节中看到的，实际上只计算一次相关性矩阵。对算法的解释就像在每一步重新计算相关性矩阵一样，但在实践中，每一步的相关性矩阵都可以使用载荷矩阵推导出来(这个超出了本书的范围)。

6.3.2　在 Python 中计算聚类相关性

既然已经了解了基于相关性矩阵的层次聚类是如何工作的，可以学习在实践中实现它的 Python 代码了。代码清单 6-4 显示了该程序。提示：代码使用预先编写的开源包中的函数来实现聚类。代码清单 6-4 主要关注准备输入数据，从而使其为包函数做好准备，并从包函数接收输出，然后将它们转换为需要的载荷矩阵。整个过程分为 3 个步骤，每个步骤都是代码清单 6-4 中的独立功能。接下来将逐一解释。

代码清单 6-4 中的实际聚类运算是通过函数 find_correlation_clusters 实现的。SciPy 在 scipy.cluster.hierarchy 包中提供了层次聚类的实现，包括两个函数：linkage 和 fcluster。linkage 函数是真正起作用的函数。它既可以用于原始数据集，也可以用于数据集中点之间距离的预计算测量，如代码清单 6-4 所示。但是，linkage 函数的结果实际上不是聚类，它返回数据点之间距离关系的结构描述，即算法名称中所指的距离层次结构。

本书不会解释表示层次结构的细节，因为还有另一个函数可以将结果传递给你想要的聚类，那就是 fcluster 函数。fcluster 函数从 linkage 和截止阈值中获取层次结构描述，生成聚类。在示例中，这个阈值是我们认为高度相关的相关性截止值。fcluster 的结果是以 numpy 的 Series 形式为每个原始项目分配一个聚类。

代码清单 6-4　在 Python 中查找指标组并创建载荷矩阵

```
import pandas as pd
import numpy as np
import os
```

```
from collections import Counter
from scipy.cluster.hierarchy import linkage, fcluster
from scipy.spatial.distance import squareform
```

导入执行层次聚类
的 SciPy 函数

```
def find_correlation_clusters(corr,corr_thresh):
    dissimilarity = 1.0 - corr
```

聚类使用的是相异性，因此
需要反转相关性矩阵

```
    diss_thresh = 1.0 - corr_thresh
```

阈值参数也需要反转

```
    hierarchy = linkage(squareform(dissimilarity),
                   method='single')
```

计算指标之间相对
距离的顺序

```
    labels = fcluster(hierarchy, diss_thresh,
                    criterion='distance')
    return labels
```

确定给定层次结构
和阈值的组

```
def relabel_clusters(labels,metric_columns):
    cluster_count = Counter(labels)
```

计算每个聚类中
元素的数量

```
    cluster_order = {cluster[0]: idx for idx, cluster in
                 enumerate(cluster_count.most_common())}
```

查找聚类成员
数量的顺序

创建一个新的按顺序排
列聚类标签的 Series

```
    relabeled_clusters = [cluster_order[l]
                     for l in labels]
```

在重新标记的聚类中
进行新的计数

```
    relabeled_count = Counter(relabeled_clusters)
```

```
    labeled_column_df = pd.DataFrame({'group': relabeled_clusters,
        'column': metric_columns}).sort_values(
        ['group', 'column'], ascending=[True, True])
    return labeled_column_df, relabeled_count
```

制作一个 DataFrame，
列出每个指标的组

创建一个
空(0)矩阵
来保存平
均权重

```
def make_load_matrix(labeled_column_df,metric_columns,relabeled_count, corr):
    load_mat = np.zeros((len(metric_columns),
      len(relabeled_count)))
    for row in labeled_column_df.iterrows():
        orig_col = metric_columns.index(row[1][1])
        if relabeled_count[row[1][0]]>1:
            load_mat[orig_col, row[1][0]] = 1.0/(np.sqrt(corr) *
                float(relabeled_count[row[1][0]]) )
        else:
```

选择载荷矩阵中
作为组的那些列

在载荷矩
阵中输入
每个指标
的权重

使用公式 6.3
(6.3.3 节)获得权重

制作一个布尔值
Series，显示哪些
列是"组"

```
            load_mat[orig_col, row[1][0]] = 1.0
    is_group = load_mat.astype(bool).sum(axis=0) > 1
    column_names=
        ['metric_group_{}'.format(d + 1)
        if is_group[d]
        else
            labeled_column_df.loc[
```

对于非分组指标，
权重为 1.0

否则，将在列表中输入
原始指标的名称

将组命名为 metric_group_n

```
            labeled_column_df['group']==d,'column'].item()
            for d in range(0, load_mat.shape[1])]
```

```
loadmat_df = pd.DataFrame(load_mat,
    index=metric_columns, columns=column_names)
```

通过权重矩阵制作
一个 DataFrame

```
loadmat_df['name'] = loadmat_df.index
```

从 DataFrame 索引
列创建一个 name 列

```
sort_cols = list(loadmat_df.columns.values)
```

创建列的列表，用于对行进行排序

```
sort_order = [False] * loadmat_df.shape[1]
```

按降序对大部分列进
行排序

```
sort_order[-1] = True
```

按升序对 name 列进行排序

```
loadmat_df = loadmat_df.sort_values(sort_cols,
    ascending=sort_order)
```

对载荷矩阵进行排序，从
而提高可解释性

```
loadmat_df = loadmat_df.drop('name', axis=1)
return loadmat_df
```

删除 name 列，因为
它是用于排序的

```
def find_metric_groups(data_set_path,group_corr_thresh=0.5):
    score_save_path=
        data_set_path.replace('.csv','_scores.csv')
    assert os.path.isfile(score_save_path),
        'You must run listing 5.3 to save metric scores first'
    score_data = pd.read_csv(score_save_path,index_col=[0,1])
    score_data.drop('is_churn',axis=1,inplace=True)
    metric_columns = list(score_data.columns.values)
```

重新加载代码清
单 5-3 创建的分数

创建一个原始指标
列的列表

计算组分配

```
    labels =
        find_correlation_clusters(score_data.corr(), group_corr_thresh)
    labeled_column_df, relabeled_count =
        relabel_clusters(labels,metric_columns)
    loadmat_df = make_load_matrix(labeled_column_df, metric_columns,
        relabeled_count,group_corr_thresh)
    save_path = data_set_path.replace('.csv', '_load_mat.csv')
    print('saving loadings to ' + save_path)
    loadmat_df.to_csv(save_path)

    group_lists=
        ['|'.join(labeled_column_df[labeled_column_df['group']==g]['column'])
                for g in set(labeled_column_df['group'])]
    save_path = data_set_path.replace('.csv', '_groupmets.csv')
    print('saving metric groups to ' + save_path)
    pd.DataFrame(group_lists,
            index=loadmat_df.columns.values,
             columns=['metrics']).to_csv(save_path)
```

创建一个列，列出每个组中的指标

保存载荷矩阵

将数据放入聚类算法并不难。最重要的细节是，前面已经介绍了相关性，它是一种相似性指标，但 linkage 函数被编写为根据相异性处理数据。解决方案如下：用 1.0 减去相关性，衡量相似性的指标变成了衡量相异性。这意味着什么？最高相关性(最相似)为

1.0，减去 1.0 后变为 0.0。这表示不相似性最低的两个元素。在相关性方面最不相似的是 –1.0，但从 1.0 中减去后变为 2.0[1 – (–1)=1+1=2]，表示最不同的两个元素。在将相关性矩阵和相关性阈值用于 SciPy 的 linkage 函数和 fcluster 函数之前，相关性矩阵和相关性阈值都通过从 1.0(逐元素)减法该元素进行转换。这就是运行聚类算法所需要的所有准备工作。

遗憾的是，聚类算法的结果并不是你想要的。你想要的是一个按特定顺序排列的载荷矩阵。最大的组最先出现时，最容易解释，然后它们按大小递减排序。fcluster 函数返回为组分配的聚类，但它们的大小没有任何特定的顺序。调用 linkage 和 fcluster 之后，处理工作主要有两部分：首先是对聚类进行排序和重新标记，然后创建载荷矩阵。

代码清单 6-4 中的第二个函数 relabel_clusters 是上面提到的后处理的第一步。为了对聚类进行排序和重新标记，使用 Python 中的 set 来查找唯一的聚类，并使用 Python 的 Counter 来计算 fcluster 结果中每个标签的出现次数。Counter 对象还有一个实用函数，可以按从最常见到最罕见的顺序遍历元素，即函数 Counter.most_common。找到重新标记的聚类名称后，将结果保存在新的标签 Series 中。创建了两个对象来表示稍后的聚类：一个两列的 DataFrame，列出了原始指标和它们所在的组；一个新的 Counter 对象，用于统计新标签的数量。

代码清单 6-4 中的第三个函数 make_load_matrix 是最后一步。载荷矩阵被初始化为正确大小的由 0 组成的 ndarray：行数是指标数，列数是组数。函数 relabel_clusters 创建了一个包含每个指标及其组的 DataFrame。这用于迭代指标，并在载荷矩阵的正确组下填写适当的元素。该 ndarray 被转换为 DataFrame，并将指标名称作为索引。

载荷矩阵中每个条目的权重是用 1.0 除以组中元素的数量计算的：组中的元素数量在代码中为 relabeled_count[row[1][0]]。relabeled_count 是一个计数器对象，通过 row[1][0] 选择适当的元素。但在权重计算的分母中还有另外一项，就是用于聚类的相关性阈值的平方根：np.sqrt(corr)。这个额外的项使权重略高于 1/N，正如在 6.2.3 节中第一次展示载荷矩阵时提到的那样。在解释完算法之后，6.3.3 节将解释这样选择的原因。

make_load_matrix 函数的其余部分按照最容易读取的顺序对载荷矩阵进行排序：最大的组排在前面，然后是第二大的组，以此类推。在每个组中，指标按名称的字母顺序排序。这是使用相应参数在 Pandas 的 DataFrame.sort_values 中完成的。函数 sort_values 接受一个要排序列的列表和一个布尔值列表，从而确定每个列是升序还是降序。指标的名称作为列添加(以前是索引)，所有列都用于排序。组权重列排在前面，并按降序排序，而 name 列排在最后，并按升序排序。因为表示组成员关系的列是按照从大到小的顺序排列的，这实现了载荷矩阵所需的排序：从最大到最小分组，并在每个组内按字母顺序排序。而且，这些列使用标签(metric_goup_x，其中 x 是组的组号，如果组只是单个指标，使用指标名)进行标记。

同时运行所有步骤的主函数在代码清单 6-4 的末尾：find_metric_groups。该函数加载一个数据集，然后调用算法中的其他步骤。find_metric_groups 返回载荷矩阵作为结果，默认情况下，将其保存到.csv 文件中。注意，该程序只输出简单的确认信息，即它正在运行，并提示结果保存的位置。

如果使用模拟数据，那么在电子表格或文本编辑器中打开文件时，得到的载荷矩阵应该如图 6-16 所示。这里有两组指标：一组是相互关联的最常见行为(如发布、查看广告和点赞)，另一组是阅读和回复消息。用户留存率、不喜欢程度和解除好友关系等指标相关性不够，所以不属于任何组。注意，权重并不完全是标准平均值的 $1/N$，但使用式(6.3)对其进行了修改，使平均值作为分数本身参与运算。

指标	metric_group_1	metric_group_2	account_tenure	dislike_per_month	newfriend_per_month	unfriend_per_month
adview_per_month	0.413	0	0	0	0	0
like_per_month	0.413	0	0	0	0	0
post_per_month	0.413	0	0	0	0	0
message_per_month	0	0.620	0	0	0	0
reply_per_month	0	0.620	0	0	0	0
account_tenure	0	0	1.0	0	0	0
dislike_per_month	0	0	0	1.0	0	0
newfriend_per_month	0	0	0	0	1.0	0
unfriend_per_month	0	0	0	0	0	1.0

图 6-16 在默认模拟数据集上运行代码清单 6-4 的结果(再现图 6-10)

现在已经有了载荷矩阵，可以生成一个有序的相关性矩阵，如图 6-6 所示。对于模拟数据集，结果如图 6-17 所示。从有序相关性热图中，可以看到两组之间的相关性较高，而其他指标之间的相关性较低。图 6-17 是运行代码清单 6-5 创建的，然后在电子表格中格式化结果数据。

	adview_per_month	like_per_month	post_per_month	message_per_month	reply_per_month	account_tenure	dislike_per_month	newfriend_per_month	unfriend_per_month
adview_per_month	1.00	0.69	0.69	0.15	0.11	0.08	0.49	0.55	0.02
like_per_month	0.69	1.00	0.68	0.12	0.09	0.09	0.49	0.55	0.02
post_per_month	0.69	0.68	1.00	0.11	0.09	0.11	0.49	0.55	0.02
message_per_month	0.15	0.12	0.11	1.00	0.93	0.09	0.16	0.09	0.01
reply_per_month	0.11	0.09	0.09	0.93	1.00	0.09	0.13	0.06	0.01
account_tenure	0.08	0.09	0.11	0.09	0.09	1.00	0.08	0.09	0.06
dislike_per_month	0.49	0.49	0.49	0.16	0.13	0.08	1.00	0.39	0.01
newfriend_per_month	0.55	0.55	0.55	0.09	0.06	0.09	0.39	1.00	0.02
unfriend_per_month	0.02	0.02	0.02	0.01	0.01	0.06	0.01	0.02	1.00

组对应于图 6-16 中的载荷矩阵

灰度热图是通过电子表格应用程序生成的

第1组   第2组

图 6-17 模拟数据的有序相关性矩阵

代码清单 6-5 显示了创建有序矩阵的代码，几乎与创建常规相关性矩阵的代码完全相同。唯一的区别是，在计算相关性矩阵之前，读取载荷矩阵，并根据载荷矩阵中指标的顺序重新排列数据集的列。重新排序只需要一行代码，因为载荷矩阵排序问题在此之前已经解决，这里只需要重用该顺序即可。

代码清单 6-5 创建有序相关性矩阵

```
import pandas as pd
import os
```

```
def ordered_correlation_matrix(data_set_path):          加载保存的分数

  churn_data = pd.read_csv(
      data_set_path.replace('.csv','_scores.csv'),index_col=[0,1])
  load_mat_df = pd.read_csv(                                          #B
      data_set_path.replace('.csv', '_load_mat.csv'), index_col=0)
  churn_data=churn_data[load_mat_df.index.values]
                                                    将数据集的列按载荷矩阵
                                                    行的顺序重新排序
  corr = churn_data.corr()
                                   计算相关性矩阵
  save_name =
      data_set_path.replace('.csv', '_ordered_correlation_matrix.csv')
  corr.to_csv(save_name)
  print('Saved correlation matrix to ' + save_name)

保存结果
```

6.3.3　将分数的平均值作为分数载荷矩阵的权重

关于载荷矩阵的一个技术细节还没有解释，它与你应该在载荷矩阵中使用的权重有关。6.3.2 节提到的结果是，没有在载荷矩阵中使用正好等于 1/N 的权重。本书第一次介绍载荷矩阵的概念时，将它定义为 1/N，这样就可以轻松学习这个概念，这个概念没有改变：载荷矩阵变换仍然表示取指标分数的平均值。但是权重需要稍微改变一下。

当平均值中的所有数字具有相同的比例或单位时，1/N 是进行同等加权平均的正确权重。但是对于分数来说，情况有些不同，因为分数没有自然单位(注意，如果不喜欢使用方程式，那么在你阅读完下面的提示之后，可以直接跳到下一部分)。

提示　载荷矩阵中的权重会比 1/N 高一点，但意义没有改变。

使用 1/N 权重对分数计算平均值的问题在于，指标分数的平均值不再是分数。这意味着什么？分数被定义为指标的缩放版本，具有一些特殊属性：分数平均值为 0，分数的标准差为 1。这些事实使分数具有可比性。

好消息是，如果对任何相同权重的分数进行平均，分数的平均值仍然为 0。但坏消息是，平均分数的标准差不会是 1，而是小于 1.0。与 1 相比相差多少取决于对其求平均值的指标数量以及它们的相关性。但是下面将对载荷矩阵中的权重进行修改，将使分数的平均值(几乎)带有 1.0 的标准差。无论对多少个指标求平均值，该调整都会使平均值仍然是分数。

首先需要提醒你什么是方差：方差是标准差的平方。当标准差为 1 时，方差也为 1(因为 1^2 为 1)。在下文中，用 σ 表示标准差，用 σ^2 表示方差。这是希腊字母 sigma，在数学书中，它是表示标准差和方差的常用字母。对指标或其他变量求和，并且每个指标都有自己的标准差时，指标总和的标准差不会保持不变；它们按权重相加。就方差而言，这种关系更容易理解，这就是为什么之前提醒你什么是方差。接下来将展示如何获得所有指标总和的方差，这些指标都有自己的方差。假设将每个指标乘以权重生成平均值，则指标权重和的方差公式如下所示。

$$\sigma^2(wx_1 + wx_2 + \cdots + wx_N) = \sum_{ij} w^2 \sigma_i \sigma_j c_{ij} \tag{6.1}$$

在式(6.1)中，符号 $\Sigma_{ij}\cdots$ 是所有不同元素的下标索引之和的简写(在代码中，这就像在双嵌套循环中添加求和)。式(6.1)的意思是，指标和的方差是所有标准差的成对乘积的总和，再乘以成对相关系数。这有点复杂，希望能让你了解为什么指标总和的标准差仅在某些条件下才会为1。现在将展示这些条件是什么。但是，首先做一些简化操作。

- 在我们的例子中，所有标准差都是1，因为它们都是分数，所以 σ_{ij} 项就被去掉了。
- 不知道这些指标之间的所有相关系数 c_{ij} 到底是多少，但你知道：如果把它们组合在一起求平均值，那么它们是高度相关的。它们可能有各自的相关性，至少和你的相关性阈值一样高。因此，不使用 c_{ij}，而是使用 c_{thresh} 来近似它，c_{thresh} 是用来形成聚类的阈值。

通过这些简化，求和方差的式(6.1)大致被转化为式(6.2)：

$$\sigma^2(wx_1 + wx_2 + \cdots + wx_N) \approx N^2 w^2 \tag{6.2}$$

成对相关性之和有 N^2 项；这就是式(6.2)中 N^2 的来源。式(6.2)是一个近似值，因为相关性并不是真正的 c_{thresh}(最值得注意的是，每个指标的自相关性都是1)，但它已经足够接近了。下一步是求解使方差(和标准差)等于1的权重 w 的方程。结果如式(6.3)所示。

$$w^2 = \frac{1}{c_{thresh} N^2}$$
$$w = \frac{1}{N}\sqrt{\frac{1}{c_{thresh}}} \tag{6.3}$$

在使用所有公式之后，有一个相当直接的变化：不是使用 $1/N$ 作为权重在载荷矩阵中求平均值，而是将 $1/N$ 乘以一个额外的因子，即 $1/c_{thresh}$ 的平方根，它是聚类算法中使用的相关性阈值。因为相关性阈值小于1(通常为0.5~0.6)，所以 1 除以它将得到大于 1 的值(通常在 1 和 2 之间)，而平方根不会改变这一点。因此，用于平均分数的权重将比标准平均值中通常使用的 $1/N$ 稍大一些。这是一个技术细节，但是通过这样的调整，将平均分数保留为分数，会使分析更容易解释，因为指标分数的标准差仍为1。

6.3.4　运行指标分组及分组队列分析列表

现在有了一个载荷矩阵(通过运行代码清单 6-4 生成)，可以返回并运行代码清单 6-3。代码清单 6-3 将载荷矩阵应用于分数数据集，从而创建被分组的平均分数。注意，运行代码清单 6-3 只产生一行显示它正在运行的输出，真正的结果将是一个新的.csv 数据集(结果将输出该文件的存储位置)。图 6-18 显示了运行代码清单 6-3 得到的数据集的一个小样本。列标题显示的是组编号，而不是指标名称。

account_id	observation_date	metric_group_1	metric_group_2	account_tenure	dislike_per_month	newfriend_per_month	unfriend_per_month	is_churn
1	2/9/20	−0.46	−1.07	−1.19	−0.43	−0.77	0.12	FALSE
16	2/9/20	−2.31	1.22	−1.19	−1.09	−0.91	−0.94	FALSE
37	2/9/20	−2.18	−0.53	−1.19	−0.03	−0.69	−0.94	FALSE
…	…	…	…	…	…	…	…	…
1	3/9/20	−0.45	−0.91	−0.25	−0.29	−0.62	−0.94	FALSE
16	3/9/20	−2.53	1.30	−0.25	−1.30	−0.62	0.12	FALSE
37	3/9/20	−2.15	−0.62	−0.25	−0.07	−0.98	0.12	FALSE
…	…	…	…	…	…	…	…	…
1	4/9/20	−0.54	−1.10	0.70	−0.07	−0.98	−0.94	TRUE
16	4/9/20	−1.96	1.28	0.70	−1.03	−0.55	−0.94	FALSE
37	4/9/20	−1.87	−0.51	0.70	−0.23	−0.84	−0.94	FALSE

前5个指标被两组　　　　　　4个指标未分组
平均值取代

图 6-18　在默认模拟数据集上运行代码清单 6-3 得到的结果

有了分组指标数据集，就可以尝试使用分组指标进行队列分析了(使用代码清单 5-1)。这是 6.2.4 节介绍过的技术。为此，可以通过将参数 --chapter 5 --listing 1 --version 3 传递给 Python 包装程序来运行代码清单 5-1 的另一个版本。图 6-19 显示了对模拟数据中的主要相关性指标组运行队列分析的结果。分组指标显示与流失率的密切相关(因为数据集是随机模拟的，你的结果可能不完全相同)。

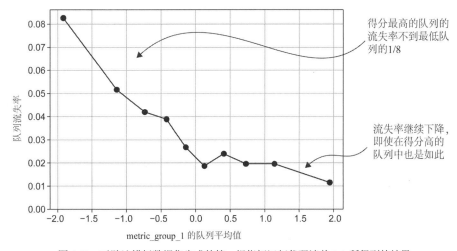

图 6-19　对默认模拟数据集生成的第一组指标运行代码清单 5-1 所得到的结果

6.3.5　为聚类选择相关性阈值

在解释聚类算法时，提到了聚类相关关系的阈值。回想一下，这个阈值决定了何时应该将指标组合在一起。之前没有详细解释如何设置此参数，因为我们希望你在了解技术细节之前，了解分组的工作方式。但是聚类阈值参数对于行为分组的成功至关重要。如果将此参数设置得过低，可能会将所有指标组合到一个大组中，即使它们彼此之间并不都相关。如果将相关性阈值参数设置得过高，则强相关性的指标仍然无法聚合在一起，最终将获得与分组开始时几乎相同数量的指标组。

不幸的是，没有适用于所有情况的最佳值，因此可能需要进行一些试验。我们也不建议用任何方法来评估你的选择。相反，建议了解业务(或从了解业务的人那里了解)，以及相关性矩阵告诉你的业务信息。然后问自己：组合在一起的指标是否有意义？如果将更多的指标组合在一起，分组会更有意义或更有用吗？

例如，假设知道某些指标与通常一起使用的产品功能或内容相关。在这种情况下，稍微调整一下参数(如有必要)将它们分在一组是合理的(这是一个使用先验知识来指导分析的例子)。另一方面，如果相关性矩阵表明一些活动是高度相关的，但你的一些业务同事希望你将它们拆分成更多的组，这可能是他们自己的一厢情愿或办公室政治造成的结果。使用你的先验知识来帮助分析，但也不要忽视分析结果！

以下是在分析中设置相关性级别时使用的一些经验法则。

- 通常应该最终将相关性阈值参数设置为 0.4~0.7 的中度或中高度相关性水平——永远不用将它设置为过低或过高的值，即不要高于 0.8 或低于 0.3。
- 通常从较低的阈值开始设置，设置为 0.5 或更低，并将所有(或大部分)指标组合在一个大组中。

如果每个指标至少与一些其他指标具有高度相关性(> 0.7)，那么可能应该将它们全部归为一组。对于没有很多功能或内容的小型产品，或者所跟踪的事件差异不大，可能就是这种情况。

- 在 0.5~0.7 使用简单的二分搜索：如果 0.5 看起来太低，可以尝试 0.6(介于 0.5 和 0.7 之间)。如果 0.6 看起来仍然太低，可以尝试 0.65(介于 0.6 和 0.7 之间)； 如果 0.6 太高，则尝试 0.55，以此类推。通过这种方法可以很容易快速定位到合适的值。

  使用手动搜索，而不是算法——在确定相关性阈值时，从来没有统一的算法可以找到合适的阈值。好在通过手动搜索，通常不会花很长时间。

- 使用颜色编码的相关性热图：对角线上的方块图案看起来很有序(见图 6-7)，但如果在任何一个方向上延伸得太远(相关性太大或太小)，则会破坏对称性。只要多做几次尝试，就会观察到这种情况。

- 最大的挑战是，有时相关性的微小变化会对分组产生非常大的影响。这意味着阈值中 0.01 或 0.02 的微小变化，偶尔会对组的数量产生重大影响，可能从仅 1 到 2 个组变为 5 个组或 10 个组。

  在我自己的研究中，我编写了代码清单 6-4 中分组算法的另一个版本，其中参数是生成的块的数量。它使用算法搜索返回具有所需要组数的组。这是留给读者的一个很好的编程练习。如果由于对微小变化的不规则响应而难以找到相关性阈值，这将很有帮助。但是，只有进行了足够多的实验，对选择什么有了很好的想法时，才可以使用这种方法(选择许多块)。

在第 8 章中，看统计数据时将更多地了解这个主题。使用统计分析时，如果用过高的相关性阈值来错误地对行为分组，可能会出现一些实际问题。但是，就目前而言，你已经掌握了足够的知识，可以很好地处理自己的数据。

6.4　向业务人员解释相关性指标组

本章介绍了以下内容：

- 了解指标之间相关性的重要性。
- 如何发现相关性指标组。
- 如何对指标组平均分数执行客户流失分析。

本章技术性很强，你可能已经学到了一些新术语：相关性矩阵、载荷矩阵和聚类，以及让人生畏的层次凝聚聚类。现在深吸一口气，想想如何向业务同事解释这一切。如果你只是为了学习而读这本书，可能无所谓，但如果想在商业环境中应用这些技术，这将是一个非常大的挑战。

本章中的概念并不难理解，但有很多技术细节和术语。建议你从简单的内容开始，并确保使用你自己公司的实际数据来解释每个概念。你可以省略具体完成的所有细节，只和业务人员针对最终的结果进行沟通。

提示　你的任务是避免业务部门的同事受到术语的影响。所以不要使用专业术语给他们留下刻板印象。相反，应该尝试使用通俗的语言与业务部门的同事沟通。

以下是我在向业务部门的同事初次展示案例研究结果时常用的方法。

(1) 在开始之前，问问业务部门的同事对统计学及统计数据有多少了解。你应该根据他们的知识水平调整你的解释。接下来，将解释如何理解这些概念，假设业务部门的普通同事没有接受过任何统计学培训，但也不排斥统计学的内容。

(2) 通过向每个人展示你根据企业自己的数据创建的散点图(如图 6-1 所示的散点图)来告诉(或提醒)每个人什么是相关性。使用与业务相关的术语也很好(也很有必要)，可以方便业务人员理解。即使是不懂数学的人，知道哪些产品行为相关联时，也很容易理解相关性。向他们展示散点图和相关性数据，就是为他们提供了一个很好的新方法来研究他们已经知道的东西。

(3) 显示热图，对数据分组并进行格式化，生成如图 6-5 所示的图形。尽量避免对业务人员使用“矩阵”这个词，通常只用“相关性热图”来描述它，而不是“相关性矩阵”。在他们了解了个别相关性之后，通常也会理解热图所显示的整体相关性。再次强调，这是他们已经了解的内容，所以他们很容易接受热图，而且热图看起来也很炫酷。

(4) 通过在热图中进行概述(参见图 6-5)，并提供每个组中包含哪些指标的列表，向业务人员展示构成组的指标。需要说明这些组是根据数据自动生成的(他们必须明白这些组的生成不是你指定的，而是根据数据自动生成的)。不要试图解释算法的细节。但是如果听众中有比较懂技术的人，可以在解释过程中提到聚类算法。

他们可能会讨论与分组有关的内容，这是正常的。如果他们的分组方式更加合理，你可能需要尝试调整阈值，如 6.3.4 节所述。但要确保他们意识到你不能(或至少不应该)手动选择组。

(5) 展示对分组指标进行的行为队列分析，以及它与单个指标队列分析的比较(如果有很多指标，只选择一些独立指标)。

就是这样！特别是，你不需要与业务人员讨论以下术语或算法：

- 矩阵(相关性矩阵或载荷矩阵)
- 载荷
- 矩阵乘法
- 聚类(以及更加难懂的层次凝聚聚类)

层次聚类与主成分分析

如果学习过统计学或数据科学，那么很有可能学习过主成分分析(PCA)的技术。PCA与层次聚类(HC)相似，因为它通过与载荷矩阵相乘来减少数据集中的指标数量。但是来自PCA的载荷矩阵是使用与HC不同的技术导出的。PCA有一些统计学家喜欢的属性，但超出了本书的范围，因为它对客户流失不是很有效，而且它产生的"载荷"对于大多数人来说难以解释。然而，HC和PCA产生的"载荷"有很多共同点，如图6-20所示。

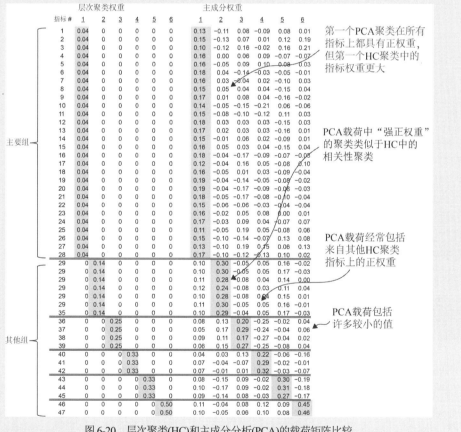

图6-20 层次聚类(HC)和主成分分析(PCA)的载荷矩阵比较

该图是通过计算PCA载荷矩阵并按照与HC组相同的顺序对指标进行排序而创建

的。在相同的数据上运行时，HC 发现的块通常类似于 PCA 载荷矩阵中的高权重的聚类。可以看到这两种算法正在捕获数据中一些相同的基础属性。但是 PCA 载荷矩阵有正负权重，并且载荷矩阵中的每个元素都是非零的。如何解释 PCA 载荷矩阵的详细信息超出了本书的范围。

需要注意的重要一点是，由于 PCA 矩阵具有负权重和正权重，因此得到的分组指标不仅是平均值，而且是(分数)指标之间的差异。两个客户指标之间的差异意味着派生指标在一个指标高而另一个指标低时表现为高，而平均值或总数在两个指标都高时表示为高。客户评分指标之间的差异不是很直观，但可能很重要，因为它们衡量一种行为超过另一种行为的程度。例如，如果对电信服务的本地通话和国际通话的指标进行了评分，那么差异将显示用户经常进行国际通话还是本地通话。这样的差异对于理解客户参与性很重要，但是通过在矩阵中添加负值元素而产生的分数指标之间的差异很难解释。第 7 章将以业务人员和数据人员都容易理解的方式，介绍捕获有关行为之间差异的技术。

6.5 本章小结

- 正相关性是指一个指标的高值始终与另一指标的高值相关联，或者一个指标的增加始终与另一个指标的增加相关联。
- 负相关是指一个指标的增加与另一个指标的减少相关联。负相关在事件的客户行为指标中很少见。
- 相关系数是相关性的统计指标，范围为–1~1，其中 1 表示完全正相关，–1 表示完全负相关。
- 相关系数衡量两个指标之间关系的一致性，但对指标之间隐含的比率关系不敏感。同样，指标的单位或尺度与相关性无关。
- 两两指标形成的散点图是可视化数据中单个相关性的最佳方法，但是可能因为指标对的散点图过多而无法全部查看。
- 相关性矩阵是数据集中所有成对相关系数的表格，是探索大量相关性的有效方法。
- 当指标高度相关时，可以通过平均相关性指标的分数来改进客户流失分析。
- 载荷矩阵是用于平均指标的权重表。它用于计算平均分数。
- 载荷矩阵与数据集的矩阵乘法可以用于有效地计算分组指标的平均值。
- 用载荷矩阵将指标分数放在一起求平均值后，可以使用平均分数进行流失率的行为队列分析。这样得到的结果通常优于单个指标分析。
- 聚类是指根据数据之间的某种相似性，将相关元素分在一组的操作。
- 分层聚类是一种算法，可用于将相关性指标分在一组。该算法在相关性的一个阈值处停止，以便所有强相关的指标被分在一组。
- 在运行分层聚类之后，可以将结果创建为一个载荷矩阵。

第7章

使用高级指标对客户进行细分

本章主要内容

- 由其他指标的比率构成的指标
- 衡量行为占总行为的百分比的指标
- 显示行为如何随时间变化的指标
- 将长期指标转换为短期指标，将短期指标转换为长期指标
- 具有多用户的账户的指标
- 选择使用的比率

你已经了解了很多关于使用源自事件和订阅的指标来理解客户流失的知识。前文介绍过，简单的行为测量对于细分可能有流失风险和参与度不同的客户非常有用。但是你也看到了简单行为指标的一些局限性。

许多简单的指标都是相关的，之所以会产生相关性，是因为拥有大量某个产品相关事件的客户，往往也会拥有大量其他事件。相关性使得判断哪种行为类型最重要变得更加困难。问题不只是缺乏细节信息。在本章中，你将了解到指标之间的相关性使你误判行为所产生的影响。当一种消极的行为(从某种意义上说，它剥夺了客户的效用和享受)与其他提供效用和享受的行为相关联时，似乎可以增强用户黏性。

此外，你可能想知道各种行为之间的关系。许多关于客户流失的常见假设都在考虑，不同行为的组合是否会产生比各个独立部分之和更大的影响。例如，你可能想知道，对于一个文档编辑和文件共享应用程序的用户来说，是创建大量文档(即使不共享文档)更好，还是共享创建的所有文档(即使创建的文档不多)更好。另一个尚未解决的问题是，随着时间的推移，行为的变化是否可以表明一些其他事情。例如，客户使用量的激增是否意味着客户的参与度提高了，或者在他们离开之前有最后一次"狂欢"？如果认为在第3章学到的简单行为指标不能回答这些问题，那么你的想法是正确的。

就本书开头概述的主题而言，本章涉及图7-1所示的所有部分。将行为指标和客户流失分析放在一起，有助于对客户进行细分，并找到减少客户流失的方法。

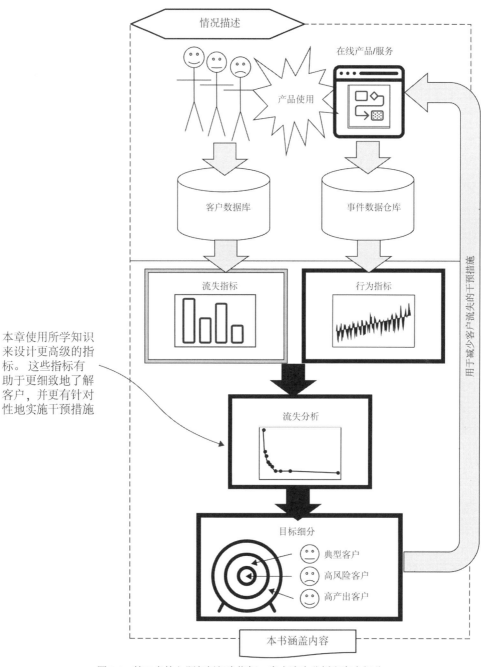

图 7-1　第 7 章的主题包括行为指标、客户流失分析和客户细分

在本章中，将创建一种指标，使你能够了解复杂的行为组合，并了解由它们得到的有关客户流失和客户留存的信息。此指标称为比率指标。

定义 比率指标是在任何客户指标中，计算一个指标与另一个指标的比率。它等效于将一个指标除以另一个指标。

以下是本章的组织方式。

- 7.1 节介绍主要的比率指标技术，并包括几个案例研究，从而介绍它们的应用场景和典型结果。
- 7.2 节介绍如何制作从部分到整体的比率指标，从而使比率成为整体的百分比。
- 7.3 节涵盖了一个指标在两个不同时间点之间的比率，可以用于测量行为的变化，通常是一个百分比。本节还介绍了客户非活动时间的指标。
- 7.4 节介绍非比率的高级指标：本节涵盖缩放指标测量时间周期，就像流失率一样。这允许你快速评估指标，为新客户使用更短的测量窗口，但依旧可以根据经验得到出色的评估效果。
- 7.5 节将介绍如何对多用户系统进行测量(多个用户共享一个产品的订阅或账户时)。

7.1　比率指标

你将要学习本书中最重要的一项技术(如果只能选择一项的话)：使用其他行为测量比率这一指标。这些指标为客户行为提供了强大且易于理解的解释。

7.1.1　何时以及为什么使用比率指标

图 7-2 提供了一个案例研究，说明何时需要更仔细地查看两个指标之间的关系。该图再现了第 5 章对云通信服务提供商 Versature 的一些队列分析。在图中，为服务支付更高月费的客户，流失率要低一些。这个数字可能不符合你的直觉，你可能认为支付更多费用会降低客户的参与度。图 7-2 还显示了支付更多费用与拨打更多电话密切相关——这是第 6 章中学到的分析。当然，拨打很多电话的客户的流失率比不打电话的客户的流失率要低，这比 MRR 与流失率的关系更密切。

支付更多(更高的 MRR)看起来可以减少客户流失的原因是，通常支付更多的客户也会拨打更多的电话——这足以证明支付更高的 MRR 的合理性。但是对于支付更多却没有拨打足够多电话的客户呢？这些客户的流失风险可能最大，但他们不会出现在分别查看 MRR 和通话的指标中。要找到支付更多但拨打电话并不多的客户(并查看他们是否以更高的速度流失)，你需要创建第三个指标来捕捉前两者之间的关系：前两个指标的比率。

定义　比率指标是通过取其他两个指标值的比率得出的指标。新指标的每个值是通过用一个指标的值除以另一个指标的值得到的。

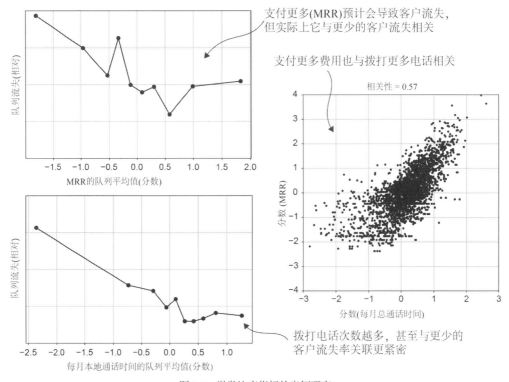

图7-2 激发比率指标的案例研究

在接下来的部分，将详细解释如何计算这样的指标，以及为什么这样计算，并解释为什么这种计算方式是最佳选择。现在，从结果开始讲解。

如果采用一个指标，即MRR，然后将其除以他们拨打电话的次数，结果就是平均每次通话成本——衡量客户支付的单位成本，类似于每加仑汽油或每升牛奶的价格。不同之处在于，MRR与通话次数的比率是有效的经常性单位成本，而不是合同成本，因为通信产品不像其他商品那样有按包装定价(一升装牛奶的价格)的方式来让客户支付通信费。

图 7-3 显示了为 Versature 的客户执行的客户流失队列分析，使用每次通话的 MRR 作为指标。该指标与随着指标值的增加而增加的客户流失密切相关。确实，支付更多的客户流失更多，但必须使用比率指标来衡量有效单位成本才能看到结果。图 7-3 还显示了每次通话的 MRR 指标与创建该指标的 MRR 和通话次数指标之间的相关性。每次通话的 MRR 与拨打电话次数弱相关(负相关)，实际上它与 MRR 不相关。所有这些事实使每次拨打电话的 MRR 成为了解客户参与度和客户流失的一个很好的指标。在 7.1.2 节，将介绍如何计算这样的比率指标，并通过本书使用的模拟数据进行实践。

提示 一个有效的经常性单位成本指标是根据 MRR 与客户实现的某些结果的比率创建的。经常性单位成本指标通常显示客户流失率随着单位成本的增加而增加。相比之下，简单的经常性成本指标(MRR)通常显示客户流失率随着成本的增加而减少，这是由于与使用产品所获得的效用或享受相关。

图 7-4 显示了类似于图 7-2 和图 7-3 的社交网络模拟案例研究的情况。你预计一个指标(每月观看广告的次数)会很糟糕，因为大多数人不喜欢看广告。但是，进行客户流失队列分析时，会发现人们观看的广告次数越多，客户流失越少。同时，你发现观看广告次数与发帖次数相关，发帖多的客户流失率较低。

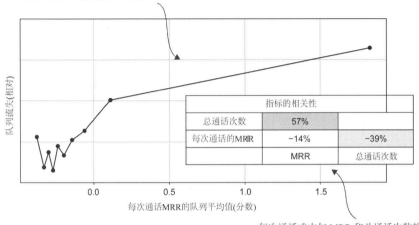

图 7-3　案例分析：Versature 每次通话成本的流失队列分析

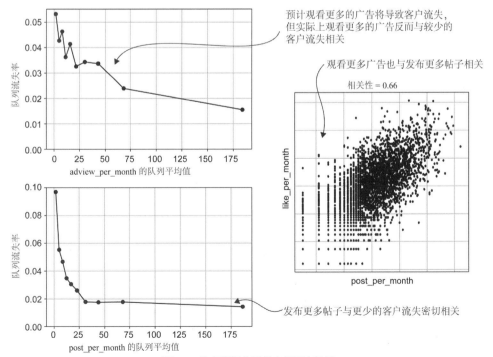

图 7-4　比率指标的模拟案例研究场景

在继续之前,应该使用模拟的客户流失数据和本书GitHub存储库中的代码重现图7-4所示的结果。这个任务是本章代码练习的第一步。通过重现图7-4,可以确认你的数据和指标已为接下来的内容做好准备。

你应该在第 3 章计算了每月观看的广告和每月发布的广告的指标。如果没有计算这些指标,那么在按照存储库的 README 文件中的说明设置环境后,可以使用以下 Python包装程序进行计算:

```
fight-churn/fightchurn/run_churn_listing.py --chapter 3 --listing 3 4 --version 1 2 3 4
5 6 7 8
```

如果运行第 5 章中的程序代码,应该已经创建了每月发帖的队列分析,如图 7-4 所示。如果没有,现在可以通过运行带有参数的 Python 包装程序来完成: --chapter 5 --listing 1。要为每月观看的广告创建新的队列分析,可以通过添加参数--version 3 来运行另一个版本的代码清单 5-1。所要添加的参数是--chapter 5 --listing 1 --version 3。

在第 6 章(代码清单 6-1)中重新创建"指标对"散点图也是如此。可以使用参数--chapter 6 --listing 1 --version 2 重新运行 Python 包装程序,从而重新创建图 7-4 所示的散点图。

7.1.2 如何计算比率指标

现在知道了比率指标是什么,接下来将介绍如何计算比率指标。图 7-5 使用少量样本数据说明了比率指标的计算。提到将一个指标除以另一个指标时,可以按照字面意思去理解。下面从已保存在数据库中的两个指标开始学习比率指标计算。要计算比率指标,需要逐个账户、逐个日期地去匹配两个指标。如第 3 章所示,假设在同一日期计算并保存了其他两个指标。对于每个账户和日期,比率是该账户在该日期的一个指标值除以同一日期该账户的另一个指标值。这个过程没有太多内容,但需要注意以下两个"陷阱":

- 分母指标必须大于 0。
- 分子指标可以为 0,但不应为负。到目前为止,还没有看到可能为负数的指标,但将在 7.3 节看到一些这样的指标。如果根据自己数据中的事件属性创建指标,可能已经获得负数的指标,例如货币总数可以是正数也可以是负数。

如果账户的比率计算中,分母的指标为 0,则比率为"未定义"。如果试图在任何编程语言中将一个数除以 0,会得到一个错误。如果有时某个值为负数,则该比率在数学意义上是可行的,但它缺乏其他两个指标的比率的通常含义:单位成本或一个事件相对于另一个事件的比率。排除以上两种情况,计算比率指标非常简单。

广告的浏览次数及发帖次数，
在数据库中已经完成计算

账户ID	日期	adview_per_month
1	2020-01-01	75
1	2020-02-01	50
2	2020-01-01	30
2	2020-02-01	20
3	2020-01-01	100
3	2020-02-01	90

账户ID	日期	post_per_month
1	2020-01-01	60
1	2020-02-01	45
2	2020-01-01	50
2	2020-02-01	45
3	2020-01-01	80
3	2020-02-01	110

计算比率：

(1) 匹配每个账户
的两个指标

(2) 将一个指标除
以另外一个指标

(3) 相除的结果
就是比率

账户ID	日期	相除	比率
1	2020-01-01	= 75/60 =	1.25
1	2020-02-01	= 50/45 =	1.67
2	2020-01-01	= 30/50 =	1.50
2	2020-02-01	= 20/45 =	1.67
3	2020-01-01	= 100/80 =	0.94
3	2020-02-01	= 90/110 =	0.68

图 7-5　计算比率指标的方法

　　代码清单 7-1 提供了一个计算比率指标的简短 SQL 程序，图 7-6 显示了几行输出。代码清单 7-1 所示的简短 SQL 程序还返回了指标的分子和分母，用于说明。否则，代码清单 7-1 中的计算策略与图 7-5 非常相似：两个 CTE 为用于形成比率的两个指标选择结果。最后的 SELECT 语句是 LEFT OUTER JOIN，分母位于左侧。因此，将在分母不为 0 的日期，为所有账户计算比率指标。先了解一下图 7-6。

account_id	metric_time	num_value	den_value	metric_value
3491	2020-05-10	15	13	1.15
3490	2020-05-10	5	8	0.63
3489	2020-05-10	11	18	0.61
3488	2020-05-10	11	8	1.38
3487	2020-05-10	20	18	1.11

指标值是分子
和分母的比值

SELECT 显示指标的分子和分母，以说明目的

图 7-6　运行代码清单 7-1 的结果

　　SQL 在语句中使用 CASE 语句作为计算的一部分，从而防止分母中的指标为 0。如果使用第 3 章的计数指标，数据库总不会存储 0，但最好还是通过检测技术避免除以 0，以防使用从其他系统导入的指标。使用 CASE 语句时，如果分母为 0，那么经过 CASE

语句计算,比率为0。该结果将与分子为0时得到的结果相同,这样一来,在防止出错的同时,得到了我们想要的数据。也就是说,在原始情况下,如果数据库中的分子不为0,而分母为0,那么将无法得到比率。但现在,通过CASE语句的转换,在流失分析数据集内,以前无法得到比率的账户,现在都可以使用0来作为比率(如第4章所述)。

注意 流失率分析数据集中存在缺失值,或在计算比率时有指标为0的账户,得到的比率都为0。

应该运行代码清单7-1并确认得到的结果与图7-6类似。如果使用包装程序来运行代码清单,使用参数--chapter 7 --listing 1:

```
fight-churn/fightchurn/run_churn_listing.py --chapter 7 --listing 1
```

代码清单 7-1 计算比率指标的 SQL

```
WITH num_metric AS(
  SELECT account_id, metric_time, metric_value AS num_value
  FROM metric m INNER JOIN metric_name n ON
    n.metric_name_id=m.metric_name_id
  AND n.metric_name = 'adview_per_month'         ◄──── 选择用作分子的指标
  AND metric_time BETWEEN '2020-04-01' AND '2020-05-10'
), den_metric AS(
  SELECT account_id, metric_time, metric_value AS den_value
  FROM metric m INNER JOIN metric_name n ON
    n.metric_name_id=m.metric_name_id
  AND n.metric_name = 'post_per_month'           ◄──── 选择用作分母的指标
  AND metric_time BETWEEN '2020-04-01'
      AND '2020-05-10'
)                                                ◄──── 匹配分子和分母的日期范围
SELECT d.account_id, d.metric_time,
  num_value, den_value,
  CASE WHEN den_value > 0                         ◄──── 当分母不是正数时,比率结果为0
    THEN COALESCE(num_value,0.0)/den_value
    ELSE 0                                        ◄──── 计算比率;如果分子为空,则用
  END AS metric_value                                  0代替
FROM den_metric d LEFT OUTER JOIN num_metric n   ◄──── 缺少分母时用0填充
  ON n.account_id=d.account_id
  AND n.metric_time=d.metric_time;
                                                 只要分母不为0,LEFT OUTER
选择分子和分母的值进行说明                          JOIN 就会生成结果
```

为了继续示例,还需要将结果保存到数据库中,但是由于代码清单7-1出于说明目的选择了指标的分子和分母,因此不适合将指标插入数据库中。代码清单7-1框架中一个预先编写的 SQL 语句可以完成这样的工作:insert_7_1_ratio_metric.sql(与 listing_7_1_ratio_metric.sql 相同。只是它使用 insert 插入数据,而不是将结果简单地列出)。要运行可以插入结果的代码清单7-1,将--nsert 标志添加到运行该代码清单的脚本的参数中。如果使用 Python 包装程序来运行代码清单,命令如下:

```
fight-churn/fightchurn/run_churn_listing.py --chapter 7 --listing 1 --insert
```

该插入显示了它使用的 SQL 语句,但它不会输出任何结果。你应该编写自己的 SELECT 语句来验证结果,或者更进一步,运行第 3 章(代码清单 3-6)中的指标 QA 查询来查看随时间推移的结果摘要。这种将指标插入数据库的模式,将在本章中重复出现。

- 为了便于说明,书中列出的代码清单包括额外的字段。
- 如果需要将指标保存在数据库中,以遵循示例要求,那么存储库中第二个版本的代码清单将执行插入操作。可以通过向包装器脚本添加--insert 标志来运行它。
- 说明性的代码清单储存在类似 listings/chap7/listing_7_ 的路径中,而写入数据库的代码清单储存在类似 listings/chap7/insert_7_ 的路径中。

将每个帖子的新广告这一指标保存到数据库后,应该分析它的相关性,以及与流失率的关系。记住,要运行队列分析,首先需要使用 SQL 重新导出流失数据集。将新指标(以及在本章中创建的所有其他指标)导出数据集的代码如代码清单 7-2 所示,它是在代码清单 4-5 的基础上修改的。

应该运行代码清单 7-2,从而保存一个新数据集,该数据集允许你对每个帖子的新广告指标运行队列分析。如果不记得代码清单 7-2 的工作原理,参考第 4 章,特别是代码清单 4-5,它们几乎完全一样。不要担心还没有创建代码清单 7-2 中的所有指标。你将在整章中逐渐创建。目前,没有创建的任何指标在数据集中都用 0 填充。

代码清单 7-2　导出带有第 7 章指标的数据集

```
WITH observation_params AS
(
    SELECT interval '7' AS metric_period,
    '2020-03-01'::timestamp AS obs_start,
    '2020-05-10'::timestamp AS obs_end
)
SELECT m.account_id, o.observation_date, is_churn,
SUM(CASE WHEN metric_name_id=0 THEN metric_value ELSE 0 END)
    AS like_per_month,
SUM(CASE WHEN metric_name_id=1 THEN metric_value ELSE 0 END)
    AS newfriend_per_month,
SUM(CASE WHEN metric_name_id=2 THEN metric_value ELSE 0 END)
    AS post_per_month,
SUM(CASE WHEN metric_name_id=3 THEN metric_value ELSE 0 END)
    AS adview_per_month,
SUM(CASE WHEN metric_name_id=4 THEN metric_value ELSE 0 END)
    AS dislike_per_month,
SUM(CASE WHEN metric_name_id=5 THEN metric_value ELSE 0 END)
    AS unfriend_per_month,
SUM(CASE WHEN metric_name_id=6 THEN metric_value ELSE 0 END)
    AS message_per_month,
SUM(CASE WHEN metric_name_id=7 THEN metric_value ELSE 0 END)
    AS reply_per_month,
SUM(CASE WHEN metric_name_id=8 THEN metric_value ELSE 0 END)
    AS account_tenure,
SUM(CASE WHEN metric_name_id=21 THEN metric_value ELSE 0 END)
        AS adview_per_post,
SUM(CASE WHEN metric_name_id=22 THEN metric_value ELSE 0 END)
    AS reply_per_message,
```

该代码清单的开头与代码清单 4-5 相同

新的指标从这里开始

```
SUM(CASE WHEN metric_name_id=23 THEN metric_value ELSE 0 END)
    AS like_per_post,
SUM(CASE WHEN metric_name_id=24 THEN metric_value ELSE 0 END)
    AS post_per_message,
SUM(CASE WHEN metric_name_id=25 THEN metric_value ELSE 0 END)
    AS unfriend_per_newfriend,
SUM(CASE WHEN metric_name_id=27 THEN metric_value ELSE 0 END)
    AS dislike_pcnt,
SUM(CASE WHEN metric_name_id=28 THEN metric_value ELSE 0 END)
    AS unfriend_per_newfriend_scaled,
SUM(CASE WHEN metric_name_id=30 THEN metric_value ELSE 0 END)
    AS newfriend_pcnt_chng,
SUM(CASE WHEN metric_name_id=31 THEN metric_value ELSE 0 END)
    AS days_since_newfriend,
SUM(CASE WHEN metric_name_id=33 THEN metric_value ELSE 0 END)
    AS unfriend_28day_avg_84day_obs,
SUM(CASE WHEN metric_name_id=34 THEN metric_value ELSE 0 END)
    AS unfriend_28day_avg_84day_obs_scaled
FROM metric m INNER JOIN observation_params
ON metric_time BETWEEN obs_start AND obs_end
INNER JOIN observation o ON m.account_id = o.account_id
    AND m.metric_time >(o.observation_date - metric_period)::timestamp
    AND m.metric_time <= o.observation_date::timestamp
GROUP BY m.account_id, metric_time, observation_date, is_churn
ORDER BY observation_date, m.account_id
```

　　创建新版本的数据集后，可以运行队列分析，从而查看它与客户流失的关系。运行代码清单时可以添加如下参数：--chapter 5 --listing 1 --version 5。使用这些参数运行 Python 包装程序可以创建队列图。

　　图 7-7 显示了这些分析的典型结果：每个帖子的广告比率越高，客户流失率就越高，而不是留存率越高。这一结果证实了一种直觉，即看到更多广告会对客户满意度产生一定的影响(或者更确切地说，这证实了模拟数据集设计的初衷，即观看更多广告会降低满意度)。但要了解观看广告的更多负面影响，必须把这个指标与导致客户满意度的其他行为的相关性分开。图 7-7 还显示了新的 adview_per_post 指标与每月原始广告和每月发帖之间的相关性。每个帖子的广告量与浏览广告次数呈弱正相关，与浏览帖子次数呈中度负相关(可以通过在新数据集上重新运行代码清单 6-2 进行观察)。

　　图 7-7 中的相关性对于许多比率指标都是典型的。比率与分子指标正相关是很自然的，因为当分子越大时，比率往往越大。该比率与分母指标呈负相关也正常，因为在其他条件相同的情况下，较大的分母会导致较低的比率。然而，精确的结果取决于两个指标本身之间关系的性质。如果查看真实案例研究，会发现结果与图 7-3 和图 7-7 所示的典型场景大相径庭。

通过将每月广告浏览量除以每月发帖数创建的指标 adview_per_post，与不断增加的客户流失相关

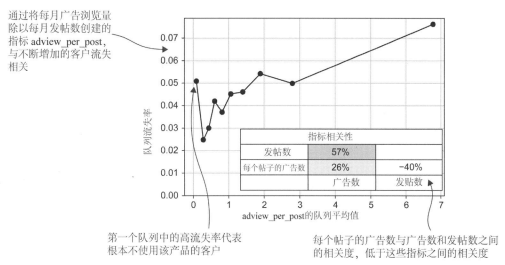

第一个队列中的高流失率代表根本不使用该产品的客户

每个帖子的广告数与广告数和发帖数之间的相关度，低于这些指标之间的相关度

图 7-7　指标 adview_per_post、客户流失和相关性分析的模拟案例研究

7.1.3　比率指标案例研究

比率指标不仅在分析导致客户流失的指标时很有用，而且有两种行为的关系与客户参与度和客户流失相关时也很有用。这里所说的两种行为的关系指的是两个指标之间哪个比另一个更大或更小，而不关心它们的具体值。本节包含更多来自案例研究的示例，从而展示这种行为间的关系。

两个指标的比率很重要的一种情况涉及"效率"。许多行为都存在这样一种关系：一个事件在一个过程中导致另一个事件的发生，并且这种事件发生的次数越多越好。图 7-8 显示了一个 SaaS 服务(Broadly)的示例，该服务帮助企业管理它们的在线业务。Broadly 跟踪系统中的客户和交易，并且交易始终与客户的注册数量有关，因此客户数量和交易数量自然相关(相关系数为 0.93)。单个客户的高频交易通常对企业有利。客户数量往往与平台上的客户参与情况以及企业是否成功密切相关。在图 7-8 中，Broadly 上每位客户交易量高于平均水平(得分大于 0.0)的企业流失率，明显低于每位客户交易量低于平均水平的企业。客户交易量高的企业可能更成功并且流失的可能性更低，因此它们不太可能与 Broadly 进行更多互动，从而再次提高客户参与度，并进一步降低客户流失率。

提示　如果一个事件在流程中位于另一个事件的下游，则下游事件的指标与前导事件的指标的比率可以视为流程的效率指标。

图 7-9 显示了一个案例研究，使用另一个来自 Broadly 的比率：调研请求接受比率。征求客户的意见是 Broadly 最重要的用途之一，而客户接受这类请求的比率是衡量产品使用效率的一个指标。这个比率也可以看作成功率，因为对活动的每次尝试要么成功要么失败。

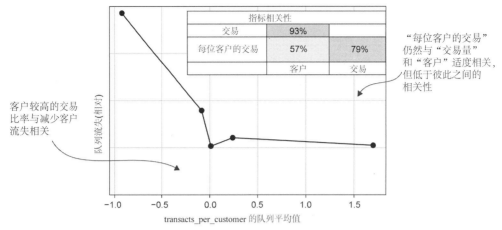

图 7-8 案例研究显示了 Broadly 每位客户的比率指标交易的队列分析

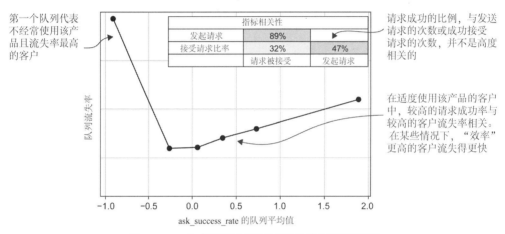

图 7-9 Broadly 调研请求接受比率的队列分析案例研究

图 7-9 可能会让你感到惊讶，因为它显示除了流失率最高的底部队列之外，增加的调研成功率与增加的流失率中度相关。这种模式是典型的脱离行为(参见第 3 章)。最底层的队列是那些指标为 0 的队列，因为它们没有或者很少使用该产品。但是对于使用该产品的客户来说，较高的调研接受比率与增加的流失概率相关，这可能令人惊讶，因为你可能期望更容易接受调研的客户不会出现太多的流失。但这种结果可能发生在具有特定用途的产品上。如果一位客户更快地获得成功，就会加速其流失。在这种情况下，大多数使用 Broadly 的企业都需要一定数量的评论来让企业看起来不错。有足够多的评论时，客户可能会有更高的流失风险，因为它实现了目标，不再需要 Broadly 提供的服务。当客户不太使用该产品时(排名垫底的队列)，Broadly 客户流失的风险最大。

提示 通过两个事件指标的比率可以定义一个成功率指标(其中第二个事件表示第一个事件是否成功)。

Klipfolio 是一家 SaaS 公司，允许企业通过在线仪表板创建关键指标。图 7-10 展示了

Klipfolio 另一种"效率"的案例研究：每月仪表板编辑的次数除以保存的次数。在这种情况下，该比率可能更适合描述为低效率比率，因为如果有大量编辑动作，而没有大量保存动作，可能表明客户需要付出更多努力才能达到他们可以接受的结果并且将其保存起来。图 7-10 显示，这种低效率的客户(在比率上得分很高)实际上比在这方面高效率的 Klipfolio 客户更容易流失。

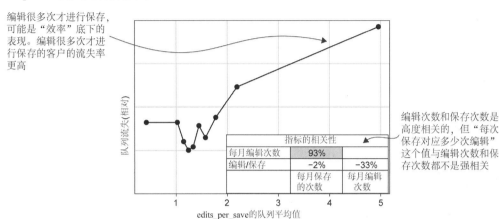

图 7-10　案例研究：对 Klipfolio 的 edits_per_save 比率进行队列分析

希望通过这些例子能让你对使用比率指标的情况有一些了解。它们是强大的工具！在接下来的部分将介绍一些不同的、更专门的比率。在本章的末尾，将回到这个问题上：这些比率的最佳应用场景，以及如何找到适合具体情况的比率指标。

7.1.4　模拟社交网络的其他比率指标

在继续学习之前，在模拟的社交网络数据集上尝试计算更多的比率指标。有很多指标时，将在 7.6 节详细说明如何选择这些比率指标。现在，简单介绍以下指标都测试了哪些有趣的关系：

- 每条帖子的回复数
- 每条帖子的点赞数
- 每条消息的发帖数
- 每新增一个好友，删除原有好友的数量

所有这些指标都可以通过代码清单 7-1 的新版本进行计算，可以在 Python 包装程序中使用以下命令运行该程序：

```
run_churn_listing.py --chapter 7 --listing 1 --insert --version 2 3 4 5
```

重要提示　如 7.1.2 节所述，必须已经完成比率的基础指标计算。

然后，作为练习，使用 Python 包装程序中的以下命令检查这些新的比率指标与流失率的关系，并使用新版本的指标队列图：

```
run_churn_listing.py --chapter 5 --listing 1 --version 11 12 13 14 15 16
```

第 8 章将介绍更多关于这些附加指标如何帮助你分析和预测客户流失的信息。

7.2 指标占比

百分比是比率的一种特殊情况：将部分测量值作为分子，将全部测量值当成分母。在只有两种可能结果的情况下，百分比指标可以用来制作更容易理解的比率。可以使用一组百分比指标来分析一组相关性指标之间的关系，其中每个指标用于测量一般行为的一种特定类型。

7.2.1 计算指标占比

图 7-11 说明了模拟的流媒体服务的典型情况，需要制作衡量占总数百分比的指标。该服务有 4 种类型的内容：动作片、喜剧、戏剧和浪漫影片。对于任何具有一项主要活跃行为和子类别的产品，每个活跃行为的计数与其他活跃部分高度相关。使用大量服务的客户倾向于使用所有服务。了解活跃行为的相对数量是否与客户参与和流失相关的方法是计算每个类别的比率指标：该类别中的活跃行为数量除以所有类别中的总活跃数量。如图 7-11 所示，所有类别的总数正是所有类别中事件的数量，百分比是每个类别中活跃行为的相对比例。

占总量的百分比是一种特殊的比率指标，因为它的计算方法与任何其他类型的比率指标一样(参阅代码清单 7-1)。百分比指标的不同之处在于，比例中的分母是代表类别的所有指标的总和。要生成这些比率，唯一需要的(除了代码清单 7-1 之外)是选择一个合适的总数作为分母。

提示 占总量的百分比揭示了一组密切相关的活跃行为之间的相对平衡。

你已经了解了以比率来计算其他指标的思想，下面是这种技巧应用的另一个领域。如果需要计算一个以比率为单位的不同类别的指标，则可以将所有指标的值汇总在一起作为分子。图 7-12 中总结的计算策略与比率指标的计算相似，其他指标计算的账户和日期必须匹配。一个重要的区别是，其他指标的总和可以作用于多个其他指标。图 7-11 显示了 4 个内容类别的 4 个指标，在一个真正的流媒体服务中可能会有更多指标。其他例子可以是不同类别的总购买数量以及不同地区的通话，参见 7.2.2 节的示例。

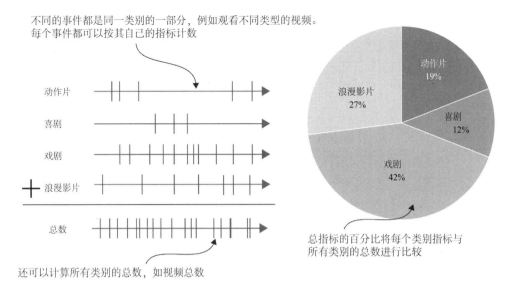

不同的事件都是同一类别的一部分，例如观看不同类型的视频。
每个事件都可以按其自己的指标计数

动作片

喜剧

戏剧

╋　浪漫影片

总数

还可以计算所有类别的总数，如视频总数

总指标的百分比将每个类别指标与
所有类别的总数进行比较

图 7-11　模拟的内容流媒体服务占总指标的百分比

数据库中已经计算了不同
类型视频的观看指标

账户ID	日期	action_view_per_month
1	2020–01–01	3
1	2020–02–01	5
2	2020–01–01	6
2	2020–02–01	6
3	2020–01–01	4
3	2020–02–01	2

账户ID	日期	comedy_view_per_month
1	2020–01–01	7
1	2020–02–01	8
2	2020–01–01	2
2	2020–02–01	1
3	2020–01–01	NULL
3	2020–02–01	4

账户ID	日期	drama_view_per_month
1	2020–01–01	NULL
1	2020–02–01	1
2	2020–01–01	4
2	2020–02–01	8
3	2020–01–01	3
3	2020–02–01	1

计算总数：

(1) 选择所有账户和
类别的指标

(2) 按账户和日期对
指标分组

(3) 通过对类别指标值
求和进行聚合

账户 ID	日期	相加	总数
1	2020–01–01	= 3+7 =	10
1	2020–02–01	= 5+8+1 =	14
2	2020–01–01	= 6+2+4 =	12
2	2020–02–01	= 6+1+8 =	15
3	2020–01–01	= 4+3 =	7
3	2020–02–01	= 2+4+1 =	7

图 7-12　总指标计算的百分比

计算其他指标总数的 SQL 语句如代码清单 7-3 所示,它显示了来自 GitHub 存储库的客户流失模拟中账户的"点赞"和"不喜欢"的总数。图 7-13 显示了典型输出。注意,出于说明目的,代码清单 7-3 选择了汇总指标的字符串聚合。总指标的 SQL 语句比图 7-12 中的计算更简单:当指标存在于列表中时,SQL 语句使用按日期和账户分组的 SUM 聚合。这种方法比使用 CTE 作为比率指标更容易(如图 7-12 所示)。还可以有更简单的方法,因为指标顺序无关紧要,并且 SQL 提供了标准的 SUM 聚合操作。

account_id	metric_time	etric_sum	metric_total	
1	2020-04-05	224 + 46	270	SUM 聚合结果是新指标的值
2	2020-04-05	17 + 38	55	
3	2020-04-05	242 + 46	288	
4	2020-04-05	41 + 254	295	
7	2020-04-05	99 + 10	109	

出于说明目的,SELECT将总和项显示为字符串

图 7-13 在来自 GitHub 存储库的默认模拟数据集上运行代码清单 7-3 的输出

代码清单 7-3 指标总和

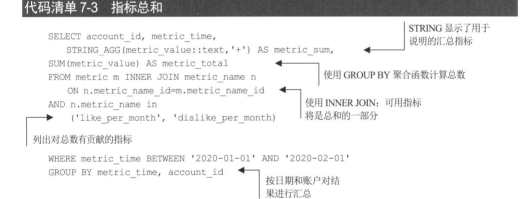

```
SELECT account_id, metric_time,
    STRING_AGG(metric_value::text,'+') AS metric_sum,
SUM(metric_value) AS metric_total
FROM metric m INNER JOIN metric_name n
    ON n.metric_name_id=m.metric_name_id
AND n.metric_name in
    ('like_per_month', 'dislike_per_month')

WHERE metric_time BETWEEN '2020-01-01' AND '2020-02-01'
GROUP BY metric_time, account_id
```

STRING 显示了用于说明的汇总指标

使用 GROUP BY 聚合函数计算总数

使用 INNER JOIN;可用指标将是总和的一部分

列出对总数有贡献的指标

按日期和账户对结果进行汇总

你可能想知道是否可以通过计算进入其他指标的事件总数,来直接计算其他指标的总数——使用 SELECT 计算多个事件类型,而不是添加不同事件类型的单独计数。答案是——可以这样做,并将得到相同的结果。添加预先计算的类别指标的优点在于,如果数据集很大,它可以比重新计算所有底层事件快得多。也就是说,添加预先计算的指标会给指标计算的顺序带来依赖性。你必须决定在特定情况下什么最有意义。

应该在使用本书 GitHub 存储库中的代码创建的模拟数据集上运行代码清单 7-3。如果使用的是 Python 包装程序,使用以下参数运行:

```
--chapter 7 --listing 3
```

你的输出不会完全相同，因为模拟数据是随机生成的。注意，为了说明，代码清单 7-3 选择了汇总指标的字符串聚合。要计算这样的指标并将其保存在数据库中，必须删除 SELECT 部分，并在 insert 语句中选择指标的 ID。

代码清单文件夹中代码清单 7-3 的预先编写 SQL 版本执行插入操作(插入版本的代码清单在相同的路径中，但文件名以 insert_7_3 开头而不是以 listing_7_3 开头)。通过将--insert 标志添加到运行列表的脚本的参数中，来执行用于插入的 SQL 语句。需要使用保存的结果才能继续执行示例程序。该代码清单显示了它使用的 SQL，但不会输出结果。你应该创建自己的 SELECT 语句，来验证结果或运行第 3 章(代码清单 3-6)中的 metric_qa 代码。

在保存总指标之后，仍然需要创建占总指标百分比的比率指标。为此，再次使用代码清单 7-1(比率指标)。带有参数的代码清单 7-1 的额外版本已经准备好了：分子指标是名为 dislikes_per_month 的指标，分母是使用代码清单 7-3 的插入版本创建的新指标(名为 total_opinions)。运行代码清单 7-1 时，通过添加参数--version 2 --insert 来运行该 insert 语句。修改后的命令为：

```
fight-churn/fightchurn/run_churn_listing.py --chapter 7 --listing 1 --version 2 --insert
```

7.2.2　案例研究：带有两个指标的总指标百分比

在为模拟中的总"点赞"和"不喜欢"创建总指标，和模拟客户"不喜欢"百分比的新指标后，应该为该指标完成新的流失队列分析。要针对"不喜欢"百分比执行队列分析，需要执行以下步骤：

(1) 使用参数 --chapter 7 --listing 2 重新运行代码清单 7-2。将带有新指标的数据集导出为.csv 文件。

(2) 使用版本参数 6、7、8(--chapter 5 Listing 1 --version 6 7 8)重新运行代码清单 5-1，创建新的队列分析。该代码将针对 3 个指标运行队列分析：每月点赞(喜欢)的次数，每月"不喜欢"的次数，"不喜欢"所占的百分比。具体参数如下：

```
--chapter 5 --listing 1 --version 6 7 8.
```

图 7-14 显示了该分析的典型结果。每月点赞(喜欢)的次数和每月"不喜欢"的次数与减少的流失率相关，并且这两个指标彼此相关，但"不喜欢"的百分比表明，"不喜欢"的百分比越高，客户流失的风险就越大。该分析的结果与 7.1.1 节介绍的广告浏览量分析在定性上相似。在该分析中，降低参与度的行为与提高参与度的行为是相关的，比率指标使这一事实更加明显。不同的是，这次使用的是百分比，而不是简单的比率。

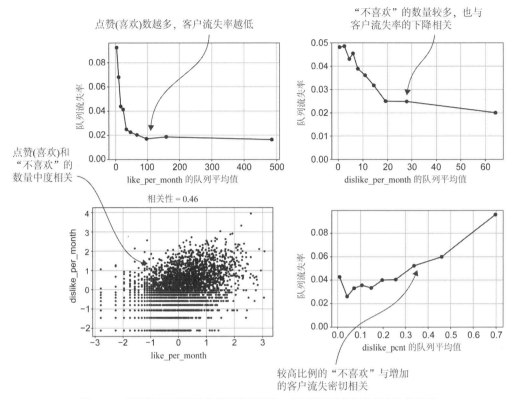

图 7-14 "不喜欢"百分比的模拟案例研究，从而说明总指标的百分比的使用

如果认为使用简单的("不喜欢"和点赞的)比率，结果不会有很大的不同，你是对的。所以为什么要纠结使用百分比呢？建议在这种情况下使用百分比而不是简单的比率是因为可解释性。因为点赞和"不喜欢"形成了一个类别，用百分比来描述这种关系更直观。我们的建议是如果对于"整体"来说，只有两个部分(如点赞和不喜欢)，那么使用百分比。如果在"整体"中不只有两个指标，那么使用简单的比率(如浏览广告和发帖)。

提示 当整体只有两部分(使用两个指标)时，使用百分比要比使用简单的比率更容易解释。

Broadly 也有类似的案例研究。图 7-15 显示了每月客户推荐者、每月客户批评者和批评者百分比的指标结果。客户推荐者事件发生在客户留下正面评论时，因此该事件有望为使用 Broadly 的企业提供价值，并降低客户流失的可能性，如图 7-15 所示。当客户留下差评时，就会发生批评者事件，这可能会让使用 Broadly 的企业感到不快，但似乎也与客户流失的减少有关。图 7-15 还显示了批评者百分比的流失率队列结果，这是批评者的数量除以推荐者和批评者的总数所得到的比率。高比例的批评者与客户流失率密切相关，而在研究期间，批评者比例最低的企业(大约 2%)客户流失率几乎为 0。

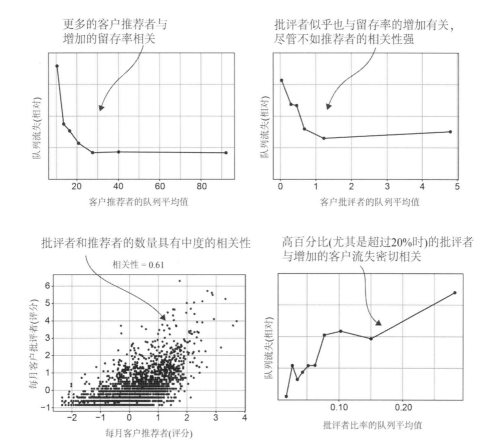

图 7-15 批评者百分比案例研究

7.2.3 带有多个指标的总指标百分比案例研究

总指标的百分比有助于使两个类别的比率更易于理解。当有许多子类别共同构成一个总体时，总指标的百分比确实会大放异彩。图 7-16 显示了综合电信提供商 Versature 的示例。Versature 在 4 个地理位置提供服务，在图 7-16 中标记为 1~4。通过观察图 7-16 中的相关性矩阵，所有 4 个区域的每月通话次数都呈中度至高度相关。

由于 4 个区域的通话时间之间存在相关性，尝试使用简单的计数指标来分析客户流失率只能表明一件事：客户通话时间越长，客户流失率越低。但是总指标的百分比(如图 7-16 右侧所示)可以提供更多信息。在区域 1 中，当百分比很高但不是最高时，流失率最低。区域 1 的通话时间最长，但当客户只在区域 1 拨打电话时，这些通话似乎会导致参与度下降。

区域 2 和区域 3 显示了与客户流失的关系，其中区域内中等百分比的通话客户流失率最低；太少或太多都会导致更高的流失率。

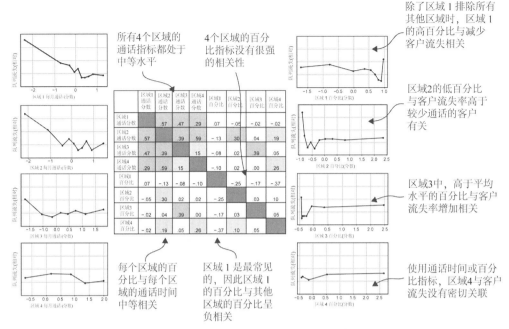

图 7-16 Versature 的区域百分比案例研究

同样如图 7-16 所示，所有 4 个区域的总指标百分比之间弱相关。由于区域 1 的通话时间最长，因此区域 1 的百分比与其他百分比指标呈弱到中度的负相关：区域 1 的高百分比通常会导致其他区域的通话看起来时间很短。总指标的其他 3 个区域百分比彼此之间以及与通话时间指标的相关性较弱，表明这些指标为了解客户参与度和流失率提供了新信息(与通话时间提供的信息不同)。

7.3 衡量变化的指标

到目前为止，你已经清楚在进行测量时如何测量客户行为。但是行为的变化量可以提供更多可参考的线索。要了解客户行为的变化与参与度和客户流失率之间的关系，需要专门为此目的创建更多的指标，然后使用已经掌握的技术分析变化指标。

7.3.1 衡量活跃水平的变化

因为已经根据日期序列计算了指标，所以通过查看客户的指标并比较当前值与之前的值，很容易看出客户的行为是否正在发生变化。如果指标上升，则行为正在增加；如果指标下降，则行为正在减少。该结果是在不同时间点计算指标的原因之一。但是，如果你想了解变化与客户流失和参与度之间的关系，需要将变化视为另一个自然实验，并将行为增加的客户与行为减少的客户进行比较。为此，会需要表示变化的指标，然后可以应用队列分析技术。

表示变化的指标是你所关心的主要指标的派生指标。因为已经了解了如何从其他指标制作指标，所以对这个思想应该不陌生。图 7-17 展示了测量两个账户登录次数变化的假设场景，并引入了百分比变化的概念作为指标。

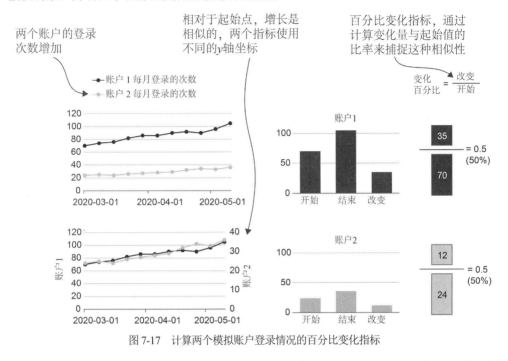

图 7-17　计算两个模拟账户登录情况的百分比变化指标

定义　百分比变化是衡量指标随时间变化的比率，用变化值除以周期开始时的指标值。

假设两个账户有不同的登录次数；一个账户的登录次数比另一个账户多得多。还假设两个账户的每月登录次数都在增加。如果查看登录次数随时间变化的程度，可能会发现对于开始时登录次数较多的账户，变化的幅度更大。也就是说，指标的变化大小与指标的水平相关。因为变化的大小通常与指标的起始水平相关，所以简单的差异并不是代表变化的最佳指标。如果在图表中查看登录次数的变化，可以看到这样的结果，其中每个账户使用自己的 y 轴刻度。如果允许每个账户有自己的规模，则它们的相对变化几乎相同。因为你已经了解到使用比率是一种重新调整指标从而强调相对变化的方法，所以可能会预料到当前这个示例的发展趋势。

这个比率计算对变化进行了测量，它与指标开始时的水平不太相关。从图 7-17 可以看出，这两个账户的百分比变化相同，这说明尽管它们的起始点存在很大的差异，但二者的增长是相似的。式(7.1)定义了百分比变化。

$$百分比变化 = \frac{指标_{@结束} - 指标_{@开始}}{指标_{@开始}} = \frac{指标_{@结束}}{指标_{@开始}} - 1.0 \tag{7.1}$$

在式(7.1)中，指标$_{@开始}$表示测量窗口开始时的指标，指标$_{@结束}$表示结束时的指标。式(7.1)也展示了一种简化的方法：百分比变化实际上是开始指标与结束指标的比率，减去1.0。这是因为这个分数可分解为：结束指标与开始指标的比率，减去开始指标与本身的比率。这种简化是基于这样一个事实：任何数字除以自身都等于1.0。

提示 使用百分比变化指标来了解行为是否发生了变化。不要在分析中直接包含指标的开始值或绝对变化值；这些值与结束指标值捕获的总体活跃水平相关。

为了使这个示例更加具体，图7-18显示了将百分比变化作为指标的计算细节。这个图延续了图7-17中的模拟登录示例，但有一个重要的区别：与其他指标一样，这个指标是在一系列日期上重复计算的。这种类型的计算有时称为滚动百分比变化计算。

在图7-18中，使用了4周的时间周期。对于每一周，使用式(7.1)来计算那一周的指标(作为结束指标)和4周之前的指标(作为开始指标)。如图7-18的右侧所示，由此产生的滚动百分比变化测量不是恒定的；它们的波动取决于基础指标的精确涨跌。在这两个指标几乎一致的时间段内，4周内百分比变化的增加幅度为5%~25%。

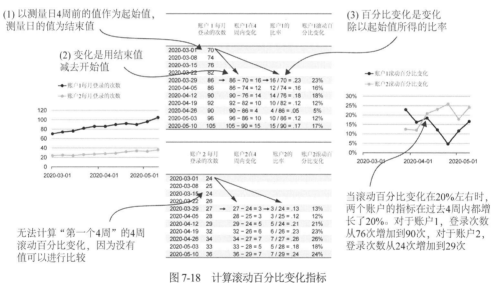

图7-18 计算滚动百分比变化指标

图7-19显示了用于计算百分比变化的SQL语句(代码清单7-4)的输出结果。图中显示了这个指标在本书中的新内容：负值。如果在阅读本书之前熟悉百分比变化，那么这个事实就不足为奇了。如果这个术语对你来说是新的，那么负的百分比变化意味着所讨论的指标在测量期间下降了。回想一下式(7.1)，百分比变化为：

$$\frac{指标_{@结束}}{指标_{@开始}} - 1.0 \tag{7.2}$$

当结束指标小于开始指标且分数小于1.0时，在减去1.0之后，百分比变化为负值。

account_id	metric_date	start_value	end_value	percent_change
1	2020-04-05	9	11	22%
1	2020-04-12	7	10	43%
1	2020-04-19	7	10	43%
...	...	...	...	...
2	2020-04-05	9	4	-56%
2	2020-04-12	11	1	-91%
2	2020-04-19	10	NaN	-100%

比率百分比
变化结果是
新指标的值

SELECT显示基础指标的开始值
和结束值，以便说明

图7-19　运行代码清单 7-4 得到的输出，结果为负值

因为百分比变化是一个比率指标减去 1.0，所以代码清单 7-4 类似于计算一个常规比率指标。代码清单 7-4 和常规比率计算之间的区别为：

- 分子和分母来自同一个指标，而不是两个不同的指标。
- 分母指标(起始值)是早于结束值的某个时间对应的指标(在本示例中为 4 周前)。在 JOIN 和 SELECT 语句中都必须考虑这个选择。
- 在代码清单 7-4(百分比变化)中，在最终计算时，从比率中减去数值 1。

代码清单 7-4　指标的百分比变化

```
WITH end_metric AS(
  SELECT account_id, metric_time, metric_value AS end_value          此CTE 选择分子
  FROM metric m INNER JOIN metric_name n                             所需要的所有指标
      ON n.metric_name_id=m.metric_name_id
  AND n.metric_name = 'new_friend_per_month'
  AND metric_time BETWEEN '2020-04-01' AND '2020-05-10'              此CTE 选择分母
), start_metric AS(                                                  所需要的所有指标
  SELECT account_id, metric_time, metric_value AS start_value
  FROM metric m INNER JOIN metric_name n                             对分子和分母使用
      ON n.metric_name_id=m.metric_name_id                          相同的指标
  AND n.metric_name = 'new_friend_per_month'
  AND metric_time BETWEEN
      ('2020-04-01'::timestamp -interval '4 week')                  按变化周期移动
      AND('2020-05-10'::timestamp -interval '4 week')              分母的日期
)
SELECT s.account_id, s.metric_time + interval '4 week',
  start_value, end_value,
  COALESCE(end_value,0.0)/start_value - 1.0                         百分比变化根据
    AS percent_change                                               式(7.1)进行计算
  FROM start_metric s LEFT OUTER JOIN end_metric e
    ON s.account_id=e.account_id                                    LEFT OUTER JOIN；如果结束指标
    AND e.metric_time                                               值为NULL，则变化为-100%
        =(s.metric_time + interval '4 week')
  WHERE start_value > 0                                             通过 JOIN 调整开始和
                                                                    结束之间的偏移量
基于最近的指标对应的时间来计算比率              防止将 0 作
                                       为分母的错误
```

还要注意，出于演示目的，代码清单 7-4 选择了计算中使用的开始值和结束值。如果将百分比变化作为保存在数据库中的指标来计算，则必须省略说明列，并包含一个带有指标 ID 的 INSERT 语句。你应该用 Python 包装程序，并以通常的方式运行代码清单 7-4，看到如图 7-19 所示的输出，然后用--insert 标志重新运行代码清单 7-4，将其保存到数据库中：

```
fight-churn/fightchurn/run_churn_listing.py --chapter 7 --listing 4 --insert
```

你可能想知道代码清单 7-4 的 COALESCE 中使用 start_value 作为第二个参数是否更有意义，这样当 end_value 为空时计算结果返回 0。但注意，由于存在 WHERE 子句，因此 start_value 必须大于 0。然后，如果没有 end_value，则将变化定义为–100%，因为从某个值(非零 start_value)变为"空"，所以对 end_value 使用 COALESCE 将给出正确的结果。

应该对你的新指标进行队列分析，从而了解"新加好友"的百分比变化。这些步骤与 7.1 节类似：

(1) 重新运行代码清单 7-2，重新导出数据集，包括新指标。

(2) 使用参数--version 9 运行代码清单 5-1，从而绘制"新加好友"百分比变化的队列分析。使用的命令如下：

```
--chapter 5 --listing 1 --version 9
```

图 7-20 显示了该分析的典型结果。发现每月"新加好友"数量显著下降的人群流失风险较高。

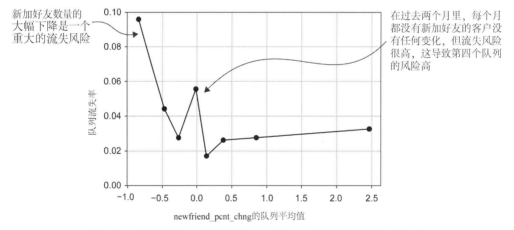

图 7-20   在客户流失队列案例研究中，模拟每个月新加好友的变化百分比

7.3.2   具有极端异常值(肥尾)的指标分数

百分比变化指标的一个问题是这些指标可能具有极值。这个问题在模拟数据中并不明显，因为模拟数据往往没有真实的人类行为那么极端。实际上，当分母很小(小于 1)时，任何比率都可能存在极值，因为这样比率的值会变得非常大。但是对于大多数常见的比

率，这个问题并不存在，因为单位成本和效率测量(如每个客户的交易量)等受到业务性质的限制，并且在业务逻辑中百分比在设计上必须为 0%~100%。当客户在某个指标的值较低，而下一个指标值很高时，百分比变化可能会很大。但是，如果客户从高指标值变为 0(或接近 0)，指标是否会变为负值? 不完全是: 可能存在的百分比变化最低值为–100%，因为这是任何非零指标变为 0 时的百分比变化值。

图 7-21 显示了来自模拟社交网络和 Versature 案例研究的百分比变化指标分布的测量结果。要重现案例研究的统计数据，使用 Python 包装程序:

(1) 使用参数--chapter 7 --listing 2 重新运行代码清单 7-2，从而将数据集的一个版本导出到 CSV 文件，其中包含新指标。

(2) 使用参数--chapter 5 --listing 2 --version 2 重新运行代码清单 5-2，从而保存数据集汇总统计表。

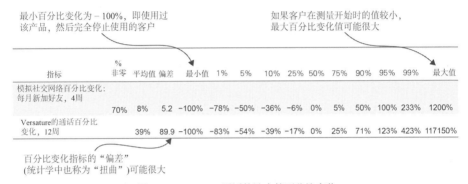

图 7-21 Versature 通话统计中的百分比变化

结果将包括图 7-21 第一行所示的新加好友的模拟指标变化百分比。来自模拟的值不会太极端，因为百分比变化使用 4 周作为时间周期，模拟的客户数据没有那么大的变化。然而，最大值为 1200%，这表明至少有 1 个客户从每月新增 1 个好友变成每月新增 12 个好友; 最小值为-100%，正如之前解释的那样。

Versature 案例研究指标更接近实际客户数据: 最小值也是-100%，最大值是 117150%。增长了 11 000 倍。数据集中的某个区域有一个客户，他从 3 个月前的每月一通电话增长到 12 周后的 11 715 次——这是一个大客户在百分比变化测量开始时启动服务的极端案例。变化的第 99 个百分位数是 423%，这意味着 99%的客户增长不到 4.23 倍。

另一个需要注意的点是，中位数变化为 0%(图 7-21 中的"50%"列中显示的第 50 个百分位数)。增加通话次数和减少通话次数的客户数量大致相同。这个结果通常发生在百分比变化指标中。如果只看平均值，可能不会意识到这个事实，平均值通常大于 0%。图 7-20 中的模拟百分比变化指标和 Versature 的百分比变化指标都是这种情况。当相同数量的客户具有积极和消极的变化指标时，平均值大于 0%的原因是，积极的变化百分比指标可能比消极的变化百分比指标的量级大得多。

在图 7-21 中还需要注意的是，模拟数据的偏差(倾斜)在 5 左右，而真实数据的偏差(倾斜)可能接近 90。正如在第 5 章所提到的，偏差意味着大多数指标值聚集在一起，但也有一些超出了范围。5 的偏差值为中度倾斜；90 的偏差值是高度倾斜的。当一个指标高度倾斜时，应该把它转换为分数，以便更容易理解队列分析(参见第 5 章)。

但有一个问题。如果指标值为 0 或负值，但是百分比变化通常为 0 或负，就不能使用分数转换的偏差指标。为了解决这个问题，可以使用另一个评分公式，我们将其称为肥尾公式，在负向和正向都存在极端异常值时，它可以将指标转换为分数。同时具有正极值和负极值的情况称为肥尾，因为肥尾指的是分布的极值。当一个分布是正态分布或尾部较细时，最极端的值相对于分布的中间值不会过于极端。如果一个指标的分布有肥尾，则极值离范围的中间更远，并且有更多的极值。

式(7.3)显示了肥尾分数公式：

$$分数(指标) = \frac{m' - \mu_{m'}}{\sigma_{m'}}$$

其中

$$m' = \ln(m + \sqrt{m^2 + 1}) \tag{7.3}$$

式(7.3)与第 5 章中的评分公式(式(5.1))格式相同：将对指标进行转换，然后减去平均值并除以转换指标的标准差。在式(7.3)中，$\mu_{m'}$代表变换指标 m'的分布均值，$\sigma_{m'}$ 代表变换指标的标准偏差。

肥尾评分公式中的指标转换与常规评分公式只有微小的差异：式(7.3)的第二部分表明，转换后的指标 m'是通过对原始指标 m 加上原始指标的平方+1 后取平方根，将得到的结果再取对数而产生的。回想一下，在第 5 章的评分公式中，使用了原始指标+1(没有平方或平方根)然后取对数。

对于科学家和数学家来说，带有对数的式(7.3)的后半部分也被称为反双曲正弦变换，这个词很拗口，不需要记住。这种变换用于某些类型的工程和几何计算。不管怎么称呼它，肥尾分数转换是转换有极值的指标的最佳方案。

提示 使用肥尾转换从有正负极值的指标创建分数。

代码清单 7-5 更新了代码清单 5-3，从而包含肥尾分数转换(第 5 章跳过了这个额外的复杂性，因为那时还不需要这样的转换)。扩展后的代码清单完成了同样的事情，并且对带有负值的偏差列进行额外检查。如果存在这样的列，除了对偏差列和非偏差列进行常规的分数转换外，还将应用式(7.3)定义的分数公式。

注意 对肥尾指标的另一种测试是检查被称为峰度的高值，这是一种用于检测肥尾分布的度量指标。为了简单起见，本书没有提及它，因为在客户流失的场景中，肥尾指标也存在偏差。

代码清单 7-5　计算带有肥尾的评分指标

```python
import pandas as pd
import numpy as np
import os

def transform_skew_columns(data,skew_col_names):
    for col in skew_col_names:
        data[col] = np.log(1.0+data[col])

def transform_fattail_columns(data,fattail_col_names):
    for col in fattail_col_names:
        data[col] = np.log(data[col] +
                    np.sqrt(np.power(data[col],2) + 1.0))

def fat_tail_scores(data_set_path,
                    skew_thresh=4.0,**kwargs):
    churn_data =
        pd.read_csv(data_set_path,index_col=[0,1])
    data_scores = churn_data.copy()
    data_scores.drop('is_churn',inplace=True, axis=1)

    stat_path = data_set_path.replace('.csv', '_summarystats.csv')
    assert os.path.isfile(stat_path),'You must running listing 5.2 first to
        generate stats'
    stats = pd.read_csv(stat_path,index_col=0)
    stats.drop('is_churn',inplace=True)

    skewed_columns=(stats['skew']>skew_thresh) &(stats['min'] >= 0)
    transform_skew_columns(data_scores,skewed_columns[skewed_columns].keys())

    fattail_columns=(stats['skew']>skew_thresh)
        &(stats['min'] < 0)

    transform_fattail_columns(data_scores,
                            fattail_columns[fattail_columns].keys())

    mean_vals = data_scores.mean()
    std_vals = data_scores.std()
    data_scores=(data_scores-mean_vals)/std_vals
    data_scores['is_churn']=churn_data['is_churn']

    score_save_path=data_set_path.replace('.csv','_scores.csv')
    data_scores.to_csv(score_save_path,header=True)

    print('Saving results to %s' % score_save_path)
    param_df = pd.DataFrame(
        {'skew_score': skewed_columns,
         'fattail_score': fattail_columns,
         'mean': mean_vals,
         'std': std_vals}
```

包装代码清单 5-3 中的偏差数据转换

偏差分数的变换

使用肥尾遍历所有的列

肥尾数据的新转换

应用肥尾分数公式(公式 7.2)

使用 kwargs 忽略默认列表参数

大部分代码与代码清单 5-3 相同

当偏差较高且存在负值时的肥尾分数

该重新缩放与代码清单 5-3 相同

保存转换的列和参数

```
)
param_save_path=data_set_path.replace('.csv','_score_params.csv')
param_df.to_csv(param_save_path,header=True)
print('Saving params to %s' % param_save_path)
```

你可以通过对 Python 包装程序进行以下调用，来尝试在自己的数据上运行代码清单 7-5：

(1) 如果还没有这样做，则使用--insert 标志运行代码清单 7-4 以保存新指标。

(2) 重新运行代码清单 7-2 以重新创建并保存数据集，使用参数--chapter 7 --listing 2。此数据集包含新的百分比变化指标。

(3) 运行代码清单 7-5 以创建分数数据集，使用参数--chapter 7 --listing 5。

(4) 使用参数--chapter 5 --listing 2 --version 2 重新运行代码清单 5-2，以检查分数统计信息。

图 7-22 显示了使用来自 Versature 的数据进行通话的百分比变化分析。对于本案例研究，指标是在过去 12 周内测量的每月通话数量的百分比变化。通话数量减少最多的队列显示出较高的客户流失风险。由于该指标是在客户流失前，提前期更长的时间点测量的，因此该指标可能不是第 4 章中讨论的客户流失先导指标。也就是说，如果在客户即将续订的前 2 周，看到他们的使用量比 3 个月前下降了，那么很有可能他们已经下定决心离开了。另一方面，距离真正的续约还有 2 周时间，如果存在问题，可能还有时间解决。

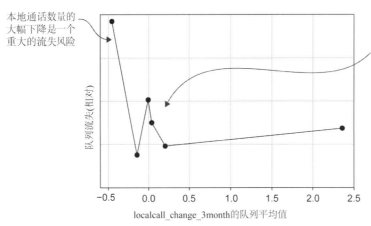

图 7-22　Versature 通话百分比变化的流失队列案例研究

7.3.3　测量自上次活跃事件发生以来的时间

百分比变化是了解客户行为是下降还是增加的好方法。一个常用的相关性指标是自上次活跃事件发生以来的时间。自上次活跃事件发生以来的时间并不是行为变化的衡量指标，但它与客户当前行为与过去行为的比较有关。特别是，通过观察这个指标可以将新近不活跃的客户与很久之前已经不活跃的客户区分开。

图 7-23 通过一个关于一个账户事件的 Series 简单示例说明了这一概念。每当计算指标时，自上次活跃事件以来的时间是测量日期之前的最近事件发生的时间与测量日期之

间的时间间隔。如果客户在测量当天有事件发生，则该指标为 0。如果客户在很长一段时间内没有事件发生，则该指标每天都会增加 1，直到发生新的事件。

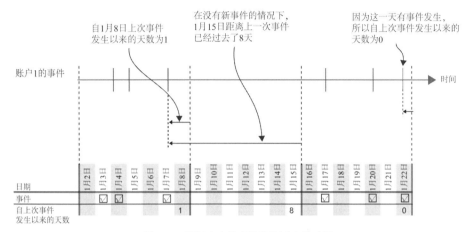

图 7-23　测量自上次事件发生以来的时间

像我们使用的所有指标一样，手动计算自上次活动以来的时间会很乏味。幸运的是，使用 SQL CTE 和聚合函数进行计算并不难。图 7-24 显示了一个典型的 SQL 输出示例，它计算自上次事件发生以来的天数。注意，为了便于说明，这个输出包括 SELECT 语句中最后一个事件发生的日期。

account_id	metric_date	last_date	days_since_event
0	2020-05-03	2020-02-14	79
0	2020-05-10	2020-02-14	86
1	2020-05-03	2020-05-03	0
1	2020-05-10	2020-05-10	0
2	2020-05-03	2020-03-20	44
2	2020-05-10	2020-05-06	4
3	2020-05-03	2020-05-03	0
3	2020-05-10	2020-05-10	0

新指标的值为自上次事件发生以来的天数

出于说明目的，SELECT 会显示最后一个事件发生的日期

图 7-24　运行代码清单 7-4 得到的结果。对于每个账户和日期，选择最后一个事件发生的日期进行说明；指标值是从最后一个事件发生日期到测量日期之间的天数

代码清单 7-6 给出了计算自上次事件发生以来经过天数的 SQL 程序。基本策略是对事件发生时间(限定为测量日期之前的事件)使用 MAX 聚合函数来查找所有最近的事件。最近的事件日期存储在 CTE 中。之后，指标是该事件发生日期和测量日期之间的差值。

这个计算中唯一复杂的是，对于所有指标，计算是同时针对一系列测量日期执行的。该查询不是只查找每个账户的最后一个事件发生日期，而是查找每个账户的一系列"最后事件发生日期"。

你应该在模拟数据集上运行代码清单 7-6，遵循 Python 包装程序的常规模式，并确认输出结果类似于图 7-24。同样遵循通常的做法，要在数据库中插入指标，需要删除说明性列(额外的列)，并在插入语句中包含指标名称 ID。GitLab 存储库中包含一个代码清单，可以将--insert 标志作为参数传递给运行代码清单的包装程序：

```
fight-churn/fightchurn/run_churn_listing.py --chapter 7 --listing 6 --insert
```

代码清单 7-6   用于测量最后事件发生间隔时间的 SQL

```
WITH date_vals AS(                      ◄───────  用于计算指标的一系列日期的 CTE
  SELECT i::date AS metric_date
    FROM generate_series('2020-05-03', '2020-05-10', '7 day'::interval) i
),
last_event AS(                          ◄───────  用于临时结果的 CTE：最后一个事件发生的日期
    SELECT account_id, metric_date,
        MAX(event_time)::date AS last_date    ◄──── 通过 MAX 聚合函数
    FROM event e INNER JOIN date_vals d            选择最后一个日期
    ON e.event_time::date <= metric_date  ◄──── 使用截止每个测量日期的
    INNER JOIN event_type t                       最后一个事件发生的日期
        ON t.event_type_id=e.event_type_id
    WHERE t.event_type_name='like'        ◄──── 选择要测量的事件
    GROUP BY account_id, metric_date     ◄──── 汇总每个账户和日期
)
SELECT account_id, metric_date,
last_date,
metric_date - last_date AS days_since_event  ◄──── 出于说明目的，选择最后
FROM last_event                                    一个事件发生的日期
            结果为自上次事件
            发生以来的天数
```

运行带有插入指标的代码清单 7-6 后，可以重新生成数据集并对其进行队列流失分析。按照如下方式运行 Python 包装程序：

(1) 使用 insert 标志运行代码清单 7-6，以保存新指标：--chapter 7 --listing 6 --insert。

(2) 重新运行代码清单 7-2 来重新导出数据集：--chapter 7 --listing 2。

(3) 使用代码清单 5-1 的第 10 个版本，运行新的队列分析：--chapter 5 --listing 1 --version 10。

图 7-25 显示了队列分析的结果。距离上一次新加好友的事件超过 5 天左右的时间会增加客户流失的风险。风险的增加是渐进的，但对于没有添加好友天数最多的队列，客户的流失风险非常明显。

图 7-26 显示了自上次 Klipfolio 仪表板编辑以来的天数的流失队列分析。在实际案例研究中，自上次编辑后的天数是流失风险的重要预测指标：当这个天数小于 1 个月时，流失的风险大幅度增加。与模拟数据不同，自活跃事件以来间隔时间最长的队列中，风险仅中度增加。

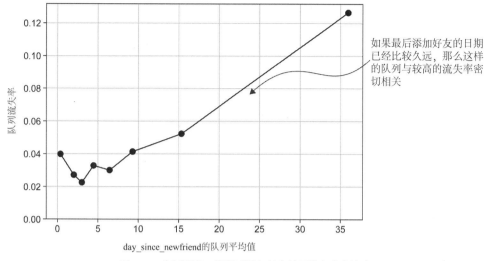

图 7-25　案例研究：距最后添加好友的天数与客户流失

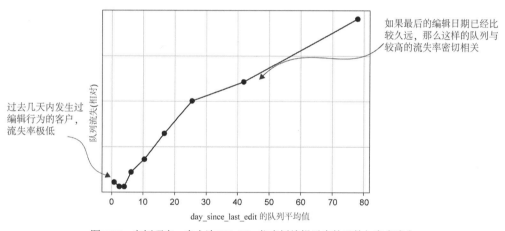

图 7-26　案例研究：自上次 Klipfolio 仪表板编辑以来的天数与客户流失

当客户长时间不活跃时，可能会忘记订阅。在这一点上，一些从业者认为，减少客户流失的最佳策略是什么都不做，不提醒客户他们有订阅。这是一个合理的假设，虽然是一个有点可疑的商业策略：依靠人们忘记你来提高留存率。对所有的事件来说，图 7-26 并没有表明距离最后一次操作的时间变长时，流失风险会降低。对很久不使用服务的人进行干预是否会带来积极的投资回报，是任何正在考虑采用这种方法的公司都必须根据经验回答的问题。

7.4　缩放指标时间段

在第 3 章，学习如何计算行为指标时曾建议根据事件的频率缩放简单指标的测量窗口，对罕见事件使用更长的测量窗口。这个建议很好，但它导致了几个问题：

● 为不同的事件选择不同的测量窗口将会令人困惑。
● 如果你对罕见事件使用较长的测量周期，则必须等待很长时间才能正确观察客户。如果想制作像 7.3 节介绍的百分比变化指标，这个问题就会变得更加复杂。

本节介绍了通过缩放技术将测量从一个时间框架扩展到另一个时间框架来解决这两个问题。这些技术类似于在第 2 章学习的流失率缩放，但它们对指标的处理方式与对流失率的处理方式略有不同。

7.4.1　将较长周期的指标转换为较短的引用周期指标

对不同的指标使用不同的测量周期可能会令人困惑，尤其是在有很多事件的情况下。所有测量值都在相同的范围内时，比较行为会更容易。

警告 报告中如果存在不同时间尺度的大量测量指标，往往会使人们感到困惑。

如何协调这个建议和第 3 章使用长时间框架来衡量罕见事件的建议？这很简单：可以在不同于你之前进行测量的窗口上，描述行为测量。图 7-27 说明了这个概念。从本质上讲，将指标描述为每个月的平均计数，而不是多个月的总数。

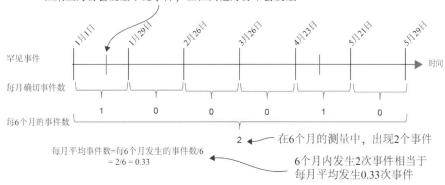

图 7-27　将长期计数指标转换为短期平均计数

例如，可以衡量 1 年内的行为，但通过将 1 年中测得的数字除以 12，将其转换为月度值，因为每月的平均事件数是每年的事件数除以 12。这个想法与缩放流失测量(第 2 章)相同，但数学算法更简单。不需要任何关于存活率的复杂推理来缩放标准行为指标。在这里直接使用乘法和除法。

提示 不要将进行平均行为测量的时间段与选择描述行为的时间段混淆。时间段不必相同。可以在一个时间范围内描述所有指标，即使这些指标是在不同长度的时间窗口中测量的。

式(7.4)显示了将在任何测量时间段(TMeasure)中获取的事件计数转换为在任何其他时间段用于描述行为(TDescribe)的平均值所需的乘法和除法。

$$平均值_{\text{TDescribe}} = \frac{T_{\text{describe}}}{T_{\text{Measure}}} 计数_{\text{TMeasure}} \qquad (7.4)$$

将该公式代入按月描述的年度测量的简单示例中，比率是 4 周(1 个月)的描述周期除以 52 周(1 年)的测量周期，即 1/13。如果你喜欢用天来计算，就是 30.4(1 个月的平均天数)除以 1 年的 365 天，也是 1/13。记住，无论这些单位是天、月还是年，描述和计数的时间段都必须使用相同的单位。

那么，如何用测量值实时计算时间周期缩放？代码清单 7-7 显示了每个周期行为指标的事件(与代码清单 3-2 相似)，它自动将指标转换为按月描述周期的平均值。

式(7.4)也适用于事件属性的总和，例如花费在某些活动上的总时间。但是缩放不是必须的； 事实上，如果指标是事件属性的平均值，这是不正确的。例如，如果事件是"应用内购买"，并且想要衡量平均购买金额，则此指标不依赖于进行测量的时间长度，因为事件属性的平均值被定义为每个事件的测量，尽管可以在更长的时间框架内测量它。

警告 不要使用事件属性的平均值作为时间尺度指标。只有计数或总和指标可以在时间尺度上进行缩放。

应该像往常一样使用 Python 包装程序来运行代码清单 7-7(运行代码清单时，使用参数：--chapter 7 --listing 7)。图 7-28 所示为一个典型的运行结果。

代码清单 7-7　缩放每个账户指标的事件数量

```
WITH date_vals AS(                              ← 该 SQL 与代码清单 3-2 大体相同
    SELECT i::timestamp AS metric_date
    FROM generate_series('2017-12-31', '2017-12-31', '7 day'::interval) i
)
SELECT account_id, metric_date, COUNT(*) AS total_count,
(28)::float/(84)::float * COUNT(*) AS n        ← 计数范围从 84 天转换到
FROM event e INNER JOIN date_vals d              28 天
ON e.event_time <= metric_date
AND e.event_time > metric_date - interval '84 day'  ←
INNER JOIN event_type t ON t.event_type_id=e.event_type_id
WHERE t.event_type_name='unfriend'                  84 天的计数
GROUP BY account_id, metric_date
GROUP BY account_id, metric_date;
```

account_id	metric_date	total_count	unfriend_28day_avg_84day_obs
0	2020-04-01	2	0.67
1	2020-04-01	4	1.33
5	2020-04-01	1	0.33
8	2020-04-01	2	0.67
10	2020-04-01	2	0.67
14	2020-04-01	1	0.33

总计数除以3(84/28)
得到指标的值

出于说明目的，通过SELECT显示总数

图 7-28 代码清单 7-7 的输出示例

注意，代码清单 7-7 包含一个总数字段(列)，用于解释说明。要将此类指标插入数据库，需要删除该字段，将其替换为指标名称 ID，然后添加 INSERT 语句。像往常一样，本书存储库还包含一个用于插入指标的代码版本，可以将--insert 标志添加到执行命令来运行代码清单:

```
fight-churn/fightchurn/run_churn_listing.py --chapter 7 --listing 7 --insert
```

将代码清单 7-7 中的 unfriend_per_month 指标插入数据库后，执行以下步骤来检查结果:

(1) 使用以下参数重新运行代码清单 7-2，重新生成数据集: --chapter 7 --listing 2。

(2) 使用以下参数重新运行代码清单 5-2，重新运行数据集汇总统计信息: --chapter 5 --listing 2 --version 1。

图 7-29 显示了原始 unfriend_per_month 指标的汇总统计结果和 84 天的新平均每月取消好友数量(unfriend_28day_avg_84day_obs)的典型结果。新的平均值中有 50%的非零测量账户，但原始计数中非零账户仅有 26%。与此同时，平均值和百分位数相似，而不是 3 倍的关系，因为指标是在 3 倍长的时间框架内测量的。事实上，新的指标更低:不仅均值更低，而且分布的分位数也更低。想想为什么会这样(将在 7.4.2 节找到答案)。

指标	计数	非零值	平均值	标准差	偏差	最小值	1分位数	25分位数	50分位数	75分位数	99分位数	最大值
unfriend_per_month	25168	26%	0.31	0.56	1.78	0	0	0	0	1	2	4
unfriend_28day_avg_84day_obs	25168	50%	0.24	0.29	1.27	0	0	0	0.33	0.33	1	2

具有长时间观察窗口的指标，
对于更多账户具有非零结果

对于84天的指标，大于0的最小值为0.33，
对应于84天观察期内的一个事件

图 7-29 在短时间和长时间内测量的罕见模拟事件的统计数据比较

使用观察期比描述期更长的指标的另一个好处是，当客户活动发生临时变化时，以这种方式估计的指标相对稳定。例如，如果你用 1 个月的时间来衡量某些行为，休假 2 周的客户可能看起来活动水平较低。同样，一些客户可能会经历短暂而激烈的活动期。无论哪种情况，如果衡量 3 个月内的平均行为，临时变化不会产生太大影响。

但是，对指标使用长观察期的一个缺点是，指标不再反映最新的行为变化。在较长的观察期内，当行为发生变化时，这种变化需要更长的时间才能反映在指标中。处理这种情况的最佳方法是结合使用针对大多数行为的长观察窗口指标和一些衡量行为百分比变化的指标。这样，就可以对平均行为水平进行稳定的估计，同时有一些指标可以迅速揭示最新的变化。

衡量长期行为指标的另一个重要问题是衡量新账户。任何测量窗口都存在该问题，但当测量窗口较长时，问题会更加严重。如果账户使用服务的时间很短(比测量周期短)，测量无效。假设一位老客户每月只有一次登录，则是产品的轻度使用用户，并且有流失的风险。昨天加入的新客户在过去 1 个月也只有 1 次登录，但这与老客户每月只有 1 次登录意义不同。

注意　对新客户进行的事件计数测量与在整个测量期间都存在的普通账户的测量是不可比较的。

这种情况通常适用于在首次续订时衡量的客户。对于每月续订的订阅，由于在续订前观察客户需要提前观察期(如第 4 章所述)，因此在 2~3 周后对数据集中的客户进行首次测量。如果你使用 4 周作为指标测量周期，新客户只存在于整个周期的后 1/2~3/4，他们的指标可能被低估。如果使用超过 1 个月的指标观察期，这个问题会被放大。第 1 次续订很关键，所以你不要犯这种错误。

7.4.2　估算新账户的指标

如前所述，在数周或数月内衡量的任何指标对于刚使用该产品的新账户均无效。幸运的是，有一个直接的方法来解决这个问题，该方法与 7.4.1 节中介绍的平均值技术相同：可以使用比你描述的平均值更短的时间周期来估计平均值。这种技术类似于计算较长时间段的平均值，并将其转换为较短的时间周期。图 7-30 说明了这个概念。

其思路如下：假设一个账户使用某个产品已有 2 周，每个月有 10 次登录事件。你不知道 4 周后会有多少次登录，但可以做一个有根据的猜测：4 周后的登录次数应该是前 2 周的 2 倍。这个想法可以扩展到在任何更短的时间周期内的测量，从而估计在更长的时间周期内测量的平均值将会是多少。

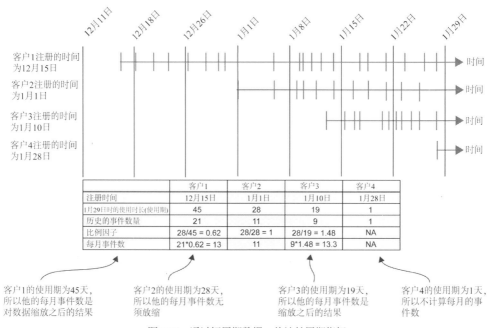

图 7-30　通过短周期数据，估计长周期指标

需要注意的是针对新客户的计算：如果一个账户刚注册，并在 1 天后登录了 1 次，那么估计 28 天后会有 28 次登录有意义吗？表面上看是有意义的，但实际上并非如此。问题是，如果对很短的时间长度(如 1 天)进行估算，那么估算的结果与实际值将会有较大的误差。假设客户在注册 1 天后登录 1 次，你估计每个月有 28 次登录。但是第二天，客户没有登录，所以估计变成是 14 次/月(两天内登录 1 次意味着 28 天内登录 14 次)。这会导致 logins_per_month 指标估计值大幅跃升。这种波动在仅根据几天的数据做出的估计中很常见。通常需要至少 5~10 天的数据才能对整月的数据进行估计。在第 3 章，介绍过大多数客户的行为遵循以周为单位的周期，所以一般来说，应该使用以下规则：

- 除非观察了至少 1 周的行为(最好是两周)，否则不要对 1 个月的平均值进行估计。
- 类似地，在估计季度或年度数据之前，需要至少有 1 个月或更长时间的数据。

式(7.5)提供了估计新账户计数指标的数学方法和逻辑，其中还包括 7.4.1 节中学习的平均计数的缩放技术。式(7.5)中的计数 $_{Tmeasure}$ 是指事件的实际跟踪计数，式(7.5)中有 3 个时间周期参数：

- Tmin 是账户接收此指标估计值的最短期限(月度指标为 1~2 周，年度指标为 2~3 个月)。
- Tdescribe 是用于描述平均值的时间段(4 周)。
- Tmeasure 是用于进行测量的时间段(对于老客户)。

同样，在式(7.5)中，基于订户使用期有 3 种情况：

- 如果使用期小于 Tmin，则不计算指标值。

- 如果使用期大于 Tmin 但小于描述指标的时间周期，则按描述时间段与账户使用期的比率，按比例增加计数。这个计数是估计的平均值。
- 如果使用期大于描述周期，则按描述周期与使用期的比率，按比例缩小计数。此计数是在较长时期内计算的平均值。

If 使用期< Tmin

$$平均值_{Tdescribe} = NULL$$

Else If Tmin <=使用期<= Tdescribe

$$平均值_{Tdescribe} = \frac{Tdescribe}{tenure} 计数_{Tmeasure}$$

Else

$$平均值_{Tdescribe} = \frac{Tdescribe}{Tmenure} 计数_{Tmeasure} \tag{7.5}$$

式(7.5)中的第三种情况与式(7.4)中的相同。这个公式添加了第二种情况下的逻辑，使用账户使用期。

代码清单 7-8 给出了对指标使用式(7.5)的 SQL。这个指标与以前见过的指标稍有不同：它使用账户使用期指标(假设已经保存在数据库中)，同时，它对事件进行计数。保存的账户使用期指标定义计算新事件计数指标的日期顺序，账户使用期的值将在计算逻辑和指标缩放时使用。

你可能希望代码清单 7-8 中有一个 IF 或 CASE 语句来实现式(7.5)中的案例逻辑。但这个逻辑在两个不同的地方实现。

- 针对使用期小于最小值的账户应该没有结果的情况，可以使用 WHERE 子句来实现，即使用期指标值必须大于最小值。
- 使用期短于描述期和长于描述期的情况之间的差异是通过在缩放分母中使用 LEAST 函数来实现的：
  - 使用期短于描述期时，它等于 LEAST 函数的结果，而使用期是缩放项的分母(第二种情况)。
  - 使用期长于描述期时，描述期为 LEAST 函数的结果，描述期为缩放项的分母。

只要描述期长于最小使用期，这种逻辑就会起作用，使用这类指标时，情况就应该是这样。

代码清单 7-8 带有新账户的缩放计数指标估计

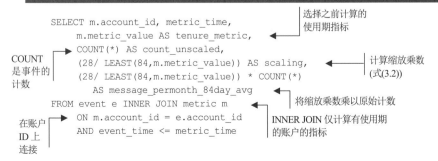

```
SELECT m.account_id, metric_time,
    m.metric_value AS tenure_metric,           选择之前计算的
                                                使用期指标
    COUNT(*) AS count_unscaled,
    (28/ LEAST(84,m.metric_value)) AS scaling,  计算缩放乘数
    (28/ LEAST(84,m.metric_value)) * COUNT(*)   (式(3.2))
        AS message_permonth_84day_avg
FROM event e INNER JOIN metric m               将缩放乘数乘以原始计数
    ON m.account_id = e.account_id
    AND event_time <= metric_time              INNER JOIN 仅计算有使用期
                                                的账户的指标
```

COUNT 是事件的计数

在账户 ID 上连接

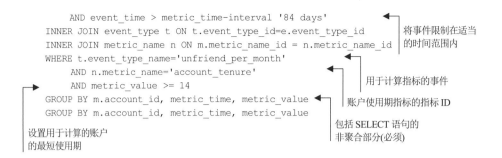

```
        AND event_time > metric_time-interval '84 days'
INNER JOIN event_type t ON t.event_type_id=e.event_type_id          将事件限制在适当
INNER JOIN metric_name n ON m.metric_name_id = n.metric_name_id     的时间范围内
WHERE t.event_type_name='unfriend_per_month'
        AND n.metric_name='account_tenure'                          用于计算指标的事件
        AND metric_value >= 14
GROUP BY m.account_id, metric_time, metric_value                    账户使用期指标的指标ID
GROUP BY m.account_id, metric_time, metric_value
                                                                    包括 SELECT 语句的
设置用于计算的账户                                                    非聚合部分(必须)
的最短使用期
```

应该使用 GitHub 存储库中的 Python 包装程序来运行代码清单 7-8,并使用如下参数:--chapter 7 --listing 8,以计算缩放后的 unfriend_per_month 指标。图 7-31 显示了代码清单 7-8 在默认模拟数据集上的典型输出。注意,出于说明目的,代码清单 7-8 输出了计数、比例因子及最终指标值。图 7-31 还说明了式(7.5)的不同情况:

- 早期账户(ID 为 21)的起始使用期为 58 天,比描述期长,但比计量期短。比例因子始终低于 1.0,当使用期大于 84 天的测量周期时,比例因子达到最小值 0.33。
- 账户 12371 在使用 14 天后出现在结果中;此时,从 14 天数据中得出 28 天平均值的比例因子为 2.0。随着使用期的变长,比例因子下降。第 28 天时,比例因子为 1.0;在这一点上,指标值相当于精确的 28 天计数值。使用时间超过 28 天之后,缩放系数低于 1.0。

通过SELECT显示账户使用期、
计数和比例因子,以供说明

指标的值等于计数
和缩放系数的乘积

account_id	metric_tim e	tenure_metric	count_unscaled	scaling	unfriend_28day_avg_84day_obs_scaled
21	2020-03-29	58	1	0.48	0.48
21	2020-04-05	65	4	0.43	1.72
21	2020-04-12	72	4	0.39	1.56
21	2020-04-19	79	5	0.35	1.77
21	2020-04-26	86	5	0.33	1.67
21	2020-05-03	93	5	0.33	1.67
...	...	..	...	...	...
12371	2020-04-05	14	1	2	2
12371	2020-04-12	21	1	1.33	1.33
12371	2020-04-19	28	1	1	1
12371	2020-04-26	35	1	0.8	0.8
12371	2020-05-03	42	1	0.67	0.67

对于订阅服务较久的账户,缩放比例大于1,因此指标是平均值

对于新账户,缩放比例大于1,因此该指标是一个估计值

图 7-31 在默认模拟数据集上运行代码清单 7-8 得到的输出结果

要将指标保存在数据库中,需要删除未缩放的计数和缩放列,然后提供指标名称 ID 作为 INSERT 语句的一部分。完成这些更改的代码清单位于 GitHub 存储库中,可以通过将--insert 参数添加到包装程序的命令中运行。应该采取以下步骤:

(1) 使用参数--chapter 7 --listing 8 --insert 运行代码清单 7-8，并将结果保存到数据库中。

(2) 使用参数 --chapter 7 --listing 2 重新运行代码清单 7-2 来重新生成数据集。

(3) 使用参数 --chapter 5 --listing 2 --version 1 重新运行代码清单 5-2 来重新生成数据集汇总统计信息。

图 7-32 显示了汇总统计的典型结果。通过汇总统计数据可以看到，新指标(标记为 unfriend_28day_avg_84day_obs_scaled)与 7.4.1 节介绍的 12 周的周期指标(unfriend_28day_avg_84day_obs)的账户覆盖率相同，但是指标的值要高一些。通常，它们与简单的计数指标更匹配。原因是，未按比例计算的指标通过使用较长的观察期增加了覆盖率，但并不能纠正不是所有账户都有足够的使用期来覆盖该观察期的事实。新的指标通过扩大新账户的规模来纠正这种情况。

指标	计数	非零值	平均值	标准差	偏差	最小值	1分位数	25分位数	50分位数	75分位数	99分位数	最大值
unfriend_per_month	25168	26%	0.31	0.56	1.78	0	0	0	0	1	2	4
unfriend_28day_avg_84day_obs	25168	50%	0.24	0.29	1.27	0	0	0	0.33	0.33	1	2
unfriend_28day_avg_84day_obs_scaled	25168	50%	0.31	0.40	1.61	0	0	0	0.33	0.54	1.56	4

与没有缩放的指标相比，平均值更大　　　　　　　经过放缩的指标还会导致更高的百分位数

图 7-32　比较短期和长期测量的罕见模拟事件的统计数据

因为有最终的 unfriend_per_month 指标，所以还应该重新计算每个新加好友的取消好友数量比例，并重新检查队列分析。以下是要使用的程序参数的额外版本：

(1) 计算一个新的 unfriend_per_new_friend 指标(--chapter 7 --listing 1 --version 7 --insert)。

(2) 重新运行代码清单 7-2 来重新生成数据集(--chapter 7 --listing 2)。

(3) 重新运行代码清单 5-1 的 14 版本和 16 版本，以运行每月取消好友和每个新加好友对应取消好友的队列分析(--chapter 5 --listing 1 --version 14 16)。

既然了解了基于账户使用期的缩放指标，你可能想通过一个案例研究来学习如何具体使用这项新技术。我们不想让你失望，但本书没有添加新的公司案例研究——因为书中的每个公司案例研究都使用具有这种缩放比例的指标，只不过直到现在才提到这个事实。这样做的原因是让你可以专心学习之前介绍的具体技术。

在本书的案例研究中，总是使用代码清单 7-8 这种形式的指标，因为这些指标有很多优点，包括尽可能高的账户覆盖率和稳定的指标估计，而且不会忽略对新账户的最佳估计。唯一的缺点是指标计算有点复杂，这意味着你要告诉业务人员它是平均值(而不是具体值)。

提示 要了解客户流失，应该使用观察期比描述期长的平均指标，并使用缩放比例来对新账户的平均值进行可比较的估计。简单的计数指标只用来计算所用的合同数量，在这种情况下，合同期间的确切计数很重要。

使用以下标准指标进行客户流失率研究，具体使用哪些指标取决于产品主要使用的是月度订阅还是年度订阅：

- 对于月度订阅，使用以下参数缩放计数指标：
  - Tmin = 14 天(2 周)
  - Tdescribe = 28 天(4 周)
  - Tmeasure = 84 天(12 周)
- 对于年度订阅，使用以下参数缩放计数指标：
  - Tmin = 28 天(1 个月)
  - Tdescribe = 28 天~84 天(4~12 周，1 个月~1 个季度)
  - Tmeasure = 365 天(1 年)

7.5 用户指标

你需要了解的行为测量的最后一个领域是如何处理具有多个用户的产品。这些产品包括用于企业软件的多用户许可证和用于消费产品的"家庭计划"。

7.5.1 测量活跃用户

关于多用户产品首先要了解的是，最好在订阅级别或账户级别了解流失情况，因为所有用户共享一个订阅。如果订阅没有续订，所有用户都会一起流失。

注意 当单个用户在多用户产品上变得不活跃时，不会发生客户流失。

如果对分析用户健康程度感兴趣，可以通过修改第 4 章中基于活动的流失分析技术来执行用户活动与非活动的分析。目标仍然是在账户级别而不是用户级别了解流失情况，并利用有关个人用户行为的信息。

要了解个人用户行为如何影响流失率，首先要回答的重要问题是有多少活跃用户。这个问题可以用基于事件的指标来回答，如图 7-33 所示。这类似于通过计算一段时间内的事件数来制订指标，但事实上，计算的是产生事件的不同用户的数量。要以编程方式计算活跃用户的数量，必须将用户标识符与事件一起存储在数据库或数据仓库中，与标准事件表模式(表 7-1)相比，这需要一个额外的字段。你可能还记得在第 3 章，事件可以包含带有附加事件信息的可选字段，因此这种情况并没有太大的不同。

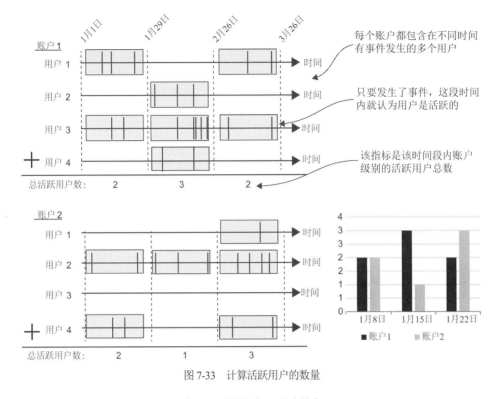

图 7-33　计算活跃用户的数量

表 7-1　带有用户 ID 的事件表

字段	类型
account_id	整型或字符型
event_type_id	整型或字符型
event_time	时间戳类型
user_id	整型或字符型

代码清单 7-9 是一个简短的 SQL 程序，它将活跃用户的数量作为一个指标进行计数。此代码清单实际上与第 3 章的简单事件计数指标相同，但有一个关键区别：它不是计算事件的数量，而是计算 DISTINCT 之后的用户 ID 数量。此指标与标准事件计数指标之间的另一个区别是，此指标没有指定事件的类型：任何事件都表示用户活跃(当然，这种方法是可行的，如果想从特定事件确定用户活跃情况，则很容易更改)。

提示 在用户 ID 上使用 DISTINCT 进行聚合，可以很容易地计算活跃用户的数量。

活跃用户计数指标和事件计数指标之间的一个细微差别是，活跃用户的数量不应按使用时长或者与使用时长或测量期有关的任何事情来衡量。不同活跃用户的数量就是聚合指标不能以这种方式缩放的一个例子。如果一个账户在 4 周时间的前 2 周有 2 个活跃用户，这并不意味着 4 周内会有 4 个活跃用户。在数学上，DISTINCT 聚合不像 COUNT

聚合那样是可相加的。

代码清单 7-9 统计活跃用户的数量

```
WITH date_vals AS(                              ← 该CTE定义了用于计算用户数量的日期
    SELECT i::timestamp AS metric_date
    FROM generate_series('2018-12-01', '2018-12-31', '7 day'::interval) i
)
SELECT account_id, metric_date,
    COUNT(DISTINCT user_id) AS n_distinct_users  ← 使用 COUNT DISTINCT
                                                    聚合来计算用户的数量
FROM event e INNER JOIN date_vals d
ON e.event_time <= metric_date
AND e.event_time > metric_date - interval '84 days'  ← SELECT 将查询限制为
GROUP BY account_id, metric_date                        12 周内的任何事件
GROUP BY metric_date, account_id;
                                          └ GROUP BY，因此用户数量
                                            是在账户级别衡量的
```

GitHub 上默认的流失模拟不包括模拟中的用户，但可以扩展模拟框架，以包含用户。如果对该主题感兴趣，可以考虑以这种方式扩展框架作为练习。

7.5.2 活跃用户指标

图 7-34 显示了测量 Klipfolio 的活跃用户数量的案例研究。该产品以多用户许可的方式销售，因此有一个如代码清单 7-9 所示的活跃用户数量指标，以及一个使用第 3 章所述的单位数量指标模式的售出用户数量指标。图 7-34 显示了活跃用户数量与用户流失之间密切相关，现在应该熟悉：流失在 1~4 个活跃用户之间迅速下降，但随后风险下降速度放缓，对于拥有数十个或更多用户的客户而言，流失率几乎没有差异。同时，用户许可的数量似乎与流失没有密切关系。

许可证利用率指标定义为使用产品的用户数与允许的最大用户数之比。有时，使用产品的用户数量是通过创建用户账户来衡量的，但对于流失率，我更喜欢通过将活跃用户除以用户许可数量的比率来衡量实际或活跃的许可证使用情况。图 7-34 还显示了以这种方式为 Klipfolio 定义的许可证利用率的流失队列分析。许可证利用率与流失率密切相关——比单独的活跃用户相关性更强。对于每个队列，随着许可证利用率的提高，流失风险持续降低。许可证利用率显然是衡量客户参与度的有效指标。

提示 许可证利用率是活跃用户数与用户许可数的比率，通常是衡量按用户许可数销售的产品的用户参与度的重要指标。

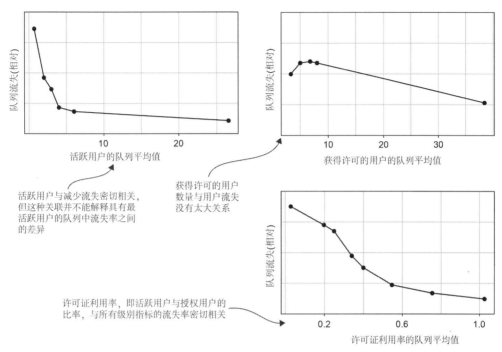

图 7-34　Klipfolio 每月活跃用户指标的流失队列分析

图 7-35 通过 Klipfolio 案例研究中的另一个示例说明了另一种类型的用户指标：每个用户每月查看仪表板的次数。这个比率是根据每月仪表板浏览次数和活跃用户数的测量得出的。可能有很多这种类型的指标。在账户级别测量的几乎所有行为都可以除以活跃用户数，从而形成每用户的比率。因为大多数行为的总数与活跃用户的总数相关，这种比率可以产生与活跃用户数量、用户整体行为或两者都不相关的有用指标。

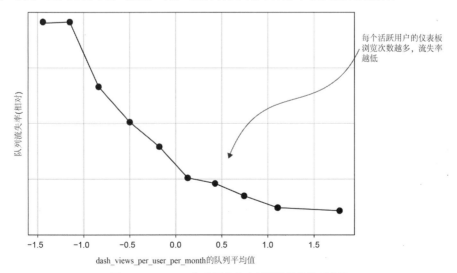

图 7-35　Klipfolio 每个用户仪表板浏览量的队列分析

7.6 比率选择

现在，已经对客户指标的设计和解释，以及客户流失和行为方面的案例研究有了深入的了解。本节将结合几个主题并回答一些常见问题。

7.6.1 为什么使用比率，还有什么选择

在本章中，已经花了很多时间在比率指标上，而没有花太多时间在其他内容上。虽然比率指标是理解客户行为之间关系的极好方法，但还有其他选择吗？当然还有其他选择，但以我的经验，比率指标是最有效的。如果有统计学或数据科学背景，你可能听说过交互测量。这个概念类似于比率，但不是用一个指标除以另一个指标，而是用两个指标相乘。

定义 交互测量是两个其他指标的乘积(乘法)。

交互测量，就像比率一样，是理解行为之间关系的方法。事实上，在经典统计学中，这种方法是理解测量值之间关系的主要方法。例如，要在交互项上得到较高的衡量标准，必须在两个基础指标上都有较高的值。与比率计算一样，在交互测量中，任一指标为 0 都意味着交互结果为 0。

交互项有点像计算机科学中的"与"(and)运算。如果有计算机科学背景，你可能会认为可以使用布尔运算来制作指标，例如"当两个指标都高于某个水平时分配 1"。可以将乘法交互视为一种更细微的运算。当两个指标都很高时，交互不仅仅是 0 或 1；它衡量两个指标作为实际值的大小。当应用于可能取负值的分数或指标时，交互项也有有趣的统计属性，因为当一个指标为负时，交互测量会取负值。

如果交互测量如此有趣，并且在统计中广泛使用，你可能想知道为什么我不推荐将它们用于客户流失分析。答案很简单，商业世界中没有人理解交互术语，但比率却很容易理解。也就是说，与比率相比，由两个其他指标相乘产生的指标的单位通常不直观。付费金额与通话次数(或观看视频等)的比率是每次电话(或观看视频等)的付费金额，但付费金额与通话次数(或其他任何行为)的相乘没有便于理解的含义。

如果上过物理课，你可能还记得不同类型的量[如质量(千克)和距离(米)]相乘会产生组合单位，如千克·米。通常这些单位不太容易理解(什么是美元电话)。证明规则的例外情况是，其中一个指标是时间，另一个指标是强度指标，如售电量中的千瓦时。我从来没有找到一项认知研究来解释为什么比率单位容易理解，而乘法单位不容易理解，但每个人的经验都清楚这一事实。我的建议是，仅在拥有一个赋予其明显意义的业务案例时，才使用乘法交互指标。

数据科学家和统计学家熟悉的另一种选择是根据分数的差异(减法)而不是比率(自然尺度指标)来制订指标。第 6 章关于主成分分析(PCA)的介绍中，指出 PCA 隐含地进行了这种减法。这个想法是，如果想了解两个指标之间的关系，可以通过从一个指标中减去另一个指标来了解它们的差异，就像获取比率一样。如果指标是针对不同事物的，这种

方法就不太合乎逻辑。从支付的 MRR 中减去某人在电信产品上拨打电话的数量，不会得到有意义的指标，但是在将指标转换为无单位分数之后，这样做是可以的。第 6 章介绍了用于平均分组的技巧：分数显示某人是否高于平均水平(大于 0)、平均水平(接近 0)或低于平均水平(负数)。

拨打电话分数和 MRR 分数的差值(减法)可以衡量与支付金额相关的通话倾向。因此，指标分数之间的差异可以像比率一样起作用，但问题再次在于如何解释。可以告诉业务人员，你制订了每次拨打电话费用的指标，他们认为这很好；从 MRR 分数中减去每月拨打电话分数的指标并不容易解释。当谈到捕捉两种行为之间关系的可理解指标时，比率是唯一的选择。唯一的例外是，业务人员了解前面介绍的这种不太直观的方法。

7.6.2　使用哪些比率

我希望在这一点上，你确信比率指标有助于理解不同行为之间的关系以及它们与客户流失和客户参与度的关系。现在是时候更全面地介绍比率了。

首先，注意并非所有指标都可以形成有用的比率。一个要求是，对于大多数客户来说，这两个指标都应该是非零的(并且它们应该没有负值，这不是问题)。一个简单的标准是：是否有很多客户对这两个指标都有非零值。即使发现客户流失和参与度有很强的关系，但适用于少数客户的指标不如适用于大量客户的指标有效。

在有数十种事件类型的典型数据集中，许多指标可以用来定义比率。如果熟悉概率和组合学，你可能会记得从 N 个项目中选择的可能数据对的数量是 $N \times (N-1)$。如果有 N 个可用指标，可以选择 N 个不同指标作为比率的分子，然后剩下 $N-1$ 个指标作为分母。结果有很多种组合，这提出了一个额外的问题：哪个指标应该作为分子，哪个应该作为分母？你首先要意识到的是，不应该尝试所有可能的组合。

警告　不要尝试为所有的可能指标对创建比率指标来检查与流失的关系。

原因是，通常有太多的组合，而且大多数组合都没有意义。即便如此，还是有可能通过检查大量参数发现客户流失率和客户黏性的"虚假关系"。

定义　指标和结果之间的虚假关系是由于随机选择而产生的，而不是由于可重复的因果关系产生的。因此，这种关系不太可能再次发生。

如果是数据分析的新手，听到可能在数据中看到某种不正确的关系，可能感觉很奇怪，但这个问题在数据科学中是众所周知的。如果你检查了足够多的指标，最终会发现一些看似相关的指标，即使它们并不相关。使用严格的标准决定关系的强弱有助于解决这个问题，这是第 8 章的主题。但最好的做法是，不要考虑那些从一开始就不直观的关系。

提示　应该主要考虑对业务人员具有直观意义的比率指标。

如你所见，没有规则会永远有效，你需要利用自己对情况的了解。同样的答案也适用于哪个指标应该作为分子，哪个指标应该作为分母。可以尝试以下两种方法：

- 有时，当两个指标位于一组相关活动的不同部分时，可能存在有趣的关系(和良好的比率指标)。尝试查看相关组中最常见指标的比率(如第 6 章所述)；忽略不常见的指标。
- 有时，不同活跃领域之间存在有趣的关系。尝试测试一个相关组中最常见指标与另一个相关组中最常见指标的比率。同样，不要使用任何不太常见的指标。

表 7-2 总结了本章涵盖的最常见的参与度和流失案例。

表 7-2　客户参与率指标摘要

名称	比率	相关性	说明
单位成本	MRR/使用量	购买更昂贵计划的客户通常会更多地使用该产品	单位成本显示与其他客户相比，单位价格是高还是低
单位价值	使用量/MRR	购买更昂贵计划的客户通常会更多地使用该产品	单位价值显示使用相对于所支付的价格是高还是低
利用率	使用量/允许使用的最大量	购买更多软件许可的客户，一般情况下使用量更大	利用率显示使用量是否接近极限
成功率(或称为效率)	成功次数/所有试探次数	那些尝试了很多次的客户，通过他们的坚持获得了更多的成功	成功率表明客户在一项活动中是否相对成功或高效
占总数的比率	部分/全部	假设某些活动属于相互排斥的类别：经常使用该产品的客户在所有类别中都经常使用该产品	占总数的百分比除了显示总体使用水平外，还显示客户在类别中是相对较高还是较低的
百分比变化	(当前指标/过去指标)-1.0	如果一个客户现在经常使用这个产品，那么他可能在过去也经常使用	百分比变化显示了相对于客户自己的历史记录，使用率是高还是低

表 7-2 中没有列出很多有趣的比率指标，因此可以将此表视为说明性的表，而不是详尽无遗的表。但该表对于分析客户流失的初学者已经足够。

7.7　本章小结

- 根据其他指标的比率创建的指标可以揭示行为之间的平衡如何与客户流失和参与度相关。
- 比率指标与分子和分母指标的相关性通常低于这些指标彼此之间的相关性。
- 经常性单位成本指标是使用产品的某些成本(如支付 MRR 或观看广告)与使用产品数量(如拨打电话次数或查看内容次数)的比率。
- 流失率通常会随着经常性单位成本指标值的增加而增加，即使非单位经常性成本指标本身(单纯的 MRR 或广告数量)并没有显示流失率的增加。

- 在某些过程中，下游事件与上游事件的比率可以被视为一种效率测量。比如每个客户的交易数或每次编辑文档对应的保存次数。
- 一个过程的完成或成功结果与尝试次数的比率就是成功率，如接受请求的比率。
- 客户流失率会随着效率和成功率指标值的增加而增加或减少，具体取决于业务的特征。
- 总比率的百分比是比率的一种特殊情况，其中分子是分母的一部分。示例包括拨打不同地区的电话百分比，以及在不同类别(动作片、喜剧、戏剧等)中观看节目的百分比。
- 当所有类别的水平相关时，占总指标的百分比可用于了解不同类别的行为平衡如何与客户流失和参与度相关。
- 百分比变化指标是某个时间段内，指标值的变化与该时间段开始时指标值的比率，例如从一个月到下一个月登录次数的百分比变化。
- 百分比变化指标可用于分析任何行为的增加或减少是否可以预测未来的客户流失和参与度。
- 自上次事件发生以来的时间，是用于了解"不活跃期"如何与未来流失相关的指标。
- 当产品跟踪多个用户 ID 时，可以测量活跃用户。
- 活跃用户可用于生成各种比率指标，如许可证利用率，即活跃用户与用户许可数的比率。
- 在一个时间段上测量的任何计数指标都可以描述为较短时间段的平均值或较长时间段的估计值。
- 单个缩放指标可以将新账户的估计值与原有账户的平均值结合起来。此方法是计算用于分析客户流失和参与度的计数和总指标的最佳方法。

第Ⅲ部分

特殊技巧与方法

我们把这部分的内容称为"特殊"技巧和方法，因为不是所有公司都需要使用它们。但在我看来，所有公司都需要大量的用户参数。对于受过数据科学方面训练的人来说，这可能会让他们感到惊讶，因为这部分的主题包括了数据科学的核心内容：预测。但是，我在第 1 章中解释了客户流失的预测与其他的预测不同：预测流失只有几个用例，而对于出色的客户指标有很多用例。然而，预测可能是你的武器库中的一个重要武器，有一些独特的用途。

如果你以前从未从事过任何预测分析工作，可能会发现第 8 章和第 9 章的学习曲线很陡峭。也就是说，这些章节确实涵盖了所有基础知识，我认为任何学习过第 I 部分和第 II 部分的人也可以掌握第 III 部分的内容。但是，如果你没有预测分析方面的经验，则可能需要投入一些额外的时间并使用一些推荐的在线资源来学习相关的内容。

第 8 章教你如何使用逻辑回归预测客户流失的概率。使用这项技术，可以查看影响客户流失的所有因素的综合影响，并对它们进行重要性排名。回归分析还为你提供可用于计算客户生命周期价值的预测。

第 9 章讨论了如何衡量客户流失预测的准确性；因为通常的做法不适用于流失。该章还介绍了机器学习的相关技术，你可以使用它获得更准确的预测。但你也会看到，你在第 II 部分中经常使用的出色客户指标开始在预测准确性方面发挥作用。

第 10 章是一个独立的章节，介绍了如何使用人口统计数据和公司统计数据来对抗用户流失。你不能把一个顾客变成一个与众不同的人，但是你可以找到更多与优质顾客相似的其他顾客。该章将向你展示如何实现这一点。

第 *8* 章

预测客户流失

本章主要内容
- 通过逻辑回归预测客户流失的概率
- 了解不同行为对客户流失的相对影响
- 检查预测的准确性
- 使用流失预测来估计客户生命周期和生命周期价值

至此，你已经了解分析客户流失和设计出色的客户指标所需的所有步骤。这些指标将允许业务人员进行有针对性的干预，从而减少他们产品的客户流失。这些东西对大多数产品来说是最重要的，所以这就是为什么本章开始介绍的技术可以被认为是特殊或额外的策略：如果需要，你可以使用它们，但它们不总是必要的。对抗客户流失最重要的是，企业在细分客户和进行有针对性的干预时，应该通过数据做出决策。

本章专门讨论在综合考虑客户所有行为的情况下预测客户流失的可能性。到目前为止，本书只展示了如何通过查看指标队列中的流失率来评估客户健康状况，每次检查一种行为。但是，如何对客户的多个检查结果进行整合呢？如果一个客户的一种行为在顶级队列中表现出具有较低的流失风险，而该客户的另外一种行为在底端队列中表现出较高的流失风险，那么应该如何处理？鉴于客户行为之间通常存在相关性，刚才所描述的是一种极端情况，但知道如何处理它仍然是我们应该掌握的技能。

一个相关的问题是，哪种行为对客户的健康和流失影响最大。不同行为的相对重要性可以成为决定采取何种减少客户流失的干预措施或产品改进的重要信息。到目前为止，你只知道如何通过比较队列图中的关系来定性地看待这些信息。这种方法可以适用于一些指标(或指标组)，但如果你有很多指标，就需要一种更系统化的方法。本章介绍如何使用被称为逻辑回归的统计模型来回答这些问题。

定义 逻辑回归是一种预测事件发生概率的统计模型，考虑了多种可能影响结果的因素。

逻辑回归常被用于评估医疗数据以发现疾病的原因。它也适用于客户流失，因为你正在试图找到影响客户健康状况的原因。由于逻辑回归是本书中唯一涉及的回归模型，因此本书有时使用术语"回归"代替"逻辑回归"。本章的设计如下：

- 8.1 节展示逻辑回归背后的概念。
- 8.2 节回顾你在本书中使用的所有数据准备步骤，以确保你已经准备好执行逻辑回归算法。
- 8.3 节展示如何运行回归算法并解释结果。
- 8.4 节介绍如何使用你创建的模型进行预测。
- 8.5 节解释在开发过程中可能遇到的一些陷阱和问题。
- 8.6 节致力于客户生命周期估计和计算客户生命周期价值，这是由流失概率预测得出的。

8.1　通过模型预测流失

我们首先为不熟悉逻辑回归的读者总结逻辑回归理论。这些解释是针对预测流失和留存率的具体情况。

8.1.1　用模型进行概率预测

当谈论客户流失或留存概率预测时，指的是对每个客户单独做出的估计，就像一个指标。但与指标不同的是，流失概率预测并不是对已经发生的事情的测量：它是对某些事情在未来发生的概率进行估计，也就是对客户流失的估计。

定义　客户的流失概率预测是这样一种预测，即如果你有一组具有相同预测的客户，流失概率可以给出的客户流失的百分比。流失概率预测永远不会告诉你单个客户是否肯定会流失。

鉴于预测是特定于单个客户的，就像一个指标一样，预测概率的定义与单个客户是否会被保留或是否会流失无关，这听起来有些奇怪。要明白，对于单个客户来说，事情总是有两种可能。虽然我大多数时候不会提到这一事实，但预测中隐含了时间范围。准确地说，预测是在下一次续费之前(在第 4 章中定义)客户离开的概率。这个时间是隐含的，因为这是历史数据集的设计方式，该数据集将用于确定预测模型。

预测是关于一组相似客户的行为的描述。即使预测客户有 99%的机会流失，也不意味着他们一定会流失。这意味着在一组由 100 位此类客户组成的组中，你预计有 99 位客户会在下一次续订前流失。关键是，如果你正在观察单个客户，那么该客户可能是那个会留下来的客户。(如果你预测流失的可能性为 99%，那么你的数据可能存在问题；请参阅 8.5 节。)这同样适用于客户留存：如果你预测客户留存概率，并且你有一个假设的客户群，留存率为 90%，那么你预计 90%的客户会留下来继续使用相关产品或服务。

本章将介绍预测留存概率所需的所有内容，因为这种情况更容易理解。流失概率是从100%减去留存概率得出的。将在8.1.2节中指出为什么预测留存率更容易。

你将学习使用数学预测模型进行预测：逻辑回归。在这种情况下，模型是指像真实事物一样工作的东西，但我想提醒你不要认为模型是真实的。该模型假设用户参与和留存以某种方式相互作用，但它之所以这样做，是因为这些假设是为了预测服务的，而不是根据现实世界中的情况。记住，模型是一个与现实紧密匹配的构造，但它的每个部分都不是真实的，也不是每个部分都需要非常完美才能使模型正常工作。

8.1.2　客户参与和留存率

在预测用户留存率时，逻辑回归的第一个概念是，增加用户黏性(参与度)会导致用户留存率的增加。我所说的"参与"是指一种无法衡量的主观状态。不同的人有不同的想法，但以下是我对"参与"的定义。

定义　参与是一种参加和承诺的状态。

在这个讨论中，参与意味着产品的使用，承诺意味着续订的可能性。更多用户参与会带来更高的留存率。现在，不要担心参与本身是一种主观状态。

预测客户流失和留存率的模型的一个关键特征是参与和留存之间的关系会随着参与的增加而递减。即使是最忠实的客户也有流失的可能。结果(或要求)是客户原来的参与度越高，额外参与行为在进一步提高保留概率方面的作用就越小。反之亦然：客户参与度越低，他们能够留存下来的可能性就越小。但即使是参与度最低的客户仍然有机会留下来。此外，客户参与度越低，参与度进一步降低对保留概率的影响就越小。图 8-1 说明了这个概念。

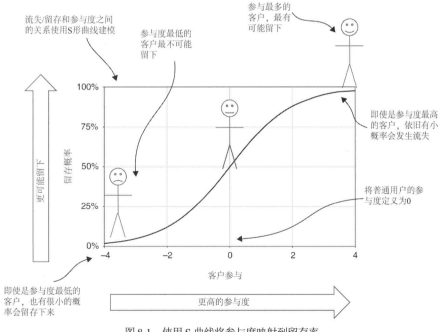

图 8-1　使用 S 曲线将参与度映射到留存率

较高和较低的参与度和保留率之间的递减关系形成了如图 8-1 所示的 S 曲线。概率的变化率在中间范围内达到峰值，并在极端情况下趋于平缓。

8.1.3 参与度和客户行为

在解释客户参与度和留存率之间的关系时，我们把客户参与度当成是可测量的，就像其他行为指标一样。这是一个很好的模式定义，因为根据我的逻辑，用户参与度是用户留存及用户流失的潜在驱动力。但参与度仍然是不可衡量的。逻辑回归是这样解决这种问题的：你相信用户参与度的存在，即使你无法衡量它，所以你假设用户参与度可以通过行为测量和用户流失观察来估算。

提示 客户参与度无法直接衡量，但你可以通过将观察到的客户流失与 S 曲线相匹配，从客户指标中对参与度进行估计，从而预测客户流失概率。

如果这种解释看起来像循环推理，那么你必须接受它是一个模型；你马上就会看到它确实是有效的。估算流失率和留存率的过程包含了估算每个客户参与度的中间步骤。该模型假设参与度测量采用类似于指标分数的形式。用户参与度估计的结果是数字，通常在-4 到 4 之间，用户的平均参与度将被设定为 0。与指标分数一样，正数意味着高于平均水平的用户参与度，负数意味着低于平均水平的用户参与度。这个定义不是严谨的定义，因为你不能衡量参与度，但它可以方便地进行预测。

图 8-2 展示了从行为估算用户参与度，并将其转化为留存率估算的模型。关键概念是，每个行为指标得分乘以用户参与度强度(称为权重)，它反映了行为对用户参与度的贡献。权重也可以是负的，这表明这是一种脱离行为，它与增加的客户流失相关，而不是与增加的留存率相关。整体参与度是每个行为贡献的总和。

提示 用户参与度是通过一个模型来估算的，在这个模型中，用户参与度权重乘以每个指标的得分，然后相加。

图 8-2 中的预测模型包括以下步骤：
(1) 从所有指标的分数开始。
(2) 假设每个指标都有一个权重，代表指标分数对用户参与度的贡献程度。
● 每个指标分数的参与度贡献是该指标的参与度权重乘以分数值。
● 总参与度估计值，是每个指标的所有贡献的总和。
(3) 计算总参与度后，通过将 S 曲线应用于参与度估计值来获得留存概率。

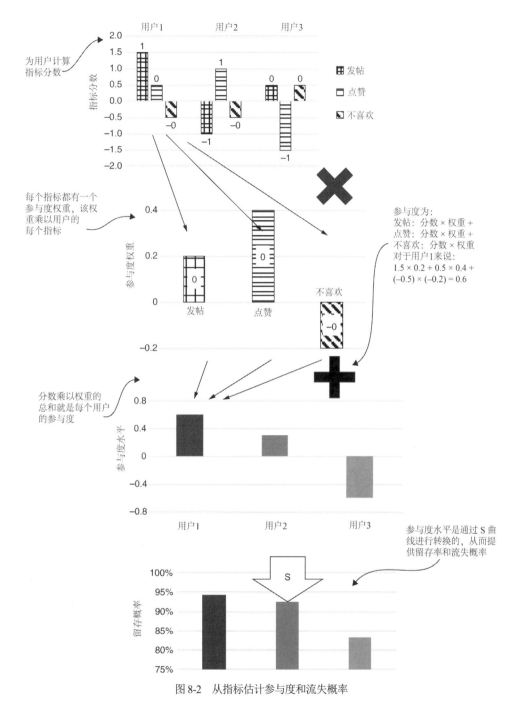

图 8-2　从指标估计参与度和流失概率

权重也称为系数，因为系数是与另一个数字相乘的数字。Python 包使用术语 coefficient(系数)，但我更喜欢使用"权重"，因为它是一种更实用的描述(与用简单的词 汇与业务人员交流的目标保持一致)。

这种从行为估计用户参与度的方法回避了一个问题，即用户参与度不能通过假设用户参与度遵循一个简单的模型来衡量。但出现一个新的问题是，你不知道你的各种指标的参与度权重应该是多少。我建议你用另一种你无法衡量的东西——行为的参与度权重，用它代替你无法衡量的客户的参与水平。

如果这种方法看起来像是作弊，那么我想(再次)提醒你，这种情况并不是实际情况，这是一个可以运行的模型，就像它是真实的一样。找到参与度权重的问题由逻辑回归算法本身解决(见 8.3 节)。但是在你学习如何运行算法并找到权值之前，你需要了解更多关于将预测模型与数据细节相匹配的知识。8.1.4 节展示了回归模型如何精确地拟合客户流失率。

8.1.4　偏移量将观察到的流失率与 S 曲线相匹配

关于该模型需要了解的一个重要细节是 S 曲线如何将产品与特定的流失率相匹配。首先，回想一下，每个指标分数的平均值是 0，因为这就是指标分数的定义。结果是，一个完美的普通用户对这个模型的参与度为 0。因为用户参与度来自将权重与分数相乘，而所有分数都是 0，所以用户参与度也必须为 0。图 8-3 说明了这个概念。

如图所示，S 曲线的默认情况将匹配 0 参与度和 50%的留存概率(相当于 50%的流失概率)，因为它是对称定义的。但只有当产品的普通用户确实有 50%的留存概率时，这个结果才是正确的。我们必须找到调整模型的方法，能够预测普通用户的留存率和流失率。

这个问题的解决方案来自模型的另一个特性。用户参与度和留存率之间的 S 关系可以包含一种抵消，即普通用户映射到平均留存率。偏移意味着 S 曲线相对于默认值向左或向右偏移。偏移量也被称为截距，因为偏移量决定了 S 曲线与零线相交的位置。(截距是指交点处的值。Python 包使用术语截距(intercept)，但我使用偏移量(offset)，因为它描述了数值的作用，而不仅仅是它本身的含义。)

在图 8-3 中，假设留存概率约为 90%。在这种情况下，S 曲线必须偏移大约 2，以便具有 0(平均)参与度的用户最终获得大约 90%的留存预测概率。

提示 逻辑回归模型包括允许标准 S 曲线匹配任何平均留存概率的偏移量。

再一次，你可能想知道如何为这个新变量得出正确的值。逻辑回归算法也解决了这个问题。参与度权重和 S 曲线偏移是算法的主要输出，这就是你为客户做出实际的流失率和留存概率预测所需的全部内容。

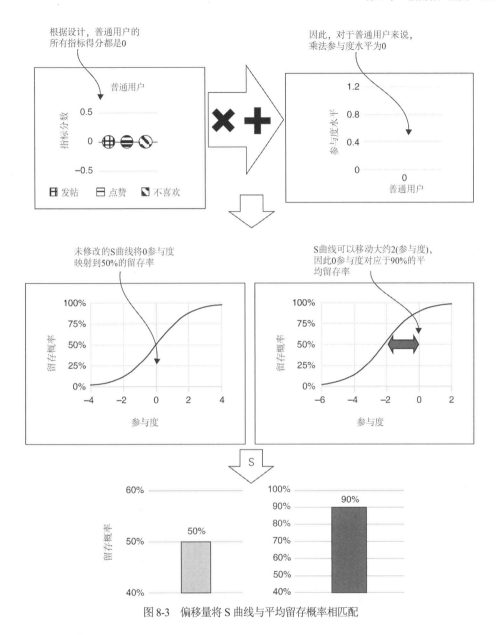

图 8-3 偏移量将 S 曲线与平均留存概率相匹配

8.1.5 逻辑回归概率计算

现在已经介绍了所有的概念，接下来将展示定义数学模型的一组方程。就像本书中的其他数学知识一样，这个数学知识是用来帮助有数学背景的人理解的。如果没有数学背景，也别担心。如果你已经理解了到目前为止解释的概念，就已经可以进行预测，无论你是否学习这一节的方程。

这些方程使用向量(即一系列数字)来表示指标和参与度权重。变量上方的横线表示它是一个向量，因此我将用它代表一个账户的所有指标分数的向量，并表示所有参与度权重的向量。在这种情况下，账户的参与度(E)由式(8.1)给出：

$$E = \overline{m} \cdot \overline{w} \tag{8.1}$$

点(·)表示点积运算，它是两个向量中元素与元素的乘法，然后将乘法结果进行加总。点积是我在解释如何将指标分数与参与度权重相结合以获得一个账户的总参与度时所描述的过程。给定参与度，留存概率 P 模型的其余部分为：

$$P_{留存} = S(E + \text{off}) \tag{8.2}$$

其中，E 是参与度，off 是偏移量，$S(...)$ 是 S 曲线函数。式(8.2)中引用的 S 曲线函数由式(8.3)给出：

$$S(x) = \frac{1}{1 + e^{-x}} \tag{8.3}$$

请注意，式(8.3)中的 e 代表被称为自然对数底的数字，即 $e \approx 2.72$。但是在理解式(8.3)时，你不需要了解自然对数是什么。要理解它，首先要记住以下关于取幂(或将数字取幂)的事实：

- 对于任何大于 1.0 的正数，如果用正值取幂，它会变大。(关于 e，你唯一需要知道的是它是一个大于 1.0 的正数。)
- 如果你用负值取幂，它会变小，因为用负值取幂等于 1 除以用正值取幂的值：$x^{-y} = 1.0/x^y$。

在式(8.3)中，x 表示参与度加上偏移量，x 在 e 的取幂的变量上带有负号。负号将反转通常的取幂结果，因此当 x 变大时，e 项将变小，当 x 为负时，e 项将变大。因此：

- 当 x(参与度)为正且 e 项较小时，分母接近 1，分数值也趋于 1，这对应于当参与度高时，留存率趋近于 100%。
- 当 x(参与度)为负且 e 项很大时，分母变大并且分数值趋于 0，这对应于当参与度较低时，留存率趋近于 0%。

理解式(8.3)与使用 e 和自然对数没有任何关系。式(8.3)使用自然对数而不是其他数字是有原因的，这个原因与逻辑回归算法中的技术细节有关，而不是因为必须生成 S 曲线。

本节完成了对从指标分数到预测留存概率，以及客户流失概率预测模型的解释。你需要知道的下一件事是如何得出指标的参与度权重和要在 S 曲线中使用的偏移量。当你在数据上运行该任务时，该任务由逻辑回归算法进行处理。

8.2 审查数据准备

在展示运行逻辑回归算法的详细信息之前，让我们回顾为生成数据所采取的所有步骤。这个审查将确保你的数据为接下来的工作做好准备，并且在你进行概率预测时，将这些步骤牢记在心将十分有帮助。

准备工作的第一步是导出数据集的修改版本。在第 7 章中，你针对罕见事件 unfriend_per_month 试验了几个版本的指标。为避免混淆，你现在将导出一个只有 unfriend_per_month 指标的最终缩放版本的数据集。对于真实公司的案例研究，你还将尝试不同的指标版本，然后为你的数据集选择一个子集。这个最终数据集也省略了 account_tenure 测量。在实际工作中，你应该在分析中包含 account_tenure，但它对模拟没有意义。因为你已经多次了解数据集导出(在代码清单 4-5、代码清单 4-6 和代码清单 7-2 中)，所以我不会在书中介绍此 SQL。你可在第 8 章的代码清单文件夹中找到该代码。为了匹配本章中呈现的结果，应该使用 Python 包装程序，以下命令将提取新版本的数据集：

```
fight-churn/fightchurn/run_churn_listing.py --chapter 8 --listing 0
```

图 8-4 显示了从数据库导出数据后，用于准备数据的所有函数的摘要。步骤如下：
(1) 计算一组关于数据的汇总统计。这些汇总统计信息保存在一个表中(见代码清单 5-2)。

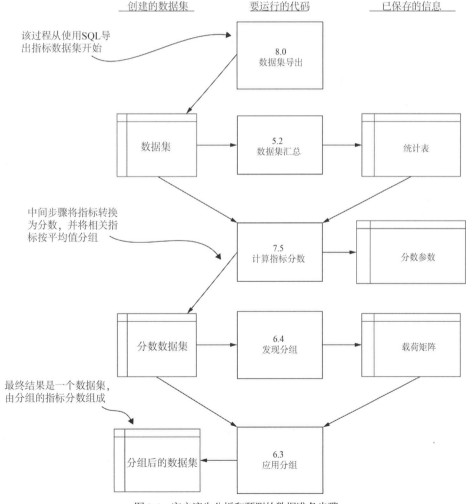

图 8-4 客户流失分析和预测的数据准备步骤

(2) 使用汇总统计数据将指标从其自然规模转换为分数。这一步保存数据集的第二个版本和用于创建分数的另一个平均值和标准偏差表，以及为偏斜和胖尾转换的指标(见代码清单 7-5)。

(3) 查找分组中组合的相关性指标，并保存解释分组的载荷矩阵。这个矩阵用于实现分数的平均值(见代码清单 6-4)。

(4) 使用载荷矩阵创建数据集的第三个也是最后一个版本，其中相关性指标分数被平均计算(见代码清单 6-3，在代码清单 6-4 之前介绍过，以便你在开始创建之前了解载荷矩阵是什么)。

代码清单 8-1 显示了数据准备的所有步骤，如果你还没有完成所有这些步骤，则可以使用代码清单 8-1 准备你自己的数据。第 7 章没有明确告诉你重新运行统计数据、分数或分组。如果你按照给出的说明进行操作，则可以使用此代码清单。运行代码清单 8-1 在你的输出目录中创建了几个条目：数据集的两个额外版本，以及过程中使用的 3 个统计表和派生参数。

代码清单 8-1　合并后的数据准备程序

```
from listing_5_2_dataset_stats import dataset_stats
from listing_7_5_fat_tail_scores import fat_tail_scores
from listing_6_4_find_metric_groups import find_metric_groups
from listing_6_3_apply_metric_groups import apply_metric_groups
from listing_6_5_ordered_correlation_matrix
    import ordered_correlation_matrix


def prepare_data(data_set_path='',group_corr_thresh=0.55):
    dataset_stats(data_set_path)
    fat_tail_scores(data_set_path)
    find_metric_groups(data_set_path,group_corr_thresh)
    apply_metric_groups(data_set_path)
    ordered_correlation_matrix(data_set_path)
```

找出分布的平均值、偏差和百分比

查找哪些指标是相关的，并决定对哪些指标进行分组

将数据从指标转换为分数

使用平均在一起的分组指标创建数据集

如果你还没有执行所有这些步骤，请使用 Python 包装程序和这些参数运行代码清单 8-1：

```
fight-churn/fightchurn/run_churn_listing.py --chapter 8 --listing 1
```

当你在第 7 章学习高级指标时，重点是新指标的用途及相关代码，以及测试与用户流失的关系。我从未使用第 6 章的技术演示所有第 7 章的指标相关性和指标组的最终结果。图 8-5 显示了你应该得到的载荷矩阵的结果，它总结了分组。

如果你使用默认参数对第 7 章中的数据集运行指标分组算法，应该会找到两个"多指标组"，其中几个指标保持独立。第一个指标组由代表最常见行为的 3 个指标组成：发布、喜欢和查看广告。第二组对消息指标进行平均计算，包括回复。没有关联到分组的指标是解除好友关系的指标，adviews_per_post、days_since_new_friend 的高级指标，以及新好友事件的百分比变化。

如果运行代码返回的结果类似于图 8-5，那么可以运行 8.3.1 节中的逻辑回归示例了。如果你的结果与图 8-5 不同，最可能的解释是你没有创建第 7 章中的所有新指标。

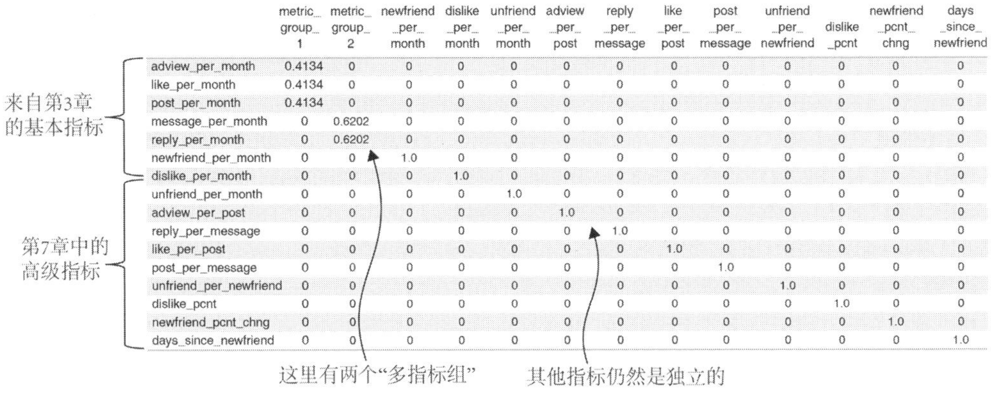

	metric_group_1	metric_group_2	newfriend_per_month	dislike_per_month	unfriend_per_month	adview_per_post	reply_per_message	like_per_post	post_per_message	unfriend_per_newfriend	dislike_pcnt	newfriend_pcnt_chng	days_since_newfriend
adview_per_month	0.4134	0	0	0	0	0	0	0	0	0	0	0	0
like_per_month	0.4134	0	0	0	0	0	0	0	0	0	0	0	0
post_per_month	0.4134	0	0	0	0	0	0	0	0	0	0	0	0
message_per_month	0	0.6202	0	0	0	0	0	0	0	0	0	0	0
reply_per_month	0	0.6202	0	0	0	0	0	0	0	0	0	0	0
newfriend_per_month	0	0	1.0	0	0	0	0	0	0	0	0	0	0
dislike_per_month	0	0	0	1.0	0	0	0	0	0	0	0	0	0
unfriend_per_month	0	0	0	0	1.0	0	0	0	0	0	0	0	0
adview_per_post	0	0	0	0	0	1.0	0	0	0	0	0	0	0
reply_per_message	0	0	0	0	0	0	1.0	0	0	0	0	0	0
like_per_post	0	0	0	0	0	0	0	1.0	0	0	0	0	0
post_per_message	0	0	0	0	0	0	0	0	1.0	0	0	0	0
unfriend_per_newfriend	0	0	0	0	0	0	0	0	0	1.0	0	0	0
dislike_pcnt	0	0	0	0	0	0	0	0	0	0	1.0	0	0
newfriend_pcnt_chng	0	0	0	0	0	0	0	0	0	0	0	1.0	0
days_since_newfriend	0	0	0	0	0	0	0	0	0	0	0	0	1.0

来自第3章的基本指标（上方5行）

第7章中的高级指标（下方各行）

这里有两个"多指标组"　　其他指标仍然是独立的

图 8-5　使用第 7 章创建的附加指标在模拟数据集上运行指标分组算法(代码清单 6-4)的结果

为了确保拥有所有指标，可以使用以下两组参数运行 Python 包装程序，并生成指标。包装器程序的第一次运行创建 days_since_new_friend、newfriend_pcnt_chng、unfriend_per_month 的使用时长的缩放版本，以及点赞和不喜欢的总数量的指标(标记为"意见"的数量)：

```
run_churn_listing.py --chap 7 --listing 3 4 6 8 --insert
```

第二个命令运行比率指标的所有版本来创建 adview_per_post、reply_per_message、like_per_post、unfriend_per_newfriend 和 dislike_pcnt 指标：

```
run_churn_listing.py --chap 7 --listing 1 --version 1 2 3 4 5 6 --insert
```

在创建所有指标之后，你应该能够运行代码清单 8-1 并获得图 8-5 所示的载荷矩阵。

8.3　拟合客户流失模型

现在你的数据已经准备好了，并且你知道了回归预测模型是如何工作的，现在是时候执行算法了，该算法为你提供匹配数据的权重和偏移量。找到与数据相匹配的权重和偏移量称为模型拟合。

定义　拟合一个统计模型意味着找到使模型与样本数据尽可能接近的关键参数的值。拟合一个模型有时也被称为训练一个模型。

我将先展示如何读取结果，然后展示如何创建它们。

8.3.1　逻辑回归的结果

图 8-6 显示了模拟流失数据集上拟合逻辑回归得到的权重和偏移量。(在运行代码清

单 8-2 之后,这个结果将出现在一个文件中。)文件中的每一行都显示一个或一组指标的结果。结果由以下两个数字组成:

- 参与度权重
- 衡量指标对留存率(流失)的影响,本书称为留存影响

正如我之前建议的那样,参与度权重是很小的数字,通常小于 1。这是有道理的,因为参与度权重和指标分数的乘积将加起来作为总参与度,其放缩类似于分数。正权重表示该指标(或指标组)与参与度增加相关,负权重表示该指标与留存率降低(流失率增加)相关。出于这个原因,设置模型来预测留存率更容易解释:表示积极事物的正数比负数更直观,如果你设置了模型来预测客户流失,那么所有能提高参与度的行为都将带有负权重。

提示 预测留存概率比预测流失概率更容易解释,因为这样,数字意义上的正权重与参与度意义上的积极结果相关联。

衡量指标对客户流失的影响显示为留存概率的百分比变化。稍后展示计算的详细信息,但首先解释它的含义。

定义 一个指标或一组指标对留存的影响是指,假设所有其他指标都是平均值,那么用户留存率就会比这个指标的平均值高出一个标准差。

如果某个指标的留存影响为 2%,则该指标高于平均值一个标准差,且所有其他指标为平均值的客户的预测留存概率比平均留存概率高 2%。这个概率比平均流失概率低 2%,所以你可以用任何一种方式描述它,只要你跟踪影响的方向。流失影响不是统计课上教的标准指标,但我发现它在向业务人员解释逻辑回归模型时很有帮助。

提示 留存率和流失率指标的影响对于向业务人员传达回归结果非常重要。

在解释用户流失率和留存率影响时,要记住另外两点:

- 如果某个指标低于平均水平,而不是高于平均水平,那么它对流失率和留存率的影响大致相同,但方向相反。
- 由于根据 S 曲线预测概率,高于(或低于)平均值的多个指标的累积效应对流失率的影响逐渐减弱。对于比平均值高出一个标准差以上的指标也是如此:高于平均值两个标准差的指标,在结果中显示的流失影响将小于平均值的1/4。

偏移量的结果是在图 8-6 的底部多出一行:偏移量的权重列中的数字不是权重,而是偏移的数量。

我之前建议,偏移量约为 2 时,留存率约为 90%。在图 8-6 中,模拟数据集的偏移量为 3.7 时,留存率约为 95.4%。在 retain_impact 列中,偏移量的数字是一个完美普通客户的留存概率预测。回想一下,一个完美的普通客户在所有指标分数上都是 0,因此在式(8.2)中,对于概率($P_{留存} = S(E + \text{off})$),唯一的项是偏移量。

请注意,完美普通客户的预测概率是 2.4%(100% – 97.6%,图 8-6 中的留存率),但在模拟数据集内,客户流失率约为 4.6%(参见第 5 章,图 5-12)。你可能会期望一个完美的

普通客户的流失概率等于整体或平均流失率，但事实并非如此。

每个指标组(或单个指标)都有一个权重来表示参与度的影响。偏移量显示在最后

retain_impact是指如果用户在这一领域的留存率高于平均水平，同时假设用户在其他方面都处于平均水平，那么留存率的差异会有多大

group_metric_offset	权重	retain_impact	group_metrics
metric_group_1	0.35	0.70%	adview_per_month|like_per_month|post_per_month
metric_group_2	0.68	1.18%	message_per_month|reply_per_month
newfriend_per_month	0.48	0.91%	
dislike_per_month	−0.02	−0.06%	
unfriend_per_month	−0.16	−0.41%	
adview_per_post	−0.47	−1.41%	
reply_per_message	−0.01	−0.03%	
like_per_post	0.18	0.39%	
post_per_message	−0.04	−0.10%	
unfriend_per_newfriend	0.01	0.03%	
dislike_pcnt	−0.14	−0.34%	
newfriend_pcnt_chng	0.11	0.25%	
days_since_newfriend	−0.17	−0.43%	
offset	3.70	97.6%	(baseline)

在字段中，偏移量的值retain_impact实际上是基线模型留存概率

group_metrics显示哪些指标组成了"指标组"(来自载荷矩阵)

图 8-6　在模拟数据集上运行逻辑回归得到的结果

注意 完美普通客户的预测流失率通常接近整体流失率，但不等于整体流失率。

以下是用户流失影响的计算方法。如果用户是完全平均(普通)的，那么他们的所有分数都为 0，留存概率就可以通过式(8.4)计算：

$$P_{留存} = S(\text{off}) = \frac{1}{1+e^{-\text{off}}} \tag{8.4}$$

另一方面，如果客户在所有方面都对应完美的平均水平，除了在单个指标或指标组上比平均水平高一个标准差之外，那么权重与分数的乘积就会减少到正好是他们比平均水平高一个标准差的分数的权重。在这种情况下，如果变量 w 代表参与度方程中一个权重的值，则可由式(8.4)派生出式(8.5)：

$$P_{留存} = S(w+\text{off}) = \frac{1}{1+e^{(-w-\text{off})}} \tag{8.5}$$

用户流失率的影响是将每个参与度权重代入式(8.4)和式(8.5)，计算它们的差值得到的。

8.3.2　逻辑回归代码

代码清单 8-2 提供了逻辑回归分析的代码。但这个代码清单不仅仅是简单地对回归进行拟合，拟合的代码只有两行。其余代码用来准备数据，对结果进行一些分析，并保

存所有内容。该代码清单包含 7 个函数，下面按调用顺序进行描述。

- logistic_regression_analysis(主函数)——调用辅助函数创建数据后，该函数创建 sklearn LogisticRegression 对象并调用 fit 方法来运行模型拟合。然后它调用更多的辅助函数来分析和保存结果。
- prepare_data——该函数加载已保存的分组分数数据集，并分隔指示流失的字段。用户流失率指示器是反向的，它表示用户留存率。使用分组分数是一个由默认参数控制的选项，因为(在第 9 章中)它用于加载其他文件。
- save_regression_summary——该函数创建一个 DataFrame，其中一列是回归模型的权重和偏移量，另一列是一个标准差影响。请注意，此方法(以及以下两个方法)有一个可选的扩展参数，用于在第 9 章中保存额外的版本；这是图 8-6 所示的数据表。它调用 calculate_impacts 来获取流失影响数据，然后从 LogisticRegression 对象中获取权重；这些值存储在一个名为 coef_的字段中。(coef 是 coefficient 的缩写，是一个数与另一个数相乘的通称)。这些结果与 DataFrame 中的指标和组的名称组合，然后保存。
- calculate_impacts——此函数使用前面描述的公式计算一个标准差分数对留存概率的影响。它对偏移量调用 s_curve 函数，偏移量是回归对象的变量 intercept_，从而获得基线保留概率。它还对偏移量和权重之间的差异调用 s_curve 函数，该差异存储在回归对象的变量 coef_中。该函数的结果是保留影响的向量和基线留存概率。
- s_curve——该函数实现式(8.2)。
- save_regression_model——此函数将回归对象保存到 pickle 文件中，以便稍后重新加载并用于预测。
- save_dataset_predictions——此函数计算在用于创建模型的数据集中的观察结果上的客户流失概率和留存概率。它在回归对象上调用以数据集为参数的 predict_proba 函数。结果保存在.csv 文件中，关于这个函数将在 8.3.5 节中进一步解释。

应该使用如下 Python 包装器来运行代码清单 8-2:

```
fight-churn/fightchurn/run_churn_listing.py --chapter 8 --listing 2
```

该程序打印几行输出，告诉你保存这 3 个结果的位置:

- 包含权重和一个标准差影响的文件
- 包含模型的 pickle 的文件
- 包含历史流失概率和留存概率的文件

你应该打开摘要文件 churnsim_logreg_summary.csv，并确认它与图 8-5 类似。它不会完全相同，因为模拟数据是随机生成的。我将在 8.3.5 节详细讨论历史概率文件中的结果，并在 8.4 节介绍如何使用 pickle 文件。

代码清单 8-2　逻辑回归分析

```
import pandas as pd
```

```
import numpy as np
import os
from sklearn.linear_model import LogisticRegression
from math import exp
import pickle
```

调用辅助函数 prepare_data

创建正确类型的回归对象

```
def logistic_regression_analysis(data_set_path=''):
    X,y = prepare_data(data_set_path)
    retain_reg = LogisticRegression(fit_intercept=True,
     solver='liblinear', penalty='l1')
    retain_reg.fit(X, y)
```

根据流失数据拟合模型系数

调用 save_regression_summary
来保存结果的摘要

```
    save_regression_summary(data_set_path,retain_reg)
    save_regression_model(data_set_path,retain_reg)
    save_dataset_predictions(data_set_path,retain_reg,X)
```

调用 save_regression_model
来保存回归对象

将数据放入回归所需的表单中

调用 save_dataset_predictions 进行预测

```
def prepare_data(data_set_path,ext='_groupscore',
                 as_retention=True):
    score_save_path = data_set_path.replace('.csv', '{}.csv'.format(ext))
    assert os.path.isfile(score_save_path), 'You must run listing 6.3 first'
    grouped_data =
        pd.read_csv(score_save_path,index_col=[0,1])
    y = grouped_data['is_churn'].astype(np.bool)
    if as_retention: y=~y
    X = grouped_data.drop(['is_churn'],axis=1)
    return X,y
```

加载数据
集，设置
索引

分离结果，并将其转换为 True

分离指标

```
def calculate_impacts(retain_reg):
    average_retain=s_curve(-retain_reg.intercept_)
    one_stdev_retains=np.array(
        [ s_curve(-retain_reg.intercept_-c)
          for c in retain_reg.coef_[0]])
    one_stdev_impact =
        one_stdev_retains - average_retain
    return one_stdev_impact, average_retain
```

比平均值高一个标准差的影响

对于每一个系数，计算影响

影响是高于平均值一个标准差的概率差异

```
def s_curve(x):
    return 1.0 -(1.0/(1.0+exp(-x)))
```

完全普通(平均)客户的流失情况

```
def save_regression_summary(data_set_path,
                            retain_reg,ext=''):
    one_stdev_impact,average_retain =
        calculate_impacts(retain_reg)
    group_lists = pd.read_csv(
        data_set_path.replace('.csv', '_groupmets.csv'),
        index_col=0)
    coef_df = pd.DataFrame.from_dict(
        {'group_metric_offset': np.append(group_lists.index,'offset'),
         'weight': np.append(retain_reg.coef_[0],retain_reg.intercept_),
```

在摘要中重复使用每个组中的指标

创建一个合并结果的
DataFrame

```
                    'retain_impact' : np.append(one_stdev_impact,average_retain),
                    'group_metrics' : np.append(group_lists['metrics'],'(baseline)')})
    save_path =
        data_set_path.replace('.csv', '_logreg_summary{}.csv'.format(ext))
    coef_df.to_csv(save_path, index=False)
    print('Saved coefficients to ' + save_path)

    def save_regression_model(data_set_path,retain_reg,ext=''):
        pickle_path =
            data_set_path.replace('.csv', '_logreg_model{}.pkl'.format(ext))
        with open(pickle_path, 'wb') as fid:
            pickle.dump(retain_reg, fid)
        print('Saved model pickle to ' + pickle_path)

    def save_dataset_predictions(data_set_path,
                                 retain_reg, X,ext=''):
        predictions = retain_reg.predict_proba(X)
        predict_df = pd.DataFrame(predictions,
                                  index=X.index,
                                  columns=['churn_prob','retain_prob'])
        predict_path =
            data_set_path.replace('.csv', '_predictions{}.csv'.format(ext))
        predict_df.to_csv(predict_path,header=True)
        print('Saved dataset predictions to ' + predict_path)
```

通过 pickle 保存对象

predict_proba 预测客户流失率和留存率

创建一个新的 DataFrame 并保存预测

代码清单 8-2 中的 LogisticRegression 对象有几个参数。fit_intercept=True 告诉逻辑回归你将在模型中包含偏移量。它是可选的，因为在逻辑回归的其他用途中，你不会包括偏移量。其他参数 solver='liblinear' 和 penalty='l1'，控制使用什么方法来找到权重和偏移量。你可以使用不同的方法来拟合模型，但是本书关注的是逻辑回归在对抗流失率方面的应用(我不会详细说明)。这些参数对应的方法称为岭回归(也被称为 Tikhonov 正则化)，很容易在统计教科书或网上找到这一方法的额外解释。

定义 岭回归是一种拟合回归参数的现代方法，当许多指标具有相关性时，它具有良好的表现。

当大量指标可以在某种程度上相关时，岭回归效果很好，这一事实使其适用于客户流失的典型数据。你将在第 9 章了解有关岭回归和 LogisticRegression 对象的参数的更多信息。但首先，让我们谈谈如何向你的业务同事解释回归结果。

8.3.3 解释逻辑回归结果

回归结果显示哪个指标或一组相关性指标对客户流失和留存影响最大。这一发现对于你的业务同事来说很重要，因为它客观地评估了产品的哪些行为或方面最能吸引(或脱离)你的客户。权重估计和保留概率影响的结果显示了相对重要性；两者都讲述了一个关于什么将带来最大影响的故事。这个结果如图 8-7 所示，从最积极的留存率到最消极的留存率，显示了留存率的权重和相应影响。

在图 8-7 中，你可以按权重或留存影响进行排序，并且你会发现它们的顺序相同。如果你考虑 S 曲线的形状，这是有道理的。更多的参与总是会带来更高的留存概率，因此对参与的影响(即权重所代表的)越大，对留存概率的影响就越大。

group_metric_offset	权重	retain_impact
metric_group_2	0.68	1.18%
newfriend_per_month	0.48	0.91%
metric_group_1	0.35	0.70%
like_per_post	0.18	0.39%
newfriend_pcnt_chng	0.11	0.25%
unfriend_per_newfriend	0.01	0.03%
reply_per_message	−0.01	−0.03%
dislike_per_month	−0.02	−0.06%
post_per_message	−0.04	−0.10%
dislike_pcnt	−0.14	−0.34%
unfriend_per_month	−0.16	−0.41%
days_since_newfriend	−0.17	−0.43%
adview_per_post	−0.47	−1.41%

可以根据权重或留存概率影响对指标进行排序，但是顺序将相同

图 8-7　回归系数与留存概率影响的比较

了解回归的权重很重要，但我不建议与业务人员谈论它们。为了向你的业务同事解释不同行为对客户留存的影响，我建议你仅使用对留存概率的影响。回归使用的参与度和权重是抽象概念，不好解释，并可能会造成混淆。使用对留存概率的影响的好处在于，留存概率是人们已经从留存率中了解的具体业务指标。

在解释参数对留存率和流失率的影响之前，需要确保业务人员理解以下概念：

- 什么是概率，你的产品的流失率和留存率是多少。特别是在这方面，要确保他们理解以下几点：
  - 流失率相当于流失概率，留存率相当于留存概率。
  - 用户流失率和留存率加起来是 100%。
- 一般意义上的标准差是什么。大多数人都听说过标准差，但对它没有具体的了解。他们需要明白，比平均水平高出一个标准差的人明显高于平均水平，但不是特别高于平均水平。他们还需要明白，你也可以考虑低于平均水平一个标准差的情况。

图 8-8 展示了一种向业务人员展示这一结果的好方法：条形图。将留存影响放在条形图中可以很容易地看到相对重要性。我还建议按重要性从最积极到最消极对指标和指标组进行排序，并使用描述性名称标记指标组。

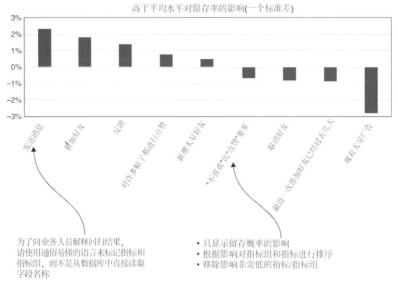

图 8-8 通过条形图解释行为对流失率的影响

我喜欢向业务人员展示条形图来解释留存概率的原因是，对参与度有利的指标或行为显示为正数，而对参与度不利的指标或行为显示为负数。同时，我们也可以方便地从单个客户流失概率的角度来讨论。如果你发现社交反馈的使用比平均值高出一个标准差，用户留存率就会增加 2%，你更有可能认为这将使用户流失从 10%降低到 8%，而不是使留存率从 90%提高到 92%。就流失率而言，影响更明显，因为它是一个较小的数字。

在你向业务人员展示了高于平均水平的行为影响的条形图后，应该继续向他们解释以下额外事实：

- 低于平均水平与高于平均水平具有大致相同但相反的效果。它们的绝对值并不完全相等，但不同指标的相对影响将相同。
- 如果一个客户比平均值高出多个标准差，就会出现收益递减，这意味着每一个高于平均值的额外标准差对流失或留存概率的影响将逐步降低。
- 相同的收益递减也发生在多个方面高于平均水平的情况：合并的流失率下降，将低于相关留存率影响的总和。

通常，这些要点涵盖了人们关心的大部分问题，应该让他们很好地了解不同行为对留存率和流失率的影响。

8.3.4 逻辑回归案例分析

图 8-9 显示了 Broadly 的逻辑回归案例研究的示例结果，Broadly 是一种帮助企业管理其在线业务的 SaaS 产品。在案例研究中分析了大约 80 个指标。最大的两个组各自包含大约 20 个指标，并且两个组在回归中都获得了很高的正权重。5 个较小的组和 9 个指标在分组中保持独立，其中一些指标出现在本书早期的案例研究中，包括 account_tenure、billing_period 和 detractor_rate。

正如你在图8-9 中看到的，真实案例研究可以比模拟数据集具有更多的指标。尽管在模拟数据集中似乎不需要对相关性指标进行分组，但在实际案例研究中，对相关性指标进行分组很重要；否则，结果将有太多的指标，这将毫无意义。在 8.4 节中，你将看到分组对于理解具有大量指标的客户流失情况至关重要的另一种原因。

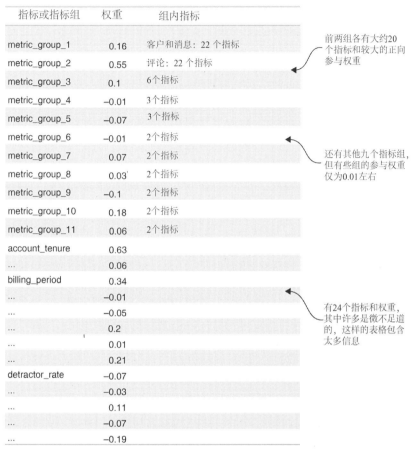

指标或指标组	权重	组内指标
metric_group_1	0.16	客户和消息: 22 个指标
metric_group_2	0.55	评论: 22 个指标
metric_group_3	0.1	6 个指标
metric_group_4	−0.01	3 个指标
metric_group_5	−0.07	3 个指标
metric_group_6	−0.01	2 个指标
metric_group_7	0.07	2 个指标
metric_group_8	0.03	2 个指标
metric_group_9	−0.1	2 个指标
metric_group_10	0.18	2 个指标
metric_group_11	0.06	2 个指标
account_tenure	0.63	
...	0.06	
billing_period	0.34	
...	−0.01	
...	−0.05	
...	0.2	
...	0.01	
...	0.21	
detractor_rate	−0.07	
...	−0.03	
...	0.11	
...	−0.07	
...	−0.19	

前两组各有大约20个指标和较大的正向参与权重

还有其他九个指标组，但有些组的参与权重仅为0.01左右

有24个指标和权重，其中许多是微不足道的，这样的表格包含太多信息

图 8-9　Broadly 的逻辑回归的示例结果

提示　当回归分析中有许多指标时，对相关性指标进行分组有助于减少信息过载情况的发生。

Broadly 案例研究中权重的另一个特点是，一些指标和指标组的权重很小，例如 0.01 或 0.03。相比之下，表中最强的参与权重约为 0.6，因此这些小权重指标是强指标权重的 1/20 或更少，这对于参与度来说微不足道。这些小权重对应的指标，队列分析也没有显示出与流失率的显著关系。你不会使用这些指标来细分你的客户或采取任何干预措施来减少客户流失。如果移除较小的权重，图 8-9 中的结果将更易于管理，但仍然具有意义。在第 9 章中，你将学习如何通过使用一种使模型精度最大化的技术来从回归中去除小的和不重要的权重。

提示 你的许多指标显示出相对较小的参与权重是正常的，它们对应的客户指标对客户流失和留存并不重要。

如果你的数据生成的表格如图 8-9 所示，则在制作条形图之前，你绝对应该删除低权重指标。第 9 章将介绍更好的方法。

8.3.5　模型校准和历史流失概率

代码清单 8-2 的另一个输出结果是回归分析，它是将流失概率预测模型应用于数据集的结果。这不是预测，因为对已经发生的事情进行预测没有意义。数据集所代表的客户已经流失或留存下来。我将数据集的这些输出称为流失概率而不是预测。无论如何，看看这个输出是有启发性的，这样你就知道在预测活跃客户时会发生什么。

图 8-10 显示了一个小样本，就像常见的数据集一样，每一行都代表一个账户和一个观察日期。但是，该图没有其他列的指标，而是一列流失概率和一列留存概率。此外，由于数据集由历史观察数据组成，单个账户可以在不同日期出现多次，直到它发生客户流失。

	观察		
account_id	_date	churn_prob	retain_prob
12	3/1/20	0.117346	0.882653
35	3/1/20	0.026151	0.973848
...	...	...	...
12	4/1/20	0.108008	0.891992
35	4/1/20	0.015863	0.984136
...	...	...	...
12	5/1/20	0.070167	0.929832
35	5/1/20	0.013329	0.986670
...	...	...	...
	平均	0.0459452	0.9540548

结果按日期和账户排序

预测包括流失概率和留存概率

显示平均值以供说明；它不是数据文件的一部分

图 8-10　模拟数据集的历史流失概率估计。平均值是在电子表格或分析程序中计算的(不与数据集一起保存)

这些历史概率对于检查模型也很有用。预测模型的一项重要检查是它产生的预测应该与你实际观察到的流失率密切对应。这种检查称为模型校准。

定义 模型校准是指模型产生的客户流失率和留存率估计值，与客户实际的流失率之间的对应程度。

在 8.6.2 节中，你将看到如何使用流失概率预测来估计客户生命周期价值，这可能是决定干预措施的重要指标。顾名思义，客户终身价值是衡量客户在其整个生命周期中对你的价值。只有模型经过良好的校准，客户生命周期价值估计才会准确。任何关于行为对客户流失影响的推理也是如此：如果模型没有经过校准，留存影响就可能毫无用处。

校准最重要的是检验模型预测的平均流失率是否与数据集中的流失率相匹配。图 8-11 重复了模拟数据集的流失率测量，该数据集由代码清单 5-2 生成，可以运行带有以下参数的数据集概要函数得到所需结果：

```
run_churn_listing.py --chap 5 --listing 2
```

对比图 8-10 的平均历史概率和图 8-11 的流失率，可以看到这些数字非常接近，相差在 1%以内。你应该与你自己的模拟数据集，以及你所处理的任何数据集进行类似的比较，以便进行真实的案例研究。对于具有合理数量的用户流失率和用户留存率的数据集，并且也没有极端的异常值或缺失值，你应该发现数据集的流失率和预测的平均值总是很接近的。

样本数据集中的流失率非常接近回归的预测平均值

	计数	非零值	均值
is_churn	32316	4.59%	0.04591

图 8-11　使用代码清单 5-2 生成的模拟数据集，进行历史流失概率估计

在图 8-6 中，可看到客户的平均流失概率是 2.4%(从 100%减去留存率，在图中显示为 97.6%)，而不是 4.6%。普通客户的流失概率并不等于平均流失率。没关系，对于校准，你需要预测平均流失概率来匹配真实流失率，但普通客户不必匹配平均流失率。事实上，异常值流失概率的存在通常保证了普通客户的流失概率不会等于平均流失概率：普通客户的流失概率通常略低于流失率的平均值，就像在社交网络模拟数据集中看到的一样。

也有更先进的方法来测量校准。例如，当你在绘制客户队列图，将客户分成十分位数时，可以通过十分位数来测试校准。使用这种方法，可以根据预测的队列平均值来排序客户，然后将他们分成 10 个队列，对比每个队列的真实流失率与队列预测平均值。结果将表明你的预测模型是否经过了良好的校准，从而可以用于预测那些可能或不可能流失的客户(远离平均水平的客户)的概率。我不建议你定期进行这种校准检查，但这种技术是一个需要注意的好方法。

如果你计划专门针对高流失率或低流失率的客户实施高代价的干预措施，那么可能需要检查这种详细程度的校准。然后，特别重要的是要知道你的模型在估计这些客户流失概率方面是否准确。正如你将在第 9 章中看到的，当校准不完美时，模型仍然可以识别风险最大和最小的客户。

最后要注意的一点是：校准只是衡量模型与数据匹配程度的一种方法。模型质量的其他重要指标将在第 9 章介绍。

8.4　预测客户流失概率

预测意味着对尚未发生的事情进行预判。对于客户流失，预测意味着获取所有当前活跃的客户，并在他们下一次续订之前预测他们流失的可能性。本节还介绍了如何准备数据以使用分组指标进行分段，这是第 6 章未涉及的主题。

8.4.1　准备当前客户数据集以进行预测

为当前客户进行预测的第一步是创建当前活跃客户的数据集，包括他们所有指标的最新测量值。在第 4 章中，你在学习如何提取这样一个数据集来分割活跃客户时，你已经看到了如何实现这一点。然后，在第 7 章中，你更新了数据集从而包含更多指标，因此你需要更新提取当前数据集的代码，就像你在本章开始时更新提取历史数据集的代码一样。

代码清单 8-3 提供了提取包含第 7 章中创建的所有指标的数据集的代码。代码清单 8-3 与代码清单 4-6 几乎一样，但是有更多的指标。查询开头的简短公用表表达式选择最近的可用日期；然后主 SELECT 语句使用你在第 4 章(4.6 节)中学到的扁平化聚合技巧。

代码清单 8-3 中有一个新元素：SELECT 用来选择使用时长超过 14 天的账户。CTE account_tenures 选择所有使用时长至少为 14 天的账户，主 SELECT 中的内部连接将数据集限制为这些客户。此约束可确保在使用其指标之前至少已经对客户有数周的观察。否则，由于观察期短，大多数新客户的指标都会很低。

在第 7 章中，你了解到新注册的客户可以通过扩展，获得更准确的第一个月指标预测。使用这种技术可以更准确地估计 unfriend_per_month 这一罕见指标。对于你自己的案例研究，我建议你对所有指标使用此模式，在这种情况下，你将匹配最少两周的观察时间。(我并没有要求你重新计算所有这些指标，从而节省时间。)

代码清单 8-3 修改当前数据集

```
WITH metric_date AS          ◄──── 这个 CTE 选择最近
(                                   的日期
    SELECT max(metric_time) AS last_metric_time FROM metric
),
account_tenures AS(
    SELECT account_id, metric_value AS account_tenure
    FROM metric m INNER JOIN metric_date ON metric_time =last_metric_time
    WHERE metric_name_id = 8
    AND metric_value >= 14
)
SELECT s.account_id, metric_time,
SUM(CASE WHEN metric_name_id=0 THEN metric_value ELSE 0 END)     选择扁平化聚合的基
    AS like_per_month,                                           本指标
SUM(CASE WHEN metric_name_id=1 THEN metric_value ELSE 0 END)
    AS newfriend_per_month,                           ◄──────
SUM(CASE WHEN metric_name_id=2 THEN metric_value ELSE 0 END)
    AS post_per_month,
SUM(CASE WHEN metric_name_id=3 THEN metric_value ELSE 0 END)
    AS adview_per_month,
SUM(CASE WHEN metric_name_id=4 THEN metric_value ELSE 0 END)
    AS dislike_per_month,                               这是代码清单 7-7
SUM(CASE WHEN metric_name_id=27 THEN metric_value ELSE 0 END)   中的缩放指标
    AS unfriend_per_month,            ◄──────
SUM(CASE WHEN metric_name_id=6 THEN metric_value ELSE 0 END)
    AS message_per_month,
SUM(CASE WHEN metric_name_id=7 THEN metric_value ELSE 0 END)
    AS reply_per_month,                                这是代码清单 7-1
SUM(CASE WHEN metric_name_id=21 THEN metric_value ELSE 0 END)   中的比率指标
    AS adview_per_post,               ◄──────
```

```
SUM(CASE WHEN metric_name_id=30 THEN metric_value ELSE 0 END)
    AS reply_per_message,
SUM(CASE WHEN metric_name_id=31 THEN metric_value ELSE 0 END)
    AS like_per_post,
SUM(CASE WHEN metric_name_id=32 THEN metric_value ELSE 0 END)
    AS post_per_message,
SUM(CASE WHEN metric_name_id=33 THEN metric_value ELSE 0 END)
    AS unfriend_per_newfriend,
```

这是代码清单 7-4 中的百分比变化指标

```
SUM(CASE WHEN metric_name_id=23 THEN metric_value ELSE 0 END)
    AS dislike_pcnt,
SUM(CASE WHEN metric_name_id=24 THEN metric_value ELSE 0 END)
    AS newfriend_pcnt_chng,
SUM(CASE WHEN metric_name_id=25 THEN metric_value ELSE 0 END)
    AS days_since_newfriend
FROM metric m INNER JOIN metric_date d
    ON m.metric_time =d.last_metric_time
INNER JOIN subscription s ON m.account_id=s.account_id
WHERE s.start_date <= d.last_metric_time
AND(s.end_date >=d.last_metric_time OR s.end_date IS null)
GROUP BY s.account_id, d.last_metric_time
ORDER BY s.account_id
```

这是来自代码清单 7-1 第 2 个版本的百分比指标

这是代码清单 7-6 中的 days_since_event 指标

在订阅上进行 JOIN，从而确保只有活动账户

GROUP BY 聚合完成了展平操作

选择最近日期的指标

你应该使用 Python 包装程序和以下参数运行代码清单 8-3：

```
run_churn_listing.py --chap 8 --listing 3
```

运行代码清单 8-3 将当前客户及其指标的数据集保存在一个文件中。本章不包含输出的示例，因为到目前为止，你已经知道数据集的具体内容。

在 8.1 节中，回顾了在回归中使用数据集之前，准备数据集的所有步骤(特别是图 8-4 中提到的步骤)。这些步骤如下：

(1) 计算数据集的统计信息。

(2) 使用统计数据将指标转换为分数。

(3) 保存一个评分参数表，汇总用于评分的参数。

(4) 使用相关性矩阵查找组，并创建载荷矩阵。

(5) 使用载荷矩阵计算所有组的平均分数。

但是在对当前客户数据集重复该过程时有一个关键区别：你不想计算新的统计数据来将指标转换为分数。你也不想创建新的载荷矩阵来对相关性指标进行分组。对于当前数据集，你希望使用你在第 5 章和第 6 章中分析历史客户数据集时得出的相同统计数据和载荷矩阵重复该过程。你必须为当前客户重用相同的参数和载荷矩阵，从而确保你放入回归的当前客户数据集中的每一列与历史数据集中的相应列具有相同的含义。

考虑如果你在当前客户数据集上计算新的载荷矩阵，并找到不同数量的组，会发生什么。如果当前数据集指标具有与历史数据集指标不同的相关性，就可能发生这种情况。你将无法将当前客户的分组指标映射到回归期望拟合历史数据集的指标。甚至用于评分的平均值和标准差也应该是根据历史数据计算得出的。由于用于缩放的均值和标准差并

非来自当前客户数据,因此对于当前客户评分,均值可能不完全为0,标准差可能不完全为1。但只要这些差异反映了当前客户和历史客户之间的真实差异,这个结果就是正确的。当前客户数据集的评分过程包括以下4个步骤:

(1) 重新加载从历史客户数据集中保存的分数参数。

(2) 使用历史数据集统计信息,将当前客户指标转换为分数。

(3) 重新加载从历史数据集中创建的载荷矩阵。

(4) 使用重新加载的载荷矩阵计算当前客户的平均组分数。

现在你可以看到评分列表将所有这些详细信息保存在表格中的第二个原因:如果你要进行流失和留存概率预测,则将再次需要相同的信息。

提示 在为预测准备当前客户数据集时,需要重用在最初分析历史数据集时创建的评分参数和载荷矩阵。

代码清单8-4给出了对当前客户数据集评分的代码。(同样,本章不展示输出的结果)。由于代码清单8-4必须重新加载前面代码清单创建的大量数据,因此它包含一个按名称和代码清单编号重新加载单个数据集的函数。在加载当前客户数据集、旧的分数参数和载荷矩阵之后,代码清单8-4执行以下主要步骤:

(1) 通过确保数据集中命名的指标列、分数参数和载荷矩阵匹配来验证输入。如果你正在迭代创建不同版本的数据集,并计算统计数据和不同版本的分组,这些输入可能会变得不同步。

(2) 使用代码清单7-5中的转换,转换得分(score)参数表中指示的列上的倾斜(存在数据偏差)列和肥尾列。

(3) 使用得分(score)参数表中的均值和标准差,从指标中减去均值并除以标准差。此任务在新的辅助函数score_current_data中完成。

(4) 将缩放数据乘以载荷矩阵,从而计算指标组的平均值。这个操作在新的辅助函数group_current_data中完成。

(5) 保存结果。

最终的辅助函数调用实现客户细分的数据集版本,在代码清单8-4之后进行讲解。

代码清单8-4 重新评分当前数据集

```
import pandas as pd
import numpy as np
import os
from listing_7_5_fat_tail_scores import          导入代码清单7-5中定
    transform_fattail_columns, transform_skew_columns  ◄───  义的转换函数


def rescore_metrics(data_set_path=''):

  重新加载评分时保存的参数

    load_mat_df = reload_churn_data(data_set_path,    使用 reload_churn_data 重新
       'load_mat','6.4',is_customer_data=False)   ◄───  加载载荷矩阵
    score_df = reload_churn_data(data_set_path,
       'score_params','7.5',is_customer_data=False)
```

```
current_data = reload_churn_data(data_set_path,
    'current','8.3',is_customer_data=True)
assert set(score_df.index.values)==set(current_data.columns.values),
    "Data does not match score params"
assert set(load_mat_df.index.values)==set(current_data.columns.values),
    "Data does not match load matrix"

transform_skew_columns(current_data,
    score_df[score_df['skew_score']].index.values)
transform_fattail_columns(current_data,
    score_df[score_df['fattail_score']].index.values)
scaled_data = score_current_data(current_data,score_df,data_set_path)
grouped_data = group_current_data(scaled_data, load_mat_df,data_set_path)
save_segment_data(grouped_data,current_data,load_mat_df,data_set_path)

def score_current_data(current_data,score_df, data_set_path):
    current_data=current_data[score_df.index.values]
    scaled_data=(current_data-score_df['mean']) /
        score_df['std']
    score_save_path=data_set_path.replace('.csv','_current_scores.csv')
    scaled_data.to_csv(score_save_path,header=True)
    print('Saving score results to %s' % score_save_path)
    return scaled_data


def group_current_data(scaled_data,load_mat_df,data_set_path):
    scaled_data = scaled_data[load_mat_df.index.values]
    grouped_ndarray = np.matmul(scaled_data.to_numpy(),
                        load_mat_df.to_numpy())

    current_data_grouped = pd.DataFrame(grouped_ndarray,
                        columns=load_mat_df.columns.values,
                        index=current_data.index)
    score_save_path=
        data_set_path.replace('.csv','_current_groupscore.csv')
    current_data_grouped.to_csv(score_save_path,header=True)
    print('Saving results to %s' % score_save_path)
    return current_data_grouped

def save_segment_data(current_data_grouped,
                    current_data, load_mat_df, data_set_path):
    group_cols =
        load_mat_df.columns[load_mat_df.astype(bool).sum(axis=0) > 1]
    no_group_cols =
        load_mat_df.columns[load_mat_df.astype(bool).sum(axis=0) == 1]
    segment_df =
        current_data_grouped[group_cols].join(current_data[no_group_cols])
    segment_df.to_csv(data_set_path.replace('.csv',
                        '_current_groupmets_segment.csv'),header=True)

def reload_churn_data(data_set_path, suffix,
                    listing,is_customer_data):
    data_path = data_set_path.replace('.csv', '_{}.csv'.format(suffix))
    assert os.path.isfile(data_path),
        'Run {} to save {} first'.format(listing,suffix)
```

客户数据文件有两列用于索引

```
ic = [0,1] if is_customer_data else 0
churn_data = pd.read_csv(data_path, index_col=ic)
return churn_data
```

你应该使用 Python 包装程序来运行代码清单 8-4，这样你就可以准备好为你自己的数据计算客户流失(留存)预测。运行程序的命令如下：

```
run_churn_listing.py --chap 8 --listing 4
```

8.4.2 准备当前客户数据用于客户细分

在学习分组指标时，有一个主题没有涉及，那就是如何创建将指标分组为平均分数的当前客户数据集。如果你的组织中的业务人员打算根据指标分数的平均值来设计干预措施，那么需要这样做。如果你阅读了 8.4.1 节，就可以看到我一直等到现在才解释它的原因：这个过程并不那么简单。现在你已经对当前数据集进行了重新处理，从而可以用于预测，你可以重用之前完成的工作(这就是为什么代码清单 8-4 的最后一节包含了这项技术)。但我不建议你使用预测数据集进行客户细分，而是使用以下混合版本的数据集：

- 对所有指标组使用分数。
- 对未分组的任何指标使用常规(自然尺度)指标。

这种方法的优点是业务人员更容易使用。分组对于减少指标的数量很有用，如果你按照第 6 章(6.4 节)中的建议解释了分数和指标组，那么业务人员应该可以理解和使用指标分数和指标组。当指标不是在其自然尺度上时，通常不容易用它进行客户细分，然而，如果不需要将一个指标转换为一个分数就可以进行客户细分，那么最好不要转换指标。

给定当前的指标数据集、分数和载荷矩阵，代码清单 8-4 中的辅助函数 save_segment_data 获取组中的列，然后添加原始未缩放的指标。该函数由几行 Pandas 操作组成，但它可以减轻试图减少客户流失的业务人员的负担。

你可能会认为对于少于 10 个事件，且没有更多指标的模拟数据集，使用分组指标进行细分的想法没有多大意义。常规的指标更容易理解，而分组只删除了一些指标。对于模拟数据集，你的想法可能是对的。但是，如果你的产品或服务涉及几十个(或数百个)事件和指标，你的业务同事可能真的需要使用平均分数来减轻来自这么多指标的信息过载情况。

8.4.3 使用保存的模型进行预测

在本节中，你将学习对当前客户进行预测的代码。图 8-12 显示了输出结果的示例。它类似于历史客户数据集的预测输出，但现在，你只有一个观察日期，每个客户只有一个观察结果。

account_id	observation _date	churn_prob	retain_prob
1	5/10/20	0.114500	0.885499
2	5/10/20	0.005148	0.994851
3	5/10/20	0.027381	0.972618
4	5/10/20	0.003928	0.996071
6	5/10/20	0.037595	0.962404
...	...	...	...

当前数据集的每个账户有一个预测，都在同一个日期

图 8-12　对当前客户数据集进行预测的输出(代码清单 8-5)

代码清单 8-5 的第二个输出是在直方图中可视化显示用户流失预测的分布(见图 8-13)。直方图通过将分布划分为多个范围，并在图上以条形的高度显示每个范围内的观察数量，从而帮助你对数据分布进行可视化。与队列图不同，在直方图中用于划分客户观察的范围是固定的，而每个范围内的客户数量是变化的。直方图不会向你显示固定大小的组的平均流失率，而是向你显示具有特定(预测)流失率的组的大小。

在图 8-13 中，可以看到客户流失率预测的范围为 0%~5%。大多数客户的流失概率小于 20%，但少数客户的流失概率较高(20%~50%)。

当你在第 7 章中看到肥尾分布时，已经了解了分布尾部的术语。图 8-13 中右侧那些比较矮的柱状图表示具有较高流失概率的客户，他们被称为流失概率分布的尾部。

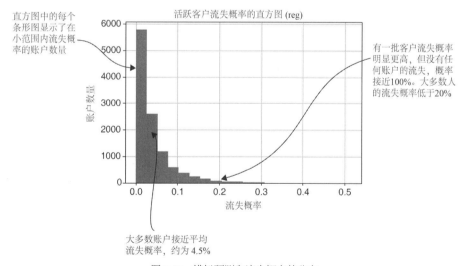

直方图中的每个条形图显示了在小范围内流失概率的账户数量

有一批客户流失概率明显更高，但没有任何账户的流失，概率接近100%。大多数人的流失概率低于20%

大多数账户接近平均流失概率，约为 4.5%

图 8-13　模拟预测和流失概率的分布

代码清单 8-5 给出了进行预测的代码。以下是主要步骤：

(1) 加载代码清单 8-2 保存的逻辑回归对象的 pickle。

(2) 加载代码清单 8-4 保存的当前客户的分组得分数据集。

(3) 在逻辑回归对象上调用 predict_proba 函数，将客户数据集作为 NumPy ndarray 进

行传递。结果是对流失和保留概率的预测的两个 ndarray 列。

(4) 将预测保存在如图 8-12 所示的文件中。

(5) 创建并保存如图 8-13 所示的流失概率直方图。直方图是在单独的函数中创建的。histogram 函数调用 matplotlib.pyplot 包函数 hist，然后在将结果保存为图像之前添加适当的注释。直方图中的计数也保存在文件中。

预测列表类似于拟合回归模型的列表，在这种意义上，算法任务接受对包对象的单个函数调用。但大部分工作是准备数据、分析和保存结果。

代码清单 8-5　通过当前客户数据集进行预测

```
import pandas as pd
import os
import pickle
import matplotlib.pyplot as plt

from listing_8_4_rescore_metrics            重用代码清单 8-4 中
    import reload_churn_data                的数据加载函数

                                            使用 pickle 重新加载保
def churn_forecast(data_set_path=''):       存为对象的模型
  pickle_path =
    data_set_path.replace('.csv', '_logreg_model.pkl')
  assert os.path.isfile(pickle_path),
    'You must run listing 8.2 to save a logistic regression model first'
  with open(pickle_path, 'rb') as fid:
    logreg_model = pickle.load(fid)
                                                重新加载使用代码清单 8-4
  current_score_df = reload_churn_data(data_set_path,   创建的当前客户分组得分
                       'current_groupscore','8.4',is_customer_data=True)
predict_proba 使用模型进行预测
    predictions =
      logreg_model.predict_proba(current_score_df.to_numpy())

    predict_df =
      pd.DataFrame(predictions, index=current_score_df.index,
                   columns=['churn_prob', 'retain_prob'])
    forecast_save_path =
      data_set_path.replace('.csv', '_current_predictions.csv')

将预测保存在一个新的 DataFrame 中

    print('Saving results to %s' % forecast_save_path)
    predict_df.to_csv(forecast_save_path, header=True)   调用辅助函数
    forecast_histogram(data_set_path,predict_df)         forecast_histogram

def forecast_histogram(data_set_path,predict_df,ext='reg')
  plt.figure(figsize=[6,4])
  n, bins,_ = plt.hist(predict_df['churn_prob'].values,   创建直方图，并返
                        bins=20)                            回结果数据
  plt.xlabel('Churn Probability')
  plt.ylabel('# of Accounts')
  plt.title(
    'Histogram of Active Customer Churn Probability({})'.format(ext))
  plt.grid()
```

在绘图上显示注释

```
        plt.savefig(
            data_set_path.replace('.csv', '_{}_churnhist.png'.format(ext)),
            format='png')
        plt.close()
    hist_df=pd.DataFrame({'n':n,'bins':bins[1:]})
    hist_df.to_csv(data_set_path.replace('.csv', '_current_churnhist.csv'))
```

将直方图结果保存在一个文件中，以供进一步分析

你应该在自己的模拟数据集上运行代码清单 8-5，并确认可以得到如图 8-12 和图 8-13 所示的结果。假设你已经创建了当前客户分组的指标分数(使用代码清单 8-4)，则可以使用这个命令通过代码清单 8-5 创建预测:

```
run_churn_listing.py --chap 8 --listing 5
```

8.4.4　案例学习: 预测

图 8-14 显示了一些预测流失概率的直方图，这些直方图来自你在书中看到的案例研究。这些直方图与图 8-13 的结果具有基本的共同特征: 一个小的峰值代表一个范围内的大部分流失概率，而尾巴则由流失概率更高的客户组成。

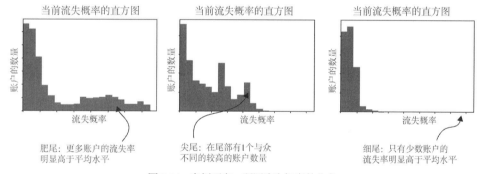

图 8-14　案例研究: 预测流失概率的分布

在图 8-14 中，3 个案例研究显示了关于流失概率分布尾部可能出现的 3 种相当常见的情况。

- 流失率分布中的肥尾是指流失率较高的客户数量足够大，可以在直方图中清晰地显示出来。
- 客户流失概率分布中的尖尾是指客户流失概率在一定范围内，客户数量异常高。有时，这些数字与可识别的行为有关，如缺乏特定行为或按月计费与按年计费。
- 多峰分布是描述此类分布的另一种方式，尽管你通常仅在直方图形状中的两个或多个峰具有相似高度时才将流失概率分布描述为多峰。我们暂时没有这种类型的案例研究示例。

- 细尾是指大多数客户都挤在一个狭窄的概率范围内，但有少数客户流失概率要高得多。在细尾中，数量太小以至于这些客户在直方图中不可见；因此你可以查看保存的.csv 文件，从而了解究竟有多少这样的客户。

事实上，真实案例研究得出的流失概率分布通常不如模拟(见图 8-13)得出的分布那么平滑和规则。

8.4.5　预测校准和预测漂移

当你第一次拟合回归模型时，我向你展示了如何通过将平均流失概率预测与历史数据集中的流失率进行比较来检查校准。你还应该检查对当前客户数据集所作预测的校准。但在这种情况下，你不能将平均流失率与当前客户数据中的流失率进行比较，因为当前客户数据集中还没有出现流失的客户。相反，你可以将当前客户数据集上的平均预测与历史数据集上的客户流失率进行比较，或者使用你在第 2 章学到的方法，将当前客户的流失率与近期客户的流失率进行比较。

提示　通过将平均预测流失概率与历史数据集流失概率或最近的流失率测量值进行比较来检查预测校准(请记住，在最近测量时间中可能存在季节性)。

图 8-15 的顶部显示了模拟数据集的这种比较示例。在这种情况下，它表明，当前数据集上的平均流失概率预测比历史数据集上的平均流失率(4.3%和 4.6%)低 0.3 个百分点。这一差距似乎不大，但很明显，尤其是考虑历史平均值和预测如此接近。

当你发现当前预测与历史数字明显不同时，你应该进一步检查，从而确保你了解导致差异的原因。什么可能导致这种差异？流失概率模型基于客户指标，因此如果当前预测与历史预测不同，则当前指标必然与历史指标在某种程度上有所不同。

提示　如果当前客户流失概率预测与历史流失概率预测不匹配，那一定是因为当前指标和历史指标之间存在差异。

当你发现这种差异时，你可以通过将当前指标与历史指标进行比较来查明原因。最简单的方法是使用数据集汇总统计信息。图 8-15 的底部显示了历史数据集的汇总统计数据与当前数据集的汇总统计数据的比较。这种比较是在一个简单的电子表格中进行的。你可以做同样的事情或编写自己的脚本。要在当前数据集中创建汇总统计信息，可以在 Python 包装程序中使用参数 --chapter 5 --listing 2 --version 4 运行额外版本的汇总统计信息程序。

图 8-15 中的指标比较表明，当前数据集中客户指标的平均值略高于历史数据集中客户指标的平均值(大多数情况下高出 5%左右)。新加好友百分比变化的指标显示了很大的变化，因为在新账户中，由于需要有历史记录才能计算变化，因此它被估计为零。当前样本中有更多具有历史记录的客户，这导致了平均值的差异。由于大多数客户指标具有积极影响，因此当前数据集中较高的指标解释了当前数据集具有较低的流失预测概率。

在使用模拟数据集时，当前数据集和历史数据集中的平均指标之间的差异是正常的，但没有意义。在模拟数据集中，服务的出现时间很短，因此客户的平均使用时长在增加。

与此同时，大多数指标并未针对最近的注册进行修正，因此，新客户(平均而言)的指标略低。从这些考虑来看，公平地说，当前数据集上的平均用户流失预测是合理的，而与历史预测的差异不值得关注。

对于真实产品的流失分析，如果你发现当前客户的指标与历史数据集客户的指标存在显著差异，你应该做一些额外的质量保证，从而确保结果正确。如果当前数据集和历史数据集之间存在合理的指标差异，则可以合理地得出结论，当前客户的流失率可能与你过去看到的流失率不同。另一方面，如果由于产品或市场环境的重大变化，你的当前客户的行为与历史客户的行为有很大不同，你应该怀疑客户流失预测的可靠性。你可能必须等到可以在当前条件下形成新的历史数据集才能可靠地预测流失概率。

另一个问题是当前数据集中的异常值可能导致某些流失概率与历史数据集不同，从而改变平均值。你可以通过比较汇总统计数据中的最大百分位数和更高的百分位数来评估指标中极端异常值的差异(图 8-15 中未显示)。这部分是另一个你必须使用你的判断来评估差异的地方。

图 8-15　校准和预测漂移

8.5 流失预测的陷阱

你现在知道如何拟合流失概率模型以及如何在正常情况下预测活跃客户。本节将介绍一些你应该注意的陷阱，因为它们可能会阻止你在某些情况下获得最佳结果。

8.5.1 相关性指标

你已经了解了如何对相关性指标进行分组，并且在使用客户数据集进行预测之前，你应该将此分组作为指标队列流失分析的一部分。到目前为止，我已经告诉你，将相关性指标分组是可行的，因为它使你的结果更容易理解。但是使用回归模型增加了使用分组的新要求：回归算法是在假设你在其中使用的指标不是高度相关的情况下设计的。因为回归不是为了衡量指标之间的高度相关性，所以如果它们高度相关，预测结果可能是不准确的。

> **提示** 回归是为不相关或中等相关的指标设计的。不要在回归中使用高度相关的指标。

在回归中不使用高度相关性指标的一个原因是它让参与度权重更难解释。高度相关的指标使参与度权重更难解释，因为当你考虑相关性指标的流失概率影响时，你必须记住它通常与其他相关性指标的影响相匹配。假设两个指标的相关性为 0.75。在这种情况下，如果客户在一个指标上的标准差高于平均值，那么他们就应该在另一个指标上远远高于平均值。当你思考不同行为对留存率的影响时，你需要考虑这些关系。即使指标的相关性较弱或中等，这一事实仍然正确；只不过影响较小，因此忽略它并没有那么大的问题。

如果你之前了解回归，可能还记得一个称为共线性的条件。共线性与相关性有关；它是两个指标之间或数据中"某组指标之和"之间完全相关的条件(求和是指诸如总计之类的指标，但是共线性指的是一些指标的相加可能形成相关的指标对，而不是指标的总和)。共线性是某些回归算法的严重问题，并且可以导致它们失败。但是较新的回归算法，例如你在代码清单 8-2 中使用的岭回归，通常不会遇到这种失败，即使数据包含相关或共线指标也是如此。

如果你使用高度相关的指标，那么在回归中会出现一个更微妙的问题。有时，如果你使用多个高度相关的指标，但没有将它们平均分组，你可能会发现回归产生的权重与参与度、与客户流失率之间存在荒谬的关系。一些指标被分配了有利于留存的权重，而另一些指标被分配了不利于留存的权重，但显然，所有指标都应该具有相似的影响。

图 8-16 是 Klipfolio 的一个真实案例研究中的例子，Klipfolio 是一个用于创建和共享公司指标仪表板的 SaaS 工具。该案例研究有 4 个版本的指标，它们以略微不同的方式衡量仪表板的查看情况：每天的仪表板查看次数、按固定周期计算的每月仪表板查看次数、按账户使用期缩放指标周期计算的每月仪表板查看次数，以及每个用户每月的仪表板查看次数。这 4 个指标是高度相关的。

在队列分析中，这 4 个参数都以同样的方式显示出与留存率的密切关系。通常情况下，这些参数应该被组合成一个平均分数，但如果没有进行这种组合，而将 4 个参数作为独立参数进行回归计算，就会出现奇怪的结果：两个参数获得正权重，表明这些行为提高了用户参与度；而两个参数获得负权重，表明这些行为降低了用户参与度。然而，这些权重没有意义。

奇怪的是，在这种情况下，这些模型的预测结果通常非常好，甚至比参数都有意义(按照上面的说法，在存在正负权重的情况下，参数没有意义)的情况更好。相反的权重来自相关性指标之间的相关性和不平衡性，这些指标是数据中的真实模式。但创建这种模型通常不是一个好主意。你将在第 9 章中了解无法解释的精度比较和机器学习模型。

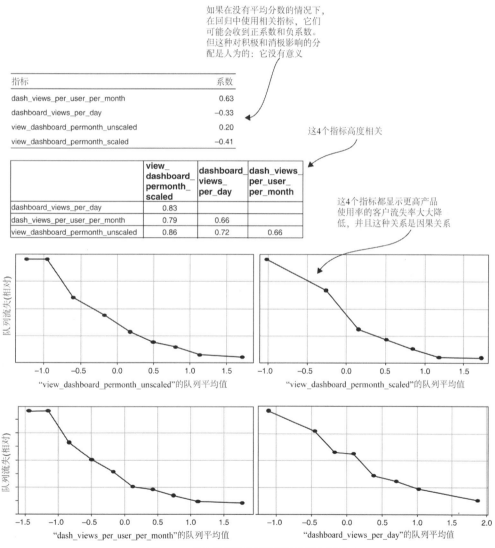

图 8-16 来自相关性指标的误导性回归权重

如果你在第 6 章的指标分组算法中使用较高的相关阈值，就会发生这种情况。这样做的动机通常是将相关性指标分开，从而尝试通过查看哪个回归权重最大来确定流失和留存的相对重要性。具有讽刺意味的是，这样的分析可能会导致无意义的权重，从而使你无法看到有意义的关系。解决方案是使用第 6 章和第 7 章中描述的方法将相关性指标分组为平均值，然后通过形成两个指标的比率，并检查该比率与流失和留存的关系来了解指标之间的关系是否显著。如果该比率与原始配对的任何一部分都不相关，则可以在回归中测试它。

8.5.2　异常值

当你的数据中有极端的异常值时，另一个会阻碍你在客户流失预测中获得最佳结果的陷阱就出现了。在第 3 章中，当你学习创建指标时，我展示了一些用于检测和删除包含不正确或不适当数据的技术。现在你将学习一些不同的内容：如何处理数据，当它是一个正确的测量，但它表现为极端值，这将导致在流失预测时出现问题。如果你使用偏斜和肥尾数据的转换将所有指标转换为分数，则这种情况不太常见。这些转换减少了异常值问题，因为转换后的分数比原始分布有更少的极值。此外，如果不使用这些转换，极端异常值将很常见，这就是为什么我建议将它们作为最佳实践使用。尽管如此，我还要提醒你两个潜在的问题，这样你就会了解这些问题以及如何应对它们。

异常值可能会导致拟合模型以及拟合模型后的预测出现问题。许多统计和数据科学课程都强调异常值在拟合模型时引起的问题。但是对于大多数客户流失用例，我在预测时发现了更多异常值问题。当回归中使用的观测值很少时，异常值可能会导致拟合模型出现严重的问题。如果你在回归中的观测值少于 100 个，并且存在极端异常值，则你的结果可能会受到异常值的严重影响。但大多数客户流失场景都有数千个数据点。如果你有数以万计的观察值，那么一些异常值通常对回归几乎没有影响。

无论如何，你可能会注意到预测中存在极端异常值，并且当你预测接近 0%或接近100%的客户流失或留存概率时，你会看到这些异常值。具体事例可以参考图 8-17。

我之前提到过很少有账户流失概率接近 100%，所以如果任何账户收到的流失概率预测高于 99%(甚至 100%)，那么这个结果可能是由于某个账户的一些极端异常值造成的。预测流失概率恰好为 0%的账户也是如此。恰好为 0%或 100%的流失概率没有意义，因为在现实世界中，客户总是有可能流失或留存。

如果你知道这些极端概率并不准确，那么最简单的做法就是忽略它们。请记住，显示为 100%流失概率的账户不见得会发生流失，但它可能仍然处于显著的风险中，知道这件事很重要。我认为极端预测的问题在于，它们会分散业务人员的注意力。业务人员可能会痴迷于了解为什么一些账户的流失率如此之高或如此之低，这可能会导致他们怀疑该模型的预测合理性。

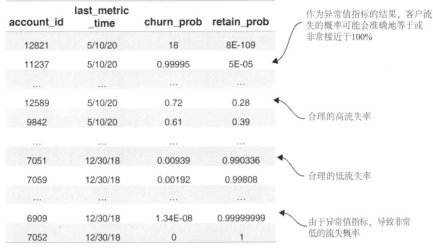

图 8-17 由异常值产生的流失率

提示 当你向业务人员展示模型结果时，对极端异常值的预测可能会导致他们感到困惑和怀疑。

当极端异常值是当前数据集中的真实客户数据时，极端异常值的问题在于，你无法像构建历史数据集时那样删除它们。通常，对当前客户进行流失概率预测的背景是客户细分或其他一些分析，在这些分析中，你需要对当前活跃的所有客户进行预测。通常，极端异常值是高风险或低风险的客户。建模会夸大真实的风险水平。保留客户并允许你为他们做出更合理预测的解决方案称为异常值裁剪。

定义 异常值裁剪意味着减少极端异常值的值，使它们仍然接近可能值的高(或低)端，但不那么极端。

异常值裁剪与异常值去除的相关概念不同，它是将异常值以较低的水平保存在数据中。图 8-18 说明了异常值裁剪的最常见方法。异常值裁剪通过将指标值设置为等于第 99 个百分位值来修改高于第 99 个百分位值的指标值。根据定义，这个变换只影响你应用到的每个指标的 1% 的观测结果。现在高于第 99 个百分位的值与大多数分布相比仍然很高，但不像以前那么高了。通常，异常值修剪用于高指标值，但同样的方法也可以用于低指标值。极低的指标值在计数指标中是不寻常的，其中最小值通常是 0，但它们可能出现在比率或百分比变化指标中。

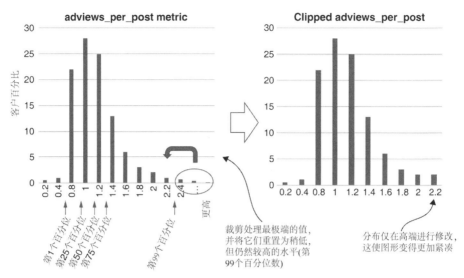

图 8-18　异常值裁剪

代码清单 8-6 展示了一个代码示例，可以用来在数据集上执行异常值裁剪。在代码清单 8-6 中，裁剪是将当前客户数据集转换为组分数过程的一部分，因此代码清单 8-6 是代码清单 8-4 的变体。所使用的裁剪阈值是所有指标的第 1 和第 99 个百分位数，它们位于已保存的数据集汇总统计信息中。裁剪发生在数据加载之后和指标转换为分数之前。否则，代码清单 8-6 与代码清单 8-4 相同。

请注意，代码清单 8-6 裁剪了所有变量，但创建一个仅裁剪在参数中指定变量的类似函数并不难。通常，最好仅在异常值极端到足以导致不合理的预测时，才对数据进行裁剪。也就是说，在一些包含许多事件和指标的真实数据集中，很难准确地确定哪些极端指标导致了不合理的预测。在这种情况下，快速的解决方案是如代码清单 8-6 所示继续操作并剪裁所有指标。

代码清单 8-6　在 Python 中裁剪分数

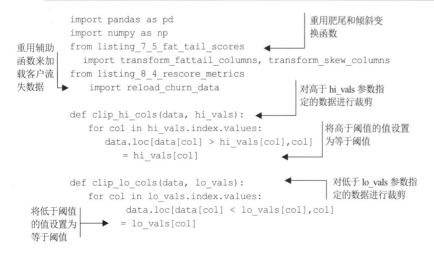

```
def rescore_metrics(data_set_path):
    current_data =
        reload_churn_data(data_set_path,'current','8.2',is_customer_data=True)
    load_mat_df = reload_churn_data(data_set_path,
        'load_mat','6.4',is_customer_data=False)
```

这个函数类似于代码
清单 8-4 中的函数

重新加载保存的数据、载荷矩阵、
参数和统计信息

```
    score_df = reload_churn_data(data_set_path,
        'score_params','7.5',is_customer_data=False)
    stats = reload_churn_data(data_set_path,
        'summarystats','5.2',is_customer_data=False)
    stats.drop('is_churn',inplace=True)
    assert set(score_df.index.values)==set(current_data.columns.values),
        "Data does not match transform params"
    assert set(load_mat_df.index.values)==set(current_data.columns.values),
        "Data does not match load matrix"
    assert set(stats.index.values)==set(current_data.columns.values),
        "Data does not match summary stats"

    clip_hi_cols(current_data, stats['99pct'])
    clip_lo_cols(current_data, stats['1pct'])
```

不要在摘要统计中使
用流失测量!

裁剪第 99 个百分位数以上的值

裁剪第 1 个百分位数
以下的值

```
    transform_skew_columns(current_data,
        score_df[score_df['skew_score']].index.values)
```

该代码清单的其余部分与代
码清单 8-4 相同

```
    transform_fattail_columns(current_data,
        score_df[score_df['skew_score']].index.values)

    current_data=current_data[score_df.index.values]
    scaled_data=(current_data-score_df['mean'])/score_df['std']

    scaled_data = scaled_data[load_mat_df.index.values]
    grouped_ndarray = np.matmul(scaled_data.to_numpy(),
                               load_mat_df.to_numpy())
    current_data_grouped = pd.DataFrame(grouped_ndarray,
                               columns=load_mat_df.columns.values,
                               index=current_data.index)

    score_save_path=data_set_path.replace('.csv','_current_groupscore.csv')
    current_data_grouped.to_csv(score_save_path,header=True)
    print('Saving results to %s' % score_save_path)
```

　　如果你因为有一些极端预测而需要使用裁剪，可能还需要检查异常值是否在拟合回
归模型时产生了显著差异。为此，你应该在为历史数据集创建分数的函数中使用代码清
单 8-6 中的裁剪函数。

8.6 客户生命周期价值

既然你知道如何预测客户流失概率，我将向你介绍客户流失预测的一个很好的应用：估计客户生命周期价值(Customer Lifetime Value，CLV)。CLV估计值让你知道客户在其整个生命周期中对你的价值。这些信息对于评估你可以从客户获取的价值，以及用户留存的投资回报至关重要。你可能会惊讶，但估算CLV的关键依旧是客户流失率。客户流失概率预测允许你针对每个客户量身定制CLV估算。

8.6.1 CLV的含义

首先要了解的是，CLV是对预期客户价值的预测，而不仅仅是特定客户过去付款的总和。

定义 客户生命周期价值是指你期望客户在整个生命周期中对你的业务产生的价值，包括你所预见的收入和成本。这一预测还包括了客户未来的支出。

CLV需要包括期望从客户那里获得的收入，以及获取和保留客户所需的成本，如图8-19所示。

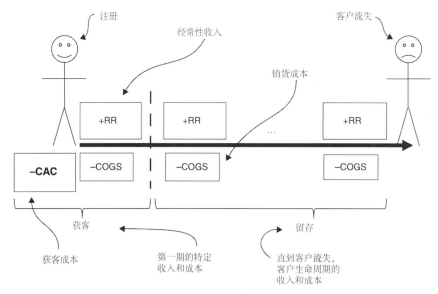

图8-19 CLV的组成部分

定义 获得客户成本(Customer Acquisition Cost，CAC)是获得每个客户在营销和销售产品或服务时所花费的总金额。CAC通常取决于获得客户的渠道或活动。销货成本(Cost of Goods Sold，COGS)是为现有客户维护服务的总花费，包括云计算成本和提供客户支持的成本。销货成本取决于客户的类型。

注意 在本节中，假设你了解客户的 CAC 和 COGS。本节的重点是 CLV 的重复部分，这取决于流失率。

来自客户的收入在他们的生命周期中反复出现，这是之前已经介绍过的每月经常性收入(Monthly Recurring Revenue，MRR)。现在，我将收入统称为经常性收入(RR)，不考虑时间段，可以是每月或每年。经常性收入可以包括订阅付款以及由广告、应用内购买或使用费用产生的任何收入。

客户生命周期价值这个名称意味着它结合了客户预期生命周期内的所有成本和经常性收入。你可以将 CLV 写成如式(8.6)所示的样子：

$$CLV = -CAC + \sum_{lifetime} ER - COGS \tag{8.6}$$

在本节的公式中，Σ 符号代表其下角标的所有项的总和，因此 $\Sigma_{lifetime}$ 表示整个客户生命周期内的所有收入和成本，加在一起。

接下来，将介绍 CLV 的第二个生命周期价值，它忽略了获客成本以及第一期的收入和成本。

定义 未来生命周期价值(Future Lifetime Value，FLV)是第一期之后任何时间的经常性付款和维护成本的总和。

当你在评估已经注册的用户并计算需要多少钱才能留住他们时，你便需要使用 FLV(不含获客成本，以及第一阶段收益和成本)。如果你想确定一个客户签约后的价值，获客成本是无关紧要的(在财务术语中是沉没成本)。同样地，来自注册的支付也不会有流失的风险，所以你可以忽略第一阶段的支付(和成本)。相反，你只关心注册后的未来经常性收入和成本，如式(8.7)所示：

$$FLV = \sum_{future} RR - COGS \tag{8.7}$$

其中的总和 Σ_{future} 意味着未来预期的(客户)所有付款。对于图 8-19 所示的付款和费用顺序，未来的付款是客户在注册期之后付款。但这种估值在整个客户生命周期内保持不变，不考虑过去的经常性收入和成本。

提示 在客户生命周期的任何时候，FLV 仅基于预期的未来付款，过去的所有成本和收入都被视为沉没成本或收益。

FLV 与流失率尤其相关。你将使用它评估客户流失干预的投资回报。还需要注意的是，CLV 和 FLV 之间的区别仅在于获客成本和一段经常性收入(公式中的 RR)以及一段成本(公式中的 COGS)。两种生命周期价值计算之间的差异不是估计或预测，因为从某种意义上说，这些是已知量，你可以根据会计系统中的数据计算它们。相比之下，FLV 是对未来的预测或估计，因为客户的未来生命周期不确定。出于这个原因，当谈论 CLV 时，重点往往是 FLV。

提示 FLV 强调 CLV 对于用户留存的未来观点，而忽略了用户获取(获客)以及过去的收益和成本。

因为 FLV 是很难估算的部分，并且与用户流失率和留存率密切相关，所以 FLV 将是本章接下来的重点。正如我所提到的，你总是可以通过减去 CAC 和一个周期的 COGS，然后加上 RR(式(8.8))，从 FLV 中得到 CLV：

$$CLV = FLV - CAC - COGS + RR \tag{8.8}$$

关于定义最后要注意的一点是，销货成本通常用于式(8.9)中定义的利润率的计算：

$$m = \frac{RR - COGS}{RR} \tag{8.9}$$

大多数公司用利润率总结成本，并且假定你知道客户的利润率。有了这个定义，你可以重写 FLV 公式，将式(8.8)和式(8.9)合并，得到式(8.10)：

$$FLV = m \sum_{future} RR \tag{8.10}$$

注意 如果你不知道你的客户的利润率，不要担心，因为 CLV 和 FLV 的所有其余说明都适用，并且你可以随时添加利润率。

8.6.2 从客户流失到预期客户生命周期

要计算 FLV 公式(式(8.11))中使用的客户 RR 的预期总和，你需要估计客户的未来预期生命周期。你可能认为，估计客户的预期生命周期会很复杂，你必须完成一些工作，比如查询数据库，并在客户流失时计算平均的账户使用时间。但是，只要你知道客户流失的概率，估计客户的生命周期就很简单。我先告诉你答案，然后再向你解释它的计算方法。如果你知道某个客户有一定的流失概率，那么该客户未来的预期生命周期如式(8.11)所示：

$$L = \frac{1}{churn} \tag{8.11}$$

请注意，在式(8.11)中，生命周期的单位与测量流失的时间段相同：月或年(通常)。

提示 简单地说，式(8.11)表示，如果客户流失概率是每月周期预测的，那么客户的预期生命周期等于 1 除以客户流失概率(以月为单位)。如果客户流失概率是按年度预测的，那么客户的预期生命周期为 1 除以按年预测的客户流失概率。

如果流失概率为每月 5%，则客户预期的生命周期为 1.0/0.05=20 个月。如果流失概率为每年 30%，则客户预期的生命周期为 1.0/0.30=3.33 年。

这听起来很简单，事实也是如此，只要你有客户流失的概率，就可以计算。下面是式(8.11)的意义：

- 如果每个客户的生命周期都是 20 个月，那么流失率会是多少？如果每个客户每 20 个月流失一次，那么流失率将是 1/20，即每月 5%。

● 如果每个客户的生命周期都是 3 年，那么流失率会是多少？如果每个客户每 3 年就会出现一次流失，那么客户流失率将是 1/3，也就是每年 33%。

这些例子表明(在平均意义上)流失率是 1 除以生命周期，而式(8.11)表达了这种关系。实际上，并非每个客户都有相同的生命周期，即使他们具有完全相同的流失概率。服务之外的许多因素和缺失的信息会阻止你准确地估计流失概率。但是对于每个客户，在估计或预测意义上的预期生命周期是 1 除以流失概率。

如果你想了解更多关于为什么预期生命周期是 1 除以流失率的详细信息，则应该了解指数衰减模型，因为近似值是通过它导出的。

注意 如果你不考虑个别客户流失概率的预测，则可以使用式(8.11)中的平均流失率来估计平均客户生命周期。

8.6.3 CLV 公式

下一步并不完全是 FLV 或 CLV，而是一个中间步骤：客户整个生命周期的总利润预期，不包括 CAC。将预期生命周期(式(8.11))与利润边际方程(式(8.10))结合，得到式(8.12)：

$$m \sum_{\text{future}} \text{RR} = \frac{m\text{RR}}{\text{churn}} \tag{8.12}$$

预期生命周期利润(不包括获客)是利润率乘以 RR，再除以流失率。注意，这里的 $m\text{RR}$ 是利润率(m)乘以经常性收入(RR)，而不是每月经常性收入的 $m\text{RR}$。(这种表示法很混乱，但很标准)。注意，流失概率的预期生命周期可能不是一个整数，而且通常会是这样。如果用户流失率是每月 12%，那么预期寿命是 1/0.12 = 8.3 个月。但是，你将该生命周期乘以每个周期的利润，从而获得预期的生命周期利润。这个结果是可接受的，因为估计的是一个平均值。在预期 8.3 个月的生命周期示例中，没有客户会付费 8.3 个周期，但有些人可能会付费 8 个周期，有些人会付费 9 个周期，因此平均值为 8.3。

另请注意，FLV 不取决于账户使用期或该客户成为客户的时间(注册时长)。客户是否完成了他们注册后的第一个周期或第 100 个周期并不重要：预期的未来生命周期利润仅取决于流失概率。(流失概率的预测可能确实取决于账户使用时长，因此可能会产生二阶的间接影响)。因此，FLV 是前瞻性的，因为账户使用时长只能影响到流失概率预测的程度，而这也是具有前瞻性的。

提示 FLV 不直接依赖于客户注册的时间长度(成为你的客户的时间长度)。这是一个前瞻性的估计。在评估挽回客户所需的成本时，只有预期的未来收入才是重要的。

无论如何，式(8.12)还不是 FLV，因为它是整个生命周期内经常性支付的利润。但是 FLV 应该忽略第一个付款周期的付款(因为这些付款构成每个客户的特定成本和付款的一部分)。解决方法是减去一个周期的 RR(和 COGS)，得到式(8.13)：

$$FLV = mRR \left(\frac{1}{churn} - 1 \right) \tag{8.13}$$

另一方面，要从式(8.12(获得 CLV，需要减去获客成本(也称为购置成本)，从而得出式(8.14)：

$$CLV = \frac{mRR}{churn} - CAC \tag{8.14}$$

警告 许多人将式(8.12)单独用于 CLV，因为它很容易简化。但是式(8.12)本身并不是 CLV 或 FLV 的正确公式!对于 CLV 和 FLV，式(8.12)都是被高估的，因为式(8.13)和式(8.14)都减去了对应值。因为它是一个高估的值，所以式(8.12)有时被用来给外部投资者报告 CLV，但不被用于评估投资回报的获客成本或客户的留存。

你应该知道只有流失率较低的公司才需要使用另一种形式的 FLV。如果每年的流失率低于 20%，那么客户的生命周期预计会超过 5 年。如果预期客户会停留这么长时间，那么假设他们的 FLV 是他们预期生命周期所建议的全部金额是不合理的。在如此长的生命周期中，客户支付所有这些费用所面临的风险比客户流失的风险更大。经济衰退可能会发生，或者一个新的竞争对手可能会改变市场环境，或者在 5 年或更长时间内可能会发生许多不确定的事情。

处理这种不确定性的方法是增加一个现金流贴现因子，就像评估资本投资项目时使用的那种。解释这个公式超出了本书的范围，具体公式如下所示：

$$FLV = mRR \frac{留存率}{(1+贴现-留存率)} \tag{8.15}$$

式(8.15)使用留存率而不是流失率，分母中的贴现变量是贵公司用于评估长期投资的贴现率。(如果你的公司没有这样的贴现率，则不需要使用这个公式。)关于这个长期客户生命周期的 FLV 和 CLV 的详细信息，我推荐 Sunil Gupta 和 Donald Lehman 的文章"客户即资产(Customers as Assets)"，参见互动营销杂志(*Journal of Interactive Marketing*)。该文章可在 www0.gsb.columbia.edu/mygsb/faculty/research/pubfiles/721/gupta_ customers.pdf 下载。

8.7 本章小结

- 预测流失概率是使用称为逻辑回归的模型完成的。
- 逻辑回归将留存率建模为参与度的 S 形函数。
- 出于预测的目的，参与度被建模为一组参与度权重乘以每个指标的分数。
- 逻辑回归算法确定对于数据来说最适合的参与度权重。
- 如果它预测的流失概率与在真实客户上观察到的流失率一致，则需要校准预测流失模型。

- 可以通过将平均预测与用于创建模型的数据集中的流失率进行比较来检查预测的校准情况。
- 要对当前活跃的客户进行预测，在拟合模型之前，必须使用转换历史客户数据集的相同方式来转换当前客户数据集。
- 任何客户的预期生命周期是 1 除以他们的预测流失概率，其单位与流失概率相同(月或年)。
- 预期的生命周期可以被用来估计客户生命周期价值(CLV)。

第 *9* 章

预测准确性和机器学习

本章主要内容

- 计算客户流失预测准确性
- 在历史模拟中对模型进行回溯测试
- 设置最小指标贡献的回归参数
- 通过测试选择回归参数的最佳值(交叉验证)
- 使用 XGBoost 机器学习模型预测客户流失风险
- 使用交叉验证设置 XGBoost 模型的参数

你已经知道如何预测客户流失的概率，也知道如何检查预测的校准。预测模型的另一个重要衡量标准是，被预测为高风险的客户是否真的比那些被预测为低风险的客户面临更大的风险。这种类型的预测表现通常称为准确性，尽管正如你将看到的，衡量准确性的方法不止一种。

回到第 1 章，我曾经介绍过，使用预测模型预测客户流失并不是本书的重点，因为它在很多情况下都没有帮助。本书的重点是建立一套良好的指标，根据客户行为将客户划分为"健康"和"不健康"的群体。但是有几个原因可以说明准确的客户流失预测将很有帮助，因此本章将完善你的技能，并确保你可以在必要时进行准确的预测。

当干预措施的成本特别高时，准确预测客户流失风险非常有用。例如，与产品专家进行现场培训比发送电子邮件成本更高。如果你选择进行客户现场培训的目的是降低流失风险，那么只选择流失风险高的客户是有意义的，这样你就只针对具有适当风险的客户进行干预。或者，你可能不选择风险最大的客户，因为他们可能无法挽回。最好选择那些风险高于平均水平但不是最大的客户。(另外，你可能会根据特定的指标筛选客户，从而确保他们能够通过培训提高留存率)。

值得你花时间准确预测客户流失的另一个原因是，这样做可以验证你的整个数据和分析过程。正如我在本章中将解释的那样，你可以将预测的准确性与已知的基准进行比较。如果发现流程的性能低于典型值，则该结果表明你需要更正数据或流程的某些方面。例如，你可能需要通过删除无效示例来改进清理数据的方式，或者你可能需要计算更好的指标。另一方面，如果你发现你的分析性能在基准的较高范围内，则可以确信你已经进行了彻底的分析，并且可能没有更多的发现。你甚至可能会发现你的准确度非常高，这可能表明你需要在数据准备中进行更正和改进，例如增加用于进行观察的前瞻期(第 4 章)。

本章的结构如下：

- 9.1 节解释测量预测准确性的方法，并教你一些对客户流失特别有用的精度测量方法。
- 9.2 节介绍如何使用历史模拟计算测量精度。
- 9.3 节返回到第 8 章的回归模型，并解释如何使用一个可选的控制参数来控制回归所使用的权重的数量。
- 9.4 节介绍如何根据精度测试的结果选择回归控制参数的最佳值。
- 9.5 节介绍如何使用名为 XGBoost 的机器学习模型来预测流失风险，这通常比回归模型更准确。你还将了解机器学习方法的一些缺陷，并查看来自真实案例研究的基准测试结果。
- 9.6 节介绍使用机器学习模型进行预测的一些实际问题。

这些章节相互关联，所以应该按顺序阅读它们。

9.1 衡量客户流失预测的准确性

首先，介绍准确度在客户流失预测环境中的含义，以及如何衡量它。事实上，衡量用户流失预测的准确性并不简单。

9.1.1 为什么不使用标准准确度测量来衡量流失率

当你谈论预测的准确性(例如流失概率预测)时，准确性一词具有一般含义和特定含义。首先，让我们看看一般定义。

定义 准确性(一般意义上)是指预测的正确性或真实性。

衡量客户流失预测准确性的所有方法都涉及将风险预测与实际客户流失事件进行比较，但衡量准确性的方法有很多。更令人困惑的是，预测准确性的一种特定指标称为"准确性"。这个测量是特定的，但它并不是衡量用户流失率的有效方法，就像你即将看到的那样。我将从这个测量开始，我将其称为"标准准确度测量"，以避免与准确度的更一般的含义相混淆。(当我说准确度时，我指的是一般意义上的准确度)。

图 9-1 说明了标准准确度测量。在第 8 章中，你已经学习了如何为每个客户分配流失或留存预测概率。标准准确度测量进一步假设，根据这些预测，你将客户分为两组：预计会留存的客户和预计会流失的客户。当我完成对标准准确度测量的解释后，我将回到如何将客户分为这两组的问题。

在将客户分为"预计留存"和"预计流失"两个组之后，将分配的类别与实际发生的情况进行比较。要定义标准准确度测量，需要使用以下术语：

- 真阳性(TP)　预测是预测结果为流失。
- 真阴性(TN)　预测是预测结果为留存。
- 假阳性(FP)　预测是预测结果为流失，但其实没有发生流失。
- 假阴性(FN)　预测是预测结果为留存，但实际上发生流失。

使用这些定义，标准准确度测量定义如下。

定义　标准准确度是预测为真阳性或真阴性的百分比。用公式表示，
标准准确度 =(#TP + #TN)/(#Total)。

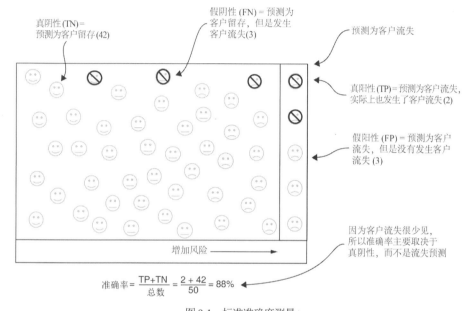

图 9-1　标准准确度测量

标准准确度是指准确预测的百分比，也就是类别分配中实现的百分比。这听起来很
合理，但事实上，标准准确度并不适合衡量用户流失预测的有效性。在用户流失问题上，
标准准确度存在两个问题。

- 客户流失很少见，所以标准准确度主要由客户留存控制。
- 标准准确度测量的基本假设是，你将客户分为两类：预计会流失的客户和预计会
  留存的客户。但这种划分并不是客户细分用例的有效描述。

我将详细解释这些问题。

标准准确率以客户非流失为主，因为客户流失很少，所以真阳性不可能对标准准确
率中的分子产生太大影响。因此，测量并不总是能很好地显示预测是否满足要求。为了
说明这一点，请注意有一种简单的方法可以获得高标准准确度测量，如图 9-2 所示。如果
你预测没有客户会流失(所有客户都在非流失组中)，那么将对大多数客户做出真阴性的预
测。如果你正确地分配了所有的真阴性，则得到的准确度就是保留率，并且你将得到高

标准的准确度测量，而无须预测任何有关客户流失的内容。

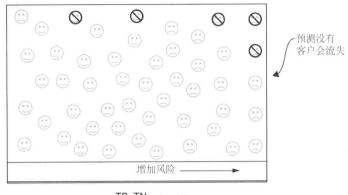

$$准确率 = \frac{TP+TN}{总数} = \frac{0+45}{50} = 90\%$$

图 9-2 对流失率的标准准确度测量进行博弈

提示 标准准确度测量不适用于客户流失，因为客户流失很少，因此可以通过预测没有人会流失来进行测量。更一般地说，流失客户的准确度对测量的贡献很小。

对于标准准确度测量中的这一弱点，一个可能的补救措施是，不仅基于真阳性和真阴性，而且基于假阳性和假阴性的测量来改进它。但是，我也不推荐这种方法，因为还有另一种方法，标准准确度测量不适合客户流失用例。计算标准准确度依赖于你将客户分为两组的假设：预计流失的客户和预计留存的客户。对于某些预测用例来说，将预测分成两个独特的组是标准的，但对于客户流失来说，很少这样做。

如本章开头所述，客户流失和留存预测最常见的用例是选择客户进行相对昂贵的干预，从而减少客户流失。在这种情况下，流失或留存概率就像任何其他细分指标一样被使用，因为组织干预的部门按指标对客户进行排序，然后使用自己的标准来挑选最合适的客户。例如，如果对客户的干预行为有特定的预算，则部门可能会选择固定数量的最有可能流失的客户或固定数量的不太容易流失的客户。一个常见的策略是选择风险高于平均水平但仍会稍微使用该产品的客户，因为不使用该产品的风险最大的客户可能无法挽回。你(数据人员)并没有按照标准准确度测量的假设，将客户划分为预计要流失的客户和预计不会流失的客户。

提示 客户流失预测用例依赖于使用流失预测提供的排名作为细分指标，但不涉及将客户分为两组：预计要流失的客户和预计不会流失的客户。

因为真正的客户流失用例取决于模型按风险对客户进行排名的能力，而不是将客户分成两组，所以使用更能反映真实情况的替代(非标准)准确性测量更有意义。如 9.1.2 节所述，这些测量还将解决标准准确度测量中因客户流失并不常见而引起的问题。

9.1.2　使用 AUC 衡量客户流失预测的准确性

你应该使用的第一个准确度测量是曲线下面积(Area Under the Curve，AUC)，这里的曲线指的是一种被称为接受者操作曲线的分析技术。这种命名让人费解，因为 AUC 是一种计算指标的技术描述，但并不能清楚地传达它的含义。但是每个人都用这个名字，所以我们别无选择，只能坚持使用它。我将不再提及接受者操作曲线，因为它对理解或应用指标没有帮助。正如你将看到的，我的建议是甚至不要向你的业务同事提及这个指标。如果你想了解更多的细节，很容易在网上找到相关资源。

AUC 的含义比名称简单，如图 9-3 所示。与标准准确度测量一样，你从一个数据集开始，可以在其中对每个客户进行预测，并了解哪些客户发生流失。考虑以下测试。以一位流失的客户和一位没有流失的客户为例。如果你的模型足够优秀，它应该预测流失客户的流失风险高于未流失客户的流失风险。如果模型的预测结果如此，则认为该比较是成功的。现在为每个可能的比较考虑使用相同的测试。逐个比较每一个流失客户和非流失客户，看看模型是否预测了真正流失的客户具有更高的流失风险。成功预测的总体比例就是 AUC。

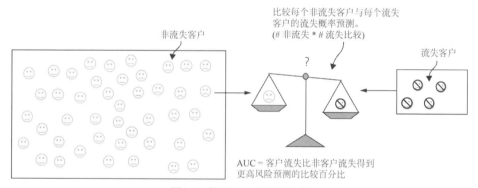

图 9-3　使用 AUC 测量准确度

定义　AUC 是模型预测的客户流失高于非客户流失的百分比，考虑所有流失客户和非流失客户的两两比较。

AUC 避免了标准准确度的问题，即对流失的预测并不重要，因为流失在总体中所占的比例很小。在 AUC 计算中，准确预测流失是核心，因为每次比较都涉及一个流失，即使流失只是数据的一小部分。同时，AUC 是基于风险的排名，不需要人为地将客户分为两组。

如果你回想一下 AUC 的定义，这个测量可能涉及很多比较。两两比较的总数是流失的客户数量和非流失的客户数量的乘积。幸运的是，有一种更有效的计算方法涉及接受者操作曲线，但我不打算介绍如何使用它。相反，你将使用一个开源包进行计算(见代码清单 9-1)。诚然，AUC 的计算成本高于标准准确度指标，但这种成本差异微不足道。

如果运行代码清单 9-1，你将看到图 9-4 中的简短输出——这是第一个演示示例。你将在本章中多次使用 AUC 测量。

Running 9 listing listing_9_1_regression_auc on schema socialnet7
Regression AUC score=0.766

代码清单9-1只生成一行输出：
预测的AUC测量

图 9-4　用于计算预测模型 AUC 的代码清单 9-1 的输出

为了演示 AUC，代码清单 9-1 重新加载了你在第 8 章中保存的逻辑回归模型。它还重新加载用于训练模型的数据集(带有标记的流失和留存的历史数据集，而不是当前的客户数据集)。模型的 predict_proba 函数用于创建预测，这些预测从 sklearn.metrics 包中传递给函数 roc_auc_score。你应该使用以下标准命令和这些参数在你自己的数据和回归模型上运行代码清单 9-1：

```
fight-churn/fightchurn/run_churn_listing.py --chapter 9 --listing 1
```

代码清单 9-1　计算预测模型 AUC

```
import os
import pickle
from sklearn.metrics import roc_auc_score
from listing_8_2_logistic_regression import prepare_data
def reload_regression(data_set_path):
    pickle_path = data_set_path.replace('.csv', '_logreg_model.pkl')
    assert os.path.isfile(pickle_path), 'Run listing 8.2 to save a log reg model'

    with open(pickle_path, 'rb') as fid:
        logreg_model = pickle.load(fid)
    return logreg_model

def regression_auc(data_set_path):
    logreg_model = reload_regression(data_set_path)
    X,y = prepare_data(data_set_path)
    predictions = logreg_model.predict_proba(X)
    auc_score = roc_auc_score(y,predictions[:,1])
    print('Regression AUC score={:.3f}'.format(auc_score))
```

sklearn 具有计算 AUC 的函数

重用代码清单 8-2 中的 prepare_data 函数

重新加载回归模型的 pickle 文件

调用 reload_regression 函数

调用代码清单 8-2 中的 prepare_data 函数

predict_proba 返回概率预测

调用函数以计算 AUC

你应该会发现回归模型的 AUC 约为 0.7，这就提出了 0.7 是不是好的问题。AUC 是一个百分比，就像准确率一样，100%是最好的。如果你有 100%的 AUC，所有客户流失在风险排名高于所有非客户流失。但是你永远不会找到一个真正的流失预测系统，其 AUC 接近那么高的值。

另一方面，考虑你可能遇到的最糟糕的情况。0%听起来很糟糕，但这个结果意味着你将所有非客户流失排序为比客户流失具有更高的风险。如果你仔细想想，结果就会很好，因为这样你就可以使用你的模型作为留存率的完美预测器。不过，这也可能是你的模型设置出了问题，使它出现了极端的结果。

事实上，最糟糕的AUC是0.50，这意味着你的预测就像抛硬币一样：一半时间正确，一半时间错误。如果预测模型的AUC为0.5，则它的性能可能是最差的——与随机猜测相同。

提示 AUC 的范围从 0.5(相当于随机猜测，无预测能力)到 1.0(流失与非流失的完美排名)。

表 9-1 显示了你可以认为是健康和不健康 AUC 的基准列表。一般来说，流失预测 AUC 在 0.6 到 0.8 左右的范围内是健康的。如果小于 0.6 或大于 0.8，则可能有问题，你需要检查模型中的数据。你可能不认为高准确度会引起问题，但它可能确实会引发问题。后面将在 9.2.3 节中详细介绍该主题。

表9-1　流失预测 AUC 基准

AUC 结果	诊断
<0.45	出现问题，该模型正在保守预测。检查你的数据和计算 AUC 的代码；是否使用了错误的 predict_proba 结果列
0.45~0.55	与随机猜测(0.5)没有什么不同。请检查你的数据
0.55~0.6	虽然比随机猜测好，但依旧不好。检查你的数据，收集更好的事件或制定更好的指标
0.6~0.7	较弱可预测流失的健康范围
0.7~0.8	高度可预测的客户流失的健康范围
0.8~0.85	高度可预测的客户流失。这个结果对于消费产品是有问题的，并且通常只适用于具有信息事件和高级指标的商业产品
>0.85	可能存在问题。通常，即使对于商业产品，客户流失也不是容易预测的。检查你的数据以确保你没有使用太短的前置时间来构建数据集，并且没有前瞻性事件或客户数据字段(将在 9.2.3 节描述)

注意 表9-1 中的 AUC 基准只适用于客户流失。对于其他问题域，预测 AUC 的预期范围可能更高，也可能更低。

本章的其余部分都会使用 AUC，但首先，你应该了解另一个非标准准确度测量：提升。

9.1.3　使用提升测量客户流失预测的准确性

AUC 是一个有用的指标，但它有一个缺点：它很抽象且难以解释。我向你推荐一个不同的流失准确度指标，主要是因为它很容易让业务人员理解。事实上，这个被称为提升的指标就起源于营销领域。我将首先解释提升在营销领域中的一般用途，然后解释其在客户流失方面的具体应用。

定义 提升是指相对于基线进行某些操作后，反应的相对增加。

如果有 1%访问网站的人注册了该产品，而一次促销将注册率提高到 2%，那么促销带来的提升是 2.0(2%除以 1%)。根据该定义，提升 1.0 意味着没有任何改进。关于提升需要注意的一件事是，它强调对基线的改进，因此它适用于衡量开始时很少见的事物的改进。为了测量预测模型的准确性，你可以使用更具体的提升版本，称为顶端十分位数提升。

定义 一个预测流失率模型的顶端十分位数提升是指预测流失风险最高的客户的顶端十分之一的流失率与整体流失率的比率。

图 9-5 说明了这个定义。顶端十分位数提升类似于常规提升测量，但基线是整体流失率，处理方法是根据模型选择 10%风险最高的客户。

重要 因为这个定义是客户流失预测中最常见的提升定义，所以当我使用提升这个术语时，你应该从上下文中知道我的意思是指顶端十分位数提升。

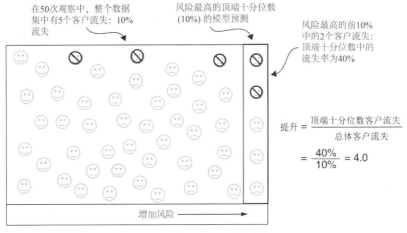

图 9-5 使用提升测量准确度

为什么将总体客户流失作为基线？如果你是随机猜测的话，这就是你预测流失的准确程度。如果你有 5%的流失率，那么如果你随机挑选客户，你会得到 5%的流失率。如果你能比随机猜测做得更好(提升大于 1.0)，你的结果就会有改进。你可能会回答说你可以做得比随机猜测更好，而且你确实可能可以，特别是如果你使用基于数据驱动指标的客户细分，例如你在本书中学习的如何制作细分。但关键是总体流失率是所有公司的合理基准，无论这家公司从事何种业务。

提示 顶端十分位数提升有利于测量的准确性，因为它强调从较低的基线水平预测的改进。

代码清单 9-2 展示了如何使用 Python 计算提升，假设你保存了一个模型(如代码清单 9-1 所示)。同样，输出结果如图 9-6 所示。

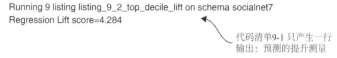

```
Running 9 listing listing_9_2_top_decile_lift on schema socialnet7
Regression Lift score=4.284
```

代码清单9-1 只产生一行
输出：预测的提升测量

图 9-6 代码清单 9-2 的输出(提升)

代码清单 9-2　计算预测模型提升

```
from listing_8_2_logistic_regression
    import prepare_data
from listing_9_1_regression_auc
    import reload_regression
import numpy


def calc_lift(y_true, y_pred):
    if numpy.unique(y_pred).size < 10:
        return 1.0
    overall_churn = sum(y_true)/len(y_true)
    sort_by_pred=
        [(p,t) for p,t in sorted(zip(y_pred, y_true))]
    i90=int(round(len(y_true)*0.9))
    top_decile_count=
        sum([p[1] for p in sort_by_pred[i90:]])
    top_decile_churn =

        top_decile_count/(len(y_true)-i90)
    lift = top_decile_churn/overall_churn
    return lift


def top_decile_lift(data_set_path):
    logreg_model = reload_regression(data_set_path)
    X,y = prepare_data(data_set_path,as_retention=False)
    predictions = logreg_model.predict_proba(X)
    lift = calc_lift(y,predictions[:,0])
    print('Regression Lift score={:.3f}'.format(lift))
```

使用代码清单 8-2 中的
prepare_data 函数

使用代码清单 9-1 中的
reload_regression 函数

参数是一系列真实的客户流
失和预测结果

计算总体流失率

检查以确保预
测是有效的

对预测进行排序

计算第 90 个百分位数的索引

计算顶端十分位数的客户流失数量

计算顶端十分位数的流失率

返回顶端十分位数的客户流失与总体流失的比率

加载模型，并生成如代码清单 8-1
所示的预测

加载数据，但不将结果反
转为客户留存

调用提升计算函数

你应该使用以下参数运行代码清单 9-2 来自己检查结果：

```
fight-churn/fightchurn/run_churn_listing.py --chapter 9 --listing 2
```

代码清单 9-2 没有使用开源包来计算提升。在写这本书的时候，还没有开源包完成这个计算，所以我通过函数 calc_lift 来实现提升的计算。计算提升的步骤如下：

(1) 验证数据以确保你有足够数量的不同预测。

(2) 计算样本中的总体流失率。

(3) 按流失风险预测对预测进行排序。

(4) 找到顶端十分位数的位置。

(5) 计算顶端十分位数的客户流失数和顶端十分位数流失率。结果为顶端十分位数流失率除以总体流失率。

我提供的提升计算至少需要 10 个不同的数值或水平。错误的数据或错误的模型可能导致预测不足。糟糕的数据或糟糕的模型最常见的表现是，所有账户得到相同的预测，但其他变体也是可能的。"10"是通过经验法则给出的，不是硬性规定。原则上，预测应该允许你选择 10%风险最大的客户进行比较。例如，为了计算提升，可以只从模型中获得两个不同的预测：只要恰好 10%的客户得到一个或另一个预测。10 个唯一值的经验法则可以捕捉到最严重的模型问题或数据错误，而且精确匹配条件实际上并没有必要。

你应该会发现回归模型在模拟数据上实现了大约 4.0 的提升。我已经介绍过最小提升是 1.0，这表明你的模型并不比随机猜测好，因为它找不到比总体流失率更多的流失率。小于 1.0 的提升类似于小于 0.5 的 AUC，这意味着你的模型预测的风险是反向的，因为顶端十分位数的流失比总体样本的流失更少。

如果流失风险最高的客户的前十分位数仅包含流失的客户，你还可以推断出最大可能的提升。提升将是 100%除以总体流失率。因此，最大提升取决于总体流失率。可以参考如下例子：

- 如果流失率是 20%，那么如果预测的顶端十分位数都是客户流失，那么最大可能的提升将为 5(100% / 20%=5)。
- 如果流失率为 5%，则最大提升将是如果所有这 5%的流失都在顶端十分位数预测组中。那么顶端十分位数流失率将是 50%，而提升将是 10(50% / 5%=10)。

我们得到的规律是整体流失率越高，最大可能提升越低。你不会接近这些最大值，但流失率和更典型的提升值之间的关系是相同的。

提示 总体流失率越高，你可以从预测模型中获得的提升越低。

表 9-2 列出了在实际客户流失预测用例中可以期望获得的提升基准。与 AUC 不同，提升值的合理范围取决于流失率。如果流失率较低，则更容易获得更大的提升。如果流失率很高(大于 10%)，提升可能会更低。如前一段所述，当流失率高时，最大提升会降低。这种特性通常会影响到更低的提升分数，因为你不太可能在顶端十分位数发现这么多的客户流失。对于低流失率的产品，健康的提升范围为 2.0~5.0；而对于高流失率的产品，健康的提升范围为 1.5~3.0。

表9-2 客户流失预测提升基准

低客户流失(<10%) 提升结果	高客户流失(>10%) 提升结果	诊断
<0.8	<0.8	存在问题！这个模型预测的结果是保守的。检查你的数据和计算提升的代码。是否使用了 predict_proba 结果的错误列
0.8~1.5	0.8~1.2	随机猜测(1.0)，或与随机猜测差别不大。请检查你的数据
1.5~2.0	1.2~1.5	虽然比随机猜测好，但还不够好。请检查你的数据、收集更好的事件或制订新的指标
2.0~3.5	1.5~2.25	弱可预测客户流失的健康范围

(续表)

低客户流失(<10%) 提升结果	高客户流失(>10%) 提升结果	诊断
3.5~5.0	2.25~3.0	高度可预测的客户流失的健康范围
5.0~6.0	3.0~3.5	极度可预测的客户流失。这个结果对于消费产品是不正常的，并且通常只适用于具有良好事件和指标的商业产品
>6.0	>3.5	存在问题。通常情况下，即使是商业产品，客户流失也是不可预测的。检查你的数据以确保你没有使用太短的前置时间来构建数据集，并且没有前瞻性事件或客户数据字段(将在 9.2.3 节描述)

当我向业务人员解释准确性时，我喜欢使用提升，因为这个术语很直观，并且与他们已经理解的指标相关。但是提升存在一个问题：它可能不稳定，特别是对于小型数据集。你用于预测的指标或模型的微小变化可能会导致结果发生重大变化。

警告 提升可能不稳定，尤其是对于小型数据集。比较不同的时间段和预测模型，结果可能会有很大差异。要测量提升，你应该在数据集中有数千个观察和数百个流失(或更多)。流失率越低，使提升测量稳定所需的观察次数就越多。

假设你只有 500 个客户观察和 5%的流失率，那么只有 25 个客户流失。在这种情况下，提升是基于这 25 人中有多少人处于风险最高的 10%预测中，基线为预期(平均)2.5。从顶端十分位数添加或删除一些客户流失会在提升中产生很大的影响。通常，当你有数千个或更多观察值时，你应该使用提升。AUC 可以避免此类问题，因为它始终使用数据集中的每个流失，并最大化它们的效用(通过将每个流失与每个非流失进行比较)。

提示 使用 AUC 评估你的模型准确性，方便你自己理解。用提升向业务人员解释客户流失的准确性。

提升的另一个优点是，它使不精确的人员流失预测听起来更加令人印象深刻。比较这两种说法：

- 这个模型是基准的 3 倍。
- 这个模型将一个有 70%可能流失的客户评为风险更高的客户。

尽管这两种说法都暗示比随机猜测有相同程度的改进，但 3 倍是比 70%更令人印象深刻的统计数据。

9.2　历史准确性模拟：回测

现在你知道了衡量客户流失预测准确性的正确方法以及客户流失预测的典型特征。但我忽略了一个重要的细节：你应该根据观察结果来衡量准确性。与分析的许多内容一样，客户流失的情况略有不同。

9.2.1 什么是回测以及为什么进行回测

在前面，我演示了通过在创建模型的数据集上计算预测的准确性来学习的准确度指标。然而，这个演示并不是最佳实践。这就像测试一个学生他已经看过的问题，在某种意义上，相同的客户观察被用于拟合模型。预测的最佳做法是用未用于拟合模型的观测来检验模型的准确性。这种类型的测试被称为样本外测试，因为它测试的观察结果没有出现在拟合模型的数据集中。

一般来说，新客户观察的准确度低于模型拟合中使用的准确度。样本内和样本外准确度的差异取决于许多因素。对于客户流失的回归问题，差异通常很小。对于 9.5 节中显示的机器学习模型，使用样本内观察进行测试可能会大大高估模型的准确性。

提示 预测模型应在未用于拟合模型的样本外数据上进行测试。

你需要等着看这个模型预测新客户的准确度有多高吗？等待是可行的，你应该这样做，但有一个更简单的方法：当你拟合模型时，从数据中保留一些观察结果，然后在这些保留的观察结果上测试准确性。这样你就可以看到，在没有获得新客户的情况下，该模型对新客户预测的准确度有多高。测试后，可以根据所有数据重新调整模型，而不保留任何内容，并使用最终版本对活跃客户进行真正的新预测。

下一个问题是要使用哪些数据以及应该保留多少数据进行测试。测试客户流失预测模型准确性的最现实方法是使用历史模拟。此过程称为回测，如图 9-7 所示。

定义 回测是对预测模型准确性的历史模拟，就好像它已经被反复拟合，然后用于在过去连续时期进行样本外预测。

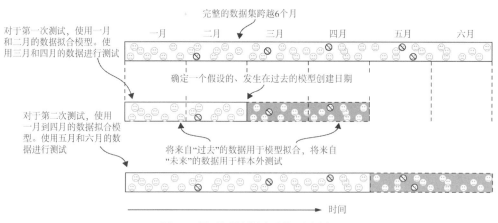

图 9-7 用于衡量预测表现的回测过程

以下是回测的工作原理：

(1) 确定过去的某个时间点，该时间点大约是你的数据集所跨越的时间段的 1/2 到 1/3。

(2) 使用与该日期之前的时间点相对应的所有观察值来拟合你的模型。

(3) 获得在你选择测试日期后的一到三个月内的观察结果。通过这些数据测试你的模型准确度。

(4) 假设你有更多的数据，可以将分割数据的时间点放在第(3)步的测试数据结尾，重新分割数据。

(5) 重复上述过程，直到得到准确度满足要求的模型。

我对客户流失预测的建议与大多数数据科学和统计学课程中讲授的内容有些不同，后者很少提及回测。学生通常会学习随机程序来创建与时间无关的样本外测试。回测程序起源于华尔街的财务预测。由于观察到市场一直在变化，因此创建了回测，预测模型在随机打乱的准确性测试中的表现与在实时预测中的表现不同。基于真实历史模拟的准确性测试可以最好地估计模型，从而提高模型的准确度。

实时预测的准确性与打乱数据测试不同的原因是，如果经济状况发生变化，例如在衰退开始时，在衰退之前拟合的实时模型可能无法在新的衰退条件下进行预测。为了使模型表现更好，必须对新的环境进行一段时间的观察，然后可以对模型进行优化。但是通过打乱数据测试，就好像你拟合了一个模型，通过在衰退发生之前观察未来，从而了解衰退。这样的模型看起来可以很好地预测，但实际结果可能会无法满足预测要求。

同样的推理也适用于客户流失预测。如果你的市场、产品或竞争在你的数据集跨越的时间段内发生变化，则可能难以准确预测变化后的客户流失情况。如果你对数据进行混洗，则可能会得到与当时为客户进行预测时不同的结果。最现实的模拟是让你的模型在数据中运行，并按照事件发生的顺序在样本外进行预测。你可能不知道在观察期间驱动客户流失行为的条件是否发生了变化。这些未知的事情将会影响模型的表现，所以回测是最好的做法。尽管我描述的历史模拟听起来很复杂，但开源软件包会为你处理所有这些细节。

9.2.2　回测代码

开源的 Python 包提供了运行类似 9.2.1 节中描述的历史模拟的函数。你向程序包提供数据和要拟合的模型类型，并告诉它希望将数据划分为多少份测试数据。

图 9-8 显示了历史模拟的示例输出，包括每个样本外测试的提升和 AUC 以及平均值。对于模拟数据集，你可能会发现回测中的 AUC 和提升类似于样本内数据的 AUC 和提升，但对于真实的产品数据集，情况不一定如此。

mean_fit_time	std_fit_time	mean_score_time	std_score_time	param_C	params	split0_test_lift	split1_test_lift	mean_test_lift	std_test_lift	rank_test_lift	split0_test_AUC	split1_test_AUC	mean_test_AUC	std_test_AUC	rank_test_AUC
0.0447	0.0135	0.0127	0.0003	1	{'C': 1}	4.028	4.027	4.027	0.000	1	0.7386	0.7432	0.7409	0.0023	1

时间统计信息　　参见 9.3 节和 9.4 节　每次测试中的提升　提升的统计信息　　每次测试的 AUC　AUC 统计信息

图 9-8　回测的输出结果(代码清单 9-3)

在图9-8中，每个测试周期都被称为一个分割，这是指数据被分割成一个用于拟合模型的数据集和一个用于测试的数据集。

定义 分割(split)是一个通用术语，指将数据集划分为用于模型拟合和测试的单独部分。

代码清单9-3包含生成图9-8所示输出的Python代码。代码清单9-3包含许多与第8章中的回归拟合代码和 9.1 节中讨论的准确度测量相同的内容。但是sklearn.model_selection包中提供了3个重要的新类。

- GridSearchCV——对预测模型执行各种测试的实用程序。这个类的名字来源于这样一个事实：它专门通过交叉验证(即 GridSearchCV 中的 CV)的过程来搜索最佳模型。你将会在9.4节学到更多关于交叉验证的知识。现在，可以使用这个对象测试单个模型。

- TimeSeriesSplit——一个辅助对象，它告诉 GridSearchCV 测试应该通过历史模拟来执行，而不是通过另一种类型的测试(通常是随机变换)。该类的名称是TimeSeriesSplit，但我建议你坚持使用你的业务同事最能理解的早期在华尔街使用的术语：回测。

- scorer——用于包装评分函数的对象。当你使用带有 GridSearchCV 的非标准评分函数时，必须将其包装在这样的对象中。这个任务很简单：调用包中的make_scorer 函数。在制作 scorer 对象时，将评分函数作为参数传递。在代码清单9-3中，该技术用于顶端十分位数提升计算。

除了 TimeSeriesSplit，创建 GridSearchCV 所需的参数是回归模型对象和包含两个准确度测量函数的字典。提升测量函数与 scorer 对象一起传递，AUC 评分函数作为字符串传递(命名它是因为此 scorer 对象是 Python 标准对象)。

控制测试细节的其他参数包括：

- return_train_score——控制是否还测试样本内准确度(也称为训练准确度)。

- param_grid——测试参数，从而找到更好的模型(你将在 9.4 节了解更多相关主题)。

- refit——告诉模型根据所有数据重新拟合最终模型(你将在9.4 节执行此操作)。

在其他方面，代码清单9-3结合了你已经看到的内容：加载和准备数据、创建回归模型和保存结果。需要注意的一点是，测试是通过在GridSearchCV 对象而不是回归对象本身上调用 fit 函数来触发的。

代码清单9-3　使用 Python 时间序列交叉验证进行回测

```
import pandas as pd
from sklearn.model_selection
    import GridSearchCV, TimeSeriesSplit
from sklearn.metrics import make_scorer
from sklearn.linear_model import LogisticRegression
from listing_8_2_logistic_regression
```

这些类将用来运行测试

定义一个自定义评分函数：提升评分

```
    import prepare_data                      重用代码清单 9-2
  from listing_9_2_top_decile_lift          以计算提升
    import calc_lift
```

重用代码清单 8-2 来重新加载数据

```
    def backtest(data_set_path,n_test_split):   加载数据，将结果保
                                                存为流失标志
    X,y = prepare_data(data_set_path,as_retention=False)
```

```
    tscv = TimeSeriesSplit(n_splits=n_test_split)
创建一个控制拆分的对象                             创建一个包装了提升
    lift_scorer =                                函数的 scorer 对象
        make_scorer(calc_lift, needs_proba=True)
    score_models =
        {'lift': lift_scorer, 'AUC': 'roc_auc'}
                                                创建一个定义评分函
                                                数的字典
    retain_reg = LogisticRegression(penalty='l1',
创建一个新的 LogisticRegression 对象
                            solver='liblinear', fit_intercept=True)

    gsearch = GridSearchCV(estimator=retain_reg,
                            scoring=score_models, cv=tscv,
创建一个 GridSearchCV 对象
                            return_train_score=False, param_grid={'C' : [1]},
        refit=False)
                            运行测试
    gsearch.fit(X,y)
                                                将结果保存在 DataFrame 中
    result_df = pd.DataFrame(gsearch.cv_results_)
    save_path = data_set_path.replace('.csv', '_backtest.csv')
    result_df.to_csv(save_path, index=False)
    print('Saved test scores to ' + save_path)
```

你应该根据社交网络模拟实验(第 8 章)中你自己的数据运行代码清单 9-3，并确认你的结果与图 9-8 中的结果相似。使用 Python 包装程序，可以运行如下命令：

```
fight-churn/fightchurn/run_churn_listing.py --chapter 9 --listing 3
```

9.2.3　回测注意事项和陷阱

对于模拟数据，只使用了两个测试，因为整个数据集只跨越 6 个月。如果为更大的数据集指定了更多测试，则额外的结果将显示为同一文件中的额外列。但是在客户流失预测的回测中，通常会进行几次拆分测试。相比之下，对于使用随机打乱数据的方式，通常需要 10 次或更多随机测试。你应该根据数据样本所跨越的时间长度，以及你可能多久重新拟合模型的频率来选择拆分次数。

尽管你可能乐观地认为你每个月都会对模型进行改进，但实际上，许多公司"设置它并忘记它"。即使你非常坚定，你也可能在完成初始开发后一年只对自己的模型优化几次。(每两个月重新调整一次模型可能过于乐观；我在这里仅仅是举例说明。)此外，频繁的模型更改会让业务人员感到困惑。事实上，当业务指标与模型输出相关时，一些公司要求每年对生产模型优化一次，以防止"目标波动"。例如，如果客户支持代表的薪

酬与降低流失概率相关联，则该模型必须在该财年内保持固定。

如果你担心使用几次拆分进行测试不如使用 10 次测试那么严格，请不要担心。这些测量应该本着我在第 1 章中提倡的敏捷和简约的精神进行。使用一些测试可以告诉你，你的预测是否正确，或者你的模型是否需要改进。做过多的测试是浪费时间。此外，如果使用大量的测试拆分，这意味着你在用不现实的频率对模型进行不断拟合，那么得到的模型准确率可能被高估，因为你在现实世界中对模型的调整频率没有这么高。

在回测准确性时要注意的另一个陷阱是，由于在数据库或数据仓库中记录时间的方式错误，可能会产生不利影响。此问题主要发生在以回溯的方式，将事件、订阅或其他客户数据记录添加到数据库时。在这种情况下，你将计算历史指标，并使用可能无法实时获得的信息来运行测试，以便对活跃客户进行实时预测。这种类型的误差被称为预测中的前瞻误差或偏差。

定义 前瞻偏差是当你使用无法实时预测活跃客户的信息估计历史模拟中的准确性时发生的误差。

警告 事件、订阅或其他客户数据的回溯记录可能会导致你的预测出现前瞻偏差，并导致回测看起来比你在实时预测中实现的更准确。

对前瞻偏差的修正是要知道数据库中的回溯记录，如果有必要，在计算指标时使用自定义滞后事件选择来纠正它。例如，如果你知道所有事件都以一周的延迟时间加载到数据仓库中，并回溯到事件发生的时间，那么应该在计算指标时包括这个延迟。诀窍在于，当你运行历史分析时，你不会注意到一周的延迟；但当你尝试实时预测客户流失概率，并发现所有指标都是一周以前的时候，你才会注意到这一点。

9.3　回归控制参数

在测量了预测的准确性之后，你可能想知道是否有什么方法可以提高准确性。我提到的另一个问题是，回归可能导致在不重要的指标上产生许多较小的权重。你有一种调整回归的方法，可以帮助解决这些问题。

9.3.1　控制回归权重的强度和数量

在第 8 章中，我提到回归模型可能有太多较小的权重，你可以删除它们。这种技术如图 9-9 所示，它显示了来自社交网络模拟的回归权重的相对大小(第 8 章中的图 8-7)。大多数权重大于 0.1，一个权重为 0.00，两个权重为 0.01；那些 0.01 的权重是无关的。两个较小的权重可能看起来不是问题，但请记住，真实数据有十几个这样的权重，或者更多更小的权重，这会使你和业务人员更难理解结果。

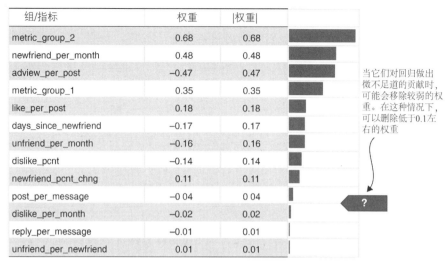

组/指标	权重	|权重|	
metric_group_2	0.68	0.68	
newfriend_per_month	0.48	0.48	
adview_per_post	−0.47	0.47	
metric_group_1	0.35	0.35	
like_per_post	0.18	0.18	
days_since_newfriend	−0.17	0.17	
unfriend_per_month	−0.16	0.16	
dislike_pcnt	−0.14	0.14	
newfriend_pcnt_chng	0.11	0.11	
post_per_message	−0 04	0 04	
dislike_per_month	−0.02	0.02	
reply_per_message	−0.01	0.01	
unfriend_per_newfriend	0.01	0.01	

当它们对回归做出微不足道的贡献时，可能会移除较弱的权重。在这种情况下，可以删除低于0.1左右的权重

图 9-9　在回归算法中，可以删除的较小权重

看起来最简单的做法是将那些非常小的权重设置为0。但是关于保留哪些权重以及删除哪些权重的决定可能并不那么明确。此外，如果删除了一些权重，则应重新调整其他权重。回归算法有一种更具原则性的方法来处理这种情况，其参数控制算法可用的总权重，从而将权重分布在所有指标上。

当控制参数设置为较高的值时，回归权重往往较大，0 值会较少。当控制参数设置为较低的值时，权重往往较低，而参数设置越低，越多的权重将被设置为0。准确度的权重由算法优化。遗憾的是，这个控制参数没有一个好的、普遍接受的名称。因为回归只有一个相关参数，我将其称为控制参数。为了方便起见，Python 代码将参数称为C(大写)，因此将其称为控制参数没有问题。

定义 回归控制参数，用来设置由回归产生的权重的大小和数量。较高的 C 值将产生更多和更高的权重，而较低的 C 值将产生更少和更低的权重。

Python 术语 C 来源于回归算法中的代价(成本)参数。它被称为代价(成本)，因为算法包含了权重大小的惩罚代价。但是文档规定代价是 1/C，所以 C 是代价的倒数。如果你把一个参数称为代价(成本)，但参数值越低，代价就越高，这让人很困惑，所以我坚持把它称为控制参数，或 C。

9.3.2　带有控制参数的回归

代码清单 9-4 显示了使用控制参数的回归计算的新版本。代码清单 9-4 重用了代码清单 8-2 中的所有辅助函数，所以没有太多新内容。唯一的区别是代码清单 9-4 在函数调用中为 C 设定了一个值，在创建对象时将其传入，然后将其作为扩展名传递给输出文件。输出文件与代码清单 8-2 生成的相同。

你应该在模拟数据上运行代码清单 9-4。要查看设置 C 参数的效果，可以运行 3 个版本的程序。这 3 个版本的 C 参数分别设置为 0.02、0.01 和 0.005。使用 Python 包装器程序运行这些版本的程序，可以使用如下的 version 参数：

```
fight-churn/fightchurn/run_churn_listing.py --chapter 9 --listing 4 --version 1 2 3
```

图 9-10 比较了运行代码清单 9-4 的两个版本的结果，以及原始回归的结果(代码清单 8-2)。

- 在原始代码清单中，除了一个权重外，其他所有权重都是非零的，最大的权重为 0.68。
- 当 C 参数设置为 0.02 时，4 个权重为 0，最大的权重为 0.61。
- 当 C 参数设置为 0.005 时，8 个权重为 0，最大的权重为 0.42。

当 C 参数减小时，就会出现这种整体规律。

代码清单 9-4　使用控制参数 C 进行回归

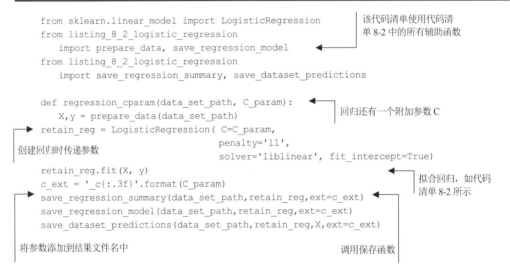

```
from sklearn.linear_model import LogisticRegression
from listing_8_2_logistic_regression
    import prepare_data, save_regression_model
from listing_8_2_logistic_regression
    import save_regression_summary, save_dataset_predictions


def regression_cparam(data_set_path, C_param):
    X,y = prepare_data(data_set_path)
retain_reg = LogisticRegression( C=C_param,
                                 penalty='l1',
                                 solver='liblinear', fit_intercept=True)
retain_reg.fit(X, y)
c_ext = '_c{:.3f}'.format(C_param)
save_regression_summary(data_set_path,retain_reg,ext=c_ext)
save_regression_model(data_set_path,retain_reg,ext=c_ext)
save_dataset_predictions(data_set_path,retain_reg,X,ext=c_ext)
```

该代码清单使用代码清单 8-2 中的所有辅助函数

回归还有一个附加参数 C

创建回归时传递参数

拟合回归，如代码清单 8-2 所示

将参数添加到结果文件名中

调用保存函数

组/指标	C=1	C=0.02	C=0.01	C=0.005
metric_group_1	0.35	0.31	0.30	0.28
metric_group_2	0.68	0.61	0.54	0.42
newfriend_per_month	0.48	0.27	0.14	0
dislike_per_month	−0.02	0	0	0
unfriend_per_month	−0.16	−0.11	−0.06	0
adview_per_post	−0.47	−0.36	−0.27	−0.18
reply_per_message	−0.01	0	0	0
like_per_post	0.18	0.08	0	0
post_per_message	−0.04	0	0	0
unfriend_per_newfriend	0.01	0	0	0
dislike_pcnt	−0.14	−0.15	−0.14	−0.08
newfriend_pcnt_chng	0.11	0.08	0.04	0
days_since_newfriend	−0.17	−0.17	−0.16	−0.14

当 C 参数被设置为较低值运行回归时，总体上将使用较低的权重，而更多的权重被回归设置为 0

设置为 0 的权重并不完全是那些在原始回归中贡献最小的：C 参数不是明确的截止值

图 9-10　由控制参数 C 的不同值产生的回归权重比较

请注意，算法对 C 参数设置的响应是不规则的。将 C 参数从 1 更改为 0.02 会从回归结果中删除两个额外的指标，从点 0.02 进一步减少到 0.005 会删除另外 3 个。在算法中定义参数的方式是，需要考虑控制参数的值在 1.0(默认值)以下以及 0 以上的范围内变化。但随着参数变小，其影响将在对数范围内变化。

当我说影响在对数范围上变化时，我的意思是参数的变化必须在参数的对数上显著不同才能对算法产生很大的影响。从 1.0 到 0.9 的影响不会太大，从 1 到 0.1 的影响可能与从 0.1 到 0.01 的影响差不多。用[1,0.9,0.8，...0.1]这样的线性尺度来测试 1 到 0 之间的参数范围是低效率的。因为最佳值可能低于 0.1，并且你可能不会看到像 0.9 和 0.8 这样的值之间有那么大的变化。相反，你应该测试以分裂因子递减的参数，例如除以 10 之后的结果：[1,0.1,0.01,0.001]。你需要多小的参数才能看到正确的影响，这取决于你的数据。如果你想对参数空间进行更详细的搜索，可以除以一个较小的因子，比如 2，那么将得到[0.64,0.32,0.16，...]。

提示 当你尝试更小的 C 值时，必须检查比 1.0 小若干数量级的值。通常，大约 1.0 的 C 参数会为所有(或大部分)与流失率相关的指标分配权重。要减少非零权重的数量，请尝试使用如下 C 值，例如 0.1、0.01 和 0.001。

9.4　通过测试选择回归参数(交叉验证)

此时，你可能想知道应该使用怎样的控制参数。删除权重较小的指标是有意义的，但是应该在何时停止删除呢？最好通过查看每个参数设置的准确性来做出此决定。

9.4.1　交叉验证

你可以从回归中删除具有较小权重的指标，这应该不会让人感到惊讶，而且它在准确性方面不会产生太大的差异。(因为这些权重都很小，所以没有太大区别)。一个合乎逻辑的方法是不断删除权重，直到你发现这样做会对模型准确度产生影响。更令人惊讶的是，删除一些指标反而可以提高准确性。

你将采用不同的 C 参数值，并使用该参数运行回测，从而查看生成的模型的准确度。同时，你可以检查有多少指标在回归中获得零权重和非零权重。图 9-11 说明了这个过程。机器学习和统计中此类过程的通用术语为交叉验证。

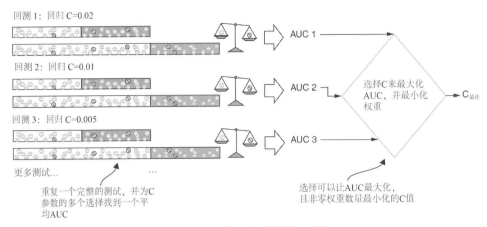

图 9-11   通过交叉验证选择回归参数

定义 交叉验证是通过比较不同参数建立的模型的准确度和其他特征来优化预测模型的过程。

交叉验证是数据科学和机器学习中的一项常见任务，以及前面介绍过的 GridSearchCV 对象中的 CV 的含义。名称 GridSearchCV 中的 GridSearch 部分指的是这样一个事实：典型的交叉验证对一个或多个参数序列有效。如果有两个参数，每个参数都有自己的值序列，那么这两个序列的组合将定义一个网格。事实上，可以有任意数量的参数。对于回归模型，你将对一个参数进行交叉验证。稍后，你将为机器学习模型使用高维交叉验证。

9.4.2   交叉验证代码

图 9-12 显示了交叉验证的主要结果，它绘制了 AUC、提升和在对来自 C 参数的一系列值运行回归时获得的权重数。这个结果证实了可以删除较小权重的指标，并且准确性不会受到影响：在发生任何显著的准确度变化之前，指标的数量可以从 13 减少到 9。在模拟中，提升略有增加，但当移除不太重要的指标时，AUC 没有增加。

代码清单 9-5 包含生成图 9-12 的代码。该代码清单包含多个函数定义，但请注意，大部分代码用于绘图和分析。Python 开源包只需要几行代码即可完成交叉验证。代码清单 9-5 中的函数如下：

- crossvalidate_regression——这个主函数执行交叉验证，它与代码清单 9-4 中的几乎相同。最重要的区别是传递一系列 C 参数值而不是单个值。另一个区别是在 GridSearchCV 对象上的 fit 函数返回后，会调用辅助函数来执行附加分析并保存结果。
- test_n_weights——GridSearchCV 对象在回测中测试每个参数的模型准确性，但它不测试回归返回的权重数。调用一个单独的循环来拟合序列中每个 C 参数的回归，并计算非零权重的数量。这是在完整的数据集上完成的，所以它不是回测，而是对最终模型的测量。

- plot_regression_test——这个函数通过结合 AUC、提升和非零权重指标的数量等结果，来创建如图 9-12 所示的图形。
- one_subplot——这个辅助函数创建并格式化每个子图。

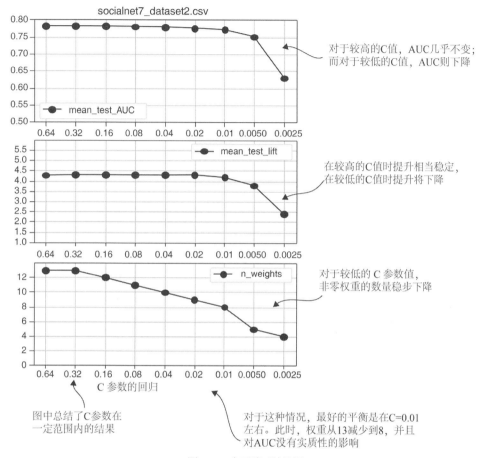

图 9-12 交叉验证结果图

代码清单 9-5 还将图 9-12 的结果保存在.csv 文件中，如图 9-13 所示。这个结果是 GridSearchCV 的输出(如 9.2 节所示)，但不是单行，而是表中每个被测试的 C 参数值都有一行记录。还有一个额外的列，其中包含测试权重的数量。具有多个参数的交叉验证的输出表明，标记为 rank_test_lift 和 rank_test_AUC 的列表示模型在准确度指标上与不同参数值的匹配程度。(当你第一次在 9.2 节中看到这些列时，其中一些列看起来可能是多余的)。

你应该使用以下命令行参数运行代码清单 9-5，从而生成你自己的图(如图 9-12)以及一个.csv 文件(如图 9-13):

```
fight-churn/fightchurn/run_churn_listing.py --chapter 9 --listing 5
```

每行总结了具有不同 C 参数的测试(省略了时序信息)

param_C	params	split0_test_lift	split1_test_lift	mean_test_lift	std_test_lift	rank_test_lift	split0_test_AUC	split1_test_AUC	mean_test_AUC	std_test_AUC	rank_test_AUC	n_weights
0.64	{'C': 0.64}	3.969	4.586	4.278	0.308	6	0.7720	0.7896	0.7808	0.0088	1	13
0.32	{'C': 0.32}	3.969	4.621	4.295	0.326	2	0.7719	0.7895	0.7807	0.0088	2	13
0.16	{'C': 0.16}	3.969	4.621	4.295	0.326	2	0.7717	0.7894	0.7805	0.0088	3	12
0.08	{'C': 0.08}	3.969	4.621	4.295	0.326	2	0.7710	0.7890	0.7800	0.0090	4	11
0.04	{'C': 0.04}	3.995	4.586	4.291	0.296	5	0.7692	0.7882	0.7787	0.0095	5	10
0.02	{'C': 0.02}	3.995	4.621	4.308	0.313	1	0.7648	0.7863	0.7756	0.0107	6	9
0.01	{'C': 0.01}	3.842	4.517	4.180	0.338	7	0.7595	0.7821	0.7708	0.0113	7	8
0.005	{'C': 0.005}	3.206	4.379	3.793	0.587	8	0.7225	0.7790	0.7507	0.0282	8	5
0.0025	{'C': 0.0025}	1.000	3.793	2.397	1.397	9	0.5000	0.7604	0.6302	0.1302	9	4

参数　　每次测试的提升　　提升的统计信息　　提升的排名　　每次测试的AUC　　AUC的统计数据　　AUC的排名　　回归权重的数量

在最后一行之前，AUC 的差异非常小

图 9-13　交叉验证结果表

代码清单 9-5　回归 C 参数交叉验证

使用的不是一个 C 参数，而是一个用于测试的列表

```python
import pandas as pd
import ntpath
import numpy as np
from sklearn.model_selection import GridSearchCV, TimeSeriesSplit
from sklearn.metrics import make_scorer
from sklearn.linear_model import LogisticRegression
import matplotlib.pyplot as plt

from listing_8_2_logistic_regression import prepare_data
from listing_9_2_top_decile_lift import calc_lift

def crossvalidate_regression(data_set_path,
                             n_test_split):
    X,y = prepare_data(data_set_path,as_retention=False)
    tscv = TimeSeriesSplit(n_splits=n_test_split)
    score_models = {
        'lift': make_scorer(calc_lift, needs_proba=True),
        'AUC': 'roc_auc'
    }
    retain_reg = LogisticRegression(penalty='l1',
                                    solver='liblinear', fit_intercept=True)
    test_params = {'C' : [0.64, 0.32, 0.16, 0.08,
                   0.04, 0.02, 0.01, 0.005, 0.0025]}
    gsearch = GridSearchCV(estimator=retain_reg,
                           scoring=score_models, cv=tscv,
                           verbose=1,return_train_score=False,
```

测试拆分的数量是一个参数

评分函数将提升包装在 scorer 对象中

创建交叉验证对象，并调用 fit 方法

将结果放入 DataFrame

```
                                   param_grid=test_params, refit=False)
    gsearch.fit(X,y)
    result_df = pd.DataFrame(gsearch.cv_results_)
    result_df['n_weight']=
        test_n_weights(X,y,test_params)
    result_df.to_csv(data_set_path.replace('.csv', '_crossval.csv'),
        index=False)
    plot_regression_test(data_set_path,result_df)
```

添加带有权重测试结果的另一列

使用 plot_regression_test 绘制图表

```
    def test_n_weights(X,y,test_params):
        n_weights=[]
        for c in test_params['C']:
            lr = LogisticRegression(penalty='l1',C=c,
                                    solver='liblinear', fit_intercept=True)
            res=lr.fit(X,~y)
            n_weights.append(
                res.coef_[0].astype(bool).sum(axis=0))
        return n_weights
```

测试不同 C 参数的权重数量

创建带有一个 C 值的逻辑回归

对参数进行循环

拟合模型

计算非零权重的数量

```
    def plot_regression_test(data_set_path, result_df):
        result_df['plot_C']=result_df['param_C'].astype(str)
        plt.figure(figsize=(4,6))
        plt.rcParams.update({'font.size':8})
        one_subplot(result_df,1,'mean_test_AUC',
                    ylim=(0.6,0.8),ytick=0.05)
        plt.title(
            ntpath.basename(data_set_path).replace(

                            '_dataset.csv',' cross-validation'))
        one_subplot(result_df,2,'mean_test_lift',
                    ylim=(2, 6),ytick=0.5)
        one_subplot(result_df,3,'n_weight',
                    ylim=(0,int(1+result_df['n_weights'].max())),ytick=2)
        plt.xlabel('Regression C Param')
        plt.savefig(data_set_path.replace('.csv', '_crossval_regression.png'))
        plt.close()
```

根据回归测试的结果绘制图

要用作 x 轴的 C 参数的字符串版本

调用辅助函数绘制 AUC

在 3 个次要绘图的第一个上添加标题

调用辅助函数绘制提升图

在第三个子图之后添加 x 标签

调用辅助函数来绘制非零权重的数量

```
    def one_subplot(result_df,plot_n,var_name,ylim,ytick):
        ax = plt.subplot(3,1,plot_n)
        ax.plot('plot_C', var_name,
                data=result_df, marker='o', label=var_name)
        plt.ylim(ylim[0],ylim[1])
        plt.yticks(np.arange(ylim[0],ylim[1], step=ytick))
        plt.legend()
        plt.grid()
```

根据参数设置 y 值范围

根据 C 的字符串版本绘制命名变量

根据参数设置刻度

开始设置由参数给出的子图

9.4.3　回归交叉验证案例研究

图 9-14 显示了来自真实公司案例研究的回归交叉验证示例。非零权重的数量显示为百分比而不是具体数量。否则，读取这些结果的方式与图 9-12 相同。

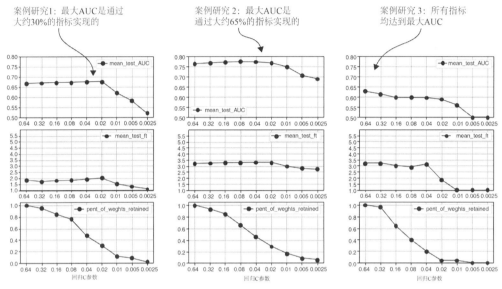

图 9-14　交叉验证案例研究的结果

以下是案例研究结果的一些有趣特征：

- 预测的 AUC 范围为 0.6~0.8。
- 预测值在 2.0~3.5 范围内有所提升。
- 对于 3 个案例研究中的两个，当许多指标从回归中获得 0 权重时，AUC 和提升会显著改善。(这个结果清楚地说明了简单也将有利于提升准确率)。在这些情况下，C 参数的最佳值在大约 0.02~0.08 的范围内。与包含所有特征相比，改进是 AUC 改善了几个百分点。
- 对于第三次模拟，所有指标都达到了最佳 AUC。删除任何指标都会导致准确性显著下降。

这些结果是典型的，但你可能会在实际案例研究中看到比我在这里展示的更丰富的多样性。

9.5　使用机器学习预测客户流失风险

到目前为止，你已经了解了使用回归预测客户流失的方法，其中预测是通过将指标乘以一组权重来进行的。你还可以使用统称为机器学习的其他类型的预测模型来预测客户流失。机器学习模型的构成没有官方定义，但出于本书的目的，我使用以下定义。

定义　机器学习模型是具有以下两个特征的任何预测算法: (1)算法通过处理样本数据来学习预测(与使用人类程序员设定的规则进行预测相比), (2)算法不是回归算法。

第二个条件可能看起来很奇怪,因为回归算法肯定满足第一个条件。这种区别由来已久,因为回归方法比机器学习方法早了几十年。

9.5.1　XGBoost 学习模型

本书只介绍了一种机器学习算法——XGBoost。但是拟合模型和预测的相同技术也适用于其他大多数算法。XGBoost 算法基于决策树的概念,如图 9-15 所示。

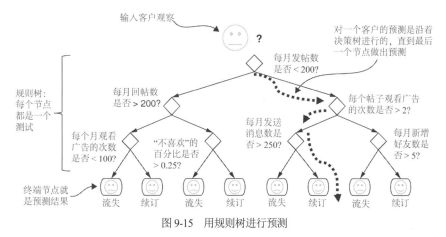

图 9-15　用规则树进行预测

定义　决策树是一种预测结果的算法(比如客户的流失或不流失),它使用由规则或测试形成的二叉树进行预测。

决策树中的每个测试都有一个单一的指标标准,并检查它是否大于或小于预定的切割点。观察(客户)的预测是通过从树的根部开始并执行第一个测试来确定的,根据测试的结果来决定沿着第二级树权的哪一支前进。所有测试的结果决定了树的路径,树的每个叶子(节点)都有一个指定的预测。

小型决策树似乎很简单,它们曾经被认为是易于解释的机器学习模型。但在实践中,具有许多指标的数据集的大型决策树变得难以解释。幸运的是,没有人必须阅读决策树中的规则来做出预测。

在使用样本数据进行预测时,算法用于测试指标并确定分割点以优化性能。如果回测表明结果是准确的,那么可以使用决策树进行预测,而不必太在意规则的本质。确实存在解释决策树的方法,但它们超出了本书的范围。如果你有多个指标,最好通过前面章节中介绍的分组和回归方法来了解指标对流失概率的影响,因此我不会花时间解释决策树。

除了难以解释之外,决策树在预测准确性方面不再是最先进的。但决策树实际上是更准确的机器学习模型的基石,比如随机森林,如图 9-16 所示。

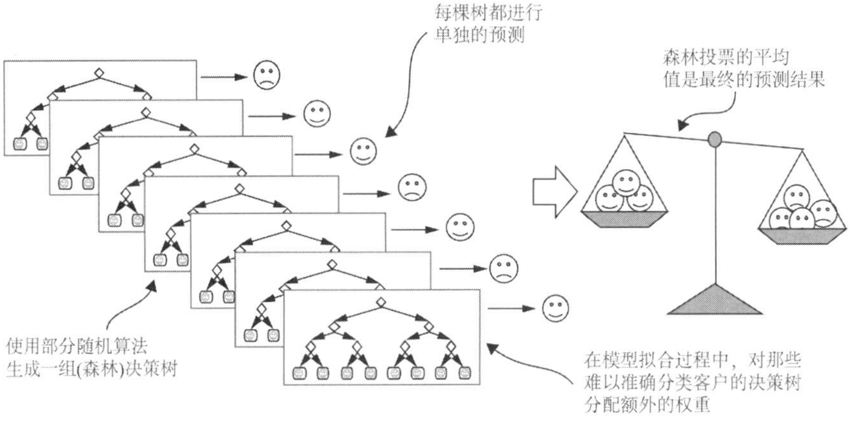

每棵树都进行
单独的预测

森林投票的平均
值是最终的预测结果

使用部分随机算法
生成一组(森林)决策树

在模型拟合过程中，对那些
难以准确分类客户的决策树
分配额外的权重

图9-16 用规则树森林(随机森林)进行预测

定义 随机森林是一种算法，通过随机生成大量决策树(森林)来预测结果，比如客户的流失。所有的树都试图预测相同的结果，但每棵树都根据不同的学习规则来预测。最后的预测结果是通过对森林的预测做平均运算做出的。

随机森林是所谓的集合预测算法的一个例子，因为最终的预测是由一组其他机器学习算法的组合做出的。整体评估是指作为一个整体而不是单独个体进行评估。随机森林是一种简单的集合类型，因为每棵树在结果中获得平等的投票权，并随机添加额外的树。Boosting 是一个机器学习算法的名称，它对随机森林等集合进行了一些重要的改进。

定义 Boosting 是一种机器学习集成，其中添加了集成成员，以便他们纠正现有集成的错误。

与随机添加决策树不同(就像在随机森林中那样)，你在 Boosting 集合中创建每棵新树来纠正现有集合做出的错误决定，而不是根据正确的示例进行预测。在 Boosting 算法内部，生成连续的树来纠正先前树没有正确分类的观察结果。此外，在投票中分配给连续树的权重是为了更好地纠正错误，而不是像随机森林那样进行平等投票。这些改进使得增强的决策树森林比随机的决策树森林更准确。

XGBoost(极端梯度提升的缩写)是一种机器学习模型，(在撰写本文时)它是通用预测中最流行和最成功的模型。XGBoost 很受欢迎，因为它提供了最高效的性能，并且拟合模型的算法相对较快(与其他提升算法相比，但不如回归算法快)。关于 XGBoost 算法的细节超出了本书的范围，但是网上有很多优秀的免费资源可供参考。

9.5.2 XGBoost 交叉验证

像 XGBoost 这样的机器学习算法可以做出准确的预测，但这种准确性会带来一些额外的复杂性。首先表现为算法具有多个可选参数，你必须正确选择这些参数才能获得最佳结果。XGBoost 的可选参数包括控制如何生成单个决策树的参数，以及控制如何组合不同决策树投票的参数。以下是 XGBoost 的一些最重要的参数：

- max_depth——每个决策树中规则的最大深度。
- n_estimator——要生成的决策树的数量。
- learning_rate——如何强调最好的树的投票权重。
- min_child_weight——投票中每棵树的最小权重，不管它表现如何。

因为没有直接的方法为这么多参数选择值，所以这些值是通过样本外交叉验证设置的。在 9.4 节中对回归的控制参数使用了相同的方法。

提示 最先进的机器学习模型有很多参数，确保你选择最佳值的唯一方法是交叉验证大量参数。也就是说，你为每个参数测试一系列合理的值，并在交叉验证测试中选择具有最佳表现的那些值。

图 9-17 展示了这样一个交叉验证结果的示例。

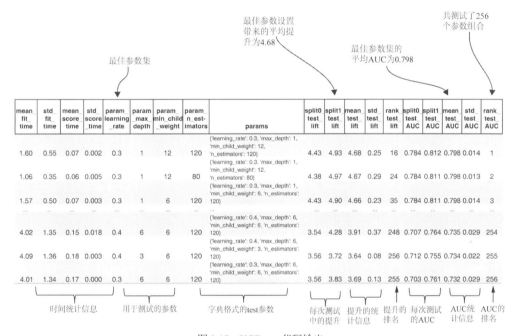

最佳参数集　　　最佳参数设置带来的平均提升为4.68　　　最佳参数集的平均AUC为0.798　　　共测试了256个参数组合

mean_fit_time	std_fit_time	mean_score_time	std_score_time	param_learning_rate	param_max_depth	param_min_child_weight	param_n_estimators	params	split0_test_lift	split1_test_lift	mean_test_lift	std_test_lift	rank_test_lift	split0_test_AUC	split1_test_AUC	mean_test_AUC	std_test_AUC	rank_test_AUC
1.60	0.55	0.07	0.002	0.3	1	12	120	{'learning_rate': 0.3, 'max_depth': 1, 'min_child_weight': 12, 'n_estimators': 120}	4.43	4.93	4.68	0.25	16	0.784	0.812	0.798	0.014	1
1.06	0.35	0.06	0.005	0.3	1	12	80	{'learning_rate': 0.3, 'max_depth': 1, 'min_child_weight': 12, 'n_estimators': 80}	4.38	4.97	4.67	0.29	24	0.784	0.811	0.798	0.013	2
1.57	0.50	0.07	0.003	0.3	1	6	120	{'learning_rate': 0.3, 'max_depth': 1, 'min_child_weight': 6, 'n_estimators': 120}	4.43	4.90	4.66	0.23	35	0.784	0.811	0.798	0.014	3
...																		
4.02	1.35	0.15	0.018	0.4	6	6	120	{'learning_rate': 0.4, 'max_depth': 6, 'min_child_weight': 6, 'n_estimators': 120}	3.54	4.28	3.91	0.37	248	0.707	0.764	0.735	0.029	254
4.09	1.36	0.18	0.003	0.3	3	3	120	{'learning_rate': 0.3, 'max_depth': 6, 'min_child_weight': 3, 'n_estimators': 120}	3.56	3.72	3.64	0.08	256	0.712	0.755	0.734	0.022	255
4.01	1.34	0.17	0.000	0.3	6	6	120	{'learning_rate': 0.3, 'max_depth': 6, 'min_child_weight': 6, 'n_estimators': 120}	3.56	3.83	3.69	0.13	255	0.703	0.761	0.732	0.029	256

时间统计信息　　用于测试的参数　　字典格式的test参数　　每次测试中的提升　　提升的统计信息　　提升的排名　　每次测试的AUC　　AUC统计信息　　AUC的排名

图 9-17　XGBoost 代码输出

图 9-17 是通过在前面章节使用的模拟社交网络数据集上运行代码清单 9-6 创建的。它类似于选择回归 C 参数的交叉验证结果，但它有更多的列和更多的行。

- 这里有 4 列参数，因为这 4 个参数是测试的一部分：max_depth、n_estimator、learning_rate 和 minimum_child_weight。
- 准确地说，在输出表中有 256 个参数组合，因此其实还有更多的行没有显示在图中。在查看代码清单 9-6 时，可以清楚地看到 256 个参数组合是如何生成的：对 4 个参数进行测试，每个参数的值序列有 4 个条目。组合的总数是每个参数值的数量的乘积，在本例中：4×4×4×4=256。

你应该在自己的模拟数据上运行代码清单 9-6，并使用以下带有这些常用参数的

Python 包装程序命令:

```
fight-churn/fightchurn/run_churn_listing.py --chapter 9 --listing 6
```

如果 XGBoost 模型的交叉验证比回归模型花费的时间更长,请不要感到惊讶。因为要测试的参数组合要比回归模型多得多,每次拟合模型时,该过程都会花费更长的时间。具体的时间可能会有所不同(这取决于你的硬件),但对我来说,与回归模型相比,XGBoost 模型需要大约 40 倍的时间来拟合。如图 9-8 所示,回归模型平均只需要百分之几秒的时间来拟合;图 9-17 显示 XGBoost 拟合大约需要 1 到 4 秒。

注意 XGBoost 在它自己的 Python 包中,所以如果你以前没有使用过它,则需要在运行代码清单 9-6 之前安装它。

代码清单 9-6　XGBoost 交叉验证

```python
import pandas as pd
import pickle
from sklearn.model_selection import GridSearchCV, TimeSeriesSplit
from sklearn.metrics import make_scorer
import xgboost as xgb                          # 导入 XGBoost,它在一
                                               # 个单独的包中

from listing_8_2_logistic_regression import prepare_data
from listing_9_2_top_decile_lift import calc_lift


def crossvalidate_xgb(data_set_path,n_test_split):    # 这个函数的大部分内容与
                                                      # 代码清单 9-5 相同: 回归
    X,y = prepare_data(data_set_path,ext='',as_retention=False)   # 交叉验证
    tscv = TimeSeriesSplit(n_splits=n_test_split)
    score_models = {'lift': make_scorer(calc_lift, needs_proba=True), 'AUC':
        'roc_auc'}
                                              # 为二进制结果创建
                                              # XGBClassifier 对象
    xgb_model = xgb.XGBClassifier(objective='binary:logistic')
    test_params = { 'max_depth': [1,2,4,6],            # 测试树的深度为 1 到 6
                    'learning_rate': [0.1,0.2,0.3,0.4],     # 测试从 20 到 120
                    'n_estimators': [20,40,80,120],         # 的评估量
                    'min_child_weight' : [3,6,9,12]}
                    # 测试从 0.1 到              # 测试从 3 到 12 的最小权重
                    # 0.4 的学习率
    gsearch = GridSearchCV(estimator=xgb_model,n_jobs=-1,
        scoring=score_models,                        # 交叉验证后根据 AUC
          cv=tscv, verbose=1, return_train_score=False,    # 重新拟合最佳模型
                      param_grid=test_params,refit='AUC')
    # 将结果传输到 DataFrame 中       交叉验证后,根据 AUC 值对模型进行修正

    gsearch.fit(X.values,y)                    # 作为值而不是 DataFrame 传递,以避免出
    result_df = pd.DataFrame(gsearch.cv_results_)   # 现已知的包问题(截至撰写本文时)
    result_df.sort_values('mean_test_AUC',ascending=False,inplace=True)
    save_path = data_set_path.replace('.csv', '_crossval_xgb.csv')
    result_df.to_csv(save_path, index=False)         # 对结果进行排序,因
    print('Saved test scores to ' + save_path)       # 此最好的 AUC 排在
                                                      # 第一位
```
使用 XGBoost 模型对象创建
GridSearchCV 对象,并测试参数

```
pickle_path = data_set_path.replace('.csv', '_xgb_model.pkl')          ◄──  创建一个带有最
with open(pickle_path, 'wb') as fid:                                         佳结果的pickle
    pickle.dump(gsearch.best_estimator, fid)          ◄──  最好的结果存储在
print('Saved model pickle to ' + pickle_path)              GridSearchCV 对象的
                                                           best_estimator 字段中
```

代码清单 9-6 所示的代码类似于交叉验证回归的代码(代码清单 9-5)。主要步骤为：

(1) 准备数据。

(2) 创建一个模型实例(在本例中为 XGBoost 模型)。

(3) 定义要使用的准确度测量函数(提升和 AUC)。

(4) 定义要测试的参数序列。

(5) 将准备好的参数传递给 GridSearchCV 对象，并调用 fit 函数。

(6) 保存结果(不需要额外的分析，如回归交叉验证)。

代码清单 9-6 和代码清单 9-5 中的回归交叉验证之间的一个重要且细微的区别是，数据集是根据原始未缩放的指标创建的，它不像你在回归中那样使用分数或组。没有理由重新调整 XGBoost(或通常的决策树)的指标，因为规则中的分割点在指标上也适用，无论规模或倾斜(数据偏斜)如何。此外，将相关性指标分组不会带来任何好处；事实上，它会损害这类机器学习模型的性能。分组相关性指标适合回归，因为它有利于解释和避免相关性指标在回归中可能导致的问题。

另一方面，对于 XGBoost，指标的多样性是有益的，相关性没有坏处。(如果两个指标是相关的，其中任何一个都可以在树中形成合适的规则节点)。由于这些原因，在调用第 8 章中的 prepare_data 函数时，使用一个空的扩展参数，以便它加载原始数据集，而不是分组分数(默认行为)。

9.5.3 比较 XGBoost 与回归的准确度

因为 XGBoost 需要更长的时间拟合更多的参数，所以你应该期望它在预测准确性方面提供一些改进。图 9-18 证实了这一假设，该图比较了通过回归模型和 XGBoost 模型进行模拟的 AUC 和提升，以及第 1 章介绍的 3 个真实公司案例研究数据集。AUC 的改进范围从 0.02 到 0.06，并且 XGBoost 总是比回归产生更准确的预测结果。在提升方面，XGBoost 提高了 0.1~0.5。

这些改进有意义吗？请记住，在客户流失预测中，你可能看到的全部 AUC 范围大约在 0.6~0.8。因此，最大 AUC 比最小 AUC 高 0.2。相对而言，AUC 提高 0.02 表示总体可能范围提高 10%。同样，AUC 提高 0.05 代表了同类产品中最差和最好之间的差异为 25%，因此这些改进意义重大。尽管如此，即使使用机器学习，预测也不完美，这就是为什么我在第 1 章中提出使用机器学习来预测客户流失不可能达到外面所炒作的那种高度。

提示 虽然机器学习算法可以产生比回归更准确的预测，但由于主观性、不完全信息、罕见性和影响客户流失时间的外来因素等因素，客户流失始终难以预测。

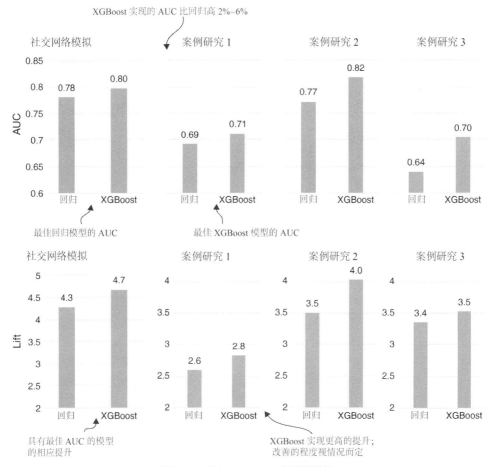

图 9-18　回归和 XGBoost 提升的比较

9.5.4　高级指标和基本指标的比较

另一个重要的问题是，你在第 7 章中创建高级指标所做的工作可以将准确度提高多少。到目前为止，你可能已经假设，因为高级指标显示出与队列分析中的流失有关，所以它们对模型的优化一定有帮助。但是，这个假设是否成立，则需要你通过数据和模型来验证它。

为了对模拟的社交网络数据集进行比较，可以在第 4 章中的原始数据集上运行其他版本的交叉验证测试命令。也就是说，你在没有第 7 章中的高级指标的情况下运行数据集——你只使用第 3 章中的基本指标。要在基本指标数据集上运行回归交叉验证，请使用以下命令：

```
fight-churn/listings/run_churn_listing.py --chapter 9 --listing 5 --version 1
```

结果是一个如图 9-13 所示的交叉验证表。你可能会发现，对于具有基本指标的数据，任何模型的最大准确度都比具有高级指标的数据要低一些。如图 9-19 中的条形图所示，我在使用基本指标的回归模拟中获得的最大准确度为 0.63；对于具有高级指标的模拟数据的回归，最大 AUC 为 0.75。创建高级指标所花费的时间得到了充分利用。事实上，使用高级指标的回归准确度明显优于使用基本指标的 XGBoost，而使用高级指标对机器学习算法的额外改进相对较小。

可以使用以下参数运行 XGBoost 交叉验证命令的第二个版本，从而对 XGBoost 模型执行相同的检查。

```
fight-churn/fightchurn/run_churn_listing.py --chapter 9 --listing 6 --version 1
```

在这种情况下，你可能会发现使用高级指标时 XGBoost 预测的表现要好一些。我使用带有基本指标的 XGBoost 获得了 0.774 的 AUC，而使用带有高级指标的 XGBoost 获得了 0.797 的 AUC。由于使用高级指标，模型具有 0.023 的性能改善。

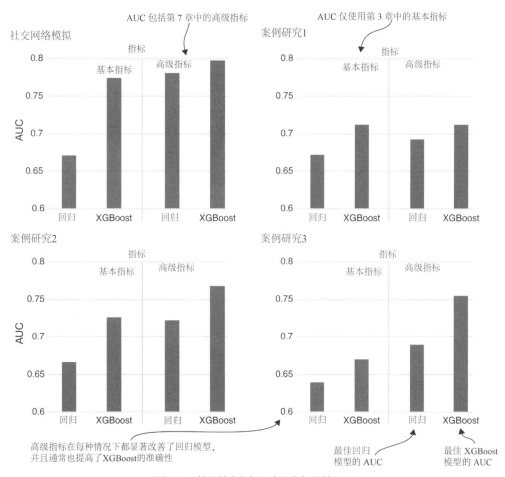

图 9-19　使用基本指标和高级指标比较 AUC

图 9-18 还包含对第 1 章中介绍的 3 个真实公司案例研究所做的预测的类似比较。这

些比较显示了使用和不使用高级指标在准确性上的差异。这 3 个案例说明了你在自己的案例研究中可能遇到的相关场景:

(1) 在第一个案例研究中,高级指标显著提高了回归的准确度,但 XGBoost 没有得到任何改进,XGBoost 总体上是最好的。这一结果表明,你不能总是期望高级指标来改进机器学习的性能。

(2) 在第二个案例研究中,通过添加高级指标,回归和 XGBoost 都得到了显著改善。使用高级指标的回归准确度与使用基本指标的 XGBoost 准确度大致相同。使用高级指标的 XGBoost 准确度是最高的,比使用基本指标的回归模型高出大约 0.1。

(3) 在第三个案例研究中,使用高级指标的回归比不使用高级指标的 XGBoost 具有更高的准确率。但是,XGBoost 使用高级指标实现了最高精度,比使用基本指标的回归提高了 0.1 以上。本案例研究与社交网络模拟最为相似。

这些案例表明,如果对客户流失预测的准确性要求很高,那么机器学习和高级指标都很重要。根据我的经验,高级指标通常可以提高回归和机器学习模型(如 XGBoost)的用户流失预测的准确性。

9.6 利用机器学习预测对客户进行细分

代码清单 9-6 找到了一组参数,可以生成一个高准确度的机器学习模型。程序还将最好的模型保存在一个 pickle 文件中。如果希望使用模型预测活跃客户,则需要重新加载已保存的模型,并在活跃客户列表中使用这个模型。代码如代码清单 9-7 所示。代码清单 9-7 实际上与代码清单 9-5 相同,使用代码清单 9-5 利用保存的回归模型进行预测。这个代码清单完成如下工作:

(1) 从 pickle 中重新加载保存的模型。

(2) 加载当前客户数据集。

(3) 调用模型上的 predict_proba 函数,将数据作为参数传递。

(4) 将结果保存为预测的 DataFrame 和总结结果的直方图。

与代码清单 9-6 中的 XGBoost 分类一样,数据保持其原始形式,未缩放也未分组。用于预测的数据必须与训练模型时的数据在格式上相匹配。

代码清单 9-7 XGBoost 预测

```
import pandas as pd
import os
import pickle
from listing_8_4_rescore_metrics import reload_churn_data
from listing_8_5_churn_forecast import forecast_histogram

def churn_forecast_xgb(data_set_path):
  pickle_path =                                          重新加载保存在 pickle 文
    data_set_path.replace('.csv', '_xgb_model.pkl')      件中的 XGBoost 模型
  assert os.path.isfile(pickle_path),
    'Run listing 9.6 to save an XGB model'
```

```
    with open(pickle_path, 'rb') as fid:
        xgb_model = pickle.load(fid)
```
重新加载当前的客户
指标数据

```
    curren_df = reload_churn_data(data_set_path,
                        'current','8.3',is_customer_data=True)

    predictions =
        xgb_model.predict_proba(current_df.values)
    predict_df = pd.DataFrame(predictions,
                            index=current_df.index,
                            columns=['retain_prob','churn_prob'])
```
根据预测创建一个
DataFrame

做出预测

```
    forecast_save_path =
        data_set_path.replace('.csv', '_current_xgb_predictions.csv')
    print('Saving results to %s' % forecast_save_path)
    predict_df.to_csv(forecast_save_path, header=True)

    forecast_histogram(data_set_path,
                    predict_df,ext='xgb')
```
通过代码清单8-5中的函数
制作一个直方图

代码清单 9-7 还创建了当前客户的 XGBoost 流失预测的直方图。它没有显示出来，因为它类似于你使用回归模型(使用相同函数制作)为客户流失概率预测所做的图。

注意 你应该检查 XGBoost 预测的校准和分布，就像你在第 8 章中学习的对回归所做的那样。

对于社交网络模拟，XGBoost 预测的分布和校准结果与回归相似，但这个结果是巧合，情况并不总是这样。你不能期望 XGBoost 预测会像回归预测那样校准和分布，因为 XGBoost 预测概率与回归预测概率的意义不同。

回想一下，校准是指你的预测与事件发生的真实概率一致的属性。另一方面，AUC 和提升测量的准确性取决于预测的排序或排名，而不是精确的数值。回归模型的设计使预测概率根据样本数据进行校准，并且在模型允许的范围内尽可能准确。当 XGBoost 模型给出预测概率时，它使用的是集成决策树的加权投票。这些投票经过优化，从而对流失风险进行排名——正如准确度结果所示，XGBoost 在这一点上是成功的。但是，集合决策树的投票并不是设计用来产生与实际流失率校准的预测。

提示 XGBoost 不一定提供经过校准的流失概率预测。XGBoost 模型经过优化，可以根据流失率的分类来测量准确率，而不是与观察到的准确率进行匹配。

由于 XGBoost 模型的预测没有经过可靠校准，因此 XGBoost 预测不适合用于估计客户生命周期价值，如第 8 章所示。

警告 不要使用 XGBoost 预测客户生命周期价值，也不要将 XGBoost 用于其他任何依赖于流失概率预测与真实流失概率匹配的场景。这同样适用于其他大多数机器学习模型：阅读你正在使用的模型的相关文献，从而确认它是否会产生除准确率之外还需要校准的预测。

9.7 本章小结

- 由于客户流失的稀有性，客户流失预测的准确性无法用标准的准确度指标来衡量。
- 曲线下的面积(AUC)是模型成功预测了具有高流失风险的客户发生流失，占总预测的百分比，考虑所有成对的客户流失和非客户流失数据。
- 提升是流失风险预测的前十分位中的流失率与总体流失率的比率。
- AUC 和提升是衡量客户流失预测准确性的良好指标。
- 应该在未用于训练模型的样本上测量模型准确性。
- 对于客户流失，应在回测(历史)模拟中衡量准确性，从而反映产品和市场状况可能随时间变化的事实。
- 本书讲授的回归模型包括一个控制参数，用于设置权重的总体大小和非零权重的数量。
- 通过使用不同的回归参数值来检验模型版本的准确性，可以找到回归控制参数的最佳值。
- 通过测试设置预测模型的参数称为交叉验证。
- 对于回归，你应该选择最小化非零权重数量，以及有助于提升准确性，或不降低准确性的控制参数值。
- 通常，在回归中可以为很大一部分指标分配零权重；准确性将会提高，至少不会变得更糟。
- 机器学习模型是根据数据拟合的预测模型，且不是回归模型。
- 决策树是一种简单的机器学习模型，它通过使用一棵利用指标与规则进行比较的树来分析客户，从而进行预测。
- XGBoost 是一种最先进的机器学习模型，它使用一组决策树，并将它们的预测加权在一起，从而最大限度地提高准确性。
- XGBoost 和其他机器学习模型都有许多必须使用交叉验证设置的参数。
- XGBoost 预测的准确性通常超过回归预测的准确性。
- 除了基本指标之外，使用高级指标通常会使回归和机器学习模型的预测更加准确。
- XGBoost 客户流失概率预测并没有根据实际的客户流失率进行校准，因此 XGBoost 客户流失预测不应该用于客户生命周期价值或其他依赖于匹配实际客户流失概率的场景。

第 10 章

客户流失的人口统计特征和企业统计特征

本章主要内容
- 创建包含人口统计特征或企业统计特征的数据集
- 将日期信息转换为时间间隔，并分析它与客户流失的关系
- 分析文本类别与用户流失的关系
- 利用人口统计学特征或企业统计特征预测客户流失率
- 利用人口统计学特征或企业统计特征对客户进行细分

你现在已经了解如何使用客户行为数据来划分客户，从而制定干预措施来提高客户参与度。这些策略是提高客户参与度和留存率的最重要的策略，这就是为什么它们是这本书的重点。但另一个减少客户流失的方法不是干预现有客户，而是寻找更有可能注册的新客户。找出那些更愿意参与其中的客户，然后专注于寻找更多像他们一样的客户。这些事实通常被称为人口统计数据(关于个人的数据)和企业统计数据(关于企业的数据)。为了讨论这个问题，我使用了以下定义。

定义 人口统计数据是关于个人客户的信息，而企业统计数据是关于企业(公司)客户的信息。

人口统计和企业统计通常是关于客户的不变事实或很少改变的事实。人口统计和企业统计不包括产品使用或订阅衍生的指标，但它们可以包括有关客户如何注册或客户用于访问在线服务所使用的硬件的事实。通常，B2C(企业对消费者) 或 D2C(直接对消费者)公司使用人口统计数据，而 B2B(企业对企业) 公司则使用企业统计数据。正如你将看到的，人口统计数据和企业统计数据通常在信息收集方面有所不同。但无论哪种情况，这些信息的特征都是相似的，因此，处理人口统计数据和企业统计数据的技术是相同的。

注意 本章使用本书 GitHub 存储库(https://github.com/carl24k/fight-churn)中的社交网

络模拟示例,这是一个消费产品。出于这个原因,我通常谈论人口统计,但同样的技术也适用于企业统计。

首先值得注意的是,使用人口统计数据是减少客户流失最不直接的方法,因为它无助于现有客户的参与度。有时你可以影响客户的行为,但你无法更改有关他们的人口统计特征或企业统计特征!此外,"定向获客"通常作用有限,因为大多数产品和服务无法仅从一个或几个特定渠道获得他们想要的所有客户。尽管如此,随着时间的推移,这种方法仍然可以起到推动作用,值得你花时间尝试各种可能的方法来获得新客户。

本章安排如下。

- 10.1 节描述了典型的人口统计数据和企业统计数据的类型以及它的数据库模式,并教你如何从这些数据中提取数据并生成数据集。
- 10.2 节将展示如何使用类别队列单独分析人口统计数据的文本字段,这与指标队列分析略有不同,因为它使用了一个新的概念:置信区间。
- 10.3 节将介绍通过组合来处理大量的人口统计类别。
- 10.4 节演示了分析日期字段与流失率的关系(与日期转换为时间间隔后的指标队列分析相同)。
- 10.5 节将介绍当数据中包含人口统计数据字段时,拟合流失概率模型(如回归和XGBoost)的必要技术。
- 10.6 节将 10.5 节中的建模扩展到使用人口统计字段预测和细分活跃客户。

注意 撰写本章时没有使用任何真实的个人信息。所有例子都是从模拟数据创建的,设计成类似于我曾经处理过的真实案例研究的样子。

10.1 人口统计和企业统计数据集

首先,我将解释人口统计数据和企业统计数据到底是什么意思,以及它与你在本书中看到的大部分指标有何不同。然后,我将使用一个社交网络模拟来演示创建包含人口统计数据指标的数据集的典型方法。

10.1.1 人口统计学和企业统计数据的类型

表 10-1 提供了人口统计数据和企业统计数据的例子。虽然这个表涵盖了最常见的数据类型,但在工作中还有更多的数据类型。一些类型的数据对于消费者和企业来说是共同的,但形式略有不同。例如,对于个人有"生日",对于公司有"成立日期";一个家庭有许多成员,而一个公司有许多雇员。其他项目是特定于消费者或企业的,如个人的教育水平和公司所属行业。表 10-1 还显示了所列项目的数据类型。

表 10-1　人口统计数据和企业统计数据的例子

人口统计数据	企业统计数据	数据类型
生日	成立日期	日期
销售渠道	销售渠道	字符串
居住地	公司地址	字符串
职业	所属行业	字符串
硬件及操作系统信息	技术栈信息	字符串
家庭人口数	雇员数	数值
教育水平	公司状态(创业、融资或公众融资)	字符串
性别	商业模式：B2B 或 B2C	字符串

原则上，使用人口统计数据和指标去理解客户流失，以及进行客户细分并没有太大区别。

提示　要了解客户流失并使用人口统计数据形成客户队列，你可以根据人口统计字段的值形成客户队列，并比较每个队列中的流失率。

与指标相比，非数字类型是人口统计数据和企业统计数据需要额外技术的原因。如果你正在查看数字类型的人口统计数据，那么这些数据与我们之前看到的指标没有什么不同。

10.1.2　社交网络模拟的账户数据模型

由于人口统计数据与每个账户相关联，并且很少更改，因此将其存储在由账户 ID 作为索引的单个数据库表中是常用的做法，如表 10-2 所示。表 10-2 包括一些来自社交网络模拟数据集的人口统计字段。

- 渠道(销售渠道的简称)——销售渠道是指客户如何找到产品并进行注册。所有用户通过一种方式注册，因此在社交网络模拟中，渠道是必填字段，不允许有空值。在模拟的社交网络数据集中，不同的销售渠道如下：
  - 应用商店 1
  - 应用商店 2
  - 网页注册
- 生日——许多产品要求客户输入他们的出生日期，以声明他们已达到(或超过)使用该产品的最低年龄。因为所有用户都需要输入某些内容，所以出生日期是社交网络模拟数据集的必填字段，该字段没有空值。
- 国家——用户居住的国家通常可以从用户的支付信息或他们在软件中的本地化选择中得出。在社交网络模拟中，用户来自 20 多个国家，由两个字符的代码表示(来自国际标准化组织 ISO 3166-1 alpha-2 标准)。对于社交网络模拟，国家字段可以包含缺失值(数据库中的空值)。假设该设置是可选设置；因为有些用户懒得设置它。

这 3 个字段代表了演示本章技术所需的最小集合。在一个真实的产品中，可能会有更多的字段，具体的数量因产品类型而异。许多 B2B 公司非常了解他们的客户，但对于注册要求很低的消费产品而言，人口统计数据字段可能很少。

表 10-2 典型账户数据 schema

字段	数据类型	说明
account_id	整型或字符型	账户 ID 与订阅、事件以及指标相关
channel	字符型	客户购买应用程序的渠道
date_of_birth	日期	客户在注册时输入的用于年龄验证的生日
country	字符型	用户居住的国家，用两个字符表示
……	……	……
可选字段	字符型，浮点型，整型或日期型	可选字段，因平台而异

在本节的其余部分，将展示如何将数据放入这样的模式(schema)中，从而对抗客户流失。

10.1.3 人口统计数据集的 SQL

给定一个以账户 ID 为主键的人口统计数据模式，第一步是将它以及你常用的指标从数据库中导出并生成一个数据集。通过这种方式，你可以重用现有的所有代码，从而显示何时更新账户以及谁进行了修改。此外，你最终将在单个预测模型中结合人口统计数据和指标，通过将指标和人口统计字段一起导出，你将得到所需的一切。

图 10-1 显示了这种数据提取的典型结果。与你从第 4 章开始使用的数据集一样，每一行都以账户 ID、观察日期和流失指标开始。人口统计字段位于这些字段之后，且在指标之前。

account _id	observation _date	is_churn	channel	country	customer _age	like_per _month	...
36	2020-03-01	FALSE	appstore2	DE	49.7	36	...
92	2020-03-01	TRUE	appstore1	BR	17.8	31	...
103	2020-03-01	FALSE	appstore1	CN	20.1	51	...
112	2020-03-01	FALSE	appstore2	CA	63.9	69	...
115	2020-03-01	TRUE	web	BR	21.2	5	...
127	2020-03-01	FALSE	web	JP	71.9	178	...
...	...	...	...	...	...	...	...

人口统计字段位于标识观察结果和指标的字段之间。
在观察数据时，date_of_birth 字段已被转换为 customer_age

图 10-1 带有人口统计字段的社交网络模拟数据集(代码清单 10-1 的运行结果)

代码清单 10-1 显示了创建如图 10-1 所示数据集的 SQL 语句。与数据库中的 date_of_birth 字段不同，数据集包含一个名为 customer_age 的字段。代码清单 10-1 引入的一项新技术是将生日的日期字段转换为以年为单位的时间间隔：客户的年龄。

提示 可以将人口统计日期字段转换为时间间隔，因为这样就能够以与指标相同的方式将数值间隔用于流失分析和客户细分。

转换是通过从观察日期中减去人口统计日期来完成的，反之亦然。

- 当人口统计日期表示过去(例如生日)时，从观察日期中减去人口统计日期，结果位于一个正区间，表示从人口统计字段到观察时间的时间长度。
- 如果人口统计日期表示未来(例如大学毕业那天)，则从未来日期中减去观察日期，从而保持结果位于正区间。那么这个结果表示从观察日期到人口统计数据日期的时间长度。

因为生日发生在过去，所以代码清单 10-1 从观察日期中减去生日得到客户的年龄。在 PostgreSQL 中，通过使用带有'days'参数的 date_part 函数，将时间间隔转换为以天为单位的数值，然后除以 365 得到以年为单位的年龄(注意类型转换)。

代码清单 10-1　导出带有人口统计数据字段的数据集

```
WITH observation_params AS          ◀── 该代码清单的大部分内容与代码
(                                       清单 7-2 和代码清单 4-5 相同
    SELECT interval '%metric_interval' AS metric_period,
    '%from_yyyy-mm-dd'::timestamp AS obs_start,
    '%to_yyyy-mm-dd'::timestamp AS obs_end
)
SELECT m.account_id, o.observation_date, is_churn,      ◀── 来自账户表的国家/
a.channel,   ◀── 来自账户表的渠道字符串                         地区字符串
a.country,
date_part('day',o.observation_date::timestamp           ◀──
         - a.date_of_birth::timestamp)::float/365.0 AS customer_age,
SUM(CASE WHEN metric_name_id=0 THEN metric_value else 0 END)   从观察日期中减去
    AS like_per_month,                                         出生日期
SUM(CASE WHEN metric_name_id=1 THEN metric_value else 0 END)
    AS newfriend_per_month,
SUM(CASE WHEN metric_name_id=2 THEN metric_value else 0 END)
    AS post_per_month,
SUM(CASE WHEN metric_name_id=3 THEN metric_value else 0 END)
    AS adview_per_month,
SUM(CASE WHEN metric_name_id=4 THEN metric_value else 0 END)
    AS dislike_per_month,
SUM(CASE WHEN metric_name_id=34 THEN metric_value else 0 END)
    AS unfriend_per_month,
SUM(CASE WHEN metric_name_id=6 THEN metric_value else 0 END)
    AS message_per_month,
SUM(CASE WHEN metric_name_id=7 THEN metric_value else 0 END)
    AS reply_per_month,
SUM(CASE WHEN metric_name_id=21 THEN metric_value else 0 END)
    AS adview_per_post,
```

```
SUM(CASE WHEN metric_name_id=22 THEN metric_value else 0 END)
    AS reply_per_message,
SUM(CASE WHEN metric_name_id=23 THEN metric_value else 0 END)
    AS like_per_post,
SUM(CASE WHEN metric_name_id=24 THEN metric_value else 0 END)
    AS post_per_message,
SUM(CASE WHEN metric_name_id=25 THEN metric_value else 0 END)
    AS unfriend_per_newfriend,
SUM(CASE WHEN metric_name_id=27 THEN metric_value else 0 END)
    AS dislike_pcnt,
SUM(CASE WHEN metric_name_id=30 THEN metric_value else 0 END)
    AS newfriend_pcnt_chng,
SUM(CASE WHEN metric_name_id=31 THEN metric_value else 0 END)
    AS days_since_newfriend
FROM metric m INNER JOIN observation_params
ON metric_time BETWEEN obs_start AND obs_end
INNER JOIN observation o ON m.account_id = o.account_id      ← 与账户表连接
  AND m.metric_time >(o.observation_date - metric_period)::timestamp
  AND m.metric_time <= o.observation_date::timestamp
INNER JOIN account a ON m.account_id = a.id
GROUP BY m.account_id, metric_time, observation_date,
        is_churn, a.channel, date_of_birth, country    ←
ORDER BY observation_date,m.account_id
                                        在 GROUP BY 子句
                                        中包括人口统计字段
```

代码清单 10-1 的大部分内容与以前用于提取数据集的代码清单相同：从观察表中选择观测日期，并通过使用聚合来将数据扁平化，从而与指标连接。代码清单 10-1 的其他新内容如下：

- 该查询在账户表(见表 10-1)上进行 INNER JOIN，从而选择渠道、国家和出生日期的字段。
- 因为这些人口统计字段是账户表中每个账户的一个字段，所以不需要聚合这些字段。并且，人口统计字段包含在 GROUP BY 子句中。

你应该在社交网络模拟上运行代码清单 10-1，从而创建将在本章其余部分中使用的数据集。假设你正在使用 Python 包装程序来运行代码清单，则命令为：

```
fight-churn/fightchurn/run_churn_listing.py --chapter 10 --listing 1
```

代码清单 10-1 的结果(保存在输出目录中)应该类似于本节开头的图 10-1。

跟踪人口统计数据和企业统计数据变化并避免前瞻性偏差

在本节中，将人口统计数据描述为一个单一的、不变的值。但并非所有人口统计数据或企业统计数据都是真正不变的：人和公司可以变化，公司可以实现新的发展阶段，人们可以实现更高的教育水平。为了更好地模拟这些变化，一些公司按照时间线跟踪人口统计数据的变化，或者通过向账户表添加有效日期时间戳，或者通过在与账户本身不同的表中跟踪人口统计字段(在数据仓库术语中，称为缓慢变化的维度)。因为这些更高级的方法并不常见，所以我不会在本书中介绍它们。如果你在工作中遇到上述情况，则修改代码清单 10-1，从而将人口统计数据的生效日期加入观察日期中。

更复杂的方法之所以有帮助的原因是，在某些情况下，如果人口统计字段不是静态的，则将其视为静态可能会导致在使用人口统计字段预测客户流失时，产生一种前瞻性偏差。你会在历史数据集中看到有关客户的信息，并与过去的流失或续订状态配对，但在非历史背景下(在观察时间戳时)，你不会知道该信息。以企业统计信息为例，考虑初创公司或上市公司的公司阶段。上市的初创企业必须是成功的，并且不太可能倒闭或发生流失。如果数据包括过去上市的初创企业，则企业数据将它们标识为上市公司，因为这是你创建数据集时的当前状态。但只有成功的初创企业才会上市，所以数据会出现偏差。

这种偏差也会使模型的预测准确度变得不切实际。也就是说，这种情况通常是一种二阶效应，这证明了忽略人口统计数据和企业统计数据的时间变化部分的通常做法是正确的。

10.2　具有人口统计和企业统计类别的流失队列

现在你已经获得了包含人口统计数据的数据集，你将通过流失率比较人口统计队列，从而了解人口统计数据与流失率的关系。在本章的开头，介绍过人口统计字段分为 3 种类型：日期、数字和字符串。早些时候，我向你展示了你应该将日期转换为数字形式的时间间隔。在队列分析中，只有两种类型：数字和字符串。

正如我将在 10.4 节中介绍的那样，使用数字人口统计数据进行流失队列分析与基于指标的队列分析完全相同。本节是关于使用字符串描述的人口统计信息进行客户流失分析的新主题。

10.2.1　人口统计类别的流失率队列

该部分是关于人口统计类别的，所以我从定义开始介绍。

定义　就本书而言，类别是由字符串描述的人口统计字段的一个可能值。

在社交网络模拟中，与渠道字段关联的类别为 appstore1、appstore2 和 web。与国家字段关联的类别是 BR、CA 和 CN 等双字符代码。人口统计字段中可能有缺失值，因此你可以将缺失值(数据库中的空值)视为每个字段的一个附加类别。

提示　对于每个人口统计字段，客户可以只属于一个类别，也可以在类别上保持空值。

原则上，人口统计数据类别的流失队列分析很简单：为每个类别定义一个队列，并计算流失率。但是根据类别和指标得出的队列之间存在着重要的差异。因此，你需要更加小心地比较由类别定义的队列的流失率。以下是基于指标的队列和基于类别的队列之间的一些重要区别：

- 对于指标，队列有一个由指标给出的自然顺序。在大多数情况下，类别没有一个有意义的顺序。因此，基于类别的队列更难解释，因为你不能使用你在各个类别中看到的趋势作为解释流失率差异的指南。

- 对于产品使用的指标，你有自然的期望，例如"更多的使用带来更低的流失率"和"更多的使用成本导致更高的流失率"。但是对分类，并没有明显的期望。
- 当你定义指标队列时，你可以保证每个队列都有相当一部分的观察结果——通常为10%或更多。对于基于类别的队列，无法保证每个队列中可能捕获的数据的最小或最大百分比。

根据我自己的经验，与基于产品使用指标的队列相比，来自人口统计的队列与流失的关系较弱。

提示 与基于指标的队列相比，必须更加小心地比较基于人口统计类别队列的流失率。

我说的"小心"是指你需要依靠强有力的证据来确保差异是显著的。因此，你将使用一种称为置信区间的新技术进行比较。

10.2.2 流失率置信区间

为了更仔细地比较人口统计数据队列之间的流失率，不应该简单地计算每个队列的流失率；还应该估算每个队列的最高和最低流失率。这个过程被称为计算置信区间。

定义 像流失率这样的指标的置信区间是从"最佳情况(最低)的流失率"估计到"最差情况(最高)的流失率"的范围。

理解置信区间首先要认识到，你计算的客户流失率并不是你想要测量的流失率。考虑以下情况：

- 你需要知道的是，世界上所有与你的人口类别队列相匹配的潜在客户的流失率是多少。这是对这类客户未来流失率的最好估计。
- 你只能衡量现有客户的流失率。

这个情况如图10-2所示。你不能确定以往客户的流失率就是未来客户的流失率。未来你可能会看到一个不同的流失率。也许你过去很幸运，得到了比平均水平更好的客户，或者可能情况正好相反；这些事情你永远无法预测。但你可以预料到以下两件事：

- 假设你在每个队列中观察到合理数量的客户，那么在整个客户队列看到的流失率应该与你过去看到的接近。
- 你看到的客户越多，你过去看到的流失率应该越接近全局流失率。换句话说，你看到的客户越多，关于全局可能的流失率范围的不确定性就越小。

出于这个原因，人们通常将置信区间称为测量的流失率的范围，已知它位于最佳和最坏情况的中心附近(但是，正如你将看到的，它不一定在中心)。为了描述测量的流失率以及最佳情况和最坏情况估计，我们将使用以下定义。

定义 过去客户的流失率被称为期望值，它被认为是通用流失率的最可能值。上置信区间是从预期流失率到最坏情况估计(流失率最高)的范围，该范围的大小描述的是最坏情况流失与预期流失的差值。下置信区间是从最佳情况估计(流失率最低)到预期流失的范围，该范围的大小描述的是预期流失率与最佳情况估计的差值。

图 10-2 说明了通用流失率、你的估计以及估计的上置信区间和下置信区间之间的差异。

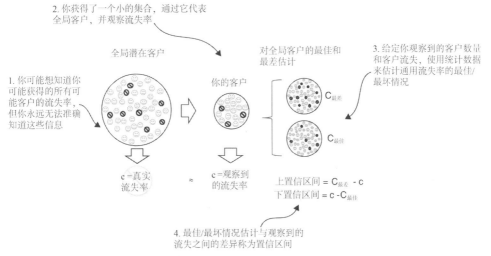

图 10-2　置信区间用于评估最佳和最差情况

我说过，每个队列的流失率应该接近这类客户的普遍流失率，前提是你观察到足够多的客户。第 5 章详细讨论了多少才足够：理想情况下，你希望在每个类别中观察数千个客户。但有时，数百个可能就足够了。

当你使用置信区间时，你使用的客户数量转换为置信区间的大小。你衡量流失的客户越多，围绕流失率的不确定性范围就越窄。在 10.2.3 节中，你将学习如何计算置信区间并比较它们。

提示　由于你无法计算通用流失率测量值，因此你将根据可用数据计算通用流失率的最佳和最差情况估计值。

10.2.3　将人口统计队列与置信区间进行比较

图 10-3 显示了将人口统计队列与置信区间进行比较的示例，这是社交网络模拟中渠道类别的结果。基本思想与你在前面章节中看到的指标队列图相同，但有一些显著差异：

- 数据以条形图而不是折线图显示。每个队列的流失率由每个条形的高度表示。
- 每个条形在上方和下方都有一对横线，表示置信区间的范围。图中显示置信区间的线通常被称为误差线或须线。
- x 轴仍然表示队列，但现在在它是一个字符串标签，显示队列代表的类别。

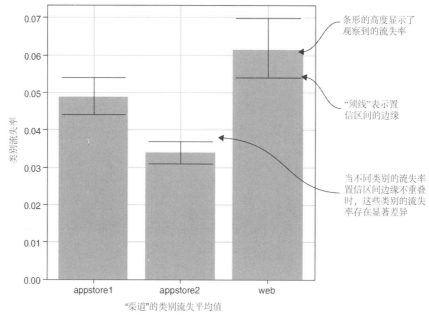

图 10-3 带置信区间的渠道流失率(代码清单 10-2 的输出结果)

在类别队列图中，你不仅要查看预期的普遍流失率，还要查看最佳和最差情况的估计，因此你应该使用置信区间作为比较类别流失率差异的显著性的指南。这种方法被称为统计显著性。

定义 如果一个类别的最佳情况流失率(较低置信区间)大于另一个类别的最差情况流失率(较高置信区间)，那么两种不同类别的流失率之间的差异在统计上是显著的。在这种情况下，两个置信区间不重叠。

考虑图 10-3，你会说 appstore1 和 appstore2 类别的流失率之间的差异在统计上是显著的，因为置信区间相差很远。appstore2 的最差情况流失率约为 3.5%，而 appstore1 的最佳情况流失率约为 4.5%，因此两者并无重叠。

但是，appstore1 和 web 渠道客户的流失率之间的差异在统计显著性方面处于临界点，因为置信区间实际上很接近。web 渠道的最佳情况流失率约为 5.4%，appstore1 的最差情况流失率也在 5.4%左右。根据严格的定义，你可能会说差异在统计上不显著。但在实践中，统计显著性并没有作为硬性规则应用。如果你有某些理由认为差异很显著，那么当置信区间有一点重叠时，你可能仍会根据流失率的差异采取行动。在这种情况下，我会说 appstore2 差异如此大的事实，为渠道之间的差异以及 web 和 appstore1 之间的差异提供了可信度。正如你将在图 10-4 中所看到的，web 和 appstore1 的用户流失率置信区间只差 0.02%就会发生重叠，这在图中是无法判断的。但置信区间是否重叠或仅仅差很小的距离就发生重叠，不会对你的解释产生影响。

提示 在实践中，当置信区间的边缘几乎接触或只有些许重叠时，流失率的差异是否具有统计显著性，并不是非黑即白的关系。

代码清单 10-2 显示了生成图 10-3 的代码。代码清单 10-2 包含一个主函数 category_churn_cohorts，它调用 3 个辅助函数：

- prepare_category_data——加载数据并使用字符串'-na-'填充任何缺失的类别。此字符串清楚地标记任何缺少类别的客户。
- category_churn_summary——计算流失率和置信区间，并将所有结果放入 DataFrame 中，该 DataFrame 保存为.csv 文件。(有关计算的详细信息，请参见代码清单。)
- category_churn_plot——在条形图中绘制结果，显示置信区间并添加注释。通过设置 bar 函数的 yerr 参数来添加置信区间，该参数代表 y 误差条。

代码清单 10-2　使用置信区间分析类别流失率

```python
import pandas as pd
import matplotlib.pyplot as plt
import os
import statsmodels.stats.proportion as sp        类别分析和绘图的主要函数

def category_churn_cohorts(data_set_path, cat_col):   辅助函数 prepare_category_data
    churn_data =                                      读取数据集
        prepare_category_data(data_set_path,cat_col)
    summary =                                         调用 category_churn_summary
        category_churn_summary(churn_data,cat_col,data_set_path)   进行分析
    category_churn_plot(cat_col, summary, data_set_path)   调用 category_churn_plot
                                                      进行绘图
def prepare_category_data(data_set_path, cat_col):
    assert os.path.isfile(data_set_path), \
     '"{}" is not a valid dataset path'.format(data_set_path)
    churn_data = pd.read_csv(data_set_path,index_col=[0,1])
    churn_data[cat_col].fillna('-na-',inplace=True)   用字符串'-na-'填充任
    return churn_data                                 何缺失值

def category_churn_summary(churn_data,               使用 category_churn_summary
                     cat_col, data_set_path):         分析类别
    summary = churn_data.groupby(cat_col).agg(        使用 Pandas 聚合函数按类别
        {                                             对数据进行分组
            cat_col:'count',
            'is_churn': ['sum','mean']
        }
    )

    intervals = sp.proportion_confint(summary[('is_churn','sum')],   计算置信区间
                         summary[(cat_col,'count')],
                         method='wilson')
将结果复制到 summary
DataFrame 中
    summary[cat_col + '_percent'] =(
        1.0/churn_data.shape[0]) * summary[(cat_col,'count')]   将类别计数除以总行数

    summary['lo_conf'] = intervals[0]
    summary['hi_conf'] = intervals[1]
```

```
    summary['lo_int'] =
        summary[('is_churn','mean')]-summary['lo_conf']
    summary['hi_int'] =
        summary['hi_conf'] - summary[('is_churn','mean')]
    save_path =
```

下置信区间 = 均值减去置信下限

保存结果

上置信区间 = 置信上限减去均值

```
        data_set_path.replace('.csv', '_' + cat_col + '_churn_category.csv')
    summary.to_csv(save_path)
    return summary

def category_churn_plot(cat_col,
                        summary, data_set_path):
    n_category = summary.shape[0]

    plt.figure(figsize=(max(4,.5*n_category), 4))
    plt.bar(x=summary.index,
            height=summary[('is_churn','mean')],
            yerr=summary[['lo_int','hi_int']].transpose().values,
            capsize=80/n_category)
    plt.xlabel('Average Churn for "%s"' % cat_col)
    plt.ylabel('Category Churn Rate')
    plt.grid()
    save_path =
        data_set_path.replace('.csv', '_' + cat_col + '_churn_category.png')
    plt.savefig(save_path)
    print('Saving plot to %s' % save_path)
```

使用 category_churn_plot 绘制结果

根据类别数缩放图的大小

流失百分比是条形高度

根据置信区间给出 y 误差条

为图形添加注释并保存

你应该运行 Python 包装程序来为模拟数据集生成你自己的图形，如图 10-3 所示。包装程序的命令及其参数为：

```
fight-churn/fightchurn/run_churn_listing.py --chapter 10 --listing 2
```

来到代码清单 10-2 中计算队列流失率的细节，平均流失率是在 category_churn_summary 函数中计算的，并使用 Pandas DataFrame 的 groupby 和 agg 函数：

```
summary = churn_data.groupby(cat_col).agg({cat_col:'count','is_churn':
    ['sum','mean']})
```

下面对上面的代码进行细节说明：

(1) 以类别作为分组变量调用 groupby 函数。此函数的结果是一个专门的 DataFrameGroupBy 对象，可用于根据分组检索不同的结果。

(2) 分组后，通过调用 DataFrameGroupBy 上的聚合函数 agg 找到所需的指标。DataFrameGroupBy 创建的结果在字典中指定，其中每个字典键是计算聚合函数的列，键的值是一个或多个聚合函数。在这种情况下，可以使用以下内容：

```
{
cat_col :'count',
'is_churn': [
'sum',
'mean']
}
```

● 字典中的第一个条目表明包含类别的列(变量 cat_col)应该使用一个计数进行聚合。对于每个类别，显示数据集中拥有该类别的行数。

● 字典中的第二个条目表明，包含流失指示器的列应该通过对流失数量求和，并计算平均值来进行聚合，从而得出观察到的类别流失率。

调用函数的结果是一个 DataFrame，每个类别在 DataFrame 中有一行，列包含 3 个聚合结果：被标记的元组、结合列和聚合。例如，标记为 cat_col 的列'count'包含类别的行计数，标记为'is_churn'的列'mean'包含流失指示器的平均值，即流失率。

代码清单 10-2 中的 category_churn_summary 函数使用 statsmodels 模块计算置信区间。使用的函数是 statsmodels.stats.proportion.proportion_confint，用于计算二元试验产生的百分比测量值的置信区间(从统计学家的角度来看，这就是衡量流失率的意义)。函数 proportion_confint 将每个类别中的计数和观察到的流失数量作为参数(通过使用我描述过的元组标签从聚合结果 DataFrame 中进行选择传递)。

正如本章前面提到的，观测的数量和流失的数量构成了使用统计学计算置信区间的基础。对 proportion_confint 的调用也传递了可选的方法参数 method='wilson'。计算置信区间的 wilson 方法是客户流失的最佳选择，因为众所周知，当二元试验中事件(在这种情况下，指的是客户流失)的比例很小时，它可以产生最准确的结果。我不会详细介绍 wilson 方法如何计算置信区间，但是网上有很多很好的资源可供参考。

图 10-4 显示了具有置信区间的类别流失队列分析的数据文件输出。该输出包含用于生成渠道队列柱状图(见图 10-3)和更多细节的所有信息。在这个文件中有一个重要的信息，那就是每个渠道的观测百分比。大多数通过不同渠道获得客户的组织已经很清楚：通过每个渠道获得客户的百分比是一个良好实践。在这种情况下，你应该将数据集中的数字与销售部门测量的数字进行比较，从而确保质量(以确保数据馈送等没有问题)。

代码清单 10-2 的文件输出还显示了低置信区间和高置信区间的大小。在图 10-4 中，你可以看到高区间比低区间稍大。出现这种不对称是因为流失概率很小。如果流失率为 50%，则置信区间的大小将是对称的。

图 10-4　渠道字段的类别流失队列的数据输出

模拟社交网络中具有类别的另一个人口统计是"国家/地区"。图 10-5 显示了国家/地区类别的流失队列图。国家的流失率队列结果与渠道的流失率队列图不同，因为与渠道相比，国家的数量更多。因为有些国家的客户比例很小，与流失率相比，有些置信区间很大。事实上，由于置信区间较大，各国之间的流失率在统计学上没有显著差异。国家类别的所有置信区间与其他类别的置信区间有很大的重叠。(图 10-5 没有显示置信区间只有些许重叠的情况。)

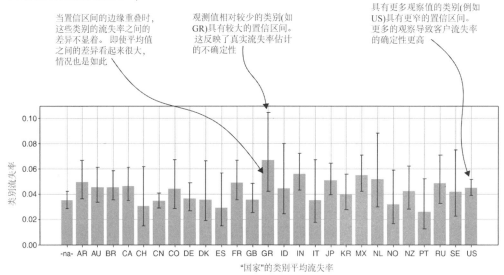

图 10-5　具有置信区间的国家队列流失率(代码清单 10-2 的输出)

图 10-6 显示了国家队列流失分析的数据文件输出。它表明大多数国家的数据不到 10%，有些国家只有 1%。客户观察次数最少的国家/地区的流失率置信区间最大。SE 只有 1% 的观测值(236 个观测值)，测量的流失率为 5.9%，置信区间的下限为 3.6%，上限为 9.7%，跨度约为 6%。另一方面，美国代表了 15% 的观察次数(3710 个观察)，观察到的流失率为 5.3%，置信区间从 4.7% 到 6.1%，跨度仅为 1.5%。

	country	is_churn	is_churn	country_percent	lo_conf	hi_conf	lo_int	hi_int
country	count	sum	mean					
-na-	2837	99	3.5%	11.3%	2.9%	4.2%	0.6%	0.7%
AR	786	39	5.0%	3.1%	3.7%	6.7%	1.3%	1.7%
AU	876	40	4.6%	3.5%	3.4%	6.2%	1.2%	1.6%
BR	1269	58	4.6%	5.0%	3.6%	5.9%	1.0%	1.3%
...	...	...	...	...	...	...	...	...
RU	495	24	4.8%	2.0%	3.3%	7.1%	1.6%	2.3%
SE	239	10	4.2%	0.9%	2.3%	7.5%	1.9%	3.3%
US	3890	175	4.5%	15.5%	3.9%	5.2%	0.6%	0.7%

具有更多观察值的类别(例如US)具有更窄的置信区间。更多的观察带来客户流失的确定性更高

观测值相对较少的类别(如SE)具有较大的置信区间。这反映了真实流失率估计的不确定性

图 10-6　国家字段的类别流失队列的数据输出

图 10-5 和图 10-6 中的结果表明，类别过多是进行有效的客户流失队列分析的一个问题。10.3 节将教你一个简单有效的方法来处理这个问题。

置信区间的显著性水平

函数 proportion_confint 有另一个参数：显著性水平，我在代码中将其保留为默认值。如果你查看有关 proportion_confint 的文档，你会发现默认显著性水平为 0.05。该参数对应于人们所说的 95%置信水平，并表示真正的通用流失率在最佳和最差情况估计定义的范围内的确定程度。

就像统计学中的大多数东西一样，最好和最坏的流失率是估计的，显著性水平决定了这些估计存在错误的可能性。当人们说 95%置信时，他们说的是 100%减去这个显著性水平。换句话说，真正的通用流失率有 5%的可能性不在这个范围内，而通用流失率有 95%的可能性在这个范围内。

将显著性水平参数降低到小于 0.05 会导致更大的置信区间，或者说是最好情况和最坏情况估计之间将有较大差异。如果你使用较低的显著性水平，那么两个类别的流失率之间需要较大的差异才能达到统计上的显著性(通过不重叠的置信区间)。另一方面，较高的显著性水平(大于 0.05)将产生更小的置信区间，这将使差异在统计学上表现为显著的，但你将不太确定类别的通用流失率是否在规定的范围内。

选择显著性水平和解释置信区间在统计学中是一个有争议的话题，我试着为你提供一些简单的最佳实践。我的建议是将重要的参数设置为默认值。原则上，对于具有大量类别(超过几十个)的人口统计数据，应该使用较低的显著性水平。这样，你就可以应用更严格的标准来确定哪些差异是显著的。

在 10.3 节，我将教你处理大量类别的另一种方法：将不常见的分类分组。总的来说，我的建议是保持这个参数不变。我在这里提到它只是因为你可能会被问到用什么显著性水平计算置信区间。(答案是使用标准的 0.05 显著性水平)。

10.3　对人口统计类别进行分组

在 10.2.3 节中，展示了如果你有很多类别，你将面临稀有类别中的观察数量太少而无法产生有用结果的风险。在观察数量很少的情况下，置信区间可能会变大，具体取决于你要处理的数据量。如果你有数百万客户，即使是最稀有的类别，你也可以让结果具有统计意义。尽管如此，信息过载也可能是一个问题，出于这个原因，较少地查看类别也是一个好办法。

10.3.1　用映射字典表示分组

有很多类别代表少量数据，这个问题的解决方案是将相关的罕见类别分组。例如，国家可以按区域分组。图 10-7 说明了如何使用 Python 字典将国家映射到区域。图 10-7 中的字典实际上是从区域到国家列表的映射，因为这种映射是表示关系的更有效的方法。

```
{
  "APac"  :    ["AU","ID","IN","JP","KR","NZ"],
  "Eur"   :    ["CH","DE","DK","ES","FR","GB","GR","IT","NL","NO","PT","RU","SE"],
  "LaAm"  :    ["AR","BR","CO","MX"],
  "NoAm"  :    ["US","CA"]
}
```

映射中的键表示类别的组，
在本例中是地理和文化区域：
APac=亚洲和太平洋；Eur=欧洲；
LaAm=拉丁美洲；NoAm=北美

映射中的值是应映射到该区域的国家/地区列表。
假设每个国家出现一次或根本不出现；未被列入
名单的国家将继续独立于任何组，比如CN就没有
映射到任何区域中

图 10-7　将国家类别映射到区域

图 10-7 所基于的代码位于本书的 GitHub 存储库中，位于文件 fight-churn/listings/conf/socialnet_listings.json 中；查找第 10 章部分以及 key "listing_10_3_grouped_category_cohorts"。稍后我将详细说明如何以及为什么选择此特定映射，但现在，将展示这种分组如何有助于类别队列分析。

10.3.2　分组类别的队列分析

图 10-8 显示了重新运行基于地区而不是国家的队列分析的结果。作为分组的结果，有 6 个类别。如果你看一下随图表输出的数据(图中未显示)，你会发现每一个新类别都代表了不低于 10%的数据；现在最小的类别是没有任何设定国家信息的客户(国家字段值为 -na-)，即 11%。由于观察次数较多，图 10-8 中每个类别的置信区间的大小都小于单独按照国家分类时的置信区间(见图 10-5)。

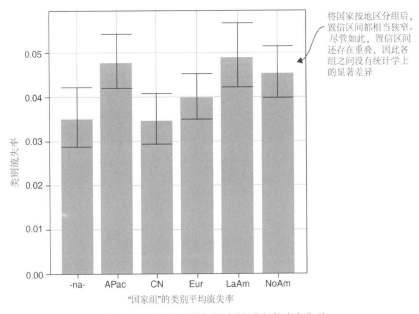

将国家按地区分组后，
置信区间都相当狭窄。
尽管如此，置信区间
还存在重叠，因此各
组之间没有统计学上
的显著差异

图 10-8　按地区对国家类别进行分组的流失队列

提示　如果你的统计数据包含一些罕见的类别，可以通过将相关类别进行分组进行简化。这种方法减少了流失率置信区间以及信息过载。

尽管置信区间较小，但图 10-8 显示在任何地区的流失率之间没有统计学上的显著差异。每个区域的流失率的置信区间与所有其他区域显著重叠。这个模拟数据集在统计上没有显著差异这一事实并不意味着你不会在自己的产品或服务中找到重要的关系。

代码清单 10-3 提供了执行分组和重新运行类别队列分析的代码。此代码清单使用来自类别队列流失分析的所有辅助函数(未分组)，并且它仅添加了一个新函数来执行分组：group_category_column。这个函数有两个主要部分：

- 第一部分将反转映射字典，使其成为从国家到地区的映射，而不是从地区到国家的映射。使用双列表推导可以在 Python 单行中完成字典的反转。第一个列表解析遍历作为地区的键，第二个列表解析遍历每个键中的值，即国家。根据结果形成一个将旧值映射到旧键(国家到地区)的字典。
- 映射字典反转后，使用 DataFrame 的 apply 函数在 DataFrame 中创建一个新列。apply 函数将另一个函数作为参数，该函数应用于列中的所有元素。在本例中，目的是如果存在值，则在反转字典中查找该值；否则，它返回原始值。将此功能应用于该列的结果是，属于某个区域组的每个国家都将被映射，而不属于该区域组的任何国家都将被原样复制。在这个映射之后，代码清单 10-3 中的代码使用了代码清单 10-2 中的分析和绘图函数，该函数对未分组的类别进行了类别队列分析。

group_category_column 函数通过将单词 group 附加到原始列名作为新列的名称，并从结果中删除原始列。

代码清单 10-3　分组类别队列分析

```
import pandas as pd
import os

调用辅助函数将类别列映射到组                              这个代码清单重用
                                                        了代码清单 10-2 中
from listing_10_2_category_churn_cohorts import category_churn_summary,    的辅助函数
    category_churn_plot, prepare_category_data

def grouped_category_cohorts(data_set_path,
                              cat_col, groups):          主函数与常规类别图
    churn_data = prepare_category_data(data_set_path,cat_col)    函数基本相同
    group_cat_col =
        group_category_column(churn_data,cat_col,groups)
    summary =
        category_churn_summary(churn_data,group_cat_col,data_set_path)
    category_churn_plot(group_cat_col, summary, data_set_path)

代码清单 10-2 中的辅助函数用于分析类别
                                                        该函数使用映射字典将
                                                        类别映射到组中
def group_category_column(df, cat_col, group_dict):
    group_lookup = {
                    value: key for key in group_dict.keys()
反转字典                    for value in group_dict[key]
```

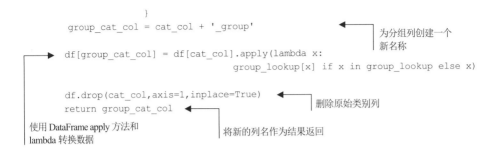

为分组列创建一个
新名称

```
        }
    group_cat_col = cat_col + '_group'

df[group_cat_col] = df[cat_col].apply(lambda x:
                    group_lookup[x] if x in group_lookup else x)

df.drop(cat_col,axis=1,inplace=True)
return group_cat_col
```

删除原始类别列

将新的列名作为结果返回

使用 DataFrame apply 方法和
lambda 转换数据

你应该运行代码清单 10-3 来创建你自己的队列分析，其中国家被分组到区域中。可以通过如下包装程序及相应参数来执行代码清单 10-3：

```
fight-churn/fightchurn/run_churn_listing.py --chapter 10 --listing 3
```

你应该会得到类似于图 10-8 的结果，但是当你使用自己的数据时，结果可能会有所不同。原因在于，在模拟数据中，国家与用户流失率和参与度没有关系，数据是随机生成的。虽然你应该得到与图 10-8 相似大小的置信区间，但不要期望得到相同的流失率。

注意 在大多数情况下，本书避免让你分析模拟中与流失无关的任何内容，以节省你生成和探索无意义数据的时间。但在来自实际产品和服务的真实数据中，你应该期望找到与客户留存和流失无关的事件和人口统计信息。

警告 不要把书中 GitHub 存储库中的社交网络模拟结果作为你对自己的产品或服务的期望指南。这些示例是一组看起来很真实的数据，目的是演示用于真实数据的处理方法，仅此而已。模拟的结果不能用于任何实际产品或服务的预测中。

10.3.3   设计类别分组

现在你已经知道了如何为队列分析实现类别分组，我将给你一些关于如何选择此类分组的建议。首先，考虑这样一种情况：你没有大量的数据，因此你正在对类别进行分组，以便在你的队列中找到足够的观察结果(以便你最终得到关于流失率的合理大小的置信区间)。如果你面对的就是这种情况，则你无法选择根据自己的数据执行数据驱动的操作；你没有足够的数据来分析类别之间的差异，这就是问题所在。在这种情况下，你应该根据你对类别之间相互关系的了解对类别进行分组。除了国家/地区示例之外，你可能希望使用的一些合理分组包括以下内容：

- 如果你有一个类别包含很多操作系统版本，则可以按主要版本对它们进行分组。
- 如果你有一个类别表示所属行业，则可以将相关的类别(例如银行和金融)归为一组，将消费品和零售归为另一组。
- 如果你有一个类别表示职业，则可以将相关领域(例如医生和牙医)归为一组，将软件工程师和数据科学家归为另一组。
- 如果你有一个类别表示教育水平，则可以将稀有的类别分组，例如硕士学位、博士学位等分为一组。

请记住，你的目标是以合理的方式对稀有类别进行分组，并尝试了解它们的关系。如果你发现一些关系，则可以随时修改你的分组，从而利用你发现的新关系(如本节后面所述)。

另请注意，你不必盲目地遵循分组的标准定义：应该根据产品或服务的详细信息自定义它们。对于我自己的"从国家到地区"的映射中，制订了以下规则：

- 我没有将中国(CN) 纳入亚太(APac) 组，因为仅中国就代表了超过 10%的数据样本，这本身就可以单独成为一组。
- 我选择将墨西哥(MX) 包含在拉丁美洲(LaAm) 而不是北美(NoAm)中，因为如果这是一个真正的社交网络，我预计语言和文化将比地理位置对参与度有更大的影响。(如果我的产品或服务与工业制造和运输有关，则可能会关注地理位置而不是文化关系)。

这些是你可能遇到的一些注意事项的示例。下面是我关于这个主题的最后一条建议。

警告 不要过度考虑你的类别分组或在它们上花费太多时间。记住在分析中需要敏捷性。先做一些能够让你在第一时间获得可控结果的事情，从你的业务同事那里获得反馈，然后再进行迭代。

另一方面，考虑你有足够的数据让每个流失率都处于狭窄的置信区间内，而你的问题是来自太多类别的信息过载(或者在你第一次尝试分组后，你获得了与之前类似的结果)。然后，你可以采取更多数据驱动的方法，如下所示。

- 对未分组的类别进行类别队列分析；然后使用你在第一次迭代中看到的流失率来决定在第二次迭代中使用的分组：
  - 根据你的知识对相关且流失率相似的类别进行分组。
  - 在这种情况下，相似的流失率意味着这两个类别的流失率在统计上没有显著差异。(置信区间重叠)。
  - 如果两个流失率的差异在统计上显著(置信区间不重叠)，即使你知道这些类别是相关的，也不要将它们分在一组。
- 你仍然应该使用基于上述知识进行分组。不要只根据两个类别具有相似的流失率或其他指标来进行分类(分组)。

还可以使用 10.5 节中描述的相关性分析作为一种额外的方法，根据你的组与其他指标的关系来评估组之间的相似性。但是正如你将看到的，你用于"指标"的分组算法不适用于"类别"，不建议对这种分组使用自动化方法。

如果要对成百上千个类别设计一个分组方案，从而处理这些过多的类别，那么这样的类别信息可能无法帮助你解决客户流失的问题，因为通常业务人员不可能为客户标记如此多的令人困惑的类别。

10.4 基于日期和数字的人口统计数据的流失分析

就像我之前提到的，你应该以与指标同样的方式看待数值型人口统计信息。在 10.1 节中，我告诉你日期类型的人口统计信息和企业统计信息可以很容易地转换为数字形式的时间间隔，所以你也可以对日期类型的人口统计数据使用指标风格的队列分析。由于你已经在第 5 章中学习了如何分析数字客户数据，因此本节将进行简短的演示。

社交网络模拟的人口统计信息包括客户在注册时输入的出生日期，代码清单 10-1 将该日期转换为社交网络模拟数据集中的一个数字字段：customer_age。图 10-9 显示了对客户年龄进行标准指标队列分析的结果。从图中可以看出，在社交网络模拟中，较高的用户年龄与较高的用户流失率相关。最低年龄组(平均年龄 15 岁左右)的流失率约为 4%，而较高年龄组(60 岁以上)的流失率约为 5.5%。不同队列用户流失率的变化有点不规律，但这与年龄较大的用户流失率更高的发现是一致的(与第 5 章和第 7 章中展示的他们行为的影响相比，影响较弱)。

要从你模拟的数据创建如图 10-9 所示的图，必须重用指标队列代码清单 5-1(文件名为 listing_5_1_cohort_plot.py)。可以通过如下包装器命令来执行：

```
run_churn_listing.py --chapter 5 --listing 1 --version 17
```

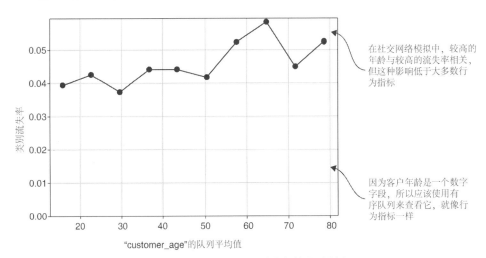

图 10-9 客户人口统计信息的年龄队列分析

你的结果可能与图 10-9 有所不同，那是因为相关性不强并且数据是随机模拟的。此示例表明，当你以数字格式在数据集中提取人口统计信息后，可以像分析指标一样使用队列对其进行分析。

指标队列的置信区间

我根据趋势的一致性解释指标队列，但到现在为止，你可能已经意识到你可以在指标队列图中的每个点周围添加置信区间。我通常不这样做，因为它使图像过于混乱，无法向业务人员展示，而且通常也不需要解释用户流失的关系。但当趋势和显著性较弱时，置信区间可以帮助解释指标队列图。以下是我使用过的一个策略：
- 将指标分成 3 个队列。你将比较指标中"低""中""高"的客户。使用大型组有助于缩小置信范围。
- 绘制具有置信区间的队列平均值，并查看置信区间是否重叠。如果置信区间重叠，则指标中"低""中""高"的客户之间存在统计上的显著差异。

我把这个练习留给感兴趣的读者。

10.5 利用人口统计数据进行流失率预测

你已经学习了分析单个人口统计数据与客户流失和留存之间关系的技术。与指标一样，你可能想要一起查看所有人口统计字段对客户流失率的影响，看看这些组合如何预测客户流失率。此外，你应该结合人口统计数据或企业统计数据，以及你的指标来测试预测结果。为此，需要将字符串中的人口统计信息转换为与数字信息相同的形式，因为你学习的回归和 XGBoost 预测算法只接受数字输入。

10.5.1 将文本字段转换为虚拟变量

要使用字符串类型的人口统计信息进行预测，你将使用一种称为虚拟变量的技术将其转换为数字数据。

定义 虚拟变量是一个二元变量，表示类别中的成员关系，1 表示该客户在这个类别中，0 表示这个客户不在该类别中。

如果你在计算机科学或工程项目中学习过数据科学，你可能了解了这种称为"热独编码"的技术。

图 10-10 显示了创建虚拟变量的过程。使用虚拟变量类似于扁平化指标数据来创建数据集。在这种情况下，字符串人口统计字段是一种"高"数据格式，因为所有可能的类别都存储在一个列中(使用字符串)。要将字符串列替换为数字数据，需要根据该列中类别的个数，创建出相应数量的虚拟变量，如图 10-10 中，渠道字段中有 3 种值，那么根据具体的渠道数据值创建出 3 个新列。如果该客户属于该渠道，那么在该列中填上 1，否则填上 0。之后将原始的类别列删除(本例中，删除 Channel 列)，这样的数据集仍然表示与原有数据集相同的信息，只不过使用了另外的形式。

图 10-11 显示了为社交网络模拟创建虚拟变量的结果。你可以看到渠道和国家/地区的字符串类别标签已从数据集中删除，取而代之的是一组仅包含 0 和 1 的新列，来表示相应类别。图 10-11 还显示了按区域分组的国家字段的虚拟变量列，和前面一样。这些国家仍然被归为一类，这样做的原因与之前相同，就像你单独观察国家时所做的那样。

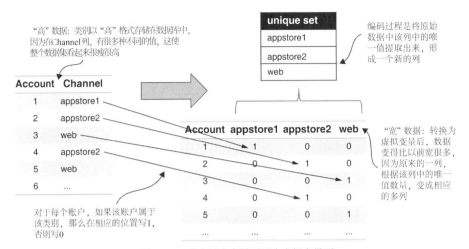

"高"数据：类别以"高"格式存储在数据单中，因为在Channel列，有很多种不同的值，这使整个数据集看起来很要很高

unique set
appstore1
appstore2
web

编码过程是将原始数据中该列中的唯一值提取出来，形成一个新的列

Account	Channel
1	appstore1
2	appstore2
3	web
4	appstore2
5	web
6	...

Account	appstore1	appstore2	web
1	1	0	0
2	0	1	0
3	0	0	1
4	0	1	0
5	0	0	1
...	...	...	...

"宽"数据：转换为虚拟变量后，数据变得比以前宽很多，因为原来的一列，根据该列中的唯一值数量，变成相应的多列

对于每个账户，如果该账户属于该类别，那么在相应的位置写1，否则写0

图 10-10 将字符串变量展平为虚拟变量列

在提取的数据中，人口统计数据以字符串形式存储在观察标识符之后

account_id	observation_date	is_churn	channel	country	customer_age	like_per_month	....
8	3/1/20	TRUE	web	BR	79.7	8	...
10	3/1/20	FALSE	appstore2	US	39.7	2	...
115	3/1/20	FALSE	appstore2	AU	22.5	23	...
135	3/1/20	FALSE	appstore2	CO	42.3	35	...
137	3/1/20	FALSE	appstore2	MX	39.2	65	...
148	3/1/20	FALSE	appstore1	NZ	16.5	81	...
...	...	...	...	...	...	...	...

在转换后的数据中，人口统计数据被转换为虚拟变量列

作为创建虚拟变量的一部分，这些国家通过映射被分组到不同的地区

account_id	observation_date	channel_appstore1	channel_appstore2	channel_web	country_group_APAC	country_group_CN	country_group_EUR	country_group_LaAm	country_group_NoAm	is_churn
8	3/1/20	0	0	1	0	0	0	1	0	TRUE
10	3/1/20	0	1	0	0	0	0	0	1	FALSE
115	3/1/20	0	1	0	1	0	0	0	0	FALSE
135	3/1/20	0	1	0	0	0	0	1	0	FALSE
137	3/1/20	0	1	0	0	0	0	1	0	FALSE
148	3/1/20	1	0	0	1	0	1	0	0	FALSE
...										

客户流失列也被包括在内，因此该数据集可用于在没有指标的情况下进行预测

图 10-11 为模拟社交网络数据集创建虚拟变量的结果

代码清单 10-4 提供了创建带有虚拟变量的数据集的代码，如图 10-11 所示。创建虚拟变量是 Pandas DataFrame 的标准功能(称为 get_dummies)。此函数会自动检测数据集中的所有字符串类型的列，并用适当的二进制虚拟变量替换它们。虚拟变量列的名称是通过将原始列名称与类别字符串连接起来创建的。

代码清单 10-4　创建虚拟变量

```
import pandas as pd
                                               从代码清单 10-3 中导入分组类别映射函数
读取原始数据
    from listing_10_3_grouped_category_cohorts import group_category_column

    def dummy_variables(data_set_path, groups={},current=False):
        raw_data = pd.read_csv(data_set_path,
                               index_col=[0, 1])
                                          字典的键映射到类别
        for cat in groups.keys():                            调用分组映射函数
此版本的数据集用于      group_category_column(raw_data,cat,groups[cat])
XGBoost 预测
        data_w_dummies =                  使用 Pandas 的 get_dummies 函数
            pd.get_dummies(raw_data,dummy_na=True)

        data_w_dummies.to_csv(
            data_set_path.replace('.csv', '_xgbdummies.csv')
                                                        通过设置 difference 来
                                                        确定虚拟变量列
        New_cols = sorted(list(set(
                         data_w_dummies.columns).difference(set(raw_data.columns))))
        cat_cols = sorted(list(set(
通过设置 difference 来       raw_data.columns).difference(set(data_w_dummies.columns))))
确定原始类别列
        dummy_col_df =                       保存列的列表，从而与
            pd.DataFrame(new_cols,index=new_cols,columns=['metrics'])   分组数据集保持一致
        dummy_col_df.to_csv(
            data_set_path.replace('.csv', '_dummies_groupmets.csv'))

        if not current:
            new_cols.append('is_churn')        保存只有虚拟变
        dummies_only = data_w_dummies[new_cols]    量的数据集      数据集的名称与
        save_path =                                            常规数据集一致
如果不用        data_set_path.replace('.csv', '_dummies_groupscore.csv')
于当前客    print('Saved dummy variable(only) dataset ' + save_path)
户，则包        dummies_only.to_csv(save_path)
括流失
        raw_data.drop(cat_cols,axis=1,inplace=True)   保存没有人口统
        save_path = data_set_path.replace('.csv', '_nocat.csv')   计类别的数据集
        print('Saved no category dataset ' + save_path)
        raw_data.to_csv(save_path)
```

调用包函数 get_dummies 并不是代码清单 10-4 中的全部。首先，代码清单 10-4 应用了在 10.2 节中学习的可选类别分组。然后将其保存为 3 个版本：包含原始指标和任何数字人口统计信息的部分、仅包含虚拟变量的部分，以及所有内容。每个版本都对应一个用途，如下所示：

- 指标和数字人口统计信息必须转换为分数，并通过指标分组算法运行。这个过程应该在没有虚拟变量的情况下进行。
- 单独保存虚拟变量有助于单独对虚拟变量进行回归分析。
- 包含所有内容的版本适用于 XGBoost，它使用未转换的指标和虚拟变量。

以上三点将在本章的其余部分进一步解释，但现在，将重点解释代码清单 10-4 的其余部分。这段代码主要是对 Pandas 库的直接调用，分离出数据集的各个部分。唯一的技巧是使用集合以及与集合之间的差异相关的操作，从而确定通过创建虚拟变量添加了哪些列。

代码清单 10-4 保存了具有不同文件扩展名的数据集的多个版本：

- 带有后缀.dummies 的文件是只有虚拟变量的数据集。该文件也使用后缀.groupscore 保存，因为当你在回归代码中使用它时，这是规定的文件后缀。列的列表也使用后缀 .groupmets 保存，因为在回归代码中使用它时也是这样规定的，虽然扩展名中带有 group，但这个文件中只有虚拟变量，并没有分组数据。
- 后缀为.nocat 的文件是带有数字指标和人口统计字段的文件。该文件将被保存，并在常规的评分和分组中使用。
- 后缀为.xgbdummies 的文件将通过 XGBoost 交叉验证重新加载。

你应该运行代码清单 10-4 来创建你自己版本的数据集，使用虚拟变量(以及前面描述的文件)替换字符串类别。如果你正在使用 Python 包装程序，可以通过下面的命令和参数运行代码清单：

```
fight-churn/fightchurn/run_churn_listing.py --chapter 10 --listing 4
```

你的结果应该类似于图 10-11，尽管准确的账户及其人口统计数据会有所不同，因为数据是随机生成的。

10.5.2 仅用分类虚拟变量预测流失率

既然你有一个包含人口统计虚拟变量的数据集，那么在仅使用人口统计数据的回归模型中尝试客户流失预测是可行的。本练习旨在加深你对人口统计变量对流失概率的综合影响的理解。正如你将看到的，如果你想尽可能准确地预测客户流失，则需要结合人口统计虚拟变量和指标，具体将在 10.5.4 节介绍。

如果你运行回归交叉验证，然后利用最优 C 参数进行模型拟合，你得到的结果将如图 10-12 所示。结果表明，人口统计虚拟变量对客户流失的预测能力较弱。在交叉验证中发现的最佳 AUC 测量值约为 0.56，最大提升约为 1.5。如果你回想一下第 9 章，使用指标的回归可以带来高于 0.7 的 AUC，并且提升将高于 4.0。可以使用较低的 C 参数值，然后删除大部分虚拟变量而不会显著影响 AUC，但当 C 参数值较高时(0.32 或更大)，提升的效果最好。

图 10-12 还显示了 C 参数为 0.32 时的回归系数和对留存率的影响。两个应用商店渠道的虚拟变量被赋予了相当大的权重，这分别转化为 1.2%和 2.8%的正留存影响(积极留存影响，减少用户流失率)。网络渠道的权重为 0，这反映了它的用户流失率最高的事实，

因为其他两个渠道都显示出了积极(正面)的影响。在这种意义上，0 权重意味着它类似于默认值或基线，而其他类别则表示改进。

get_dummies 函数还为一个不可用的渠道(nan)创建了一个变量，并且此渠道的权重也为 0，因为在此数据集中，所有客户都已分配了渠道。(当设置 na_default 参数时，Pandas为每个变量创建一个 nan 列)。这些影响与你在类别队列图(见图 10-3)中看到的流失率差异相一致。

图 10-12 还显示了国家分组虚拟变量的系数以及对留存的微小影响。在这种情况下，CN、Eur 和缺失数据对留存有轻微的积极影响(流失率稍微降低)，而 LaAm 和 APac 对留存有负面影响(流失率升高)。同样，这些结果与你在国家分组的队列图(见图 10-8)中看到的一致。

图 10-12 是根据前几章的代码清单创建的，并且已经为你准备了相关版本。要从图 10-12创建回归交叉验证图表，请使用回归交叉验证程序，版本 4，命令如下所示：

```
fight-churn/fightchurn/run_churn_listing.py --chapter 9 --listing 5 --version 2
```

为了找到 C 参数固定为 0.32 的系数，使用如下命令运行固定 C 值的回归：

```
fight-churn/fightchurn/run_churn_listing.py --chapter 9 --listing 4 --version 4
```

交叉验证的结果应该类似于图 10-12，渠道系数的结果也应该类似于图 10-12，这些系数是随机分配给客户的，但它们在模拟中产生一致的结果。对于较小的权重和国家分组的影响，你可能会得到不同的结果，因为在模拟数据集中它们是随机生成的。

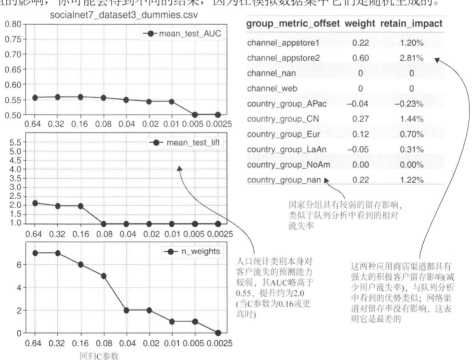

图 10-12　使用虚拟类别变量数据集的回归结果

10.5.3　将虚拟变量与数值数据相结合

在前面的部分中，我提到在处理从类别派生的虚拟变量时，不能使用用于指标的分组类型。相反，我建议将虚拟变量与指标分开，并照常处理指标。在本节中，我将详细说明原因和过程。首先，我将解释一些关于虚拟变量相关性的事实，因为这将有助于清楚地说明为什么不将分类虚拟变量与指标组合在一起。

图 10-13 显示了来自社交网络模拟的部分相关性矩阵，该部分将渠道和国家的人口统计类别之间以及与指标之间联系起来。(你还没有运行创建这个关联矩阵的代码，但很快就会运行)。图 10-13 中省略了具有指标相关性的相关性矩阵部分。一个明显的特征可能会让你吃惊，那就是类别；各个字段的虚拟变量与同一字段的其他虚拟变量负相关。渠道字段尤其如此，它只有 3 种类型，相关性低至 - 0.74。对于国家分组，区域之间的负相关系数约为 - 0.2。

类别之间产生负相关的原因是类别成员关系的排他性：如果一个客户属于一个类别，那么该类别的虚拟变量为 1，来自同一字段的其他虚拟变量为 0。二元指标的排他性导致了相关系数定义的负测量相关性：当一个虚拟变量取高值(1)，其他变量取低值(0)。这解释了为什么你用于指标变量的分组类型不会对来自同一人口统计字段的人口统计类别进行分组。该算法使用高度相关性来表明变量应该归到相同分组中。

考虑图 10-13 的其余部分，人口类别虚拟变量大多与指标不相关，但也有一些例外：

- 渠道 appstore1 和 web 与发送消息和回复呈负相关。
- 渠道 appstore2 与发送消息和回复呈正相关。
- 渠道 Web 与发布帖子也呈正相关。

当你使用人口统计类别来了解客户流失和留存情况时，使用虚拟变量来查看相关性矩阵是值得的，因为它可以揭示不同的客户群体如何使用产品。但你不应该将人口虚拟变量与指标组进行分组，即使它们是相关的。

提示 人口统计虚拟变量与其他指标之间的相关性可以帮助你更好地了解你的客户，但你不应将虚拟变量与其他虚拟变量或指标进行分组。

回到第 6 章，我建议你使用指标之间的相关性来确定应该对哪些指标进行分组。但是有几个原因可以解释为什么这种方法不能适用于从人口统计类别中创建的虚拟变量：

- 你可以计算 0/1 二进制变量的相关系数，但相关系数并不用于此目的。在统计学中，其他指标更适合测量二元变量之间的相关性。当你计算虚拟变量的相关系数时，它并不是指标相关性的最佳指标。
- 人口统计类别与你使用相关性分组的行为的关联方式不同。当两个行为(例如使用两个产品功能)相关时，通常它们是单个活动或过程的一部分。因此，用分数的平均值来表示整个过程是合理的，而人口统计类别和任何其他指标通常不是这种情况。

每个类别中的虚拟变量总是负相关的

	channel_appstore1	channel_appstore2	channel_web	country_group_APac	country_group_CN	country_group_Eur	country_group_LaAm	country_group_NoAm	country_group_nan
channel_appstore1		−0.72	−0.27	0.0	0.0	0.0	0.0	0.0	0.0
channel_appstore2	−0.72		−0.47	0.0	0.0	0.0	0.0	0.0	0.0
channel_web	−0.27	−0.47		0.0	0.0	0.0	0.0	0.0	0.0
country_group_APac	0.0	0.0	0.0		−0.20	−0.26	−0.19	−0.23	−0.17
country_group_CN	0.0	0.0	0.0	−0.20		−0.23	−0.17	−0.21	−0.15
cocountry_group_Eur	0.0	0.0	0.0	−0.26	−0.23		−0.21	−0.26	−0.19
country_group_LaAm	0.0	0.0	0.0	−0.19	−0.17	−0.21		−0.19	−0.14
country_group_NoAm	0.0	0.0	0.0	−0.23	−0.21	−0.26	−0.19		−0.17
country_group_nan	0.0	0.0	0.0	−0.17	−0.15	−0.19	−0.14	−0.17	
adview_per_post	0.0	0.0	0.0	0.0	0.0	0.0	0.0	0.0	0.0
customer_age	0.0	0.0	0.0	0.0	0.0	0.0	0.0	0.0	0.0
days_since_newfriend	0.0	0.0	0.0	0.0	0.0	0.0	0.0	0.0	0.0
dislike_pcnt	0.0	0.1	−0.1	0.0	0.0	0.0	0.0	0.0	0.0
dislike_per_month	0.0	0.0	0.0	0.0	0.0	0.0	0.0	0.0	0.0
is_churn	0.0	0.0	0.1	0.0	0.0	0.0	0.0	0.0	0.0
like_per_post	0.0	0.0	0.0	0.0	0.0	0.0	0.0	0.0	0.0
metric_group_1	0.0	0.10	0.18	0.0	0.0	0.0	0.0	0.0	0.0
metric_group_2	−0.21	0.49	−0.42	0.0	0.0	0.0	0.0	0.0	0.0
newfriend_pcnt_chng	0.0	0.0	0.0	0.0	0.0	0.0	0.0	0.0	0.0
newfriend_per_montn	0.0	−0.1	0.1	0.0	0.0	0.0	0.0	0.0	0.0
reply_per_message	−0.29	0.44	−0.24	0.0	0.0	0.0	0.0	0.0	0.0
unfriend_per_month	0.0	0.0	0.0	0.0	0.0	0.0	0.0	0.0	0.0
unfriend_per_newfriend	0.0	0.0	0.0	0.0	0.0	0.0	0.0	0.0	0.0

渠道与某些服务特征之间存在关联，例如发送消息和回复：appstore2客户有更多的发送消息和回复；appstore1和Web客户的数量要少一些。Web客户发布了更多帖子

在模拟数据集中，国家和渠道与大多数指标不相关

图 10-13　社交网络模拟人口统计类别的相关性矩阵

出于这些原因，我的建议是，如果你想使用人口统计虚拟变量来预测客户流失，你应该将所有虚拟变量与分组分开。

提示　通过一个没有人口统计虚拟变量的标准准备过程运算指标和人口统计的数字字段，然后再将它们与虚拟变量结合起来。

这个结果如图 10-14 所示。

account_id	observation_date	metric_group_1	metric_group_2	customer_age	dislike_per_month	unfriend_per_month	adview_per_post	reply_per_message	like_per_post	post_per_message	unfriend_per_newfriend	dislike_pcnt	newfriend_pcnt_chng	days_since_newfriend	is_churn	channel_appstore1	channel_appstore2	channel_nan	channel_web	country_group_APac	country_group_CN	country_group_Eur	country_group_LaAm	country_group_NoAm	country_group_nan
36	3/1/20	-0.57	1.95	0.16	-0.45	1.78	-0.50	0.15	0.32	-0.91	1.38	-0.50	2.04	-0.20	FALSE	0	0	0	0	0	0	1	0	0	0
92	3/1/20	-0.37	-0.31	-1.41	-0.31	1.78	-1.01	-0.51	-0.97	0.30	3.90	-0.31	-0.94	0.89	TRUE	1	0	0	0	0	0	0	1	0	0
103	3/1/20	-0.95	-1.89	-1.30	1.22	-0.76	-1.21	-1.50	-0.25	1.17	0.40	0.88	-0.19	-0.65	FALSE	1	0	0	0	0	1	0	0	0	0
...																									

组合数据集从指标分组平均值和指标分数开始　　　　　　分类虚拟变量包含在每行的末尾

图 10-14　一个数据集中的指标组、指标分数和类别

要创建如图 10-13 所示的自己的数据集,第一步是运行你在前面章节中了解的关于具有指标和人口统计数字信息的数据集版本的数据准备过程。可以通过代码清单的一个配置版本来完成这样的工作。回想一下代码清单 8-1(文件名为 listing_8_1_prepare_data.py),它带有组合数据准备函数,这是第三次使用它(version 3):

```
fight-churn/fightchurn/run_churn_listing.py --chapter 8 --listing 1 --version 3
```

处理完指标后,将它们与虚拟变量结合起来。代码清单 10-5 显示的一个新函数可以操作 Pandas DataFrame。从指标产生的分组分数与虚拟字段文件合并。使用 Pandas DataFrame 的 merge 函数执行合并,使用两个 DataFrame 的索引来执行 INNER JOIN。代码清单 10-5 中的最后一步列出了分组指标的 DataFrame 与虚拟变量的名称结合后的结果;在组合数据集上运行回归的代码将需要这样的文件。

代码清单 10-5　合并虚拟变量与分组指标分数

```python
import pandas as pd

def merge_groups_dummies(data_set_path):      # 加载包含虚拟变量数
                                              # 据集的文件
    dummies_path =
        data_set_path.replace('.csv', '_dummies_groupscore.csv')
    dummies_df =pd.read_csv(dummies_path,index_col=[0,1])
    dummies_df.drop(['is_churn'],axis=1,inplace=True)    # 删除客户流失字段

    groups_path =                             # 加载指标组分数
        data_set_path.replace('.csv', '_nocat_groupscore.csv')
    groups_df = pd.read_csv(groups_path,index_col=[0,1])

    merged_df =                               # 合并虚拟变量和指标组分数
        groups_df.merge(dummies_df,left_index=True,right_index=True)
    save_path =                               # 以分组分数的名称保存合并的文件
        data_set_path.replace('.csv', '_groupscore.csv')
```

```
merged_df.to_csv(save_path)
print('Saved merged group score + dummy dataset ' + save_path)

standard_group_metrics = pd.read_csv(
    data_set_path.replace('.csv', '_nocat_groupmets.csv'),index_col=0)
dummies_group_metrics = pd.read_csv(
    data_set_path.replace('.csv', '_dummies_groupmets.csv'),index_col=0)
merged_col_df =
    standard_group_metrics.append(dummies_group_metrics)
merged_col_df.to_csv(data_set_path.replace('.csv', '_groupmets.csv'))
```

从仅包含指标的数据
中加载分组指标列表

加载虚拟变量的列表

合并两个指标列表并
保存

你应该在自己的模拟社交网络数据集上运行代码清单 10-5,为 10.5.4 节中的预测做准备。可以通过以下包装程序及参数执行代码清单 10-5:

```
fight-churn/fightchurn/run_churn_listing.py --chapter 10 --listing 5
```

运行代码清单 10-5 后,其中一个结果应该是你在图 10-14 中看到的数据集。此外,现在你已经创建了组合数据集,可以制作一个相关性矩阵,就像我在本节开头展示的那样(见图 10-13)。通过发出以下带有这些参数的命令来使用相关性矩阵列表配置的程序版本:

```
fight-churn/fightchurn/run_churn_listing.py --chapter 6 --listing 2 --version 3
```

使用参数配置 version 3 运行代码清单 6-2 会为相关性矩阵创建原始数据,如图 10-13 所示。图 10-13 的格式是在电子表格程序中完成的(如第 6 章所述)。

10.5.4　结合人口统计数据和指标以预测客户流失

现在你已经创建了一个组合了分组指标分数和人口统计类别虚拟变量的数据集,则可以运行回归或机器学习模型来预测流失概率。图 10-15 显示了回归的结果。

C 参数的交叉验证表明,在准确度受到影响之前,许多变量可以被赋予 0 权重。图 10-15 还显示了 C 参数设置为 0.04 时回归得到的权重。几乎所有人口统计虚拟变量(以及一些指标也是如此)的权重和留存影响都为 0。

图 10-15 是使用第 9 章中的代码清单创建的。要在数据集上运行你自己的回归并结合虚拟变量和指标,可以使用准备好的程序配置版本。要运行图 10-15 所示的回归 C 参数(代码清单 9-5)的交叉验证,请使用以下命令:

```
fight-churn/fightchurn/run_churn_listing.py --chapter 9 --listing 5 --version 3
```

要在组合的虚拟变量和指标数据集上运行特定的 C 参数(代码清单 9-4)为 0.04 的回归,请使用命令:

```
fight-churn/fightchurn/run_churn_listing.py --chapter 9 --listing 4 --version 5
```

这些命令产生类似于图 10-15 的结果,尽管你可能对国家分组虚拟变量具有不同的权重,因为它们在模拟中是随机分配的。

你可能想知道为什么图 10-15 中的回归系数表明渠道人口统计变量对客户流失预测没有影响，但在本章的开头，具有置信区间的队列客户流失分析和虚拟变量的回归都表明渠道对客户流失率有着较强的影响。这里发生了什么？回归中有问题吗？

并没有发生什么问题。当与行为指标一起考虑时，渠道没有提供关于流失的额外信息，而回归发现了这一事实。客户渠道与某些行为相关，行为会导致模拟中的客户流失和保留。当你单独查看渠道时，它与流失率有关，但当与回归中的行为指标结合时，回归算法会自动确定最具解释性的因素并删除其他因素。回归正确地确定了通过观察指标而不是渠道来预测客户参与度，可以得到最佳预测结果。

提示 人口统计类别通常与用户流失率和用户参与度有关，因为不同人口统计类别的用户表现不同。但如果你使用详细的行为参数，则通常会发现行为是预测中客户留存的潜在驱动因素。

理解人口统计数据和公司统计数据是解决用户流失率的次要方法，因为行为(有时)可以通过干预来改变，但人口统计数据却不能。人口统计数据通常不能帮助预测用户流失率，这也是我强调在对抗用户流失率时要理解参数行为的另一个原因。但是，即使人口统计学信息对预测用户流失没有帮助，它也不会影响人口统计学在对抗用户流失方面的主要作用。

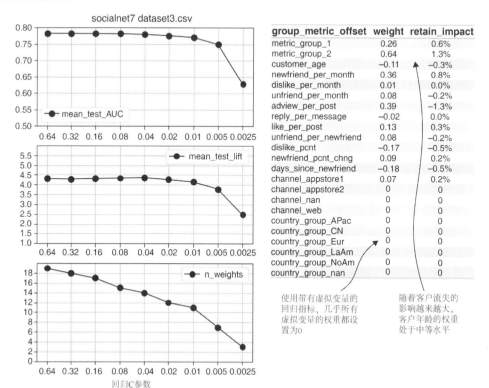

图 10-15　结合指标分数和类别虚拟变量的数据集的回归结果

提示 如果你在队列分析中发现人口统计数据和留存率之间存在密切关系，你就应该在获客过程中强调你的最佳人口统计数据。即使这些人口统计数据不能通过回归来预测客户的参与度，也没有关系。

警告 不要假设你自己的产品或服务的流失数据将显示与我在此处从模拟中展示的完全相同的结果。社交网络模拟旨在模仿我在研究客户流失时最常见的结果，但总有例外，你的产品可能就是其中之一。

如果你发现自己的人口统计数据对客户流失有很强的预测作用，即使你已将行为指标考虑在内，也应该检查你的数据，看看是否可以改进。确保事件代表了所有相关的客户行为，并且你的指标充分反映了事件和客户流失之间的关系。人口统计数据与未测量行为的相关性可能会影响人口统计预测客户流失的结果，即使包括指标在内也是如此。如果是这样的话，你最好弄清楚这些行为是什么，这样你就可以衡量它们并试图更好地影响它们。

你还可以使用 XGBoost 等机器学习模型测试人口统计变量对预测的改进程度。这种实验的结果如图 10-16 所示。人口统计变量使 XGBoost 的 AUC 增加了大约 0.005，即 1% 的一半。图 10-16 还显示了回归 AUC 的改进，虽然更小(但仍然是改进)。

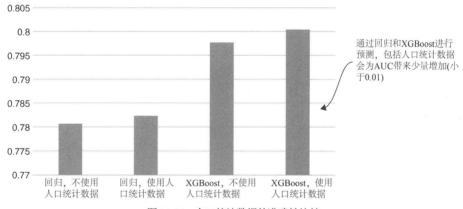

图 10-16　人口统计数据的准确性比较

提示 最高的预测准确度来自 XGBoost，它使用人口统计数据和详细的客户指标。XGBoost 可能会发现人口统计数据在预测中比回归更有帮助。

要重现图 10-16 中的 XGBoost 结果，可以使用以下命令(listing_9_6_crossvalidate_xgb.py)运行 XGBoost 交叉验证列表配置的一个版本：

```
fight-churn/fightchurn/run_churn_listing.py --chapter 9 --listing 6 --version 2
```

请注意，列表和配置会使用人口统计变量为 XGBoost 创建结果。如果你一直遵循本文中的做法，应该已经找到了其他模型和数据集的准确性。

10.6 使用人口统计数据细分当前客户

本章的最后一个主题是如何使用人口统计信息细分客户。作为数据人员，你不负责定义客户细分或干预客户，但你确实需要提供数据，以便业务人员能够有效地完成工作。用于细分客户的最终数据集应包括以下元素：

- 在最近可用日期活跃的所有客户
- 指标组的分数
- 未分组的指标的原始(未缩放)指标值
- 字符串格式的分类人口统计信息
- 适当分组的类别
- 流失预测概率(可选)

图 10-17 是一个具有所有这些特征的数据集示例。

account _id	observation _date	metric_ group_1	metric_ group_2	customer _age	newfriend _per_ month	days_ since_ newfriend	...	channel	country
2	5/10/20	0.092	0.081	53.7	2	12	...	appstore1	AR
5	5/10/20	-0.018	-1.704	22.2	4	5	...	appstore1	NZ
7	5/10/20	1.228	-1.861	22.9	14	2	...	appstore1	US
8	5/10/20	-0.253	-0.529	57.9	7	2	...	web	AU
10	5/10/20	1.408	-0.367	70.9	12	4	...	web	
11	5/10/20	0.621	0.517	42.2	10	4	...	appstore2	DE
14	5/10/20	-0.464	1.606	23.4	7	0	...	appstore2	CA
15	5/10/20	-0.042	-0.009	23.3	4	5	...	appstore1	DE

指标组是分数，按比例缩放为较小的数字，平均值为0

未分组的指标在其自然尺度上

人口统计类别以字符串形式存在

图 10-17 使用指标组分数、指标和人口统计信息对客户进行细分的数据集

创建这样的数据集需要几个步骤：

(1) 从数据库中提取当前客户的所有指标和人口统计信息。

(2) 使用来自历史数据的分数参数和载荷矩阵重新处理指标信息以形成分组。

(3) 保存具有所有所需特征的数据集版本。

请注意，此过程还创建了一个数据集，可用于对活跃客户进行流失概率预测。该版本的数据集结合了所有指标和数字人口数据的分数，但不包含人口类别的虚拟变量。

代码清单 10-6 提供了用于提取人口统计数据以及当前活跃客户的所有指标的SQL语句。这个代码清单与第 4 章和第 8 章中的类似代码清单几乎相同，因此我将仅做简要介绍。SQL 程序的主要部分是扁平化指标的聚合。新的内容是加入账户表，同时选择渠道、

国家和出生日期。出生日期转换为代表客户年龄(以年为单位)的时间间隔(遵循用于创建具有本章前面介绍的人口统计数据的历史数据集的模式)。

代码清单 10-6　导出当前活跃客户的指标和人口统计数据

```
WITH metric_date AS           ◄────── 该代码清单的大部分内容与代码清单
(                                     4-6 和代码清单 8-3 相同
    SELECT max(metric_time) AS last_metric_time FROM metric
),
account_tenures AS(
  SELECT account_id, metric_value AS account_tenure
  FROM metric m INNER JOIN metric_date ON metric_time =last_metric_time
  WHERE metric_name_id = 8
  AND metric_value >= 14
)
SELECT s.account_id, d.last_metric_time AS observation_date,     账户表中的渠道
a.channel,                                                       字符串
a.country,
date_part('day',d.last_metric_time::timestamp                    账户表中的国家
    - a.date_of_birth::timestamp)::float/365.0 AS customer_age,  /地区字符串
SUM(CASE WHEN metric_name_id=0 THEN metric_value else 0 END)
    AS like_per_month,
SUM(CASE WHEN metric_name_id=1 THEN metric_value else 0 END)     从观察日期中减
    AS newfriend_per_month,                                      去出生日期
SUM(CASE WHEN metric_name_id=2 THEN metric_value else 0 END)
    AS post_per_month,
SUM(CASE WHEN metric_name_id=3 THEN metric_value else 0 END)
    AS adview_per_month,
SUM(CASE WHEN metric_name_id=4 THEN metric_value else 0 END)
    AS dislike_per_month,
SUM(CASE WHEN metric_name_id=34 THEN metric_value else 0 END)
    AS unfriend_per_month,
SUM(CASE WHEN metric_name_id=6 THEN metric_value else 0 END)
    AS message_per_month,
SUM(CASE WHEN metric_name_id=7 THEN metric_value else 0 END)
    AS reply_per_month,
SUM(CASE WHEN metric_name_id=21 THEN metric_value else 0 END)
    AS adview_per_post,
SUM(CASE WHEN metric_name_id=22 THEN metric_value else 0 END)
    AS reply_per_message,
SUM(CASE WHEN metric_name_id=23 THEN metric_value else 0 END)
    AS like_per_post,
SUM(CASE WHEN metric_name_id=24 THEN metric_value else 0 END)
    AS post_per_message,
SUM(CASE WHEN metric_name_id=25 THEN metric_value else 0 END)
    AS unfriend_per_newfriend,
SUM(CASE WHEN metric_name_id=27 THEN metric_value else 0 END)
    AS dislike_pcnt,
SUM(CASE WHEN metric_name_id=30 THEN metric_value else 0 END)
    AS newfriend_pcnt_chng,
SUM(CASE WHEN metric_name_id=31 THEN metric_value else 0 END)
    AS days_since_newfriend
FROM metric m INNER JOIN metric_date ON m.metric_time =d.last_metric_time
INNER JOIN account_tenures t ON t.account_id = m.account_id
```

```
INNER JOIN subscription s ON m.account_id=s.account_id
INNER JOIN account a ON m.account_id = a.id
WHERE s.start_date <= d.last_metric_time
AND(s.end_date >=d.last_metric_time OR s.end_date IS null)
GROUP BY s.account_id, d.last_metric_time,
    a.channel, a.country, a.date_of_birth
ORDER BY s.account_id
```

与账户表连接

在 GROUP BY 子句中
包括人口统计字段

你可以在自己的模拟社交网络数据集上运行代码清单 10-6, 通过运行以下命令和这些参数来为当前客户创建你自己的数据集文件:

```
fight-churn/fightchurn/run_churn_listing.py --chapter 10 --listing 6
```

将当前客户的原始数据转换为可用于预测和细分的 Python 程序如代码清单 10-7 所示。代码清单 10-7 的大部分内容与你在第 8 章中看到的转换相似, 它包括第 7 章、第 8 章和第 10 章中的几个辅助函数。但代码清单 10-7 还包括一些新的步骤来处理人口统计数据。

代码清单 10-7 中的一项重要新技术是对齐历史数据集和当前数据集中的虚拟变量。Pandas 的 get_dummies 函数(代码清单 10-4 中调用的 dummy_variables)为 DataFrame 中的每个类别创建虚拟变量列, 但历史数据集中的类别和当前数据集中的类别可能不匹配。通常, 历史数据集有足够的客户观察结果, 你会在少数客户中看到稀有类别, 但当前数据集的客户较少, 可能不包括任何罕见类别的例子。这种情况下的结果是, 历史数据集具有当前数据集没有的列。当你试图预测当前数据集上的流失概率时, 这种情况将导致失败。

如果历史数据中的一个类别不再使用, 不再出现在当前数据集中, 也会发生相同的问题。如果使用了一个新的类别, 则会出现相反的问题: 历史数据集可能缺乏这个类别, 只有当前数据集包含它。总而言之, 对齐类别做了两件事, 如下所示。

- 对于历史数据中缺失的任何类别, 向当前数据集添加一个新的虚拟变量列, 用 0 填充该列。通过这种方式, 当前数据集的列与历史数据集是等价的, 并且 0 是没有人参与的类别的正确分类值。
- 从当前数据集的虚拟变量中删除历史数据集中缺失的所有类别。同样, 此步骤对齐历史和当前数据集中的列。如果该类别在历史数据集中不可用, 你就不知道它是否或如何预测流失, 所以为了预测的目的, 删除它是正确的。

总的来说, 代码清单 10-7 中的主要步骤如下所示。

(1) 使用当前数据集的路径运行本章前面的 dummy_variables 创建代码清单(代码清单 10-4)。此代码保存了 3 个版本的数据:
- 只有数字字段用于通过评分和分组进行进一步处理
- 只有虚拟变量稍后将与分数和分组重新合并
- 数字字段和虚拟变量一起被 XGBoost 使用(这个文件从 dummy_variables 函数中保存)

(2) 加载从当前数据集派生的虚拟变量。

(3) 运行 align_dummies 辅助函数来处理两组虚拟变量之间的不一致。

(4) 仅使用 dummy_variables 函数从当前数据创建的数字字段加载数据集。还加载从历史数据集创建的载荷矩阵和分数参数。通过你在第 8 章学到的重新处理步骤运行这个当前数据集：

* 转换所有倾斜的列。
* 转换所有带有肥尾的列。
* 重新缩放数据，使所有字段都是平均值接近 0，且标准差接近 1 的分数。
* 使用在历史数据上创建的载荷矩阵组合所有相关性指标。

(5) 将虚拟变量与指标组和分数数据合并，并保存此版本的数据集。此版本可用于预测当前客户的流失概率。

(6) 创建旨在供业务人员用于细分的数据集版本。此版本的数据集结合了以下元素：

* 分组指标的分数
* 未分组的原始(未转换)指标
* 人口统计类别的原始字符串(不是虚拟变量)

代码清单 10-7　准备具有人口统计字段的当前客户数据集

```python
import pandas as pd

from listing_7_5_fat_tail_scores
    import transform_fattail_columns, transform_skew_columns
from listing_8_4_rescore_metrics
    import score_current_data, group_current_data, reload_churn_data
from listing_10_4_dummy_variables import dummy_variables

def rescore_wcats(data_set_path,categories,groups):

    current_path = data_set_path.replace('.csv', '_current.csv')   # 在当前数据集上运行 dummy_variables 函数

    dummy_variables(current_path,groups, current=True)
    current_dummies = reload_churn_data(data_set_path,
        'current_dummies_groupscore', '10.7',is_customer_data=True)
    align_dummies(current_dummies,data_set_path)   # 调用辅助函数，从而将当前虚拟变量与历史虚拟变量对齐

    nocat_path =
        data_set_path.replace('.csv', '_nocat.csv')
    load_mat_df = reload_churn_data(nocat_path,
                        'load_mat','6.4',is_customer_data=False)   # 准备没有类别的当前数据
    score_df = reload_churn_data(nocat_path,
                        'score_params','7.5',is_customer_data=False)
    current_nocat =
        reload_churn_data(data_set_path,'current_nocat','10.7',is_customer_data=
        True)
    assert set(score_df.index.values)==set(current_nocat.columns.values),
        "Data to re-score does not match transform params"
    assert set(load_mat_df.index.values)==set(current_nocat.columns.values),
        "Data to re-score does not match loading matrix"
    transform_skew_columns(current_nocat,
        score_df[score_df['skew_score']].index.values)
```

```
    transform_fattail_columns(current_nocat,
        score_df[score_df['fattail_score']].index.values)
scaled_data = score_current_data(current_nocat,score_df,data_set_path)
grouped_data = group_current_data(scaled_data, load_mat_df,data_set_path)

group_dum_df =                          将分组分数数据与虚拟
                                        变量数据合并
    grouped_data.merge(current_dummies,left_index=True,right_index=True)
group_dum_df.to_csv(
    data_set_path.replace('.csv','_current_groupscore.csv'),header=True)
```

使用原始数据集名称保存结果

```
current_df = reload_churn_data(data_set_path,
                               'current','10.7',is_customer_data=True)
save_segment_data_wcats(
    grouped_data,current_df,load_mat_df,data_set_path, categories)
```

使用该函数准备数据，以用于客户细分

```
def align_dummies(current_data,data_set_path):
                                        从列出当前虚拟变量的文件中创
                                        建一个集合
    current_groupments=pd.read_csv(
        data_set_path.replace('.csv','_current_dummies_groupmets.csv'),
        index_col=0)

                                        从列出原始虚拟变量的文件中创建一个集合
    new_dummies = set(current_groupments['metrics'])
    original_groupmets =
        pd.read_csv(data_set_path.replace('.csv','_dummies_groupmets.csv'),
                    index_col=0)
```

对于新数据中缺少的所有虚拟对
象，使用一列 0 进行填充

设置 difference，找到那些存在
于原始数据，而不在当前数据
中的虚拟(变量)字段

```
    old_dummies = set(original_groupmets['metrics'])
    missing_in_new = old_dummies.difference(new_dummies)
    for col in missing_in_new:
        current_data[col]=0.0
    missing_in_old = new_dummies.difference(old_dummies)
    for col in missing_in_old:
        current_data.drop(col,axis=1,inplace=True)
```

设置 difference，找到那些存
在于当前数据，而不在原始数
据中的虚拟(变量)字段

删除那些存在于当前数据，而不在
原始数据中的虚拟(变量)字段

```
def save_segment_data_wcats(current_data_grouped, current_data,
                            load_mat_df, data_set_path, categories):
```

标准指标列有一
个载荷矩阵条目

分组列具
有多个载
荷矩阵条
目

```
    group_cols =
        load_mat_df.columns[load_mat_df.astype(bool).sum(axis=0) > 1]
    no_group_cols =
        list(load_mat_df.columns[load_mat_df.astype(bool).sum(axis=0) == 1])
    no_group_cols.extend(categories)
    segment_df =
        current_data_grouped[group_cols].join(current_data[no_group_cols])

                                        将类别变量名称添加到列表中
    segment_df.to_csv(
        data_set_path.replace('.csv','_current_groupmets_segment.csv'),
        header=True)
```

创建用户细分数据

可以使用 Python 包装程序，使用以下命令和这些参数运行代码清单 10-7：

```
fight-churn/fightchurn/run_churn_listing.py --chapter 10 --listing 7
```

此代码为当前客户数据创建 3 个文件，用于前面描述的目的：

- 使用回归进行预测
- 使用 XGBoost 进行预测
- 用于业务人员细分客户

如果你想使用回归模型进行预测，请使用代码清单 8-5(文件名为 listing_8_5_churn_forecast.py)和以下命令及参数：

```
fight-churn/fightchurn/run_churn_listing.py --chapter 8 --listing 5 --version 2
```

如果想使用 XGBoost 模型(文件名为 listing_9_7_churn _forecast_xgb.py)进行预测，请使用如下命令及参数：

```
fight-churn/fightchurn/run_churn_listing.py --chapter 9 --listing 7 --version 2
```

对于你的业务同事将使用的用于细分客户的数据集，重要的是要认识到，对于业务人员来说，人口统计数据很重要，即使它与客户流失和客户留存无关。例如，营销部门需要针对不同国家或地区客户的参与活动编写不同的方案。在大型组织中，营销部门可能通过自己的系统访问所有此类信息，但为了完整起见，我将所有信息都包含在此处。

提示　人口统计信息可能与设计客户的干预措施相关，即使它与参与度和留存率无关。

10.7　本章小结

- 人口统计数据和企业统计数据是关于客户的不随时间变化的事实，例如指标。人口统计字段/公司统计字段的类型可以是日期、数字或字符串。
- 有关客户的日期类型信息可以转换为时间间隔，并使用与指标相同的技术进行分析。
- 要比较由人口统计类别字符串定义的队列中的流失率，可以使用置信区间，该置信区间是流失率的最佳和最差情况估计值。
- 当围绕其流失率的置信区间不重叠时，不同类别的流失率被称为具有统计学意义的差异。
- 如果你有许多类别只占整体的一小部分，则应该在分析之前对相关类别进行合并分组。
- 人口统计类别的分组通常使用先前的知识完成，并且可以使用字典有效地表示映射。
- 要在回归或机器学习预测中使用人口统计类别，需要将它们转换为二元虚拟变量列。
- 虚拟变量不与指标分数合成分组，但了解指标与虚拟变量之间的相关性可以提供有用的信息。
- 使用人口统计信息可以提高预测准确性，但与基于行为的指标相比，它提供的贡献非常有限。

第 *11* 章

对抗客户流失

本章主要内容
- 计划从数据到数据驱动来减少客户流失
- 加载你自己的数据并在其上运行本书代码
- 在你的生产环境中使用本书代码

感谢你从开始一直阅读到本书的最后一章。我希望你对前面章节中学到的内容感兴趣，并且掌握了可以应用到工作中的技能。在这个简短的最后一章中，我将尝试给你一些建议，从而帮助你将所学知识付诸实践。

在 11.1 节中，我将贯穿全书的对抗客户流失的建议总结在一起，并为你提供一个代码清单，列出采取各种策略的步骤。

然后，我将介绍在你自己的数据上使用本书中的技术所需采取的实际步骤。你可以采取两条路径，它们是接下来要介绍的两节内容的主题：
- 如果你要将自己的数据加载到本书中使用的 PostgresSQL schema 中，然后在自己的数据上运行本书代码清单，11.2 节介绍了需要执行的步骤。
- 11.3 节描述了另一种选择，即采用本书的代码清单(SQL、Python 或二者都用)，并将它们移植到你自己的生产环境中。

在那之后，我能教给你的就不多了；在此过程中，你可以利用自己的知识并找到更多资源来提供帮助。11.4 节描述了一些可用于了解更多信息的资源。

11.1 计划你自己的对抗客户流失策略

本书涵盖了许多不同的技术，并提供了适用于许多场景的建议。但事实是，仅使用书中的一些技术，你就可以对典型产品或服务的客户流失产生重大影响。我现在要介绍更高的水平，并就使用哪些技术以及如何应用它们给你一些建议。

在本书中，我提到了各种减少客户流失的策略，我将它们总结如下：

- 产品改进——大多数公司已经使用数据来改进他们的产品，这些数据通常是通过调研或其他方式收集的。尽管调研通常只收集少数参与者的观点，但客户流失实际上关乎所有用户。产品经理和内容制作者可以将客户流失分析结果作为了解客户喜好的依据(无须进行调研)。
- 参与营销——如果一个公司使用电子邮件进行营销，它可以发送邀请电子邮件给客户。利用用户流失数据的结果来找到目标客户，鼓励他们使用他们还没有使用的产品功能，向高级用户提供使用建议，等等。关键是要利用这些数据，使你发送的信息对接收到信息的客户产生价值。
- 定价和套餐——对于收费的产品，定价和套餐至关重要。生产此类产品的公司应使用高级指标来了解客户获得(或不获得)的价值，以及该价值与客户流失的关系。当公司设计出满足不同客户群体的新定价和套餐时，这些信息会有所帮助。
- 客户成功与支持——较大的公司可能具有客户支持部门，可以帮助在使用产品或服务中遇到困难的客户。对客户流失影响更大的是数据驱动的、主动的客户成功部门，可以在客户提出要求之前为他们提供帮助。跟踪你的客户流失与账户使用时长，并尝试确保客户在无法挽回之前获得很好的产品使用体验。
- 渠道定位——如果你通过多个渠道找到你的客户，则可能值得去分析哪个渠道在客户参与度和客户留存率方面帮助最大。

表 11-1 总结了最常见的减少客户流失的策略，以及它们与你在本书中学到的技术之间的关系。

表 11-1　数据驱动的减少客户流失

减少客户流失的策略	核心内容/客户指标	章节
产品改进 提供更多更好的特性，使最佳特性易于查找	基于产品使用事件的指标队列识别吸引和不吸引人的产品特征	3,5,8
参与营销 推广最佳特性。使用有针对性的产品洞察力	指标队列为产品使用的健康水平提供基准。使用目标指标对客户细分	3,5,7
定价和套餐 差异化定价是在不打折的情况下为客户提供价值。了解不同功能/内容的使用之间的关系	单位成本和单位价值指标可识别从产品中获得好/坏价值的客户。 考虑将有价值的产品功能组合进行货币化	6,7
客户成功与支持 帮助有需要的客户。主动识别遇到困难的客户	通过指标队列对健康使用水平进行基准测试。通过回归或机器学习预测客户风险水平	3,5,8,9
渠道定位 寻找最佳客户渠道，识别相似客户	具有置信区间的队列流失率确定了最佳(最差)销售渠道和有效的人口统计/公司统计指标	10

但是不要被一长串的策略以及其中一些需要多种技术才能付诸实践的事实吓倒。我想强调的是，你不需要使用本书中的所有减少客户流失的策略。此外，最好从小事做起，而不是不知所措而无所作为。本书讲授了大量的技术，因为我想涵盖各种常见的场景和陷阱。但是你不一定需要解决所有这些问题才能对公司的客户流失产生重大影响。

提示　最好从小处着手，并交付一些成果，而不是尝试一切而不交付任何东西。本书所使用的场景是预先设置好的，所以你看到了很多非常显著的结果。但在工作中，你不必使用本书中的所有技术，即可获得令人满意的结果。

我没有反对使用更高级的技术，因为它们可能很有用，但大多数好的策略来自本书开头介绍的技术。我估计，如果你能够顺利完成第 3 章，并提供一个正确的流失率和一套设计良好的客户指标，你的公司就可以从使用数据减少流失率中获得"一半"的好处。所谓"一半"的好处，指的是一家公司在后面章节中使用所有高级技术而可以实现的"另一半"好处。(当然，要实现全部利益还需要各个业务单位在决策过程中使用这些指标与建议)。

如果你能够完成第 5 章，并通过使用指标队列分析基本指标，那么你的公司可能会获得使用数据推动减少客户流失计划所带来的总收益的 2/3。11.1.2 节列出了你需要采取的步骤。

11.1.1　数据处理和分析代码清单

在讲授这些技术时，我有时会打乱讲授内容的顺序，以使概念更容易理解。表 11-2 展示了实现通过数据驱动对抗客户流失的基础级别所需的步骤，包括基于事件数据交付具有客户指标的当前客户列表的所有步骤。如果你能采取这些步骤，并将结果与公司的业务人员进行沟通(如 11.1.3 节所述)，你将获得几乎一半的通过数据驱动减少客户流失率的收益。

表 11-2　通过数据驱动减少客户流失的基础步骤清单

步骤	步骤描述	章节	具体小节
1	客户流失率	2	2.4 节用于 B2C 订阅场景
			2.5 节用于非订阅场景
			2.6 节用于 B2B 订阅场景
2	事件数据质量保证(QA)	3	3.8 节
3	标准行为指标	3	3.5 节, 3.6 节, 3.10 节, 3.11 节
4	指标 QA	3	3.7 节
5	当前客户指标数据集	4	4.5 节

如果你完成了表 11-2 中的所有基础步骤，就可以继续使用本书中更高级的技术了。表 11-3 列出了通过数据驱动对抗客户流失的高级技术步骤，从创建分析数据集和分析它们与客户流失关系的基本指标开始。目标是创建高级指标，从而揭示有关参与度和留存率的更重要信息。

表 11-3 使用数据驱动对抗客户流失的高级步骤清单

步骤	步骤描述	章节	具体小节
6	创建数据集	4	4.1 节~4.4 节
7	数据集汇总统计和 QA	5	5.2 节
8	指标队列分析	5	5.1 节
9	流失行为分组和分析	6	第 6 章的全部内容
10	高级行为指标创建和分析	7	7.1 节~7.4 节
11	高级指标 QA	3	3.7 节
12	当前客户高级指标数据集	8	8.4 节

本书第 8 章和第 9 章中的预测技术通常只比前两部分提供些许额外的优势。在习惯于使用高级分析的公司中,这些技术最有可能由经验丰富的统计学家、数据科学家或机器学习工程师应用。出于这个原因,我将这些技术称为通过数据驱动降低客户流失的极端水平。表 11-4 提供了要采取的具体步骤。

表 11-4 使用数据驱动对抗客户流失的极端步骤清单

步骤	步骤描述	章节	具体小节
13	交叉验证回归模型,从而找到最佳参数	9	9.4 节
14	以最佳参数对完整数据集运行回归	9	9.3 节
15	创建具有流失预测和生命周期价值的当前客户列表	8	8.4 节, 8.6 节
16	交叉验证 XGBoost 模型,从而找到最佳参数	9	9.5 节
17	创建当前客户的 XGBoost 预测	9	9.6 节

最后是通过识别最佳渠道或人口统计类别以及企业统计类别来减少客户流失的技术。所有这些技术都在第 10 章讨论,并且不需要你使用任何高级技术:你可以单独使用人口统计/企业统计技术,也可以与书中的其他技术结合使用。表 11-5 列出了使用人口统计或企业统计的步骤,从步骤 1 开始。表 11-5 中的步骤从步骤 1 重新开始,因为这些步骤不依赖于表 11-2、表 11-3 和表 11-4 中的步骤。

表 11-5 使用人口统计数据/公司统计数据来减少客户流失的步骤清单

步骤	步骤描述	章节	具体小节
1	导出具有人口统计/公司统计信息的历史数据集	10	10.1 节
2	人口统计/公司统计类别的分类队列分析	10	10.2 节
3	数值型的人口统计/公司数据的指标队列分析	5	5.1 节
4	使用人口统计/公司统计信息创建当前客户列表	10	10.6 节
5	可选项:用于预测的人口统计/公司统计数据	10	10.5 节

11.1.2 用于与业务人员沟通的检查清单

11.1.1 节提供了一个通过数据驱动减少客户流失的技术步骤清单。但是对于业务环境的情况，又是什么样的呢？在本节中，我将回顾和总结你应该如何与你的业务同事合作，以及设计你预期得到的结果。

表 11-6 列出了业务人员的关注点，这些点与实现通过数据驱动减少客户流失的基础步骤相对应。这些步骤与表 11-2 中描述的技术步骤一致。数据处理和分析的每个阶段都有一个或多个可交付的业务结果。你应该确保这些讨论可以带来减少客户流失的行动(因为数据人员无法单独完成这项工作)。

表 11-6　将客户流失数据传达给业务人员的基础步骤清单

步骤	步骤说明	交付内容
1	客户流失率	讨论流失率的计算方法。 提供每月和每年的流失率。 如果企业有现有的流失计算，对结果进行比较，并就衡量产品或服务流失的最佳方法达成一致
2	事件数据 QA	呈现重大事件的每日事件计数图。 提供每个账户每月的事件摘要。 与业务人员达成协议，这些事件正确反映业务，不会受到不良数据的过度影响。 决定改进数据收集的任何其他步骤
3,4	指标和 QA	展示选择的指标时间窗口以及依据。 展示指标时间序列 QA。 展示指标汇总统计信息。 与业务人员达成一致：这些指标是可接受的客户行为总结。 就客户健康的简单标准达成一致。(例如：健康的客户是指那些在最常见的客户指标上高于平均水平的客户)。 决定任何改进数据收集或指标计算公式的步骤
5	当前客户指标数据集	交付带有指标的客户列表。 检查高使用率、典型使用率和低使用率账户的样本

我不是演讲教练，所以我不会尝试详细说明你应该如何与业务人员沟通。请记住我的建议，清楚地标记你提供的数据并确保数据清晰易读。至于所涉及的工作量，我估计一个典型的数据人员需要大约一天的时间来获取表 11-6 中描述的结果，并将它们组合成一个可接受的演示文稿(文档或幻灯片)。与一群业务人员一起审查它们可能需要大约一小时的时间，并且你应该计划至少进行一次后续讨论，从而回答业务人员提出的问题，并就后续步骤达成一致。

提示 与业务人员交互的最重要结果是让业务人员使用指标，通过简单的标准评估客户健康状况。

如果你已阅读本书中的所有技术，你可能会认为在没有进行队列分析的情况下决定客户健康标准并不是通过数据驱动实现的。我同意使用指标队列更好地了解客户的健康状况。但我试图(再次)强调的一点是，做点什么总比什么都不做要好。如果你只能达到表11-6 中描述的基础结果，那么已经完成了很多工作。如果你遵循本书的队列和相关性分析部分中的推理，你应该预期每个主要客户行为都将与增加参与度和减少客户流失相关联。(所有主要行为都可能高度相关)。因此，最重要的是让业务人员思考指标，以及如何提高客户参与度。这就是为什么指标如此重要。

也就是说，如果可能的话，我鼓励你将你的减少客户流失工作提升到一个新的水平。表11-7 总结了进行更高级的利用数据驱动减少客户流失所需业务人员参与的工作。准备这些会议可能比准备使用数据驱动减少客户流失的基本级别会议更耗时。你有更多的结果要展示，你需要解释一些统计概念，例如相关性、分数和平均值。如果你没有向非技术人员传达技术成果的相关经验，建议你多多练习。

表11-7　将客户流失数据传达给业务人员的高级代码清单

步骤	步骤说明	交付内容
6	数据集创建	解释"提前期"概念，以及你如何为公司的数据选择提前期。 解释数据集的概念。 显示数据集中有多少观察和多少客户流失
7	可选项：数据集汇总统计和 QA	如果步骤 4(指标 QA)中的汇总统计信息是可接受的，则可以不用显示这些统计信息
8	指标队列分析	显示主要的基于事件的指标队列流失图，以及基于订阅的指标(如果有的话) 就指标的健康目标水平达成一致。 讨论哪些行为会导致客户参与度增加和客户留存，以及它们在可用数据中的反应程度。 讨论由结果推导出的减少客户流失的策略。(例如推广或提供更多的产品特性，以及针对目标客户进行培训)
9	客户流失行为分组和分析	给出相关性指标的散点图，并解释相关性。 展示基本指标的指标相关热图。 展示你使用聚类算法找到的指标组。 展示平均分组指标的指标队列
10	高级行为指标创建和分析	讨论并设计高级指标。 展示高级指标的指标队列分析。 如有必要，更新指标组的行为分组结果。(例如显示新的相关性矩阵和指标组的任何更改) 讨论从结果推导出来的减少客户流失的策略。(例如为增强参与度而对客户进行细分，基于效率或成功指标对客户进行培训) 讨论单位成本指标分析建议的替代定价策略
11	当前客户高级指标数据集	交付带有指标的客户列表。 检查高使用率、典型使用率和低使用率账户的样本

如果你能向业务人员传达表 11-7 中的结果，你将完成通过数据驱动降低客户流失的 90%的工作。就像在基础级别一样，最重要的是让业务人员了解精心设计的客户指标，并使用它们做出决策。

至于本书第 III 部分中的预测技术，这些技术还需要你花费更多的精力来向你的业务同事解释。尽管我尽最大努力通过提供背景信息来保持这些材料的易读性，但向你的业务同事解释回归预测和梯度提升等概念是你需要加强的能力。如果你是一家已经在其他领域使用高级分析的公司的数据科学家或机器学习工程师，则应该将流失分析方法与你现有的分析技术一起作为参考，并解释客户流失情况如何变化。

11.2　使用你自己的数据运行本书的代码清单

在你自己的数据上运行本书的程序可能是获得你自己的结果的最快方法。如果你的产品中的数据格式类似于本书中描述的模式，并且你的数据量对于 PostgresSQL 这样的数据库来说不是特别巨大，则此方法是可行的。

11.2.1　将数据加载到本书的数据 schema 中

本书使用了两种主要类型的基础数据：
● 客户订阅(第 2 章)
● 产品使用事件(第 3 章)
你应该查阅表 2-1 和表 3-1，它们显示了订阅和事件的表结构，从而检查你的数据是否具有必填字段。请记住，这些字段在你自己的系统中可能具有不同的名称。

第一步是使用你选择的名称创建一个新的 PostgreSQL schema。GitHub 存储库包含一个可以为你完成这项工作的脚本：fight-churn/datageneration/py/churndb.py。(如果你创建了模拟数据集并运行了书中的程序，那么必须从一开始就运行此脚本)。有关如何运行该脚本的最新详细信息，在本书 GitHub 存储库的 README 文件中：www.github.com/carl24k/fight-churn。

创建 schema 后，你需要将数据放入其中。有很多方法可以将数据导入 PostgreSQL 数据库。我喜欢使用 GUI 工具，并且在使用免费工具 PGAdmin(www.pgadmin.org)方面有很多成功的经验。本书 GitHub 存储库的 README 文件中提供了更多详细信息。

警告 所有数据库导入工具都很挑剔，如果数据具有意外特征，导入过程就会失败。需要注意的是日期和时间格式、分隔符以及空说明符。

如果为每个数据源加载数据需要多次令人沮丧的尝试，请不要感到惊讶。好消息是，在你弄清楚自己数据的特性之后，数据加载应该会更容易。但是，如果你打算在将来重新进行分析，则可能必须重复此过程。在这种情况下，你可能应该使用脚本化的方法加载数据。

提示 编写一个脚本来自动化你必须对数据进行的任何转换工作，从而将其加载到

PostgreSQL 中。避免手动执行这些操作,例如搜索/替换,因为你可能需要多次将数据加载到数据库中。

11.2.2 在你自己的数据上运行程序

加载数据后,你需要使用你指定的参数运行程序。有两种直接的方法:

- 使用 GitHub 存储库中随书附带的 Python 包装程序。
- 编写你自己的包装程序,将本书的程序作为模块导入。

如果你使用本书的包装程序,则需要创建一个配置,指定从包装程序运行每个代码清单时提供的参数。这样的文件(fight-churn/listings/conf/socialnet_listings.json)用于配置代码,从而运行社交网络模拟。如果你不熟悉 JSON(JavaScriptObjectNotation),则只需要知道它是一种用于存储键值对的简单格式。虽然 JSON 不适合存储参数,但通常被用于此目的。它具有直接简单地映射到 Python 字典的优点。

如果你查看文件 socialnet7_listings.json,则会发现每个章节都有一个键:chap1、chap2等。每个章节键映射到该章节的嵌套参数对象。在每个章节对象中,每个程序都用一个字符串对象指定,例如"list1""list2"等。每个这样的键映射到一个对象,该对象包含程序名称和各种参数的字段。每个代码清单的对象还包含你在整本书中运行的附加版本(version)参数。要在你自己的数据上运行 Python 包装程序,需要为你自己的 schema 制作一个 JSON 配置文件,文件名中包含 schema 名称(如社交网络模拟中一样);然后用适合你的数据的参数定义充填它。如果你的程序涉及多个 schema,则此方法非常有用。(在本书中,在模拟数据及真实公司案例研究中经常会看到这种用法)。

因为你可能只有一个 schema 来运行数据,所以另一种好方法是用 Python 编写自己的包装程序来调用你想要使用的所有程序函数。因为本书中的每个 Python 代码清单都包含其自己文件中的一个函数,所以可以直接启动一个新的 Python 代码文件并导入本书程序中的函数。(在第 8 章、第 9 章和第 10 章中有许多程序导入了其他程序)。因为你正在编写自己的程序,所以你可以将自己的所有参数作为变量存储在程序中,或者让程序从任何你已经在使用的其他数据库或键值存储中读取数据。

提示 编写一个定制的 Python 包装程序,可能是大多数公司在使用本书程序时的最佳选择,因为这样可以尽可能少地修改程序。

编写自己的包装器程序的好处是,你可以使用任何所需的自定义处理过程,以及使用你所熟悉的插件对数据进行处理。但是使用这种方法,你还必须编写自己的方法来将变量绑定到 SQL 代码清单中,并将它们发送到数据库中,或者在我编写的包装程序中重构这些示例。

无论直接运行本书程序还是编写包装程序,都必须做的另一件事是编写自己版本的数据提取 SQL(见代码清单 4-5)。这个例子被硬编码到书中的指标中。关于自动为模式中的所有指标生成 SQL 的示例脚本,请参阅我用于客户案例研究的脚本:fight-churn/dataset-export/py/observe_churn.py。

11.3　将本书的程序移植到不同的环境中

有很多很好的理由可以解释为什么你不想使用随书提供的代码,但是希望重用这些技术。在这种情况下,你需要将本书的程序移植到不同的环境中。这个问题很大,我必须承认我不是专家。我能做的就是给你一些建议。也就是说,这类工作通常是由专业软件开发人员完成的,你也可以使用许多其他资源。例如,你可以搜索有关将代码移植到你所选择的系统的书籍或在线资源,或者雇用一个承包商或技术顾问帮助你完成这些工作。

11.3.1　移植 SQL 程序

如果你在 PostgresSQL 以外的数据库中有大量数据,你应该考虑采取任何必要措施使本书的代码也可以读取那些数据库中的数据。因为本书的 SQL 代码大量使用公用表表达式(CTE),如果其他数据库也支持 CTE,这个过程会容易得多。

由于数据库软件性能限制,你可能不想使用 PostgresSQL。如果你尚未选择数据库,我建议你去了解一下 Presto,这是一个用于大数据的开源分布式 SQL 引擎(https://prestodb.io)。Presto 支持 CTE,将本书中的 SQL 代码移植到 Presto 上运行将会非常简单。

如果你需要移植本书的 SQL 代码,从而在不支持 CTE 的数据库上运行,则需要更改代码。如果可能,可以将 CTE 替换为临时表,这样就可以保持代码的布局和流程不变。如果你的系统不支持使用临时表,则可以使用子查询来完成代码的移植。同样,这个主题包含很多内容。我建议你根据你的数据库系统,在网络上搜索相关的文档,你应该会找到满意的答案。

11.3.2　移植 Python 程序

你可能考虑的另一个选项是重构 Python 程序,使其作为你自己的软件框架的一部分工作。本书中的程序代码的主要目标是用一系列小的增量,清晰地讲授这门技术。因此,不可否认,这些代码在几乎所有其他方面都不是最优的。如果你需要对这些代码进行修改,这当然是合理且是必需的。

如果你想移植代码,将其保存在 Python 中当然是最容易的。这个过程就像编写自己的包装器程序,并进行一些重构(在不改变核心逻辑的情况下移动代码)。如果你想将代码移植到另一种语言,这将是一个更大的挑战。无论你是重构代码还是将代码移植到另一种语言,这类事情都可能很棘手。

警告 移植分析代码涉及很多风险;在计算或分析函数中看似微小的差异,可能会对结果产生重大影响。最大的风险来自表面看起来正确的结果,但包含改变指标或分析结果含义的计算误差。

我建议你在移植代码或在 Python 中重构每个函数时,通过重新运行对社交网络模拟数据的分析来测试每个函数。确保你可以用自己的代码重现这些结果，或者你可以很好地理解造成各种差异的原因。

提示 使用社交网络模拟的结果作为移植代码的回归测试。

11.4 了解更多并保持联络

在我让你自己与客户流失做斗争之前，我将向你提供一些参考信息，帮助你快速成功。

11.4.1 作者的博客网站和社交媒体

我维护着自己的博客，在那里我发布了关于客户流失的信息和更新。

```
https://fightchurnwithdata.com
```

到目前为止，你应该知道书中的所有代码都可以在我的 GitHub 库中获得。

```
https://github.com/carl24k/fight-churn
```

我也在Twitch上演示用户流失分析：

```
https://www.twitch.tv/carl24k
```

11.4.2 客户流失基准信息的来源

我没有在本书中提供任何关于真实公司流失率的信息。此类信息可用于将你自己的流失率与同行进行基准比较。在撰写本文时，我知道一些提供平均流失率数据的在线资源。

- Zuora 订阅经济指数：https://www.zuora.com/resource/subscriptioneconomy-index (免责声明：我为 Zuora 工作，并且是该索引的主要作者)
- Profitwell 平均流失率基准：https://www.profitwell.com/blog/average-revenue-churn-rate-benchmarks
- 经常性流失率基准：https://info.recurly.com/research/churn-ratebenchmarks

所有这些报告都是免费的，但如果你必须提供你的电子邮件地址才能下载文档，请不要感到惊讶。(如果你提供公司电子邮件地址，你可能会收到销售人员的后续联系，但他们很明智，不会联络使用个人电子邮件地址注册下载报告的人)

警告 典型的基准流失率因产品或服务的类型而有很大差异，因此在将你的流失率与基准进行比较之前，请确保你公司的产品与基准中的产品相似。

基准可能有用，但并不完美。这些报告涵盖了不同类型的公司，因此如果你发现报告之间的基准流失率存在差异，请不要感到惊讶。仔细阅读报告，了解每份报告中涵盖的公司和产品的种类，并选择与你自己的公司和产品最匹配的基准。

11.4.3　有关客户流失的其他信息来源

如果你在互联网上搜索"客户流失"，则会找到很多链接，因为现在很多人都知道客户流失是一个大问题。但事实是，与本书中的信息相比，这些链接上的大部分信息都是基础性的，而且你会发现许多文章都是伪装成你必须付费购买的产品的广告。也就是说，在撰写本文时，我推荐的免费资源可能不会出现在你的搜索结果中(或者可能隐藏在广告之下)：ChurnFM(https://www.churn.fm)，一个播客，主要致力于客户流失。

如果你知道任何其他减少客户流失的免费资源，请在社交媒体上与我联系。

11.4.4　帮助减少客户流失的产品

毫不奇怪，一些产品专门设计用于帮助你减少客户流失。本书的重点是通过使用开源工具和你自己的数据来理解客户流失，但你应该知道存在以下产品类别。

- 客户支持平台：帮助组织获取和保留策略的软件。
- 信用卡重试软件：重试失效的信用卡，以最大限度减少非自愿流失的软件。
- 推定调研软件：调查用户取消原因，并为他们提供最后一次保留订阅的机会的软件。

通过按类别名称搜索，可以轻松找到有关所有这类产品的更多信息。

11.5　本章小结

- 本书提供丰富的用于减少客户流失的技术，你不必使用所有这些技术就可以获得大部分收益。
- 一家典型的公司通过使用一组良好的数据驱动的客户指标，来最大限度地利用数据减少客户流失。
- 与业务同事分享客户流失分析结果，是减少客户流失流程的重要组成部分——如果业务人员不采取行动，客户流失率就不会减少。
- 在你自己的数据上运行本书中的程序的最快方法是将你自己的数据加载到类似于本书中使用的 PostgresSQL schema 中，并创建一个配置文件来运行本书的包装程序。
- 对于希望在生产过程中重用本书程序的公司，最佳实践通常是编写自己的包装程序来导入和运行本书的程序。
- 如果你想将本书的代码移植到你自己的生产环境中运行，请使用书中描述的社交网络模拟作为回归测试。
- 网上关于流失率的大部分信息都是产品广告，但也有一些免费资源，包括作者自己的网站、流失率基准和播客。